普通高等院校“十二五”规划教材
普通高等院校“十一五”规划教材
普通高等院校机械类精品教材

编审委员会

普通高等院校“十二五”规划教材
普通高等院校“十一五”规划教材
普通高等院校机械类精品教材

顾　问　杨叔子　李培根

互换性与测量技术基础

（第三版）

主　编　李　军
副主编　叶　寒　柯建宏　吴晓光
参　编　李明扬　姜永军　赵福亮
王羽萍

华中科技大学出版社
http://www.hustp.com
中国·武汉

内 容 简 介

“互换性与测量技术基础”是普通高等院校机械类、仪器仪表类、机械电子类专业的一门主要专业基础课程。本书是在2007年出版的基础上第二次修订。本书主要讲授互换性的基本概念、测量技术基础和现代测量技术与方法，公差与配合的结构、规律、特征、基本内容及其公差与配合的选用，公差检测的基本概念和技术等内容。本书强调基础，突出应用，同时反映国内外最新公差检测技术与测量技术；在传统教材的基础上，突出其基础性、应用性、检测结果的处理判断性，以及先进的测量技术、设备与检测手段。它是一部较为实用、全面、完善的专业基础性教科书。

本书可作为普通高等院校本科或专科机械类、仪器仪表、机械电子类专业的“互换性与测量技术基础”课程教材，既适用于高校专业基础课程教学，又适宜于生产企业的人员培训、学习与参考。

图书在版编目(CIP)数据

互换性与测量技术基础(第三版)/李　军　主编. —武汉：华中科技大学出版社，2013.7(2025.1重印)
ISBN 978-7-5609-9057-6

Ⅰ.互…　Ⅱ.李…　Ⅲ.①零部件-互换性-高等学校-教材　②零部件-测量技术-高等学校-教材
Ⅳ.TG801

中国版本图书馆CIP数据核字(2013)第113679号

互换性与测量技术基础(第三版)　　李　军　主编

策划编辑：俞道凯　　责任编辑：刘　勤
封面设计：李　嫚　　责任校对：朱　玢
责任监印：徐　露
出版发行：华中科技大学出版社(中国·武汉)　　电话：(027)81321913
武汉市东湖新技术开发区华工科技园　　邮编：430223
录　　排：华中科技大学惠友文印中心
印　　刷：广东虎彩云印刷有限公司
开　　本：787mm×960mm　1/16
印　　张：21.75　插页：2
字　　数：472千字
版　　次：2025年1月第3版第10次印刷
定　　价：45.00元

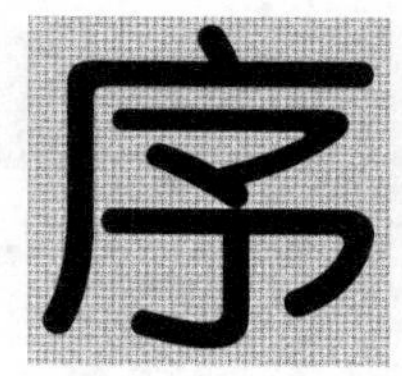

“爆竹一声除旧，桃符万户更新。”在新年伊始，春节伊始，“十一五规划”伊始，来为“普通高等院校机械类精品教材”这套丛书写这个“序”，我感到很有意义。

近十年来，我国高等教育取得了历史性的突破，实现了跨越式的发展，毛入学率由低于10%达到了高于20%，高等教育由精英教育而跨入了大众化教育。显然，教育观念必须与时俱进而更新，教育质量观也必须与时俱进而改变，从而教育模式也必须与时俱进而多样化。

以国家需求与社会发展为导向，走多样化人才培养之路是今后高等教育教学改革的一项重要任务。在前几年，教育部高等学校机械学科教学指导委员会对全国高校机械专业提出了机械专业人才培养模式的多样化原则，各有关高校的机械专业都在积极探索适应国家需求与社会发展的办学途径，有的已制定了新的人才培养计划，有的正在考虑深刻变革的培养方案，人才培养模式已呈现百花齐放、各得其所的繁荣局面。精英教育时代规划教材、一致模式、雷同要求的一统天下的局面，显然无法适应大众化教育形势的发展。事实上，多年来许多普通院校采用规划教材就十分勉强，而又苦于无合适教材可用。

“百年大计，教育为本；教育大计，教师为本；教师大计，教学为本；教学大计，教材为本。”有好的教材，就有章可循，有规可依，有鉴可借，有道可走。师资、设备、资料（首先是教材）是高校的三大教学基本建设。

“山不在高，有仙则名。水不在深，有龙则灵。”教材不在厚薄，内容不在深浅，能切合学生培养目标，能抓住学生应掌握的要言，能做到彼此呼应、相互配套,就行,此即教材要精、课程要精,能精则名、能精则灵、能精则行。

华中科技大学出版社主动邀请了一大批专家,联合了全国几十个应用型机械专业,在全国高校机械学科教学指导委员会的指导下,保证了当前形势下机械学科教学改革的发展方向,交流了各校的教改经验与教材建设计划,确定了一批面向普通高等院校机械学科精品课程的教材编写计划。特别要提出的是,教育质量观、教材质量观必须随高等教育大众化而更新。大众化、多样化决不是降低质量,而是要面向、适应与满足人才市场的多样化需求,面向、符合、激活学生个性与能力的多样化特点。"和而不同",才能生动活泼地繁荣与发展。脱离市场实际的、脱离学生实际的一刀切的质量不仅不是"万应灵丹",而是"千篇一律"的桎梏。正因为如此,为了真正确保高等教育大众化时代的教学质量,教育主管部门正在对高校进行教学质量评估,各高校正在积极进行教材建设,特别是精品课程、精品教材建设。也因为如此,华中科技大学出版社组织出版普通高等院校应用型机械学科的精品教材,可谓正得其时。

我感谢参与这批精品教材编写的专家们!我感谢出版这批精品教材的华中科技大学出版社的有关同志!我感谢关心、支持与帮助这批精品教材编写与出版的单位与同志们!我深信编写者与出版者一定会同使用者沟通,听取他们的意见与建议,不断提高教材的水平!

特为之序。

中国科学院院士

教育部高等学校机械学科指导委员会主任

杨叔子

2006.1

第三版前言

“互换性与测量技术基础”是工科院校特别是技术型工科院校机械类、仪器仪表、机械电子类专业的一门应用性很强的重要技术基础课程，其内容涵盖了实现互换性生产的标准化领域与计量学领域的有关知识，涉及机械产品及零部件的设计、制造、维修、质量控制、生产组织管理等诸方面的知识和技术标准，是联系设计类课程与制造类课程的纽带。

本书根据国家标准，参考诸多同类教材，并结合编者多年的教学实践经验和探索，专门为技术型工科院校的互换性与测量技术基础课程编写而成。本书主要讲授互换性的基本概念、测量技术基础和现代测量技术与方法，公差与配合的结构、规律、特征、基本内容及其公差与配合的选用，公差检测的基本概念和技术等内容。本书强调基础，突出应用，同时反映国内外最新公差检测技术与测量技术；在传统教材的基础上，突出其基础性、应用性、检测结果的处理判断性。编者在编写过程中，力求基本概念清楚，内容精选，叙述精练。由于目前该课程的教学时数普遍被压缩，故在编写时对课程实验方面的测量仪器的原理、结构及使用方法等内容未收录本书。

本书可作为本科或专科机械类、仪器仪表、机械电子类专业的“互换性与测量技术基础”课程教材，既适用于高校专业基础课程教学，又适宜于生产企业的人员培训、学习与参考。

本书历经两次改版，得到兄弟院校的认可和支持。本书由李军主编，叶寒、柯建宏、吴晓光为副主编。本书共分 11 章；第 1、11 章由李军（重庆交通大学）编写，第 2 章由柯建宏（昆明理工大学）编写、第 3 章由李明扬（安徽工程大学）编写，第 4 章由吴晓光（中国纺织大学）编写，第 5、6 章由叶寒（南昌大学）编写，第 7、8 章由姜永军（内蒙古科技大学）编写，第 9 章由王羽萍（南昌大学）编写，第 10 章由赵福亮（太原理工大学）编写。李军负责对全书文字、插图等内容进行修正、统稿。

本书的编写过程中得到重庆交通大学、南昌大学、中国地质大学、昆明理工大学、太原理工大学、内蒙古科技大学、安徽工程大学等院校的大力支持，并提出了宝贵意见和建议，在此表示衷心感谢。

由于编者水平有限，在内容选择、结构层次等方面难免有疏漏或不足，恳请广大读者批评指正，提出宝贵意见。

编　者
2013 年 1 月

目　　录

第1章 绪 论

1.1 互换性与公差的概念

1.1.1 互换性的概念

在人们日常生活中，互换性随处可见，有大量现象涉及互换性，如机器或仪器上掉了一个螺钉，按相同规格买一个装上就行了；灯泡坏了，买一个新的安上就行了；农业生产中使用的拖拉机、收割机、水泵中某个零部件磨损或坏了，也可以换上一个新的，使之能满足使用要求。

所谓互换性是指机器或仪器中同一规格的一批零件或部件，在材料性能、几何尺寸、使用功能上彼此可互相替代，不需作任何挑选或辅助加工，就能进行装配，并能保证满足机器或仪器的使用性能要求的一种特性。广义上说，互换性是指一种产品、过程或服务能够代替另一种产品、过程或服务，并且能满足同样要求的能力。

显然，互换性应同时具备两个条件：一是不需挑选，不经修理就能进行装配；二是装配以后能满足其性能要求。互换性是现代机械工业按照专业化协作原则组织生产的基本条件，在机械制造中起着很重要的作用。在使用方面，具有互换性的零部件可以及时更换那些已经磨损或损坏的零部件，减少机器的维修时间和费用，确保机器能连续而持久地运行。在制造方面，互换性有利于组织大规模专业化生产，有利于采用先进工艺和高效率的专用设备，有利于计算机辅助制造，有利于实现加工和装配过程的机械化、自动化，提高效率，保证质量，降低成本。在设计方面，产品按照互换性进行设计，可最大限度地采用标准件、通用件，极大地减少计算、设计等工作量，可缩短设计周期，有利于产品品种的多样化和计算机辅助设计，有利于产品结构性能的及时改进和更新换代。

1.1.2 公差的概念

在零件的加工过程中，由于各种原因（如机床、刀具、温度等）的影响，零件的尺寸、形状和表面粗糙度等几何量难以达到理想状态，总有或大或小的误差。但从零件的使用功能角度看，不必要求零件几何量绝对准确，只要求零件几何量在某一规定范围内变动，即可保证同一规格零部件（特别是几何量）彼此接近。这个允许几何量变动的范围称为几何量公差。

为了保证零件的互换性，要用公差来控制误差。设计时要按标准规定公差，而加工时不可避免会产生误差。因此，要使零件具有互换性，就应把完工的零件误差控制在规定的公差范围内。设计者的任务就是要正确地确定公差，并把它在图样上明确地表示出来。在满足功能要求的前提下，公差值应尽量规定得大一些，以便获得最佳的经济效益。

1.1.3 互换性分类

从广义上讲，零部件的互换性应包括几何量、力学性能、理化性能等方面的互换性。本课程仅讨论零部件几何量的互换性，即几何量方面的公差和测量。

(1) 几何参数互换性与功能互换性　按确定的参数与使用要求划分，互换性可分为几何参数互换性与功能互换性。

通过规定几何参数的公差以保证成品的几何参数充分近似所达到的互换性称为几何参数互换性。此种互换性为狭义互换性，有时仅局限于保证零件尺寸配合的要求。

通过规定功能参数所达到的互换性称为功能互换性。功能参数当然包括几何参数，但也包括其他一些参数，如材料力学性能参数和化学、电学、流体力学等参数。此种互换性为广义互换性，往往着重于保证除几何参数要求以外的其他功能要求。

(2) 完全互换与不完全互换　按不同场合对零部件互换的形式和程度的不同要求，互换性可划分为完全互换与不完全互换。

完全互换性简称为互换性，是指零件在装配或更换时，无需选择，无需加工，就可实现零部件的互换。孔和轴加工后只要符合设计的规定要求，就具有完全互换性。

不完全互换性也称有限互换性。当零件装配精度要求较高时，采用完全互换将使零件制造公差很小，加工困难，成本很高，甚至无法加工。这时，可将零件的制造公差适当地放大，使之便于加工；而在零件加工完毕之后，再用测量器具将零件按实际尺寸的大小分为若干组，使每组零件间实际尺寸的差别减小，装配时按相应的组进行装配。这样，既可保证装配精度和使用要求，又能解决加工难度的问题，降低成本。不完全互换性可采用分组装配法、调整法或其他方法来实现。

(3) 外互换与内互换　对于标准部件或机构来说，互换性又可分为外互换与内互换。

外互换是指部件或机构与其他相配件的互换性。例如，滚动轴承内圈内径与轴的配合，外圈外径与轴承孔的配合。内互换是指部件或机构内部组成零件间的互换性。例如，滚动轴承内、外圈滚动直径与滚珠(滚柱)直径的配合。

为了使用方便，滚动轴承的外互换常采用完全互换。由于内互换因组成零件的精度要求高，加工难度大，故常采用不完全互换，分组装配。

一般而言，不完全互换只限于部件或机构的制造厂内部的装配。至于制造厂的外协作，即使产量不大，往往也要求是完全互换。究竟生产厂家采用完全互换、不完全互换或者修配调整，则要由产品的精度要求与产品的复杂程度、生产规模、生产设备、技术水平等一系列因素所决定。

1.1.4 互换性的作用

互换性的作用主要体现在以下三个方面。

(1) 设计方面 能最大限度地使用标准件,这样可以简化绘图和计算等工作量,使设计周期缩短,有利于产品更新换代和CAD技术的应用。

(2) 制造方面 有利于组织专业化生产,使用专用设备和CAM技术。

(3) 使用和维修方面 可以及时更换那些易磨损或损坏的零部件。对于某些易损件可以提供备用件,以提高机器的使用价值。

互换性在提高产品质量和可靠性,以及提高生产率和经济效益等方面均具有重大意义。互换性原则已成为现代制造业中的一个普遍遵守的基本原则。互换性生产对我国采用现代化生产方式具有十分重要的意义。但互换性也不是在任何情况下都适用,有时也只有采用单个配制才符合经济原则,这时零件虽不能互换,但同样也有公差和检测方面的要求。

1.2 标准化与优先数系

在机械制造中,标准化是广泛实现互换性生产的前提,而公差与配合等互换性标准都是重要的基础标准。现代制造业生产特点是规模大、分工细、协作单位多、互换性要求高。为了适应生产中各个部门的协调和各生产环节的衔接,必须有一种手段,使分散的、局部的生产部门和生产环节保持必要的统一,成为一个有机的整体,以实现互换性生产。标准和标准化是联系这种关系的主要途径和最有效的手段,标准化是实现互换性生产的基础。

1.2.1 标准与标准化的概念

1. 标准

标准是指为了取得国民经济最佳效果,在总结实践经验和充分协商的基础上,有计划地对人类生活和生产活动中具有多样性和重复性的事物,在一定范围内做出统一规定,并经一定的程序,以特定的形式颁发技术法规。通俗地讲,标准就是评价一切产品质量好坏的技术依据。

按标准化对象的特征分,标准大致可分以下几类:基础标准、产品标准、方法标准、安全和环境保护标准、卫生标准等。

基础标准是以标准化共性要求和前途条件为对象的标准。如计量单位、术语、符号、优先数系、机械制图、公差与配合、零件结构要素等标准。

产品标准是以产品及其构成部分为对象的标准。如机电设备、仪器仪表、工艺装备、零部件、毛坯、半成品及原材料等基本产品或辅助产品的标准。产品标准包括产品品种系列标准和产品质量标准;前者规定产品的分类、形式、尺寸、参数等,后者规定产品的质量特征和使用性能指标等。

方法标准是以生产技术活动中的重要程序、规划、方法为对象的标准。如设计计算方法、工艺规程、测试方法、验收规则以及包装运输方法等标准。

安全与环境保护标准是专门为了安全与环境保护目的而制订的标准。

为了保证基层标准和上级标准的统一、协调一致,依据《中华人民共和国标准化法》,将我国标准划分为四个层次,即国家标准、部标准(行业标准)、地方标准和企业标准。国家标准是针对全国经济、技术发展有重大意义或影响而必须在全国范围内统一的标准;部标准是针对一个行业的经济、技术发展有重大意义或影响而必须在行业或部范围内统一的标准;地方标准是针对各省、市、自治区范围内技术安全、卫生等有重大意义或影响而由地方政府授权机构颁发的标准;企业标准是针对部以下的机构发布的标准。

按照标准的性质划分,标准可分为技术标准、工作标准和管理标准。技术标准是指根据生产技术活动的经验和总结,作为技术上共同遵守的法规而制定的标准,是生产技术重要的法规。

2. 标准化

现代工业生产的特点是生产社会化程度越来越高,分工越来越细,仅依靠孤立的产品标准,难以保证产品的质量。只有形成产品质量整个系统的各个方面都遵循标准、准则、规章、计划等,才能保证和提高产品的质量。

标准化是指为了在一定范围内获得最佳秩序,对实际或潜在的问题制定共同的和重复使用的规则的活动。标准化是制订标准,贯彻标准,以促进经济全面发展的整个过程;标准化的目的是要通过制定标准来体现的。所以制定标准和修订标准是标准化的最基本任务。标准化是组织现代化大生产的重要手段,是实现专业化协作生产的必要前提,是科学管理的重要组成部分;标准化同时也是联系科研、设计、生产、流通和使用等方面的技术纽带,是整个社会经济合理化的技术基础;标准化也是发展贸易,提高产品在国际市场上竞争能力的技术保证。搞好标准化,对于高速度发展国民经济,提高产品和工程建设质量,提高劳动生产率,搞好环境保护和安全生产,改善人民生活等都具有重要作用。

由上述可知,现代工业都是建立在互换性原则基础上的。为了保证机器零件几何参数的互换性,就必须制定和执行统一的互换性公差标准,其中包括公差与配合、形状与位置公差、表面粗糙度,以及各种典型连接件和传动件的公差与配合标准等。这类标准是以保证一定的制造公差办法来保证零件的互换性和使用性能的;所以公差标准是机械制造中最重要的技术基础标准。

1.2.2 优先数系

为了保证互换性,必须合理地确定零件的公差,而公差数值标准化的理论基础即为优先数系和优先数。

在工业生产中，当选定一个数值作为某种产品的参数指标后，这个数值就会按照一定的规律向一切相关的制品、材料等有关参数指标传播扩散。例如动力机械的功率和转速确定后，不仅会传播到有关机器的相应参数上，而且还会传播到动力机械的轴、轴承、键、齿轮、联轴节等一系列零部件的尺寸和材料特性等参数上，并将进而传播到加工和检验这些零部件的刀具、量具、夹具及机床等相应的参数上。这种情况称为数值的传播。工程技术上的参数数值，即使只有很小的差别，经过反复的传播以后，也会造成尺寸规格的繁多杂乱，以致给生产组织、协作配套和使用维修等带来很大的困难。因此，对各种技术参数，必须从全局出发，加以协调优化。优先数和优先数系是对各种技术参数的数值进行协调、简化和统一的一种科学的数值制度。

为了协调和简化产品的品种规格，可以按一定数值变化规律，将其主要技术参数分级，亦即按大小分档。

如果按算术级数（等差级数）分档，其各相邻项的绝对差相等，而相对差则不等，且变化较大。例如 1，2，3，4，……这个等差数列，在 1 与 2 之间相对差为 100%，而在 10 与 11 之间仅为 10%，数值越大，相邻项的相对差则越小。此外，对按等差级数分级的参数，进行工程技术的运算后，其结果就不再是算术级数。如直径为 d 的轴，若按算术级数分级，其横截面积 $A=\frac{\pi}{4}d^2$ 的数列不是算术级数。因此，算术级数不宜用来作为优先数系。

如果按几何级数（等比级数）对数值分级，则可避免上述缺点。例如，首项等于 1，公比为 q 的几何级数为 $1,q,q^2,q^3,\cdots,q^n$，其相邻项的相对差都是$(q-1)\times 100\%$。则上述轴的直径 d 和横截面积 A 的例子，当 d 为按公比 q 排列的几何级数时，则 A 是公比为 q^2 的几何级数，而按材料力学计算公式，其传递转矩的能力同它的直径 d 的三次方成正比，即是一个公比为 q^3 的几何级数。

由此得出一个结论，即工程技术上的主要参数，若按几何级数分级，经过数值传播后，与其相关的其他量值也有可能按同样的数学规律分级。因此几何级数变化规律是建立优先数系的依据。

工程技术上通常采用的优先数系，是一种十进制几何级数，即级数的各项数值中，包括 $1,10,100,\cdots,10^n$ 和 $0.1,0.01,\cdots,\frac{1}{10^n}$ 这些数，其中的指数 n 是整数。按 1～10，10～100，…和 1～0.1，0.1～0.01，…划分区间（称为十进段），再进行细分。设计、使用时必须选择优先数系列中的某一项值。

几何级数的数系是按一定的公比 q 来排列每一项数值的，标准 GB/T 321—2005 采用的优先数系的基本系列有以下四个公比的数列。

$$\text{R5}:q_5=\sqrt[5]{10}=1.5849\approx 1.6$$

$$R10: q_{10} = \sqrt[10]{10} = 1.2589 \approx 1.25$$

$$R20: q_{20} = \sqrt[20]{10} = 1.1220 \approx 1.12$$

$$R40: q_{40} = \sqrt[40]{10} = 1.0539 \approx 1.06$$

另有补充系列

$$R80: q_{80} = \sqrt[80]{10} = 1.02936 \approx 1.03$$

优先数系列在各项标准中被广泛地应用。公差标准中的许多值，都是按照优先数系列选定的。例如，GB/T 1800.1—2009《极限与配合》国家标准中公差值即是按 R5 优先数系列确定的，即后一个数是前一个数的 1.6 倍。

范围 1～10 的优先数系列如表 1-1 所示，所有大于 10 的优先数均可按表列数乘以 10，100，……求得；所有小于 1 的优先数，均可按表列数乘以 0.1，0.01，……求得。

有时在工程上还采用$\dfrac{R10}{3}$的系列，其公比为 $q = (\sqrt[10]{10})^3 = 1.2589^2 \approx 2$ ，此即为倍数系列，即在 R10 系列中，每隔三个数选一个，此时所有的数都是成倍增加的。

优先数的主要优点是：相邻两项的相对差均匀，疏密适中，而且运算方便，简单易记。在同一系列中，优先数（理论值）的积、商、整数的乘方等仍为优先数。因此，优先数系成为了国际上统一的数值制，得到广泛应用（见表 1-1）。

表 1-1　优先数基本系列

基本系列（常用值）				计　算　值
R5	R10	R20	R40	
1.00	1.00	1.00	1.00	1.000 0
			1.06	1.059 3
		1.12	1.12	1.122 0
			1.18	1.188 5
	1.25	1.25	1.25	1.258 9
			1.32	1.333 5
		1.40	1.40	1.412 5
			1.50	1.496 2
1.60	1.60	1.60	1.60	1.584 9
			1.70	1.678 8
		1.80	1.80	1.778 3
			1.90	1.883 6
	2.00	2.00	2.00	1.995 3

续表

基本系列(常用值)				计 算 值
R5	R10	R20	R40	
			2.12	2.113 5
		2.24	2.24	2.238 7
			2.36	2.371 4
2.50	2.50	2.50	2.50	2.511 9
			2.65	2.660 7
		2.80	2.80	2.818 4
			3.00	2.985 4
	3.15	3.15	3.15	3.162 3
			3.35	3.349 7
		3.55	3.55	3.548 1
			3.75	3.798 4
4.00	4.00	4.00	4.00	3.981 1
			4.25	4.217 0
		4.50	4.50	4.466 8
			4.75	4.731 5
	5.00	5.00	5.00	5.011 9
			5.30	5.308 8
		5.60	5.60	5.623 4
			6.00	5.956 6
6.30	6.30	6.30	6.30	6.309 6
			6.70	6.683 4
		7.10	7.10	7.079 5
			7.50	7.498 9
8.00	8.00	8.00	8.00	7.943 3
			8.50	8.414 0
		9.00	9.00	8.912 5
			9.50	9.440 6
10.00	10.00	10.00	10.00	10.000 0

1.2.3 优先数系的特点及选用规则

1. 优先数的特点

优先数的理论值为$(\sqrt[r]{10})^{N_r}$，其中N_r是任意整数。按照此式计算得到的优先数的理论值，除10的整数幂外，大多为无理数，工程技术中不宜直接使用。而实际应用的数值都是经过化整处理以后的近似值，根据取值的有效数值位数，优先数的近似值可以分为：计算值(取5位有效数字，供精确计算用)；常用值(即为优先值，取3位有效数字，常使用的优先数)；化整值(一般取2位有效数字，它是将常用值进行化整处理后所得的数值)。

优先数的主要特点如下。

(1) 任意相邻两项间的相对差近似不变，在理论上其理论值的相对差为恒定值。

(2) 任意两项的理论值经计算后仍为一个优先数理论值。

(3) 优先数系具有相关性　优先数的相关性表现为在上一级优先数系中隔项取值，就得到下一系列的优先数系；反之，在下一系列中插入比例项，就可得到上一系列。

2. 优先数系的派生系列

为使优先数系具有更宽广的适应性，可以从基本系列中，每逢p项留取一个优先数，生成新的派生系列，以符号$\frac{R_r}{p}$表示。派生系列的公比为

$$q_{r/p}=q_r^p=(\sqrt[r]{10})^p=10^{\frac{p}{r}}$$

如派生系列R10/3即为从基本系列R10中，自1以后每逢3项留取一个优先数而组成的派生系列，即1.00，2.00，4.00，8.00，16.0，32.0，64.0等。

3. 优先数的选用原则

选用基本优先数系列时，应遵循先疏后密的规则。即按R5、R10、R20、R40的顺序选用；当基本系列不能满足要求时，则可选用派生系列。特别要注意应优先采用公比较大和延伸项含有项值1的派生系列；根据经济性和需要量等不同条件，还可分段选用最合适的系列，以复合系列的形式来组成最佳系列。

1.3 标准化的发展

1.3.1 国际标准化的发展历程

标准化在人类开始创造工具是就已出现，标准化是社会劳动生产的产物，标准化在近代工业兴起和发展的过程中显得重要起来。目前世界上有三大国际标准化组织(ISO、IEC、ITU)，即：国际标准化组织(International Organization for Standardization，ISO)、国

际电工委员会(International Electro technical Commission,IEC)、国际电信联盟(International Telegraph Union,ITU)。早在19世纪,标准化在国防、造船、铁路运输等行业中的应用十分突出。20世纪初,一些国家相继成立了全国性的标准化机构组织,推进了本国的标准化事业,以后由于生产的发展,国际交流越来越密切频繁,因而出现了地区性和国际性的标准化组织。1926年成立了国际标准化协会(ISA),1947年重建国际标准化协会并更名为国际标准化组织(ISO)。现在,这个世界上最大的标准化组织已成为联合国甲级咨询机构。ISO 9000系列标准的颁发,使世界各国的质量管理以及质量保证的原则、方法和程序都统一在国际标准的基础之上。

1.3.2 我国标准化的发展

在我国悠久的历史上,很早就有关于几何量检测的记载。早在商朝就有了象牙制成的尺,秦朝就已经统一了度量衡制度,西汉已有了铜制卡尺等。我国标准化是在1949年中华人民共和国成立后得到重视并发展。1958年,发布第一批共120项国家标准;1959年,国务院发布了《关于同意计量制度的命令》;从1959年开始,陆续制定并发布了公差与配合、形状和位置公差、公差原则、表面粗糙度、光滑极限量规、渐开线圆柱齿轮精度、极限与配合等许多公差标准。1977年,国务院发布了《中华人民共和国计量管理条例》,同时我国在1978年恢复为ISO成员国,承担ISO技术委员会秘书处工作和国际标准草案起草工作。从1979年开始,我国又发布了以国际标准为基础进行修订的类新公差标准。1985年,全国人大常委会通过并由国家主席发布了《中华人民共和国计量法》;1988年,全国人大常委会通过并由国家主席发布了《中华人民共和国标准化法》;1993年,全国人大常委会通过并由国家主席发布了《中华人民共和国产品质量法》。

改革开放三十多年来,我国经济持续快速稳定发展,科技创新能力日益提高,标准化工作也取得了显著的成就。我国国家标准现已达到21 262项,其中强制性标准3 175项,涉及工业、农业、服务业、安全、卫生、环境保护和管理等各个领域。自中国机械工业联合会2001年成立以来,共安排国家标准制(修)订项目3 702项,行业标准2 994项;自2001年以来,共批准发布国家标准1 627项,机械行业标准1 270项;废止国家标准369项,行业标准615项。截止到2006年10月底,机械工业领域的国家标准和行业标准已经达到12 923项,其中,国家标准4 463项,占我国国家标准总数的21%;行业标准8 460项,占我国备案行业标准总数的34%。目前,在机械工业领域,已建立起90个全国专业标准化技术委员会、76个全国专业标准化技术委员会分会、26个机械工业专业标准化技术委员会、1个机械工业专业标准化技术委员会分会构成的机械工业标准化技术队伍。未来机械工业主要行业的标准制定周期将控制在两年以内,标龄控制在五年以内。随着经济全球化的进程不断加快,标准已被推向国际市场竞争的前沿,标准已成为国际贸易规则的重要组成部分、技术性贸易措施的重要技术依据。因此,标准化对促进我国社会主义建设和科学技术的发展具有特别重要的意义。

习　题

1-1　试述互换性与几何量公差的概念，互换性的作用以及互换性的分类。

1-2　优先数系是一种什么数系列，有何特点？

1-3　优先数的基本系列有哪些？什么是优先数的派生系列？

1-4　试写出以下基本系列和派生系列中自 1 以后共 5 个优先数的常用值：R10，R10/2，R20/3，R5/3。

1-5　互换性在机械制造中有何重要意义？

1-6　完全互换与不完全互换有何区别？各应用于什么场合？

1-7　在单件生产中，如果只做一台机器，是否会涉及互换性的应用？为什么？

1-8　标准的种类和级别各有哪些？

1-9　试写出 R10 优先数系从 1 到 100 的全部优先数(常用值)。

1-10　普通螺纹公差从 3 级精度开始其公差等级系数为 0.50、0.63、0.80、1.00、1.25、1.60、2.00。试判断它们属于优先数系中的哪一种？其公比是多少？

第 2 章　尺寸公差与圆柱体结合的互换性

光滑圆柱体结合是机械制造中由孔和轴构成的应用最广泛的一种结合形式。这种结合由结合直径与结合长度两个参数决定，从使用要求看，可将长径比规定在一定范围内，则直径显得更重要，是圆柱体结合考虑的主要参数。圆柱体结合的极限与配合是机械工程的重要基础标准，它不仅用于圆柱体内、外表面的结合，也适用于其他由单一尺寸确定的结合关系，如键与花键的配合等。

现代化的机械工业要求机器零件具有互换性，从而有利于广泛、高效地组织协作和专业化的生产。为使零件具有互换性，就尺寸而言，并不是要求零件都准确地制成一个指定的尺寸，而只是要求这些零件尺寸处在某一合理的变动范围之内。对于相互结合的零件，这个变动范围既要保证相互结合的尺寸之间形成一定的关系，以满足不同的使用要求，又要在制造上是经济合理的。这样就形成了"极限与配合"的概念。"极限"用于协调机器零件的使用要求与制造成本之间的矛盾，而"配合"则反映零件结合时相互之间的关系。

"极限与配合"的标准化有利于机器的设计、制造、使用和维修；有利于保证机器零件的精度、使用性能和寿命等要求；有利于刀具、量具、机床等工艺设备的标准化。它几乎涉及国民经济的各个部门，是国际上公认的特别重要的基础标准之一。

我国圆柱体结合的极限与配合国家标准始于 1959 年发布的、以原苏联标准为基础的 GB 159～174—1959(简称旧国标)。为适应科学技术的飞速发展，1979 年，参照国际标准(ISO)修订为 GB 1800～1804—1979。随后，为使我国的国家标准与国际标准一致或等同，又逐步进行了全面修订，形成了 GB/T 1800.1—1997、GB/T 1800.2—1998、GB/T 1800.3—1998、GB/T 1800.4—1999、GB/T 1803—2003、GB/T 1804—1992 和 GB/T 1804—2000。2009 年进行了重大修订，2009 年 11 月开始实施的 GB/T 1800《产品几何规范(GPS)极限与配合》是根据 ISO286：1988 重新起草，对 GB/T 1800.1—1997、GB/T 1800.2—1998 和 GB/T 1800.3—1998 进行整合修订，分为两部分，将 GB/T 1800.1—1997、GB/T 1800.2—1998 和 GB/T 1800.3—1998 合并为第一部分，GB/T 1800.4—1999 修改为第二部分，同时把 GB/T 1801—1999 修订为 GB/T 1801—2009，GB/T 1803—2003 和 GB/T 1804—2000 则沿用。所以，本章主要涉及以下标准：

GB/T 1800.1—2009《产品几何技术规范(GPS)极限与配合　第 1 部分：公差、偏差和配合的基础》；

GB/T 1800.2—2009《产品几何技术规范(GPS)极限与配合　第 2 部分：标准公差等级和孔、轴的极限偏差表》；

GB/T 1801—2009《产品几何技术规范(GPS)极限与配合　公差带和配合的选择》；

GB/T 1803—2003《极限与配合　尺寸至 18 mm 孔、轴公差带》；

GB/T 1804—2000《一般公差　未注公差的线性和角度尺寸的公差》。

本章将主要阐述以上极限与配合国家标准的构成规律、特征及应用。

2.1　公差与配合的基本术语及定义

本节主要介绍 GB/T 1800.1—2009《产品几何技术规范(GPS)　极限与配合　第 1 部分：公差、偏差和配合的基础》(下简称《极限与配合》)应用对象、尺寸、公差、偏差、配合的术语和定义，阐述极限与配合各基本参量之间的关系和图解方法。

2.1.1　几种几何要素的定义

1. 尺寸要素

尺寸要素是指由一定大小的线性尺寸或角度尺寸确定的几何形状。

2. 实际(组成)要素

实际(组成)要素是指由接近实际(组成)要素所限定的工件实际表面的组成要素部分；是由替代实际工件表面的无穷个连续点所构成的组成要素。在工件中，如果能够扫描无限个没有任何误差的点，就能够得到实际(组成)要素，但实际(组成)要素是通过测量而获得的，由于测量设备的误差、环境及工件温度的变化、振动等对测量过程的影响，所有测得点实际上并不能完全代表被测要素的真实情况。

3. 提取组成要素

提取组成要素是指按规定方法，由实际(组成)要素提取有限数目的点所形成的实际(组成)要素的近似替代。

4. 孔和轴

孔和轴是《极限与配合》国家标准的主要应用对象，也是获得标准数值的主要尺寸要素，因此它是最基本的术语。

孔通常是指工件的圆柱形内尺寸要素，也包括非圆柱形的内尺寸要素(由两平行平面或切面形成的包容面)。

轴通常是指工件的圆柱形外尺寸要素，也包括非圆柱形的外尺寸要素(由两平行平面或切面形成的被包容面)。

例如，在图 2-1(a)和(b)中，由 D_1、D_2、D_3、D_4 和 D_5 等尺寸所确定的内表面都称为孔；由 d_1、d_2、d_3 和 d_4 等尺寸所确定的外表面都称为轴。这里，孔和轴是广义的，并由单一尺寸确定。在装配关系中，孔和轴的关系表现为包容和被包容的关系，即孔是包容面，轴是被包容面。在加工过程中，随着加工余量的切除，孔的尺寸由小增大，轴的尺寸由大减小。在测量时，测孔用塞规或内卡尺，测轴用环规或外卡尺。从两表面的关系看，由两反向的表面或两表面相向、其间没有材料而形成孔；或两表面背向、其外没有材料而形成轴；若两表面同向，其间和其外均有材料，则既不形成孔，也不形成轴，即不能形成包容或被包容的状态，如图 2-1 中由 L_1、L_2 和 L_3 等尺寸所确定的表面。

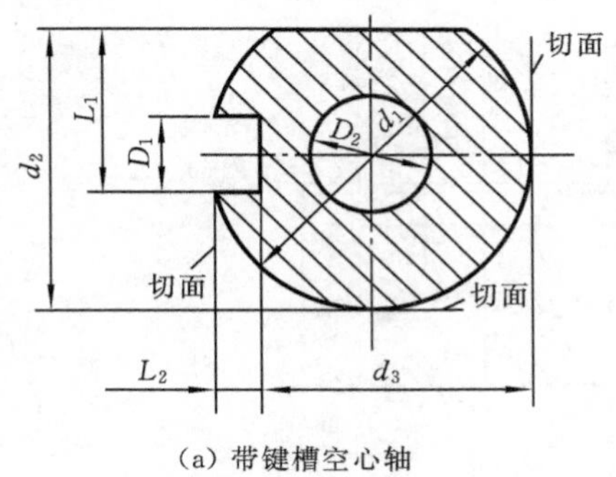

(a) 带键槽空心轴

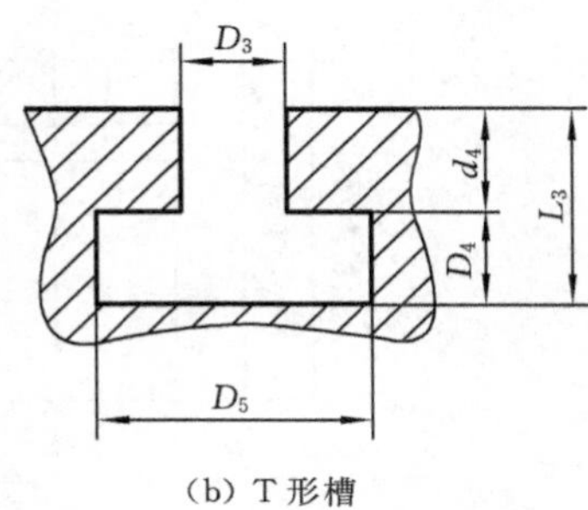

(b) T 形槽

图 2-1 孔和轴

2.1.2 有关尺寸的术语及定义

1. 尺寸

尺寸是指以特定单位表示线性尺寸值的数值。

在零件图样上，线性尺寸通常都以毫米为单位进行标注。此时，单位的符号(mm)可以省略不注。

在其他结合(如圆锥结合、螺纹结合等)及形状和位置公差标准中，尺寸也可以表示角度值，即角度尺寸。在零件图样上，角度尺寸常以度(°)、分(′)、秒(″)、弧度(rad)为单位进行标注，且必须标明单位符号。

2. 公称尺寸

公称尺寸是指由图样规范确定的理想形状要素的尺寸，是可以用来与极限偏差(上极限偏差和下极限偏差)一起计算得到极限尺寸(上极限尺寸和下极限尺寸)的尺寸。它是在机械设计过程中，根据强度、刚度、运动等条件，结合工艺需要、结构合理性、外观要求，经计算或直接选用确定的。计算得到的公称尺寸应该按公称尺寸系列标准予以标准化；直接选用的公称尺寸也应该符合公称尺寸系列标准的规定，以便缩减定值刀具、量具、夹具等的规格数量。孔的公称尺寸常用 D 表示，轴的公称尺寸常用 d 表示。

3. 极限尺寸

极限尺寸是指尺寸要素允许的尺寸的两个极端。提取组成要素的局部尺寸应位于其中，也可达到极限尺寸。尺寸要素允许的最大尺寸称为上极限尺寸，尺寸要素允许的最小尺寸称为下极限尺寸，如图 2-2 所示。孔的上、下极限尺寸分别以 D_{max} 和 D_{min} 表示；轴的上、下极限尺寸分别以 d_{max} 和 d_{min} 表示。极限尺寸是根据精度设计要求而确定的，其目的是为了限制加工零件的实际尺寸变动范围。

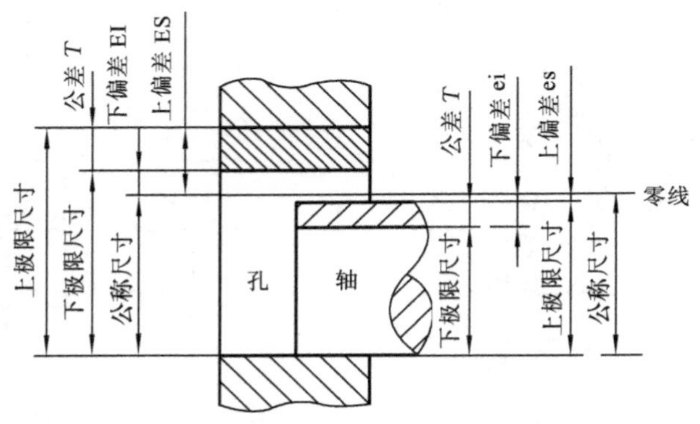

图 2-2 极限与配合示意图

4. 作用尺寸

孔的作用尺寸是指配合面全长上，与实际孔内接的最大理想轴的尺寸。

轴的作用尺寸是指配合面全长上，与实际轴外接的最小理想孔的尺寸。

2.1.3 有关公差与偏差的术语及定义

1. 极限制

极限制是指经标准化的公差与偏差制度。

2. 偏差

某一尺寸减其公称尺寸所得的代数差称为偏差。偏差可以为正值、负值或零。

3. 极限偏差

上极限偏差和下极限偏差。上极限偏差是上极限尺寸减其公称尺寸所得的代数差；下极限偏差是下极限尺寸减其公称尺寸所得的代数差。孔的上、下极限偏差分别以 ES 和 EI 表示；轴的上、下极限偏差分别以 es 和 ei 表示，如图 2-2 所示。

$$ES=D_{max}-D \tag{2-1}$$

$$EI=D_{min}-D \tag{2-2}$$

$$es=d_{max}-d \tag{2-3}$$

$$ei=d_{min}-d \tag{2-4}$$

4. 基本偏差

在《极限与配合》中，确定公差带相对零线位置的那个极限偏差。基本偏差的数值已经标准化，它可以是上极限偏差或下极限偏差，一般为靠近零线最近的那个偏差，如图2-3所示。

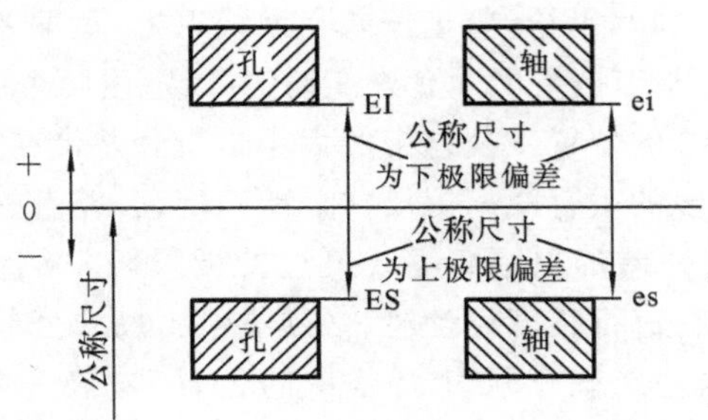

图 2-3　基本偏差示意图

5. 尺寸公差(简称公差)

尺寸公差是指上极限尺寸减下极限尺寸之差,或上极限偏差减下极限偏差之差。它是允许尺寸的变动量(见图 2-2)。尺寸公差是一个没有符号的绝对值。

对于孔　　$T_D = D_{max} - D_{min} = ES - EI$　　(2-5)

对于轴　　$T_d = d_{max} - d_{min} = es - ei$　　(2-6)

尺寸公差用于控制加工误差,若工件的加工误差在公差范围内,则合格;反之,则不合格。

公差与偏差是两个不同的概念,区别如下。

(1) 数值方面　偏差可为正、负、零,是指工件尺寸相对于公称尺寸的偏离量;而公差是正值,不能为零,代表加工的精度要求。

(2) 作用方面　极限偏差用于限制提取组成要素的局部尺寸,决定公差带的位置,影响配合时的松紧程度;而公差用于限制加工误差,决定公差带的大小,影响配合的精度。

(3) 工艺方面　公差表示制造精度的高低,反映加工的难易程度;偏差取决于加工时机床的调整情况(如进刀位置等)。

6. 标准公差

极限与配合制标准中所规定的任一公差。用“国际公差”的英文缩略语 IT 表示。

7. 公差带

在公差带图解中,由代表上极限偏差和下极限偏差或上极限尺寸和下极限尺寸的两条直线所限定的一个区域。它由公差大小和其相对零线的位置如基本偏差来确定。

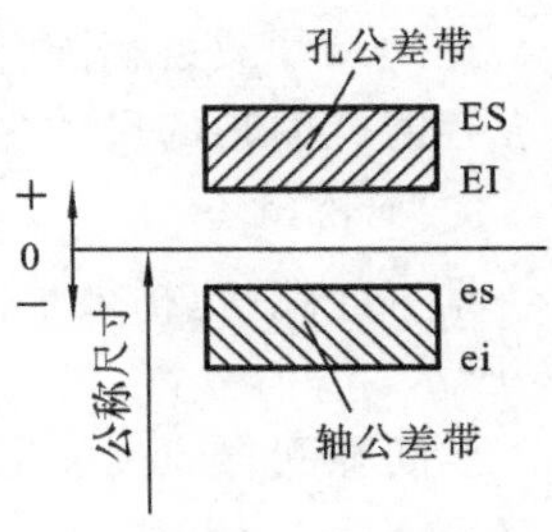

图 2-4　公差带图

图 2-2 中表明了两个相互结合的孔、轴的公称尺寸、极限尺寸、极限偏差和公差的相互关系。在实际应用中,为简单起见,一般以极限与配合制的图解来表示(见图 2-4),又称公差带图解,由零线和公差带两部分组成。

(1) 零线　在公差带图解中,代表公称尺寸的线称为零线,即零偏差线。通常,零线水平绘制,正偏差在零线以上,负偏差在零线以下。

(2) 尺寸公差带　公差带是指尺寸允许变动的区域,由两个要素决定:一是公差带的大小,二是公差带偏离零线的位置。公差带的大小是指公差带在零线垂直方向上的宽度,由上、下极限偏差两条线段的垂直距离即尺寸公差确定;公差带的位置是指公差带沿零线垂直方向的坐标位置,由公差带中距离零线最近的极限偏差(上极限偏差或者下极限偏差)即基本偏差来确定。在进行精度设计时,必须既给出尺寸公差以确定尺寸公差带的大小,又给出(一个)极限偏差以确定尺寸公差带的位置,才能完整地表达对尺寸的设计要求。

在公差带图解中,通常公称尺寸以 mm 为单位,偏差和公差以 μm 为单位。

2.1.4　有关配合的术语及定义

1. 配合

配合是指公称尺寸相同的并且相互结合的孔和轴公差带之间的关系。同时,也泛指非圆包容面与被包容面之间的结合关系。例如,键槽和键的配合。

国家标准对配合规定有两种基准制,即基孔制与基轴制。

基孔制是指基本偏差为一定的孔公差带,与不同基本偏差的轴公差带形成各种配合的一种制度。基孔制的孔为基准孔,基本偏差代号为“H”,标准规定基准孔的下极限偏差为零。

基轴制是指基本偏差为一定的轴公差带,与不同基本偏差的孔公差带形成各种配合的一种制度。基轴制的轴为基准轴,基本偏差代号为“h”,标准规定基准轴的上极限偏差为零。

基准孔和基准轴统称为基准件。

基孔制配合和基轴制配合构成了两个平行等效的配合系列。根据配合关系中孔、轴公差带相对位置的不同,配合可分为间隙配合、过渡配合和过盈配合三大类。如图 2-5 所示。

2. 间隙或过盈

孔的尺寸减去相配合的轴的尺寸之差为正时则形成间隙,用符号 X 表示;孔的尺寸减去相配合的轴的尺寸之差为负时则形成过盈,用符号 Y 表示。

3. 间隙配合

具有间隙(包括最小间隙等于零)的配合。此时,孔的公差带在轴的公差带之上,如图 2-6 所示。

在间隙配合或过渡配合中,孔的上极限尺寸与轴的下极限尺寸之差,称为最大间隙,用符号 X_{max} 表示;在间隙配合中,孔的下极限尺寸与轴的上极限尺寸之差,称为最小间隙,用符号 X_{min} 表示。大批量生产条件下,也可以用平均间隙 X_{av} 来表示其配合性质,有

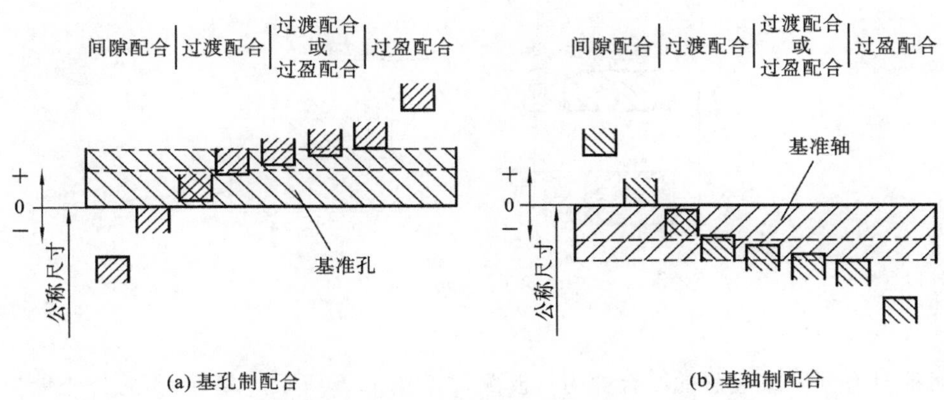

(a) 基孔制配合 (b) 基轴制配合

图 2-5 基孔制配合和基轴制配合

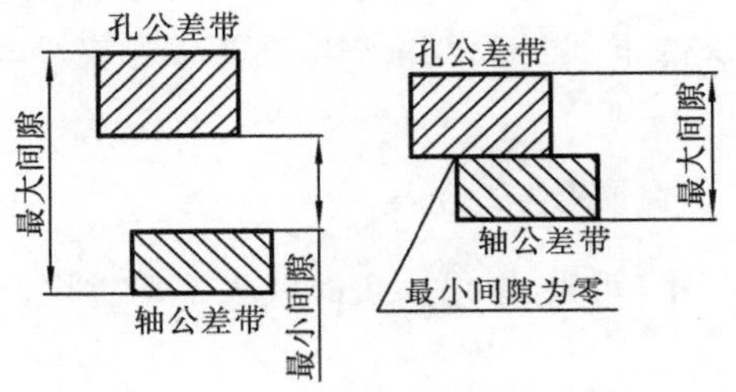

图 2-6 间隙配合

$$X_{\max}=D_{\max}-d_{\min}=\mathrm{ES}-\mathrm{ei} \tag{2-7}$$

$$X_{\min}=D_{\min}-d_{\max}=\mathrm{EI}-\mathrm{es} \tag{2-8}$$

$$X_{\mathrm{av}}=\frac{X_{\max}+X_{\min}}{2} \tag{2-9}$$

4. 过盈配合

过盈配合是指具有过盈(包括最小过盈等于零)的配合。此时,孔的公差带在轴的公差带之下,如图 2-7 所示。

在过盈配合或过渡配合中,孔的下极限尺寸与轴的上极限尺寸之差,称为最大过盈,用符号 $Y_{\max}$ 表示;在过盈配合中,孔的上极限尺寸与轴的下极限尺寸之差,称为最小过盈,用符号 $Y_{\min}$ 表示;大批量生产条件下,也可以用平均过盈 Y_{av} 来表示其配合性质。

$$Y_{\max}=D_{\min}-d_{\max}=\mathrm{EI}-\mathrm{es} \tag{2-10}$$

$$Y_{\min}=D_{\max}-d_{\min}=\mathrm{ES}-\mathrm{ei} \tag{2-11}$$

$$Y_{\mathrm{av}}=\frac{Y_{\max}+Y_{\min}}{2} \tag{2-12}$$

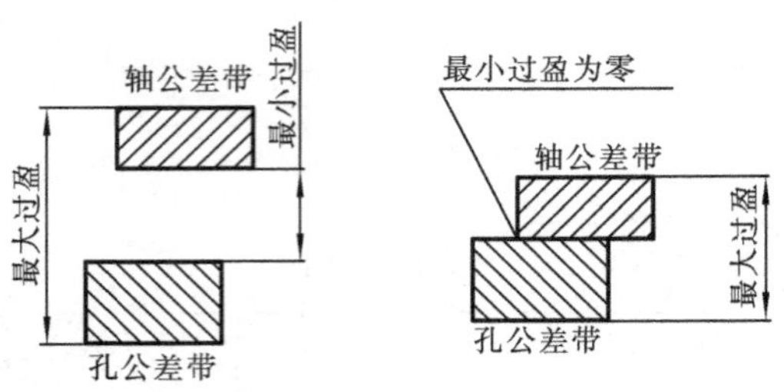

图 2-7 过盈配合

5. 过渡配合

可能具有间隙或过盈的配合称为过渡配合，如图 2-8 所示。此时，孔的公差带与轴的公差带相互交叠。任取其中一对孔和轴相配，可能具有间隙，也可能具有过盈，将其中可能的最大间隙(X_{max})与最大过盈(Y_{max})作为过渡配合的两极限值(计算公式见式(2-7)和式(2-10))。大批量生产条件下，也可以用平均间隙 X_{av} 或平均过盈 Y_{av} 来表示其配合性质。

$$X_{av}(Y_{av}) = \frac{X_{max} + Y_{max}}{2} \tag{2-13}$$

上述结果为正时代表平均间隙，结果为负时代表平均过盈。

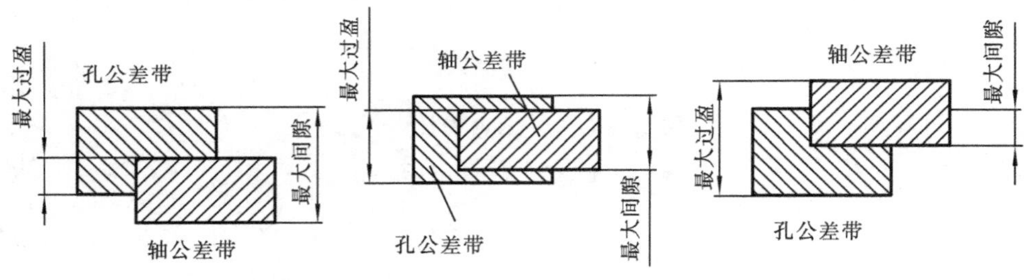

图 2-8 过渡配合

6. 配合公差

配合公差是指组成配合的孔与轴的公差之和。它是允许间隙或过盈的变动量，用 T_f 表示。

配合公差是一个没有符号的绝对值。在间隙配合中，配合公差等于最大间隙减最小间隙的绝对值；在过盈配合中，配合公差等于最大过盈减最小过盈的绝对值；在过渡配合中，配合公差等于最大间隙减最大过盈的绝对值。

间隙配合 $$T_f = |X_{max} - X_{min}| \tag{2-14}$$

过盈配合 $$T_f = |Y_{max} - Y_{min}| \tag{2-15}$$

过渡配合 $$T_f = |X_{max} - Y_{max}| \tag{2-16}$$

如同尺寸公差表达孔、轴的尺寸精度一样，配合公差反映孔、轴的配合精度，而配合类型反映的是配合的性质。

将 X_{max}、X_{min}、Y_{max}、Y_{min} 的计算公式分别代入式(2-14)、式(2-15)和式(2-16)，可得

$$T_f = T_D + T_d \tag{2-17}$$

即配合公差也等于相互配合的孔公差与轴公差之和。此结论说明孔、轴的装配质量与孔、轴公差大小密切相关，设计时可根据要求的配合公差大小来确定孔和轴的尺寸公差。

国家标准规定，可用配合公差带图解来直观地表达相互配合的孔、轴的配合精度和配合性质，如图2-9所示。图中纵坐标代表极限间隙或极限过盈的数值，横坐标零线是确定间隙或过盈的基准线，零线上方代表间隙，下方代表过盈。由代表极限间隙或极限过盈的两条直线段所限定的一个区域称为配合公差带。和尺寸公差带相似，配合公差带也有大小和位置两项特性，配合公差带的大小由垂直于零线方向上的区域宽度即配合公差确定，位置由极限间隙或极限过盈确定。配合公差带在零线以上表示间隙配合，在零线以下表示过盈配合，位于零线两侧表示过渡配合。

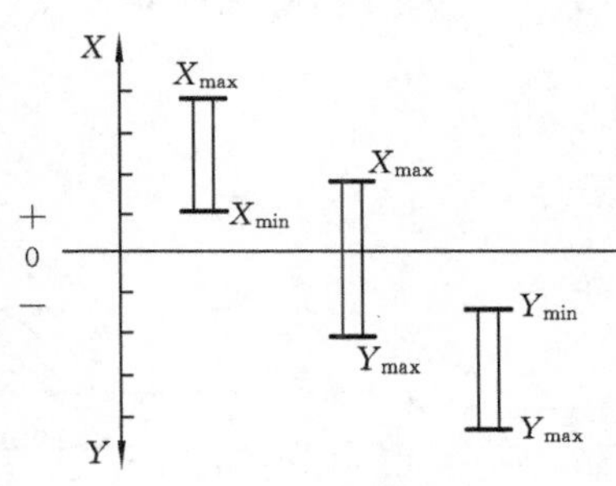

图 2-9　配合公差带图

例 2-1　已知孔、轴的公称尺寸 $D(d)=80$ mm，孔的上极限尺寸 $D_{max}=80.046$ mm，孔的下极限尺寸 $D_{min}=80$ mm，轴的上极限尺寸 $d_{max}=79.970$ mm，轴的下极限尺寸 $d_{min}=79.940$ mm。求孔、轴的极限偏差、公差、极限间隙或极限过盈，平均间隙或平均过盈、配合公差，并画出尺寸公差带图解和配合公差带图解，说明该配合属于哪种基准制。

解　根据式(2-1)～式(2-17)，可得

孔的极限偏差

$$\text{ES}=D_{max}-D=(80.046-80)\text{ mm}=0.046\text{ mm}$$

$$\text{EI}=D_{min}-D=(80-80)\text{ mm}=0$$

轴的极限偏差

$$\text{es}=d_{max}-d=(79.970-80)\text{ mm}=-0.030\text{ mm}$$

$$\text{ei}=d_{min}-d=(79.940-80)\text{ mm}=-0.060\text{ mm}$$

孔的公差

$$T_D=\text{ES}-\text{EI}=[(+0.046)-0]\text{ mm}=0.046\text{ mm}$$

轴的公差

$$T_d=\text{es}-\text{ei}=[(-0.030)-(-0.060)]\text{ mm}=0.030\text{ mm}$$

极限间隙

$$X_{max}=D_{max}-d_{min}=ES-ei=[(+0.046)-(-0.060)]\ mm=0.106\ mm$$
$$X_{min}=D_{min}-d_{max}=EI-es=[0-(-0.030)]\ mm=0.030\ mm$$

平均间隙

$$X_{av}=\frac{X_{max}+X_{min}}{2}=\frac{0.106+0.03}{2}\ mm=0.068\ mm$$

配合公差

$$T_f=|X_{max}-X_{min}|=T_D+T_d=0.076\ mm$$

尺寸公差带图解和配合公差带图解如图 2-10 所示。该配合属于基孔制,形成间隙配合。

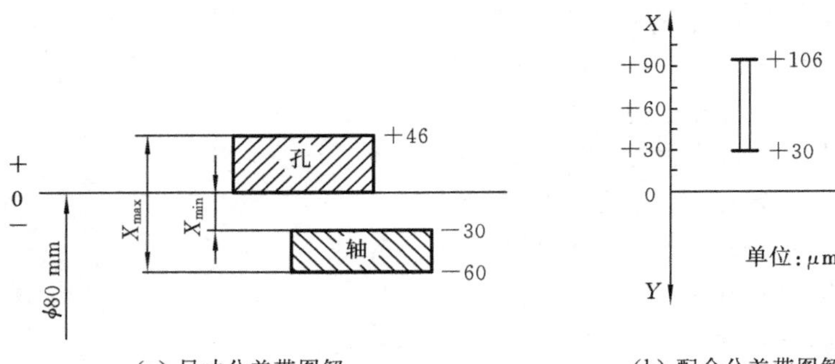

(a) 尺寸公差带图解　　(b) 配合公差带图解

图 2-10　例 2-1 的尺寸公差带图解与配合公差带图解

例 2-2　已知 $D(d)=60$ mm,ES$=+0.030$ mm,EI$=0$ mm,$X_{max}=+0.010$ mm,$Y_{max}=-0.039$ mm。求孔、轴的公称尺寸、极限偏差、极限尺寸、公差,并画出尺寸公差带图解和配合公差带图解,说明该配合属于哪种基准制,是什么性质的配合。

解　由已知条件知:

孔、轴的公称尺寸　$D(d)=60$ mm

孔的极限偏差　ES$=+0.030$ mm,EI$=0$ mm

根据式(2-7)和式(2-10),可计算轴的极限偏差。

由　$X_{max}=D_{max}-d_{min}=ES-ei$

可得　$ei=ES-X_{max}=[(+0.030)-(+0.010)]\ mm=0.020\ mm$

由　$Y_{max}=D_{min}-d_{max}=EI-es$

可得　$es=EI-Y_{max}=[0-(-0.039)]\ mm=+0.039\ mm$

极限尺寸

$$D_{max}=D+ES=[60+(+0.030)]\ mm=60.030\ mm$$
$$D_{min}=D+EI=(60+0)\ mm=60\ mm$$
$$d_{max}=d+es=[60+(+0.039)]\ mm=60.039\ mm$$

$$d_{min}=d+ei=[60+(+0.020)]\ mm=60.020\ mm$$

公差

$$T_D=ES-EI=[(+0.030)-0]\ mm=0.030\ mm$$

$$T_d=es-ei=[(+0.039)-(+0.020)]\ mm=0.019\ mm$$

配合公差

$$T_f=|X_{max}-Y_{max}|=T_D+T_d=0.049\ mm$$

尺寸公差带图解和配合公差带图解如图 2-11 所示。该配合属于基孔制，形成过渡配合。

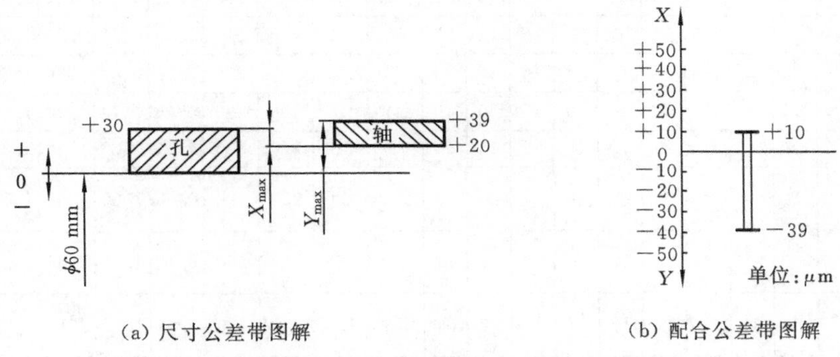

(a) 尺寸公差带图解　　(b) 配合公差带图解

图 2-11　例 2-2 的尺寸公差带图解与配合公差带图解

2.2　标准公差系列、基本偏差系列

如前所述，极限制是标准化了的公差与偏差制度。它包含了标准尺寸公差的数值系列和标准基本偏差的数值系列，从而可以获得标准的极限尺寸，因此称为极限制。标准公差数值系列使孔、轴尺寸公差带的大小标准化，标准极限偏差数值系列使孔、轴公差带的相对位置标准化。GB/T 1800 是以《极限与配合》作为总标题，代替 GB/T 1800—1979 的《公差与配合》。本节主要介绍 GB/T 1800.1—2009 中涉及公差带标准化的有关内容，包括标准公差、基本偏差的有关取值、计算、规律及应用等。

2.2.1　标准公差系列

1. 标准公差系列

标准公差 IT 是指大小已经标准化的公差值，即在国家标准规定的极限与配合制中，用以确定公差带大小的任一公差。标准公差系列由不同公差等级和不同公称尺寸的标准公差构成。

由表 2-1 可见，标准公差数值主要与公称尺寸分段和标准公差等级有关。

表 2-1　标准公差数值

公称尺寸/mm	公差等级																			
	IT01	IT0	IT1	IT2	IT3	IT4	IT5	IT6	IT7	IT8	IT9	IT10	IT11	IT12	IT13	IT14	IT15	IT16	IT17	IT18
	/μm														/mm					
≤3	0.3	0.5	0.8	1.2	2	3	4	6	10	14	25	40	60	100	0.14	0.25	0.40	0.60	1.0	1.4
>3～6	0.4	0.6	1	1.5	2.5	4	5	8	12	18	30	48	75	120	0.18	0.30	0.48	0.75	1.2	1.8
>6～10	0.4	0.6	1	1.5	2.5	4	6	9	15	22	36	58	90	150	0.22	0.36	0.58	0.90	1.5	2.2
>10～18	0.5	0.8	1.2	2	3	5	8	11	18	27	43	70	110	180	0.27	0.43	0.70	1.10	1.8	2.7
>18～30	0.6	1	1.5	2.5	4	6	9	13	21	33	52	84	130	210	0.33	0.52	0.84	1.30	2.1	3.3
>30～50	0.6	1	1.5	2.5	4	7	11	16	25	39	62	100	160	250	0.39	0.62	1.00	1.60	2.5	3.9
>50～80	0.8	1.2	2	3	5	8	13	19	30	46	74	120	190	300	0.46	0.74	1.20	1.90	3.0	4.6
>80～120	1	1.5	2.5	4	6	10	15	22	35	54	87	140	220	350	0.54	0.87	1.40	2.20	3.5	5.4
>120～180	1.2	2	3.5	5	8	12	18	25	40	63	100	160	250	400	0.63	1.00	1.60	2.50	4.0	6.3
>180～250	2	3	4.5	7	10	14	20	29	46	72	115	185	290	460	0.72	1.15	1.85	2.90	4.6	7.2
>250～315	2.5	4	6	8	12	16	23	32	52	81	130	210	320	520	0.81	1.30	2.10	3.20	5.2	8.1
>315～400	3	5	7	9	13	18	25	36	57	89	140	230	360	570	0.89	1.40	2.30	3.60	5.7	8.9
>400～500	4	6	8	10	15	20	27	40	63	97	155	250	400	630	0.97	1.55	2.50	4.00	6.3	9.7
>500～630	—	—	9	11	16	22	30	44	70	110	175	280	440	700	1.10	1.75	2.8	4.4	7.0	11.0
>630～800	—	—	10	13	18	25	35	50	80	125	200	320	500	800	1.25	2.0	3.2	5.0	8.0	12.5
>800～1 000	—	—	11	15	21	29	40	56	90	140	230	360	560	900	1.40	2.3	3.6	5.6	9.0	14.0
>1 000～1 250	—	—	13	18	24	34	46	66	105	165	260	420	660	1050	1.65	2.6	4.2	6.6	10.5	16.0
>1 250～1 600	—	—	15	21	29	40	54	78	125	195	310	500	780	1250	1.95	3.1	5.0	7.8	12.5	19.5
>1 600～2 000	—	—	18	25	35	48	65	92	150	230	370	600	920	1500	2.30	3.7	6.0	9.2	15.0	23.0
>2 000～2 500	—	—	22	30	41	57	77	110	175	280	440	700	1100	1750	2.80	4.4	7.0	11.0	17.5	28.0
>2 500～3 150	—	—	26	36	50	69	93	135	210	330	540	860	1350	2100	3.30	5.4	8.0	13.5	21.0	33.0

注：① 公称尺寸大于 500 mm 的 IT1 至 IT5 的标准公差数值为试行的；

② 公称尺寸小于或等于 1 mm 时，无 IT14～IT18。

2. 标准公差等级

国家标准按照标准公差数值增大的顺序，在公称尺寸至 500 mm 常用尺寸范围内规定 IT01，IT0，IT1，IT2，…，IT18 共 20 个标准公差等级；在公称尺寸在 500～3 150 mm 的尺寸范围内，规定了 IT1～IT18 共 18 个标准公差等级。从 IT01 到 IT18，公差等级依次降低，而相应的公差等级系数依次增大，标准公差值依次增大。

标准公差等级代号用字母 IT(ISO tolerance)和数字组成，例如 IT8。当标准公差等级与代表基本偏差的字母一起组成公差带代号时，应省略字母 IT，如 H8。在极限与配合的国家标准中，同一公差等级对所有公称尺寸的一组公差被认为具有同等精确程度。

3. 标准公差因子 $i(I)$

标准公差因子 $i(I)$是用以确定标准公差的基本单位，是制定标准公差系列表格的基础。标准公差 i 用于公称尺寸至 500 mm；标准公差因子 I 用于公称尺寸大于 500 mm。

尺寸公差是用于控制误差的，因此确定公差值的依据是加工误差的规律性与测量误差的规律性。标准公差因子 $i(I)$ 即用于反映这种规律性，是公称尺寸的函数。根据生产实践、科学试验与统计分析得知：零件的加工误差（主要是加工时的力变形与热变形）与公称尺寸之间呈三次方抛物线关系；测量误差（包括测量时温度不稳定或测量时温度偏离标准温度及量规变形等所引起的误差）基本上与公称尺寸呈线性关系。因此标准规定：

当尺寸≤500 mm 时，标准公差因子 i 的计算公式为

$$i = 0.45\sqrt[3]{D} + 0.001D \tag{2-18}$$

式中：i 为标准公差因子，μm；D 为公称尺寸分段的计算尺寸，mm。

当公称尺寸很小时，第二项所占比例很小；当公称尺寸较大时，第二项所占比例随之增加，即测量误差的影响增大，公差因子随尺寸的增加而加快增大。

对尺寸＞500～3 150 mm 的范围，标准公差因子 I 的计算公式为

$$I = 0.004D + 2.1 \tag{2-19}$$

式中：I 为标准公差因子，μm；D 为公称尺寸分段的计算尺寸，mm。

对大尺寸而言，温度引起的误差、测量产生的误差和形状位置误差等因素的影响将显著增加，并逐步成为零件总加工误差中的主要部分，故国家标准规定的大尺寸标准公差因子与公称尺寸呈线性关系。

4. 标准公差数值的计算

在公称尺寸和公差等级确定的情况下，按国家标准规定的标准公差计算公式计算并圆整得到相应的标准公差数值。公称尺寸≤500 mm 的各公差等级的标准公差计算公式见表 2-2。

表 2-2　公称尺寸≤500 mm 的标准公差计算公式

公差等级	计算公式	公差等级	计算公式	公差等级	计算公式
IT01	$0.3+0.008D$	IT5	$7I$	IT12	$160I$
IT0	$0.5+0.012D$	IT6	$10I$	IT13	$250I$
IT1	$0.8+0.020D$	IT7	$16I$	IT14	$400I$
IT2	$(\mathrm{IT1})\left(\frac{\mathrm{IT5}}{\mathrm{IT1}}\right)^{1/4}$	IT8	$25I$	IT15	$640I$
IT3	$(\mathrm{IT1})\left(\frac{\mathrm{IT5}}{\mathrm{IT1}}\right)^{1/2}$	IT9	$40I$	IT16	$1\ 000I$
		IT10	$64I$	IT17	$1\ 600I$
IT4	$(\mathrm{IT1})\left(\frac{\mathrm{IT5}}{\mathrm{IT1}}\right)^{3/4}$	IT11	$100I$	IT18	$2\ 500I$

注：D 以 mm 计，I 与 IT 均以 μm 计。

对 IT5～IT18 级，标准公差计算公式为

$$IT=\alpha I \tag{2-20}$$

式中：IT 为标准公差；α 为公差等级系数；I 为标准公差。

当公称尺寸一定时，标准公差的大小只取决于公差等级系数 α，从 IT6 开始，公差等级系数 α 符合优先数系，其值按公比 $q_5=\sqrt[5]{10}\approx1.6$ 递增，且每增加五个等级，标准公差值增大 10 倍。

对 IT01、IT0、IT1 三个最高的公差等级，主要考虑测量误差的影响，采用标准公差与公称尺寸之间呈线性关系，三个计算公式中的系数和常数均用优先数系的派生系列 R10/2。

对 IT2、IT3 及 IT4 三个等级，其标准公差值近似在 IT1～IT5 级的数值之间呈几何级数分布，公比为 $\left(\frac{\mathrm{IT5}}{\mathrm{IT1}}\right)^{1/4}$。

公称尺寸在 500～3 150 mm 范围内的标准公差计算公式见表 2-3。

表 2-3　公称尺寸在 500～3 150 mm 范围内的标准公差计算公式

公差等级	计算公式	公差等级	计算公式	公差等级	计算公式
IT1	$2I$	IT7	$16I$	IT13	$250I$
IT2	$2.7I$	IT8	$25I$	IT14	$400I$
IT3	$3.7I$	IT9	$40I$	IT15	$640I$
IT4	$5I$	IT10	$64I$	IT16	$1\ 000I$
IT5	$7I$	IT11	$100I$	IT17	$1\ 600I$
IT6	$10I$	IT12	$160I$	IT18	$2\ 500I$

注：D 以 mm 计，I 与 IT 均以 μm 计。

可见，在国家标准各个公差等级之间，公差分布的规律性较强，便于向高、低等级延伸。例如，IT17 和 IT18 就是在 ISO 公差制基础上延伸的；若需要更高的精度，例如，常用尺寸段需要 IT02 时，亦可延伸。由于 IT01 和 IT1 公差计算式中的系数均采用了优先数系 R10/2，则可推出 IT02 的公差计算式为：$IT02=0.2+0.005D$。需要时，还可插入中间等级，例如 $IT6.5=1.25\times IT6=12.5I$，$IT7.5=1.25\times IT7=20I$，$IT8.5=1.25\times IT8=31.5I$ 等，即按优先数系 R10，公比为 $\sqrt[10]{10}\approx 1.25$ 插入，以满足特殊需求。

5. 公称尺寸分段

根据标准公差计算公式，每一个公称尺寸对应每个公差等级都可计算出一个标准公差值。由于公称尺寸众多，从而形成一个非常庞大的公差数值表，这给生产带来不便，也不利于公差值的标准化、系列化。计算结果表明，当标准公差等级相同，公称尺寸相差不大时，公差值很接近。因此，从减少标准公差的数目、统一公差值、简化公差表格、方便生产应用出发，国家标准对公称尺寸进行分段，见表 2-4。公称尺寸分段后，在同一个尺寸段内的所有尺寸，具有相同的标准公差因子 $i(I)$，则公差等级相同时都用同一个标准公差值。此时，标准公差因子 $i(I)$ 计算式中用于计算的公称尺寸 D 为每一尺寸段中首尾两个尺寸 $D_{首}$、$D_{尾}$ 的几何平均值，即

$$D=\sqrt{D_{首}\times D_{尾}} \tag{2-21}$$

对于≤3 mm 的尺寸段，用于计算的公称尺寸 $D=\sqrt{1\times 3}$。

表 2-4 公称尺寸分段 单位：mm

主段落		中间段落		主段落		中间段落	
大于	至	大于	至	大于	至	大于	至
—	3	无细分段		250	315	250	280
						280	315
3	6			315	400	315	355
6	10					355	400
10	18	10	14	400	500	400	450
		14	18			450	500
18	30	18	24	500	630	500	560
		24	30			560	630
30	50	30	40	630	800	630	710
		40	50			710	800
50	80	50	65	800	1 000	800	900
		65	80			900	1 000
80	120	80	100	1 000	1 250	1 000	1 120
		100	120			1 120	1 250

续表

主段落		中间段落	
大于	至	大于	至
120	180	120	140
		140	160
		160	180
180	250	180	200
		200	225
		225	250

主段落		中间段落	
大于	至	大于	至
1 250	1 600	1 250	1 400
		1 400	1 600
1 600	2 000	1 600	1 800
		1 800	2 000
2 000	2 500	2 000	2 240
		2 240	2 500
2 500	3 150	2 500	2 800
		2 800	3 150

国家标准将公称尺寸分段为主段落和中间段落。一般在标准公差表格中，使用较疏分段的主段落，如表 2-1 所示，分段较密的中间段落，应用于对过盈和间隙比较敏感的配合，如基本偏差表 2-6 及表 2-7 所示，将在 2.2.2 节中阐述。

例 2-3 公称尺寸为 $\phi28$ mm，求 IT6、IT7 的标准公差值。

解 公称尺寸 $\phi28$ mm，属于 $\phi18 \sim \phi30$ 尺寸段，则

$$D=\sqrt{18\times30}\ \text{mm}\approx23.24\ \text{mm}$$

标准公差因子

$$I=0.45\sqrt[3]{D}+0.001D=(0.45\sqrt[3]{23.24}+0.001\times23.24)\ \mu\text{m}\approx1.31\ \mu\text{m}$$

由表 2-2 查得 IT6=10I，IT7=16I，则

$$\text{IT6}=10I=10\times1.31\ \mu\text{m}=13.1\ \mu\text{m}\approx13\ \mu\text{m}$$

$$\text{IT7}=16I=16\times1.31\ \mu\text{m}=20.96\ \mu\text{m}\approx21\ \mu\text{m}$$

以首尾两个尺寸 $D_{首}$、$D_{尾}$ 的几何平均值计算出的标准公差值，尾数按国家标准规定的尾数化整规则化整后，便得到表 2-1 所示的标准公差数值表，以供查用。

2.2.2 基本偏差系列

根据前面的术语及定义可知，基本偏差是用于确定公差带相对于零线位置的那个极限偏差，可以是上极限偏差或者下极限偏差，一般指靠近零线的那个偏差。它是使公差带相对于零线位置标准化的唯一参数。不同的基本偏差获得不同位置的公差带，组成各种不同性质、不同松紧程度的配合，以满足机器各种各样功能的需求。

1. 基本偏差代号及特点

GB/T 1800.1—2009 对孔和轴分别规定了 28 种基本偏差，形成图 2-12 所示的基本偏差系列。基本偏差的代号用拉丁字母表示，大写表示孔，小写表示轴。在原有的 26 个拉丁字母中去掉 5 个易与其他含义相混淆的字母 I(i)、L(l)、O(o)、Q(q)、W(w)，同时，为

满足某些配合的需要，又增加了 7 个双写字母 CD(cd)、EF(ef)、FG(fg)、JS(js)、ZA(za)、ZB(zb)、ZC(zc)，即可分别得到孔、轴的 28 个基本偏差代号。这 28 个基本偏差代号反映了 28 种公差带的位置。

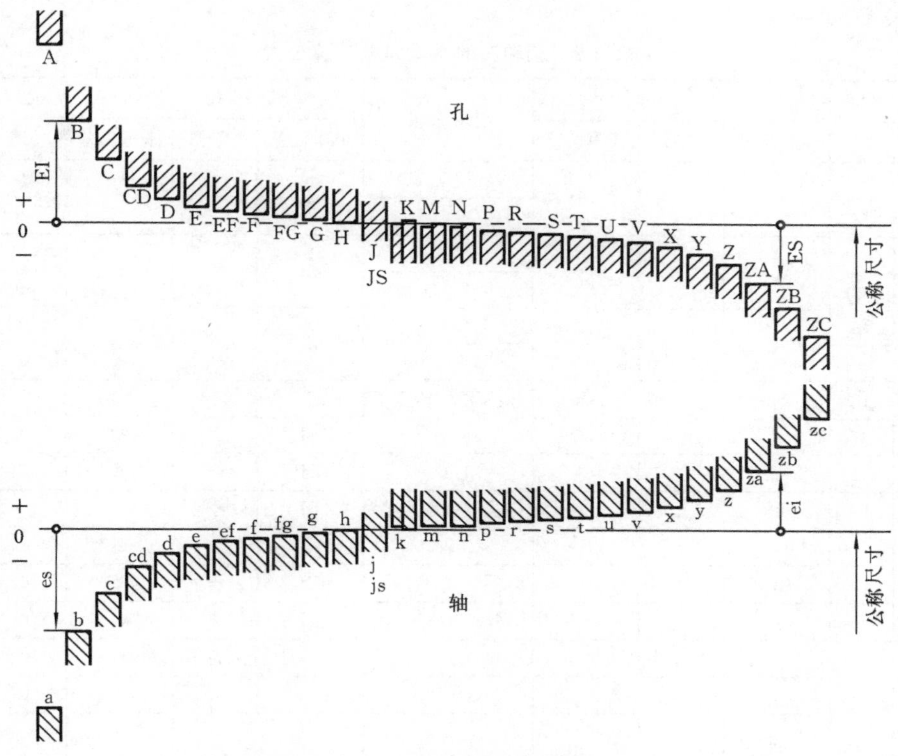

图 2-12 基本偏差系列

其中，JS 和 js 在各个公差等级中完全对称，因此，基本偏差可为上极限偏差(+IT/2)，也可为下极限偏差(−IT/2)，其值与公差等级有关。JS 和 js 将逐渐取代近似对称偏差 J 和 j，故在国家标准中，孔仅保留了 J6、J7、J8，轴仅保留了 j5、j6、j7、j8 等几种。

在基本偏差系列图中，仅绘出了公差带一端(基本偏差)的界限，而公差带另一端的界限未绘出，以说明公差带的大小在同一公称尺寸上还取决于公差等级的高低。因此，通常公差带可以用基本偏差代号和公差等级数字来完全表示，如孔公差带 H8、D9，轴公差带 h6、b7 等。

对于孔：A～H 的基本偏差为下极限偏差 EI，其绝对值依次减小；J～ZC 的基本偏差为上极限偏差 ES，其绝对值依次增大；H 为基准孔，基本偏差为零。

对于轴：a～h 的基本偏差为上极限偏差 es，其绝对值依次减小；j～zc 的基本偏差为下极限偏差 ei，其绝对值依次增大；h 为基准轴，基本偏差为零。

2. 轴的基本偏差

轴的基本偏差数值是在基孔制的基础上，根据所要求的不同配合性质来计算确定的。计算公式是在设计要求、生产经验、科学试验的基础上经过数理统计分析整理出的经验公式(见表 2-5)。

表 2-5 轴和孔的基本偏差计算公式 单位:mm

公称尺寸		轴			计算公式	孔			公称尺寸	
大于	至	基本偏差	符号	极限偏差		极限偏差	符号	基本偏差	大于	至
1	120	a	−	es	$265+1.3D$	EI	+	A	1	120
120	500				$3.5D$				120	500
1	160	b	−	es	$\approx 140+0.85D$	EI	+	B	1	160
160	500				$1.8D$				160	500
0	40	c	−	es	$52D^{0.2}$	EI	+	C	0	40
40	500				$95+0.8D$				40	500
0	10	cd	−	es	$\sqrt{\mathrm{c}\cdot\mathrm{d}}$或$\sqrt{\mathrm{C}\cdot\mathrm{D}}$	EI	+	CD	0	10
0	3 150	d	−	es	$16D^{0.44}$	EI	+	D	0	3 150
0	3 150	e	−	es	$11D^{0.41}$	EI	+	E	0	3 150
0	10	ef	−	es	$\sqrt{\mathrm{e}\cdot\mathrm{f}}$或$\sqrt{\mathrm{E}\cdot\mathrm{F}}$	EI	+	EF	0	10
0	3 150	f	−	es	$5.5D^{0.41}$	EI	+	F	0	3 150
0	10	fg	−	es	$\sqrt{\mathrm{f}\cdot\mathrm{g}}$或$\sqrt{\mathrm{F}\cdot\mathrm{G}}$	EI	+	FG	0	10
0	3 150	g	−	es	$2.5D^{0.34}$	EI	+	G	0	3 150
0	3 150	h	无符号		0	EI	无符号	H	0	3 150
0	500	j			没有公式			J	0	500
0	3 150	js	+ −	es ei	$0.5\mathrm{IT}_n$	EI ES	+ −	JS	0	3 150
0	500	k	+	ei	$+0.6\sqrt[3]{D}$	ES	−	K	0	500
500	3 150		无符号		0	ES	无符号		500	3 150
0	500	m	+	ei	IT7−IT6	ES	−	M	0	500
500	3 150				$0.024D+12.6$		−		500	3 150
0	500	n	+	ei	$5D^{0.34}$	ES	−	N	0	500
500	3 150				$0.04D+21$		−		500	3 150
0	500	p	+	ei	IT7+(0～5)	ES	−	P	0	500
500	3 150				$0.072D+37.8$		−		500	3 150
0	3 150	r	+	ei	$\sqrt{\mathrm{p}\cdot\mathrm{s}}$或$\sqrt{\mathrm{P}\cdot\mathrm{S}}$	ES	−	R	0	3 150
0	50	s	+	ei	IT8+(1～4)	ES	−	S	0	50
50	3 150				IT7+$0.4D$	ES	−		50	3 150
24	3 150	t	+	ei	IT7+$0.63D$	ES	−	T	24	3 150

续表

公称尺寸		轴			计算公式	孔			公称尺寸	
大于	至	基本偏差	符号	极限偏差		极限偏差	符号	基本偏差	大于	至
0	3 150	u	+	ei	IT7+D	ES	—	U	0	3 150
14	500	v	+	ei	IT7+1.25D	ES	—	V	14	500
0	500	x	+	ei	IT7+1.6D	ES	—	X	0	500
18	500	y	+	ei	IT7+2D	ES	—	Y	18	500
0	500	z	+	ei	IT7+2.5D	ES	—	Z	0	500
0	500	za	+	ei	IT8+3.15D	ES	—	ZA	0	500
0	500	zb	+	ei	IT9+4D	ES	—	ZB	0	500
0	500	zc	+	ei	IT10+5D	ES	—	ZC	0	500

注:① 公式中 D 为公称尺寸的分段计算值,mm,基本偏差的计算结果以 μm 计;

② 公称尺寸至 500 mm 轴的基本偏差 k 的计算公式仅适用于标准公差等级 IT4 至 IT7,对所有其他公称尺寸和所有其他标准公差等级的基本偏差 k=0;孔的基本偏差 K 的计算公式仅适用于标准公差等级小于或等于 IT8,对所有其他公称尺寸和所有其他标准公差等级的基本偏差K=0。

a~h 用于间隙配合,其基本偏差的绝对值等于与基准孔配合的最小间隙。其中,a、b、c 用于大间隙和热动配合,考虑发热膨胀的影响,采用与直径成正比关系的公式计算(其中 c 用于直径大于 40 mm 时)。d、e、f 主要用于在一定转速时能形成油膜支承的结构,为了保证良好的液体摩擦,理论上最小间隙应与直径成二次方根关系,但考虑到表面粗糙度的影响,间隙应适当减小,故 d、e、f 的计算公式是按此要求确定的。g 主要用于滑动、定心和半液体摩擦等配合,间隙要求小,所以直径的指数比 d~f 有所减小。基本偏差 cd、ef、fg 的绝对值,分别按 c 与 d、e 与 f、f 与 g 绝对值的几何平均值确定,仅适用于尺寸较小(10 mm 以下)的旋转运动件。

j~n 主要用于过渡配合。其基本偏差 ei 是按与一定等级的孔相配合时的最大间隙不超出一定值来确定的。其中 j,主要用于和轴承相配的轴,其数值纯属经验数据。对于 k,规定 k4~k7 的基本偏差 ei=+0.6 $\sqrt[3]{D}$,其值很小,只有 1~5 μm,对于其余的公差等级,均取 ei=0。对于 m,是按 m6 和 H7(最常用的基准孔)配合时,两者的上极限偏差相当来确定的。所以 m 的基本偏差 ei=+(IT7−IT6)。对于 n,按它与 H6 配合为过盈配合,而与 H7 配合时为过渡配合来考虑的,所以,n 的数值大于 IT6 而小于 IT7,取 ei=+5$D^{0.34}$。

p~zc 主要用于过盈配合,从保证配合的主要特性——最小过盈来考虑,而且大多数按它们与最常用的基准孔 H7 相配合为基础来考虑。如 p 与 H7 配合时要求有几个微米的最小过盈,所以 ei=IT7+(0~5 μm)。基本偏差 r 按 p 与 s 的几何平均值确定。对于 s,当 $D\leqslant 50$ mm 时,要求与 H8 配合有几个微米的最小过盈,故 ei=IT8+(1~4 μm)。从 $D>50$ mm 的 s 起,包括 t、u、v、x、y、z 等,要求它们与 H7 配合时,最小过盈依次为 0.4D、

0.63D、D、1.25D、1.6D、2D、2.5D，而 za、zb、zc 分别与 H8、H9、H10 配合时，最小过盈依次为 3.15D、4D 和 5D，以上最小过盈的系数符合优先数系，规律性较好，便于应用。

利用表 2-5 中轴基本偏差的计算公式，将尺寸分段的几何平均值带入这些公式求得对应数值，经过尾数圆整后，得到轴的基本偏差数值，如表 2-6 所示，可供在实际应用中方便快捷地查找。

轴的基本偏差确定后，另一个极限偏差可根据轴的基本偏差和标准公差进行计算，有

$$ei=es-IT \tag{2-22}$$

或

$$es=ei+IT \tag{2-23}$$

表 2-6　公称尺寸至 500 mm 国家标准轴的基本偏差　　单位：μm

基本偏差		上极限偏差(es)											js	下极限偏差(ei)				
		a①	b①	c	cd	d	e	ef	f	fg	g	h		j			k	
公称尺寸/mm		公差等级																
大于	至	所有的级												5、6	7	8	4～7	≤3 >7
—	3	−270	−140	−60	−34	−20	−14	−10	−6	−4	−2	0		−2	−4	−6	0	0
3	6	−270	−140	−70	−46	−30	−20	−14	−10	−6	−4	0		−2	−4	—	+1	0
6	10	−280	−150	−80	−56	−40	−25	−18	−13	−8	−5	0		−2	−5	—	+1	0
10	18	−290	−150	−95	—	−50	−32	—	−16	—	−6	0		−3	−6	—	+1	0
18	30	−300	−160	−110	—	−65	−40	—	−20	—	−7	0		−4	−8	—	+2	0
30	40	−310	−170	−120	—	−80	−50	—	−25	—	−9	0		−5	−10	—	+2	0
40	50	−320	−180	−130														
50	65	−340	−190	−140	—	−100	−60	—	−30	—	−10	0		−7	−12	—	+2	0
65	80	−360	−200	−150														
80	100	−380	−220	−170	—	−120	−72	—	−36	—	−12	0	偏差=±IT_n/2（IT_n 是 IT 值）	−9	−15	—	+3	0
100	120	−410	−240	−180														
120	140	−460	−260	−200	—	−145	−85	—	−43	—	−14	0		−11	−18	—	+3	0
140	160	−520	−280	−210														
160	180	−580	−310	−230														
180	200	−660	−340	−240	—	−170	−100	—	−50	—	−15	0		−13	−21	—	+4	0
200	225	−740	−380	−260														
225	250	−820	−420	−280														
250	280	−920	−480	−300	—	−190	−110	—	−56	—	−17	0		−16	−26	—	+4	0
280	315	−1 050	−540	−330														
315	355	−1 200	−600	−360	—	−210	−125	—	−62	—	−18	0		−18	−28	—	+4	0
355	400	−1 350	−680	−400														
400	450	−1 500	−760	−440	—	−230	−135	—	−68	—	−20	0		−20	−32	—	+5	0
450	500	−1 650	−840	−480														

续表

基本偏差		下极限偏差													
		m	n	p	r	s	t	u	v	x	y	z	za	zb	zc
公称尺寸/mm		公差等级													
大于	至	所有的级													
—	3	+2	+4	+6	+10	+14	—	+18	—	+20	—	+26	+32	+40	+60
3	6	+4	+8	+12	+15	+19	—	+23	—	+28	—	+35	+42	+50	+80
6	10	+6	+10	+15	+19	+23	—	+28	—	+34	—	+42	+52	+67	+97
10	14	+7	+12	+18	+23	+28	—	+33	—	+40	—	+50	+64	+90	+130
14	18								+39	+45	—	+60	+77	+108	+150
18	24	+8	+15	+22	+28	+35	—	+41	+47	+54	+63	+73	+98	+136	+188
24	30						+41	+48	+55	+64	+75	+88	+118	+160	+218
30	40	+9	+17	+26	+34	+43	+48	+60	+68	+80	+94	+112	+148	+200	+274
40	50						+54	+70	+81	+97	+114	+136	+180	+242	+325
50	65	+11	+20	+32	+41	+53	+66	+87	+102	+122	+144	+172	+226	+300	+405
65	80				+43	+59	+75	+102	+120	+146	+174	+210	+274	+360	+480
80	100	+13	+23	+37	+51	+71	+91	+124	+146	+178	+214	+258	+335	+445	+585
100	120				+54	+79	+104	+144	+172	+210	+254	+310	+400	+525	+690
120	140	+15	+27	+43	+63	+92	+122	+170	+202	+248	+300	+365	+470	+620	+800
140	160				+65	+100	+134	+190	+228	+280	+340	+415	+535	+700	+900
160	180				+68	+108	+146	+210	+252	+310	+380	+465	+600	+780	+1 000
180	200	+17	+31	+50	+77	+122	+166	+236	+284	+350	+425	+520	+670	+880	+1 150
200	225				+80	+130	+180	+258	+310	+385	+470	+575	+740	+960	+1 250
225	250				+84	+140	+196	+284	+340	+425	+520	+640	+820	+1 050	+1 350
250	280	+20	+34	+56	+94	+158	+218	+315	+385	+475	+580	+710	+920	+1 200	+1 550
280	315				+98	+170	+240	+350	+425	+525	+650	+790	+1 000	+1 300	+1 700
315	355	+21	+37	+62	+108	+190	+268	+390	+475	+590	+730	+900	+1 150	+1 500	+1 900
355	400				+114	+208	+294	+435	+530	+660	+820	+1 000	+1 300	+1 650	+2 100
400	450	+23	+40	+68	+126	+232	+330	+490	+595	+740	+920	+1 100	+1 450	+1 850	+2 400
450	500				+132	+252	+360	+540	+660	+820	+1 000	+1 250	+1 600	+2 100	+2 600

注：① 1 mm 以下各级 a 和 b 均不采用；

② js 的数值，对 IT7 至 IT11，若 IT_n 的数值(μm)为奇数，则取 $js=\pm\frac{IT_n-1}{2}$。

3. 孔的基本偏差

孔的基本偏差是以基轴制配合为基础制定的。由于构成基本偏差公式所考虑的因素是一致的，所以孔的基本偏差与相同代号的轴的基本偏差计算公式相同(见表 2-5)。故孔的基本偏差也可由相同代号的轴的基本偏差换算得到。换算的前提是：在孔和轴为同一公差等级或孔比轴低一级配合的条件下，当基轴制配合中孔的基本偏差代号与基孔制配合中轴的基本偏差代号相当(如 ϕ40B9/h9 中孔的 B 对应于 ϕ40H9/b9 中轴的 b)时，其基本偏差的对应关系，应保证按基轴制形成的配合(例如 ϕ80D9/h9)与按基孔制形成的配合(例如 ϕ80H9/d9)相同。

根据上述原则，孔的基本偏差可按以下两种规则换算，如图 2-13 所示。

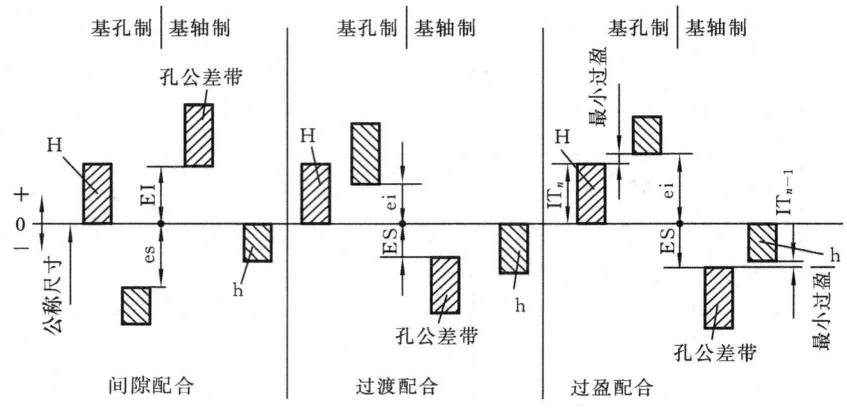

图 2-13 同代号孔与轴基本偏差关系

1) 通用规则

同一字母表示的孔的基本偏差与轴的基本偏差相对于零线的位置是完全对称的，即孔与轴的基本偏差代号对应(例如 A 对应 a)时，两者的基本偏差的绝对值相等，而符号相反，即

$$ES=-ei \tag{2-24}$$

$$EI=-es \tag{2-25}$$

通用规则适合于以下情况。

(1) 公称尺寸≤500 mm 的 A～H，因其基本偏差 EI 和对应轴的基本偏差 es 的绝对值都等于最小间隙，故不论孔与轴是否采用同级配合，均按通用规则确定，即 EI=−es。

(2) 公称尺寸≤500 mm 的 K～ZC，因标准公差大于 IT8 的 K、M、N 和大于 IT7 的 P 至 ZC，一般孔轴采用同级配合，故按通用规则确定，即 ES=−ei。但标准公差>IT8、公称尺寸>3 mm 的 N 例外，其基本偏差 ES=0。

2）特殊规则

用同一字母表示孔、轴基本偏差时，孔的基本偏差 ES 和轴的基本偏差 ei 符号相反，而绝对值相差一个 Δ 值。因为在常用尺寸段（公称尺寸≤500 mm）的较高公差等级中，孔的加工、测量比同一公差等级的轴困难，因而常采用孔比轴低一级相配合，即异级配合，此时必须按照特殊规则来确定孔的基本偏差，才能保证所形成的基轴制配合与同代号的基孔制配合具有相同的配合性质。

基孔制配合时

$$Y_{\min}=\mathrm{ES}-\mathrm{ei}=+\mathrm{IT}_n-\mathrm{ei}$$

基轴制配合时

$$Y_{\min}=\mathrm{ES}-\mathrm{ei}=\mathrm{ES}-(-\mathrm{IT}_{(n-1)})$$

要求具有相同的配合性质，故有

$$+\mathrm{IT}_n-\mathrm{ei}=\mathrm{ES}+\mathrm{IT}_{(n-1)}$$

由此得出孔基本偏差

$$\mathrm{ES}=-\mathrm{ei}+\Delta \tag{2-26}$$

$$\Delta=\mathrm{IT}_n-\mathrm{IT}_{(n-1)} \tag{2-27}$$

式中：IT_n 为某一级孔的标准公差；$\mathrm{IT}_{(n-1)}$ 为比某一级孔高一级的轴的标准公差。

特殊规则适用于公称尺寸≤500 mm，标准公差≤IT8的 J、K、M、N 和标准公差≤IT7 的 P 至 ZC 的孔。

当孔的基本偏差确定后，求其另一个极限偏差（上极限偏差或下极限偏差），亦可根据孔的基本偏差和标准公差，有

$$\mathrm{EI}=\mathrm{ES}-\mathrm{IT} \tag{2-28}$$

或

$$\mathrm{ES}=\mathrm{EI}+\mathrm{IT} \tag{2-29}$$

按上述孔的计算公式和基本偏差换算规则，国家标准列出孔的基本偏差数值，表 2-7 所示为公称尺寸不大于 500 mm 的孔的基本偏差数值表，实际应用时可直接从表 2-7 中查取。

表 2-8 所示为公称尺寸在 500～3 150 mm 范围内的轴和孔的基本偏差数值表。对该尺寸段的所有公差，由于孔和轴一律采用同级配合，因此孔的基本偏差的计算遵从通用规则，即同代号的轴和孔，其基本偏差的绝对值相等，而符号相反。从表中可以看出，一般情况下，公差等级只用到 IT6～IT16 级范围，基本偏差只用到 d(D)～u(U)范围，在此范围内不用 cd(CD)、ef(EF)、fg(FG)和 j(J)等基本偏差。g 和 G 相对于大尺寸来说基本偏差数值很小，由于测量误差等因素的存在，想让它形成间隙配合的可能性很小，所以在表 2-8 中对 g 和 G 加有括号，选用时要特别注意。

表 2-7　公称尺寸至 500 mm 国家标准孔的基本偏差

单位：μm

基本偏差		下极限偏差(EI)											Js	上极限偏差(ES)								
		A	B	C	CD	D	E	EF	F	FG	G	H		J			K		M		N	
公称尺寸/mm		公差等级																				
大于	至	所有的级												6	7	8	≤8	>8	≤8	>8	≤8	>8
—	3	+270	+140	+60	+34	+20	+14	+10	+6	+4	+2	0		+2	+4	+6	0	0	−2	−2	−4	−4
3	6	+270	+140	+70	+46	+30	+20	+14	+10	+6	+4	0		+5	+6	+10	−1+Δ	—	−4+Δ	−4	−8+Δ	0
6	10	+280	+150	+80	+56	+40	+25	+18	+13	+8	+5	0		+5	+8	+12	−1+Δ	—	−6+Δ	−6	−10+Δ	0
10	14	+290	+150	+95	—	+50	+32	—	+16	—	+6	0		+6	+10	+15	−1+Δ	—	−7+Δ	−7	−12+Δ	0
14	18																					
18	24	+300	+160	+110	—	+65	+40	—	+20	—	+7	0		+8	+12	+20	−2+Δ	—	−8+Δ	−8	−15+Δ	0
24	30																					
30	40	+310	+170	+120	—	+80	+50	—	+25	—	+9	0		+10	+14	+24	−2+Δ	—	−9+Δ	−9	−17+Δ	0
40	50	+320	+180	+130																		
50	65	+340	+190	+140	—	+100	+60	—	+30	—	+10	0		+13	+18	+28	−2+Δ	—	−11+Δ	−11	−20+Δ	0
65	80	+360	+200	+150																		
80	100	+380	+220	+170	—	+120	+72	—	+36	—	+12	0	偏差=±IT_n/2（IT_n是IT值）	+16	+22	+34	−3+Δ	—	−13+Δ	−13	−23+Δ	0
100	120	+410	+240	+180																		
120	140	+460	+260	+200	—	+145	+85	—	+43	—	+14	0		+18	+26	+41	−3+Δ	—	−15+Δ	−15	−27+Δ	0
140	160	+520	+280	+210																		
160	180	+580	+310	+230																		
180	200	+660	+340	+240	—	+170	+100	—	+50	—	+15	0		+22	+30	+47	−4+Δ	—	−17+Δ	−17	−31+Δ	0
200	225	+740	+380	+260																		
225	250	+820	+420	+280																		
250	280	+920	+480	+300	—	+190	+110	—	+56	—	+17	0		+25	+36	+55	−4+Δ	—	−20+Δ	−20	−34+Δ	0
280	315	+1 050	+540	+330																		
315	355	+1 200	+600	+360	—	+210	+125	—	+62	—	+18	0		+29	+39	+60	−4+Δ	—	−21+Δ	−21	−37+Δ	0
355	400	+1 350	+680	+400																		
400	450	+1 500	+760	+440	—	+230	+135	—	+68	—	+20	0		+33	+43	+66	−5+Δ	—	−23+Δ	−23	−40+Δ	0
450	500	+1 650	+840	+480																		

续表

基本偏差		上极限偏差													Δ[②]/μm					
		P到ZC	P	R	S	T	U	V	X	Y	Z	ZA	ZB	ZC						
公称尺寸/mm		公差等级																		
大于	至	≤7	>7级												3	4	5	6	7	8
—	3	在>7级的相应数值上增加一个Δ值	−6	−10	−14	—	−18	—	−20	—	−26	−32	−40	−60	0					
3	6		−12	−15	−19	—	−23	—	−28	—	−35	−42	−50	−80	1	1.5	1	3	4	6
6	10		−15	−19	−23	—	−28	—	−34	—	−42	−52	−67	−97	1	1.5	2	3	6	7
10	14		−18	−23	−28	—	−33	—	−40	—	−50	−64	−90	−130	1	2	3	3	7	9
14	18							−39	−45	—	−60	−77	−108	−150						
18	24		−22	−28	−35	—	−41	−47	−54	−63	−73	−98	−136	−188	1.5	2	3	4	8	12
24	30					−41	−48	−55	−64	−75	−88	−118	−160	−218						
30	40		−26	−34	−43	−48	−60	−68	−80	−94	−112	−148	−200	−274	1.5	3	4	5	9	14
40	50					−54	−70	−81	−97	−114	−136	−180	−242	−325						
50	65		−32	−41	−53	−66	−87	−102	−122	−144	−172	−226	−300	−405	2	3	5	6	11	16
65	80			−43	−59	−75	−102	−120	−146	−174	−210	−274	−360	−480						
80	100		−37	−51	−71	−91	−124	−146	−178	−214	−258	−335	−445	−585	2	4	5	7	13	19
100	120			−54	−79	−104	−144	−172	−210	−254	−310	−400	−525	−690						
120	140		−43	−63	−92	−122	−170	−202	−248	−300	−365	−470	−620	−800	3	4	6	7	15	23
140	160			−65	−100	−134	−190	−228	−280	−340	−415	−535	−700	−900						
160	180			−68	−108	−146	−210	−252	−310	−380	−465	−600	−780	−1 000						
180	200		−50	−77	−122	−166	−236	−284	−350	−425	−520	−670	−880	−1 150	3	4	6	9	17	26
200	225			−80	−130	−180	−258	−310	−385	−470	−575	−740	−960	−1 250						
225	250			−84	−140	−196	−284	−340	−425	−520	−640	−820	−1 050	−1 350						
250	280		−56	−94	−158	−218	−315	−385	−475	−580	−710	−920	−1 200	−1 550	4	4	7	9	20	29
280	315			−98	−170	−240	−350	−425	−525	−650	−790	−1 000	−1 300	−1 700						
315	355		−62	−108	−190	−268	−390	−475	−590	−730	−900	−1 150	−1 500	−1 900	4	5	7	11	21	32
355	400			−114	−208	−294	−435	−530	−660	−820	−1 000	−1 300	−1 650	−2 100						
400	450		−68	−126	−232	−330	−490	−595	−740	−920	−1 100	−1 450	−1 850	−2 400	5	5	7	13	23	34
450	500			−132	−252	−360	−540	−660	−820	−1 000	−1 250	−1 600	−2 100	−2 600						

注:①1 mm以下,各级的A和B及大于IT8级的N均不采用;②标准公差≤IT8的K、M、N和标准公差≤IT7的P至ZC,从表的右侧选取Δ值;③特殊情况,当公称尺寸大于250至315 mm时,M6的ES等于−9(代替−11);④JS的数值,对IT7至IT11,若ITn的数值(μm)为奇数,则取JS=$\pm\frac{IT(n-1)}{2}$。

表 2-8 公称尺寸在 500～3 150 mm 范围内国家标准孔与轴的基本偏差 单位:μm

轴	代号	基本偏差代号		d	e	f	(g)	h	js	k	m	n	p	r	s	t	u
		公差等级		6～18													
	偏差	表中偏差为		es						ei							
		另一偏差计算式		ei=es−IT						es=ei+IT							
		表中偏差正负号		−	−	−	−				+	+	+	+	+	+	+
直径分段/mm	>500～560		偏差数值/μm	260	145	76	22	0	偏差=±IT/2	0	26	44	78	150	280	400	600
	>560～630													155	310	450	660
	>630～710			290	160	80	24	0		0	30	50	88	175	340	500	740
	>710～800													185	380	560	840
	>800～900			320	170	86	26	0		0	34	56	100	210	430	620	940
	>900～1 000													220	470	680	1 050
	>1 000～1 120			350	195	98	28	0		0	40	66	120	250	520	780	1 150
	>1 120～1 250													260	580	840	1 350
	>1 250～1 400			390	220	110	30	0		0	48	78	140	300	640	960	1 450
	>1 400～1 600													330	720	1 050	1 600
	>1 600～1 800			430	240	120	32	0		0	58	92	170	370	820	1 200	1 850
	>1 800～2 000													400	920	1 350	2 000
	>2 000～2 240			480	260	130	34	0		0	68	110	195	440	1 000	1 500	2 300
	>2 240～2 500													460	1 100	1 650	2 500
	>2 500～2 800			520	290	145	38	0		0	76	135	240	550	1 250	1 900	2 900
	>2 800～3 150													580	1 400	2 100	3 200
孔	偏差	表中偏差正负号		+	+	+	+	+			−	−	−	−	−	−	−
		另一偏差计算式		ES=EI+IT						EI=ES−IT							
		表中偏差为		EI						ES							
	代号	公差等级		6～18													
		基本偏差代号		D	E	F	(G)	H	JS	K	M	N	P	R	S	T	U

2.2.3 公差、偏差和配合的表示

1. 公差带的表示

公差带用基本偏差的字母和公差等级数字表示。例如,H7 表示孔公差带,h7 表示轴公差带。

2. 公差尺寸的表示

公差尺寸用公称尺寸后跟所要求的公差带或(和)对应的偏差值表示。例如:32H7,80js15,100g6,$100^{-0.012}_{-0.034}$,100g6($^{-0.012}_{-0.034}$)。当使用字母组的装置传输信息时,例如电报,在标注前加注以下字母:对于孔为 H 或 h;对于轴为 S 或 s。

3. 配合的表示

配合用相同的公称尺寸后跟孔、轴公差带表示，孔、轴公差带写成分数形式，分子为孔公差带，分母为轴公差带。例如：52H7/g6 或 $52\ \dfrac{\text{H7}}{\text{g6}}$。当使用字母组的装置传输信息时，例如电报，在标注前加注以下字母：对于孔为 H 或 h；对于轴为 S 或 s。

例 2-4 试确定 ϕ90k7 的极限偏差。

解 从表 2-6 查得，ϕ90 属于 80～100 公称尺寸段，故轴的基本偏差 k 代表极限偏差下偏差，即

$$ei=+3\ \mu\text{m}$$

从表 2-1 查得，ϕ90 的轴的标准公差 IT7＝35 μm，则轴的另一个极限偏差，即上偏差为

$$es=ei+IT7=(3+35)\ \mu\text{m}=+38\ \mu\text{m}$$

例 2-5 查表确定 ϕ80D9/h9、ϕ80H9/d9、ϕ30H7/m6、ϕ30M7/h6 配合中孔和轴的极限偏差。

解 (1) 对 ϕ80D9/h9，查表 2-1，得

$$IT9=74\ \mu\text{m}$$

查表 2-7，得

ϕ80D9 的基本偏差 $EI=+0.100\ \text{mm}$

上偏差 $ES=EI+IT9=(+0.100+0.074)\ \text{mm}=+0.174\ \text{mm}$

ϕ80h9 的基本偏差 $es=0$

下偏差 $ei=es-IT9=(0-0.074)\ \text{mm}=-0.074\ \text{mm}$

故 $$\phi 80\ \frac{\text{D9}}{\text{h9}}\left(\frac{^{+0.174}_{+0.100}}{^{\ \ 0}_{-0.074}}\right)$$

(2) 对 ϕ80H9/d9，查表 2-6 得

ϕ80d9 的基本偏差 $es=-0.100\ \text{mm}$

下偏差 $ei=es-IT9=[(-0.100)-0.074]\ \text{mm}=-0.174\ \text{mm}$

ϕ80H9 的基本偏差 $EI=0$

上偏差 $ES=EI+IT9=(0+0.074)\ \text{mm}=+0.074\ \text{mm}$

故 $$\phi 80\ \frac{\text{H9}}{\text{d9}}\left(\frac{^{+0.074}_{\ \ 0}}{^{-0.100}_{-0.174}}\right)$$

(3) 对 ϕ30H7/m6，查表 2-1，得

$$IT7=0.021\ \text{mm},\quad IT6=0.013\ \text{mm}$$

查表 2-7，得

ϕ30m6 的基本偏差 $ei=+0.008\ \text{mm}$

上偏差　　$es=ei+IT6=[(+0.008)+0.013]mm=+0.021\ mm$

$\phi30H7$ 的基本偏差　　$EI=0$

上偏差　　$ES=EI+IT7=(0+0.021)\ mm=+0.021\ mm$

故　　$\phi30\,\dfrac{H7}{m6}\left(\dfrac{^{+0.021}_{\ \ 0}}{^{+0.021}_{+0.008}}\right)$

(4) 对 $\phi30M7/h6$,查表 2-7,得

$\phi30M7$ 的基本偏差 $ES=-0.008+\Delta=(-0.008+0.008)\ mm=0$

下偏差　　$EI=ES-IT7=(0-0.021)\ mm=-0.021\ mm$

$\phi30h6$ 的基本偏差　　$es=0$

下偏差　　$ei=es-IT6=(0-0.013)\ mm=-0.013\ mm$

故　　$\phi80\,\dfrac{M7}{h6}\left(\dfrac{^{\ \ 0}_{-0.021}}{^{\ \ 0}_{-0.013}}\right)$

例 2-6　已知孔、轴公差带 $\phi25F7(^{+0.041}_{+0.020})$、$\phi25r6(^{+0.041}_{+0.028})$,试确定下列配合 $\phi25H7/f6$、$\phi25F7/h6$、$\phi25R7/h6$、$\phi25H7/r6$ 中的孔、轴的极限偏差(不查表),计算其配合性质并绘出尺寸公差带图解比较。

解　由已知条件可求得公称尺寸为 $\phi25$ mm 时

$$IT7=(+0.041)-(+0.020)=0.021\ mm$$

$$IT6=(+0.041)-(+0.028)=0.013\ mm$$

(1) 对 $\phi25H7/f6$:

$\phi25f6$ 轴的基本偏差按通用规则确定。已知 $\phi25F7$ 的基本偏差 $EI=+0.020$ mm,则

$\phi25f6$ 的基本偏差　　$es=-EI=-0.020\ mm$

下偏差　　$ei=es-IT6=(-0.020-0.013)\ mm=-0.033\ mm$

基准孔 $\phi25H7$ 的基本偏差　　$EI=0$

上偏差　　$ES=EI+IT7=(0+0.021)\ mm=+0.021\ mm$

极限间隙

$$X_{max}=ES-ei=[(+0.021)-(-0.033)]\ mm=+0.054\ mm$$

$$X_{min}=EI-es=[0-(-0.020)]\ mm=+0.020\ mm$$

$$T_f=|X_{max}-X_{min}|=0.034\ mm$$

尺寸公差带图解如图 2-14(a)所示。

(2) 对 $\phi25F7/h6$:

已知 $\phi25F7$ 的基本偏差 $EI=+0.020$ mm,则

上偏差　　$ES=EI+IT7=(+0.020+0.021)\ mm=+0.041\ mm$

$\phi25h6$ 的基本偏差　　$es=0$

下偏差　　$ei=es-IT6=(0-0.013)\ mm=-0.013\ mm$

极限间隙分别为

$$X_{max}=ES-ei=[(+0.041)-(-0.013)]\ mm=+0.054\ mm$$

$$X_{min}=EI-es=[(+0.020)-0]\ mm=+0.020\ mm$$

$$T_f=|X_{max}-X_{min}|=0.034\ mm$$

尺寸公差带图解如图 2-14(b)所示。

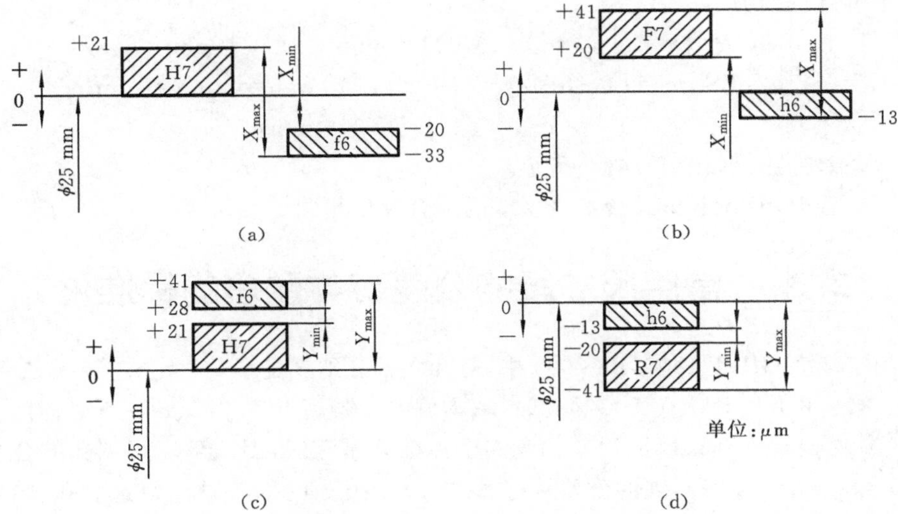

图 2-14　例 2-6 的尺寸公差带图解

从图中看出，ϕ25H7/f6 与 ϕ25F7/h6 的配合性质相同。

(3) 对 ϕ25R7/h6：

ϕ25R7 孔的基本偏差按特殊规则确定。

已知 ϕ25r7 的基本偏差 ei=+0.028 mm，则

ϕ25R7 的基本偏差

$$ES=-ei+\Delta=[-0.028+(IT7-IT6)]\ mm=-0.020\ mm$$

下偏差

$$EI=ES-IT7=(-0.020-0.021)\ mm=-0.041\ mm$$

基准轴 25h6 的基本偏差　　　　es=0

下偏差

$$ei=es-IT6=(0-0.013)\ mm=-0.013\ mm$$

极限过盈分别为

$$Y_{max}=EI-es=[(-0.041)-0]\ mm=-0.041\ mm$$

$$Y_{min}=ES-ei=[(-0.020)-(-0.013)]\ mm=-0.007\ mm$$

$$T_f = |Y_{max} - Y_{min}| = 0.034 \text{ mm}$$

尺寸公差带图解如图 2-14(c)所示。

(4) 对 ϕ25H7/r6：

已知 ϕ25r6 的基本偏差 ei＝＋0.028 mm，es＝＋0.041 mm，基准孔 ϕ25H7 的基本偏差 EI＝0，上偏差 ES＝EI＋IT7＝(0＋0.021) mm＝＋0.021 mm

极限过盈分别为

$$Y_{max} = EI - es = (0 - 0.041) \text{ mm} = -0.041 \text{ mm}$$

$$Y_{min} = ES - ei = [(+0.021) - (+0.028)] \text{ mm} = -0.007 \text{ mm}$$

$$T_f = |Y_{max} - Y_{min}| = 0.034 \text{ mm}$$

尺寸公差带图解如图 2-14(d)所示。

从图中看出，ϕ25R7/h6 与 ϕ25H7/r6 的配合性质相同。

2.3 常用尺寸段的公差带与配合的标准化

在国家标准 GB/T 1800.1—2009 中，对孔和轴分别规定了 20 个公差等级和 28 种基本偏差。当公称尺寸不大于 500 mm 时，基本偏差 J 限用 IT6、IT7、IT8 三个标准公差等级，基本偏差 j 限用 IT5、IT6、IT7、IT8 四个标准公差等级，因此可以得到孔的公差带有(28－1)×20＋3＝543 种，轴的公差带有(28－1)×20＋4＝544 种。由这些孔、轴公差带又可以组合成大量的配合(近 30 万对)。但在生产实践中投入使用如此多的公差带与配合显然是不经济的，为减少定值刀具、量具和工艺装备的品种及规格，我国国家标准一直遵循“三化，即专业化、标准化、简单化”(specialization、standardization、simplication，3S)的原则制定，GB/T 1801—2009 和 GB/T 1803—2003 结合生产实际，对公差带与配合进行了标准化。

2.3.1 公称尺寸至 500 mm 的孔、轴公差带和配合

GB/T 1801—2009 对公称尺寸至 500 mm 的孔、轴分别规定了一般、常用和优先选用公差带。

图 2-15 所示为 116 种轴的一般公差带，方框内为 59 种常用公差带，圆圈内为 13 种优先使用公差带。图 2-16 列出了 105 种孔的一般公差带，方框内为 44 种常用公差带，圆圈内为 13 种优先使用公差带。国标在规定孔、轴公差带选用的基础上，还规定了孔、轴公差带的组合标准。基孔制配合中常用配合 59 种，如表 2-9 所示。其中注有涂黑符号“◤”的 13 种为优先配合。基轴制配合中常用配合 47 种，如表 2-10 所示，其中注有涂黑符号“◤”的 13 种为优先配合。

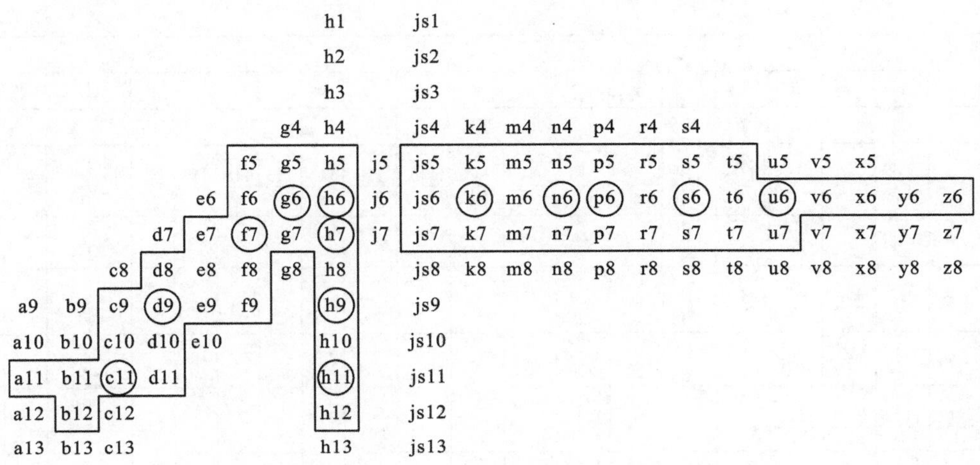

图 2-15 公称尺寸≤500 mm 的轴的一般、常用和优先公差带

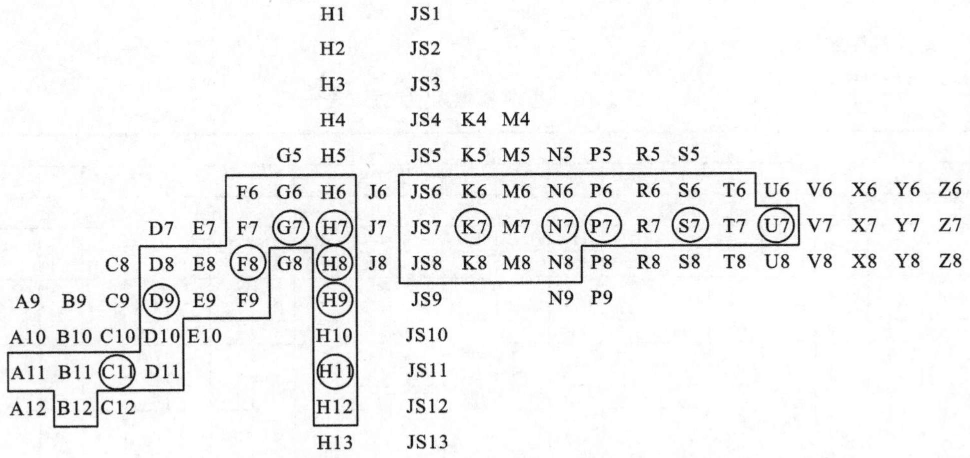

图 2-16 公称尺寸≤500 mm 的孔的一般、常用和优先公差带

表 2-9 基孔制常用、优先配合

基准孔	轴																				
	a	b	c	d	e	f	g	h	js	k	m	n	p	r	s	t	u	v	x	y	z
	间隙配合								过渡配合			过盈配合									
H6						$\frac{H6}{f5}$	$\frac{H6}{g5}$	$\frac{H6}{h5}$	$\frac{H6}{js5}$	$\frac{H6}{k5}$	$\frac{H6}{m5}$	$\frac{H6}{n5}$	$\frac{H6}{p5}$	$\frac{H6}{r5}$	$\frac{H6}{s5}$	$\frac{H6}{t5}$					
H7						$\frac{H7}{f6}$	◤ $\frac{H7}{g6}$	◤ $\frac{H7}{h6}$	$\frac{H7}{js6}$	◤ $\frac{H7}{k6}$	$\frac{H7}{m6}$	◤ $\frac{H7}{n6}$	◤ $\frac{H7}{p6}$	$\frac{H7}{r6}$	◤ $\frac{H7}{s6}$	$\frac{H7}{t6}$	◤ $\frac{H7}{u6}$	$\frac{H7}{v6}$	$\frac{H7}{x6}$	$\frac{H7}{y6}$	$\frac{H7}{z6}$

续表

基准孔	轴																				
	a	b	c	d	e	f	g	h	js	k	m	n	p	r	s	t	u	v	x	y	z
	间隙配合								过渡配合			过盈配合									
H8					$\frac{H8}{e7}$	◤$\frac{H8}{f7}$	$\frac{H8}{g7}$	◤$\frac{H8}{h7}$	$\frac{H8}{js7}$	$\frac{H8}{k7}$	$\frac{H8}{m7}$	$\frac{H8}{n7}$	$\frac{H8}{p7}$	$\frac{H8}{r7}$	$\frac{H8}{s7}$	$\frac{H8}{t7}$	$\frac{H8}{u7}$				
				$\frac{H8}{d8}$	$\frac{H8}{e8}$	$\frac{H8}{f8}$		$\frac{H8}{h8}$													
H9			$\frac{H9}{c9}$	◤$\frac{H9}{d9}$	$\frac{H9}{e9}$	$\frac{H9}{f9}$		◤$\frac{H9}{h9}$													
H10			$\frac{H10}{c10}$	$\frac{H10}{d10}$				$\frac{H10}{h10}$													
H11	$\frac{H11}{a11}$	$\frac{H11}{b11}$	◤$\frac{H11}{c11}$	$\frac{H11}{d11}$				◤$\frac{H11}{h11}$													
H12		$\frac{H12}{b12}$						$\frac{H12}{h12}$													

注:① $\frac{H6}{n5}$、$\frac{H7}{p6}$在公称尺寸小于或等于 3 mm 和$\frac{H8}{r7}$小于或等于 100 mm 时,为过渡配合;

② 注◤符号者为优先配合。

表 2-10 基轴制常用、优先配合

基准轴	孔																				
	A	B	C	D	E	F	G	H	JS	K	M	N	P	R	S	T	U	V	X	Y	Z
	间隙配合								过渡配合			过盈配合									
h5						$\frac{F6}{h5}$	$\frac{G6}{h5}$	$\frac{H6}{h5}$	$\frac{JS6}{h5}$	$\frac{K6}{h5}$	$\frac{M6}{h5}$	$\frac{N6}{h5}$	$\frac{P6}{h5}$	$\frac{R6}{h5}$	$\frac{S6}{h5}$	$\frac{T6}{h5}$					
h6						$\frac{F7}{h6}$	◤$\frac{G7}{h6}$	◤$\frac{H7}{h6}$	$\frac{JS7}{h6}$	◤$\frac{K7}{h6}$	$\frac{M7}{h6}$	◤$\frac{N7}{h6}$	◤$\frac{P7}{h6}$	$\frac{R7}{h6}$	◤$\frac{S7}{h6}$	$\frac{T7}{h6}$	◤$\frac{U7}{h6}$				
h7					$\frac{E8}{h7}$	◤$\frac{F8}{h7}$		◤$\frac{H8}{h7}$	$\frac{JS8}{h7}$	$\frac{K8}{h7}$	$\frac{M8}{h7}$	$\frac{N8}{h7}$									
h8				$\frac{D8}{h8}$	$\frac{E8}{h8}$	$\frac{F8}{h8}$		$\frac{H8}{h8}$													
h9				◤$\frac{D9}{h9}$	$\frac{E9}{h9}$	$\frac{F9}{h9}$		◤$\frac{H9}{h9}$													
h10				$\frac{D10}{h10}$				$\frac{H10}{h10}$													
h11	$\frac{A11}{h11}$	$\frac{B11}{h11}$	◤$\frac{C11}{h11}$	$\frac{D11}{h11}$				◤$\frac{H11}{h11}$													
h12		$\frac{B12}{h12}$						$\frac{H12}{h12}$													

注:注◤符号者为优先配合。

表 2-9 中,当轴的公差小于或等于 IT7 时,是与低一级的基准孔相配合;大于或等于 IT8 时,与同级基准孔相配合。表 2-10 中,当孔的标准公差小于或等于 IT8 时,与高一级

的基准轴相配合，其余与同级的基准轴相配合。

选用公差带时，应按优先、常用、一般公差带的次序选用。当一般公差带也不能满足使用要求时，允许按国家标准规定的基本偏差和公差等级组成所需要的公差带。

2.3.2　公称尺寸至 18 mm 的孔、轴公差带

对于公称尺寸至 18 mm 的孔和轴，国家标准 GB/T 1803—2003 规定轴公差带 163 种，如图 2-17 所示，孔公差带 145 种，如图 2-18 所示。主要适用于仪器仪表和钟表工业。

									h1		js1														
									h2		js2														
						ef3	f3	fg3	g3	h3		js3	k3	m3	n3	p3	r3								
						ef4	f4	fg4	g4	h4		js4	k4	m4	n4	p4	r4	s4							
		c5	cd5	d5	e5	ef5	f5	fg5	g5	h5	j5	js5	k5	m5	n5	p5	r5	s5	u5	v5	x5	z5			
		c6	cd6	d6	e6	ef6	f6	fg6	g6	h6	j6	js6	k6	m6	n6	p6	r6	s6	u6	v6	x6	z6	za6		
		c7	cd7	d7	e7	ef7	f7	fg7	g7	h7	j7	js7	k7	m7	n7	p7	r7	s7	u7	v7	x7	z7	za7	zb7	zc7
	b8	c8	cd8	d8	e8	ef8	f8	fg8	g8	h8		js8	k8	m8	n8	p8	r8	s8	u8	v8	x8	z8	za8	zb8	zc8
a9	b9	c9	cd9	d9	e9	ef9	f9			h9		js9	k9			p9	r9	s9	u9		x9	z9	za9	zb9	zc9
a10	b10	c10	cd10	d10	e10					h10		js10	k10												
a11	b11	c11		d11						h11		js11													
a12	b12	c12								h12		js12													
a13	b13	c13								h13		js13													

图 2-17　公称尺寸至 18 mm 的轴的公差带

										H1		JS1													
										H2		JS2													
						EF3	F3	FG3	G3	H3		JS3	K3	M3	N3	P3	R3								
										H4		JS4	K4	M4											
					E5	EF5	F5	FG5	G5	H5	J5	JS5	K5	M5	N5	P5	R5	S5							
			CD6	D6	E6	EF6	F6	FG6	G6	H6	J6	JS6	K6	M6	N6	P6	R6	S6	U6	V6	X6	Z6			
			CD7	D7	E7	EF7	F7	FG7	G7	H7	J7	JS7	K7	M7	N7	P7	R7	S7	U7	V7	X7	Z7	ZA7	ZB7	ZC7
	B8	C8	CD8	D8	E8	EF8	F8	FG8	G8	H8		JS8	K8	M8	N8	P8	R8	S8	U8	V8	X8	Z8	ZA8	ZB8	ZC8
A9	B9	C9	CD9	D9	E9	EF9	F9			H9		JS9	K9		N9	P9	R9	S9	U9		X9	Z9	ZA9	ZB9	ZC9
A10	B10	C10	CD10	D10	E10		F10			H10		JS10	K10		N10										
A11	B11	C11		D11						H11		JS11													
A12	B12	C12								H12		JS12													
										H13		JS13													

图 2-18　公称尺寸至 18 mm 的孔的公差带

标准对这些公差带未指明优先、常用和一般选用的次序，也未推荐配合。各行业、工厂可根据实际情况自行选用公差带并组成配合。

2.3.3 公称尺寸在 500～3 150 mm 范围内的孔、轴公差带

对于公称尺寸在 500～3 150 mm 范围内的孔和轴，国家标准 GB/T 1801—2009 规定一般采用基孔制的同级配合，故在标准中，只规定了常用轴公差带 41 种(见图 2-19)，常用孔公差带 31 种(见图 2-20)，没有推荐配合。使用时按需要选择适合的公差带组成配合。

			g6	h6	js6	k6	m6	n6	p6	r6	s6	t6	u6
		f7	g7	h7	js7	k7	m7	n7	p7	r7	s7	t7	u7
d8	e8	f8		h8	js8								
d9	e9	f9		h9	js9								
d10				h10	js10								
d11				h11	js11								
				h12	js12								

图 2-19 公称尺寸在 500～3 150 mm 范围内轴的常用公差带

			G6	H6	JS6	K6	M6	N6
		F7	G7	H7	JS7	K7	M7	N7
D8	E8	F8		H8	JS8			
D9	E9	F9		H9	JS9			
D10				H10	JS10			
D11				H11	JS11			
				H12	JS12			

图 2-20 尺寸＞500～3 150 mm 的孔的常用公差带

2.4 一般公差 未注公差的线性和角度尺寸的公差

图样上所有的尺寸(包括线性尺寸、角度尺寸等)都有相应的功能要求，从而根据功能要求的不同在原则上都应受到一定公差的约束。为了简化制图，节省设计时间，突出要素，简化产品的检验要求，对不重要的尺寸，非配合的尺寸以及工艺方法可以保证的尺寸，就未注出公差。但为了保证使用要求，避免在生产中引起不必要的纠纷，(GB/T 1804—2000)《一般公差 未注公差的线性和角度尺寸的公差》对线性尺寸和角度尺寸的未注公差作了明确规定。

线性尺寸、角度尺寸的一般公差是指在车间普通工艺条件下，机床设备可以保证的公差。在正常维护和操作情况下，它代表车间通常的加工精度。它主要用于较低精度的非

配合尺寸。采用一般公差的尺寸，在图样上只标注公称尺寸，不标注极限偏差或其他代号(故称未注公差)，零件在正常车间加工精度保证的条件下可不检验。如对其合格性发生争议，可根据极限偏差表中的极限偏差为判断的依据。

国家标准 GB/T 1804—2000 规定了线性尺寸的一般公差等级和相应的极限偏差数值，如表 2-11 所示。线性尺寸的一般公差分为四个等级，即 f(精密级)、m(中等级)、c(粗糙级)和 v(最粗糙级)，在公称尺寸 0.5～4 000 mm 范围内分为八个尺寸分段。各公差等级和尺寸分段内的极限偏差数值均为对称分布，即上、下极限偏差大小相等、符号相反。规定线性尺寸的未注公差，应根据产品的精度要求和车间的加工条件，参考表 2-11 选取。如果某要素功能要求允许采用比一般公差更大的公差(如盲孔深度尺寸)，则应在尺寸后注出相应的极限偏差值，以满足生产的要求。

表 2-11　线性尺寸一般公差的公差等级及其极限偏差数值　　单位：mm

公差等级	公称尺寸分段							
	0.5～3	＞3～6	＞6～30	＞30～120	＞120～400	＞400～1 000	＞1 000～2 000	＞2 000～4 000
f(精密级)	±0.05	±0.05	±0.1	±0.15	±0.2	±0.3	±0.5	—
m(中等级)	±0.1	±0.1	±0.2	±0.3	±0.5	±0.8	±1.2	±2
c(粗糙级)	±0.2	±0.3	±0.5	±0.8	±1.2	±2	±3	±4
v(最粗糙级)	—	±0.5	±1	±1.5	±2.5	±4	±6	±8

国家标准 GB/T 1804—2000 还对倒圆半径和倒角高度尺寸这两种常用的特定线性尺寸的一般公差作了规定，见表 2-12。由表可见，其公差等级也分为 f、m、c 和 v 共四个等级，而尺寸分段只有 0.5～3、＞3～6、＞6～30 和＞30 四段。其极限偏差数值亦为对称分布，即上、下极限偏差大小相等，符号相反。

表 2-12　倒圆半径和倒角高度尺寸的极限偏差数值　　单位：mm

公差等级	公称尺寸分段			
	0.5～3	＞3～6	＞6～30	＞30
f(精密级) m(中等级)	±0.2	±0.5	±1	±2
c(粗糙级) v(最粗糙级)	±0.4	±1	±2	±4

注：倒圆半径和倒角高度的含义参见 GB/T 6403.4—2008。

国家标准 GB/T 1804—2000 规定的角度尺寸一般公差的极限偏差见表 2-13。实验表明，角度的加工误差与角度边长的平方根成反比，即角度边长越长越容易保证角度公差，因此，表 2-13 中给出的角度极限偏差值随角度边长长度的增加而减小。

采用一般公差时，应在图样标题栏附近或技术要求、技术文件或相应标准中，用国家标准号(GB/T 1804)和公差等级代号注出。例如，按设计产品的精密程度和车间常规加工精度选用中等级别 m 时，标注为"未注线性尺寸和角度尺寸公差按 GB/T 1804－m"，这表明该图样上凡未直接注出公差的所有线性尺寸(包括倒角与倒圆)和角度尺寸均按中等级别 m 加工和检查。

表 2-13　角度尺寸的极限偏差数值　　单位：mm

公差等级	长度分段				
	～10	>10～50	>50～120	>120～400	>400
f(精密级)	±1°	±30′	±20′	±10′	±5′
m(中等级)					
c(粗糙级)	±1°30′	±1°	±30′	±15′	±10′
v(最粗糙级)	±3°	±2°	±1°	±30′	±20′

2.5　公差与配合的选用

公差与配合的选择是机械设计和制造中的一项重要工作。公差与配合选择是否合理，对机器的使用性能和制造成本有很大的影响，有时甚至起决定性的作用。在设计工作中，公差与配合的选用主要包括基准制选择、公差等级确定和配合选择三方面的内容。选择的原则是：能保证机电产品的性能优良并且制造经济可行，即公差与配合的正确选择应能使产品的使用价值和制造成本的综合经济效益达到最佳。

公差与配合的选择一般有三种方法：类比法、试验法和计算法。

类比法是通过对类似的机器产品和零件进行调查、研究，分析对比，根据前人的经验来选取所设计的零部件的公差与配合。试验法是通过专门的试验或统计分析来确定所需要的间隙或过盈，以此为依据选取恰当的配合。该方法较为可靠，但需大量试验，成本较高。计算法是按一定的理论和公式来计算需要的间隙或过盈。由于影响配合间隙量和过盈量的因素很多，需要将条件理论化、简单化，使得设计结果不完全符合实际，故理论计算也是近似的。上述三种方法各有优劣，因此在实际应用中往往相互依托，综合运用。比如，可以在类比和计算法的基础上再进行试验来获取最佳的公差与配合；或者类比经试验和计算得来的数据等。通常，类比法是目前应用最多也是最主要的一种方法。

2.5.1　基准制的选择

国家标准对配合规定有两种基准制，即基孔制和基轴制。它们是配合标准化的基础。

选择基准制时，应从结构、工艺、功能、经济等几方面综合考虑，权衡利弊。基本原则是“基孔制优先，兼顾基轴制，标准件照搬”。

1. 一般情况下应优先选用基孔制配合

因为，中小尺寸的孔多采用定值刀具（如钻头、铰刀、拉刀等）加工，用定值量具（如光滑极限量规）检验。通常这些定值刀具形状较复杂，材料较贵，制造困难，且每一种规格的定值刀具和定值量具只能加工和检验一种尺寸的孔，所以采用基孔制配合可减少孔公差带的数量，大大缩减定值刀具和量具的规格和数量，降低成本，提高加工的经济性。

2. 选用基轴制配合具有明显经济效益

(1) 在纺织机械、农业机械、林业机械、园艺机械和仪器仪表中，有些光轴常常使用具有一定精度的冷拉钢材，不需要再加工，此时选用基轴制配合较为经济合理。

(2) 由于结构的需要，同一公称尺寸的轴上需要装配多个配合性质不同的零件时，选用基轴制配合较为经济合理。例如，发动机的活塞连杆机构中活塞销与连杆及活塞的配合（见图 2-21(a)）。根据使用要求，活塞销与活塞的两个销孔之间无相对运动，应采用过渡配合，而活塞销与连杆衬套孔之间有相对摆动，应采用间隙配合。此时如果三段都采用基孔制配合，则为 ϕ34H6/m5、ϕ34H6/h5、ϕ34H6/m5，其公差带如图 2-21(b)所示。活塞销按两种公差带加工成“阶梯轴”。这种形状的活塞销既不便于加工，又不利于装配，当活塞销大头端通过连杆衬套孔时，往往会划伤衬套孔的表面，从而影响活塞销与衬套孔的配合质量。如果改用基轴制配合，则为 ϕ34M6/h5、ϕ34H6/h5、ϕ34M6/h5，其公差带如图 2-21(c)所示。那么活塞销按同一种公差带 h5 加工，制成光轴，而活塞的两个销孔和连杆衬套孔按不同的公差带加工来获得需要的配合，则工艺上既便于加工又利于装配，具有明显综合效益。

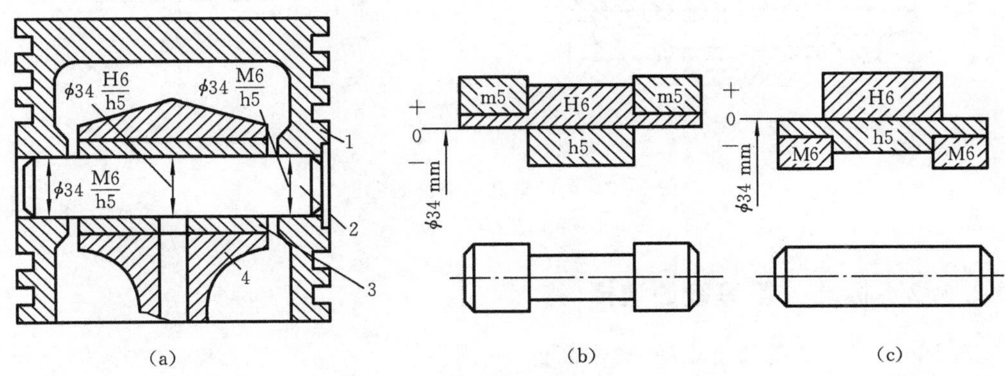

图 2-21　基准制选择示例

1—活塞；2—活塞销；3—衬套；4—连杆

3. 以标准件为基准件确定基准制

标准件即标准零件或部件,如滚动轴承、键、销、电动机的轴等,一般由专业厂家生产,供各行业使用。因此,当与标准件配合时,应以标准件为基准件来确定基准制。例如,滚动轴承内圈与轴颈的配合应采用基孔制配合;滚动轴承外圈与机座孔的配合则采用基轴制配合。

4. 允许采用非基准件配合

非基准件配合是指相配合的两个零件既不是基准孔,也不是基准轴。在某些特殊场合,允许采用任一孔、轴公差带组成的非基准件配合。当一个孔与几个轴相配合,或一个轴与几个孔相配合,其配合性质又各不相同时,有的配合采用非基准件的配合较为合理。例如图 2-22 所示主轴箱中齿轮轴套和隔套的配合。同一轴颈上装有滚动轴承、隔套和齿轮。根据滚动轴承的使用要求,选择齿轮轴套的外径公差带为 ϕ60js6,而隔套的作用只是将两个滚动轴承隔开,作轴向定位用,为了装拆方便,隔套内孔与齿轮轴套的配合间隙应大些,公差等级可选的更低,因此隔套孔与齿轮轴套的配合选为 ϕ60D10/js6。同理,另一个隔套与主轴箱孔的配合采用 ϕ95K7/d11。这些都是非基准件的配合。

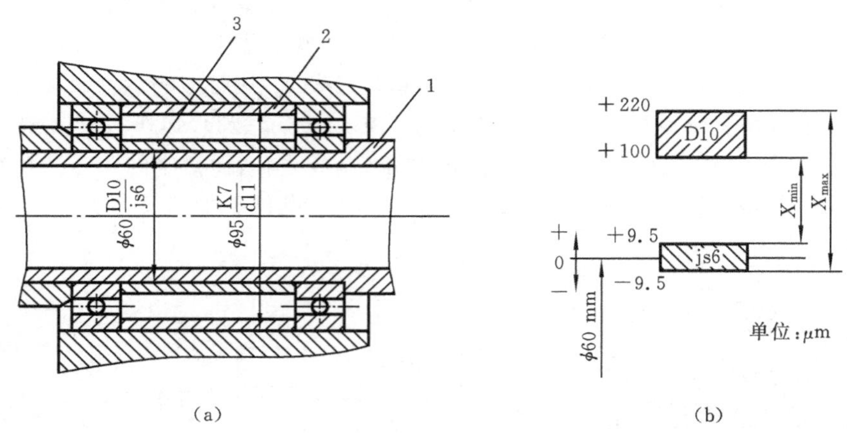

图 2-22 齿轮轴套和隔套的配合

1—齿轮轴套;2、3—隔套

2.5.2 标准公差等级的选择

公差等级的高低是加工难易、成本高低、使用性能优劣的标志。因此,选择标准公差等级,根本上是为了正确处理零件的使用要求与制造工艺的复杂程度和成本之间的矛盾。公差等级选择的基本原则是:在充分满足使用要求的前提下,尽量选择较低的公差等级以取得较好的综合经济效益。

公差等级常用类比法选择，即参考从生产实践中总结出来的类似的机构、工作条件和使用要求的经验资料，进行比照，选出恰当的公差等级。

在选择过程中应注意以下几个问题。

1. 相配合的孔、轴工艺等价性

对于公称尺寸≤500mm 的较高等级的配合，由于孔比同级轴加工困难，当标准公差≤IT8 时，为使相配的孔与轴加工难易程度相当，即具有工艺等价性，国家标准推荐孔的公差等级比轴的公差等级低一级相配合，如 IT6、IT7、IT8 级的孔分别与 IT5、IT6、IT7 级的轴配合。

对于较低精度(标准公差＞IT8)或公称尺寸＞500 mm 的孔和轴推荐采用同级配合。

对于公称尺寸≤3 mm 的配合，由于孔、轴加工工艺的多样化，其公差等级的选择也多样化。可使 $T_D=T_d$，或 $T_D>T_d$，或 $T_D<T_d$。如钟表行业内的某些孔、轴配合，孔的加工精度可以高出轴的加工精度 1～2 级或者更高。

对于非基准件配合，若其中有的零件精度要求不高，则相配件的公差等级可差 2～3 级，以降低加工成本。

2. 配合性质

由于孔、轴公差等级的高低直接影响配合间隙或过盈的变动量，即影响配合的一致性和稳定性，因此对过渡配合和过盈配合一般不允许其间隙或过盈的变动量太大，应选较高的公差等级，推荐孔≤IT8，轴≤IT7。而间隙配合不受此限制，但一般讲，允许间隙量小时，公差等级应高；允许间隙量大时，公差等级可以低些。例如，选用 H6/g5，H11/a11 是可以的，而选用 H11/g11，H6/a5 则不妥。

3. 与相配合零部件的精度协调

如与齿轮孔相配合的轴的公差等级应与齿轮的公差等级相当；与滚动轴承相配的轴颈公差等级、外壳孔公差等级都应与滚动轴承的精度等级相当。

4. 根据零件的功能要求和工作条件，考虑主次配合表面

对于一般机械而言，主要配合表面的孔和轴选 IT5～IT8；次要配合表面的孔和轴选 IT9～IT12；非配合表面的孔和轴一般选 IT12 以下。

5. 联系实际应用并参考加工成本

表 2-14、表 2-15 列出了目前各种加工方法所能达到的公差等级，及各公差等级的适用范围。具体应用时应综合加工方法、应用类别及经济精度一一对比选择。在选择公差等级时，除考虑工厂的加工能力外，还需注意，随着加工工艺水平的不断发展和提高，某些加工方法所能达到的公差等级也会有所提高。图 2-23 说明，在高精度区，精度略有提高，成本将急剧增加，因此对高精度公差等级的选用要特别谨慎。

表 2-14 公差等级的应用范围

应用范围	公差等级(IT)																			
	01	0	1	2	3	4	5	6	7	8	9	10	11	12	13	14	15	16	17	18
量块	—	—	—																	
量规			—	—	—	—	—	—	—											
配合尺寸							—	—	—	—	—	—	—	—	—					
特别精密零件的配合				—	—	—	—													
非配合尺寸														—	—	—	—	—	—	—
原材料公差										—	—	—	—	—	—	—				

表 2-15 各种加工方法可达到的公差等级

加工方法	公差等级(IT)																			
	01	0	1	2	3	4	5	6	7	8	9	10	11	12	13	14	15	16	17	18
研磨	—	—	—	—	—	—	—													
珩						—	—	—	—											
圆磨							—	—	—	—										
平磨							—	—	—	—										
金刚石车							—	—	—											
金刚石镗							—	—	—											
拉削							—	—	—	—										
铰孔								—	—	—	—	—								
车									—	—	—	—	—							
镗									—	—	—	—	—							
铣										—	—	—	—							
刨、插												—	—							
钻												—	—	—	—					
滚压、挤压												—	—							
冲压												—	—	—	—	—				
压铸													—	—	—	—				
粉末冶金成形								—	—	—										
粉末冶金烧结									—	—	—	—								
砂型铸造、气割																		—	—	—
锻造																	—	—		

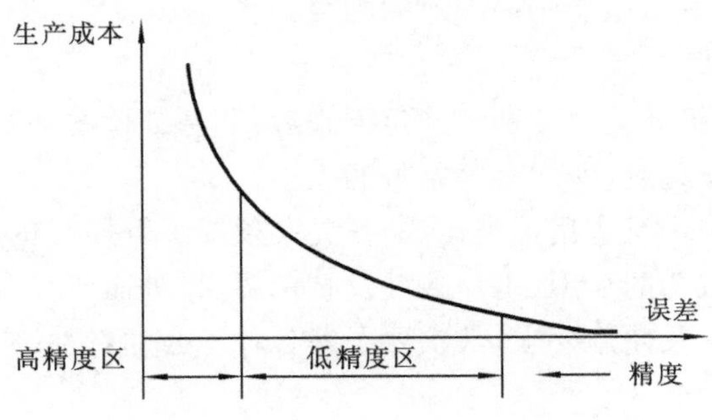

图 2-23 精度-成本曲线图

2.5.3 配合的选用

选择配合主要是决定相配零件在工作时孔、轴结合的相互关系能保证机器正常使用。一方面，应遵循设计原则，即在设计中根据使用要求，应尽可能地选用优先配合和常用配合；当优先配合与常用配合不能满足要求时，可选标准推荐的一般用途的孔、轴公差带，按使用要求组成需要的配合；若仍不能满足使用要求，还可以从国家标准所提供的544种轴公差带和543种孔公差带中选取适合的公差带，组成所需要的配合。另一方面，应遵循配合选择的基本步骤，在基准制和公差等级选定后，主要确定非基准轴或非基准孔公差带的位置，即选择非基准件的基本偏差代号。

1. 根据使用要求确定配合类别

国家标准规定了间隙配合、过渡配合和过盈配合等三大类配合，设计时究竟选择哪一种配合，主要取决于对于机器的使用要求。机械产品中圆柱结合的应用，按其使用要求不同，可归纳为以下三类。

(1) 相对运动副　主要用于具有相对转动和移动的机构中。如轴颈在滑动轴承中的转动；齿轮孔在轴上的移动。为保证定心精度和运动准确，以及在一定转速下维持正常工作，孔与轴之间必须留有适当的间隙，应采用基本偏差代号为a～h(或A～H)的间隙配合。

(2) 固定连接　主要用于将整体分为两部分加工，而装配后一般不拆卸的旋转件，如齿轮轴可分为齿轮与轴的结合；蜗轮可分为轮缘与轮毂的结合。它们分别加工，装配之后形成一体。为保证传递足够的扭矩或轴向力，孔与轴之间必须给予足够的过盈，应采用基本偏差代号为p～zc(或P～ZC)的过盈配合。

(3) 定心可拆卸连接　主要用于保证较高的同轴度和定期装拆的机构。如一般减速器中齿轮与轴的结合；销孔与定位销的结合。为保证定心性好，易于装拆和工作时不得相对运动，孔与轴之间必须保证较小的过盈或间隙(为传递扭矩需附加键、销等连接件)，应采用基本偏差代号为 j～n(或 J～N)的过渡配合。

2. 选定基本偏差

在基准制、公差等级和配合类别都确定下来后，非基准件的基本偏差代号的选择取决于所确定的配合的松紧程度(即配合公差带的大小)。

若采用目前生产中广泛应用的类比法，首先必须要了解原有机器和机构的使用情况，分析要设计的机器或机构的功用、工作条件及技术要求，进而研究待定配合的结合件的结构、材料工艺、工作条件及使用要求；其次要了解各种配合的特性、应用场合及国家标准的有关推荐。

(1) 确定间隙量和过盈量　充分对比、分析零件的工作条件和使用要求，必须考虑以下问题：工作时结合件的相对位置状态(如运动方向、运动速度、运动精度、停歇时间等)、承受负荷情况、润滑条件、温度变化、配合的重要性、装卸条件以及材料的理化及力学性能等。例如，影响间隙配合的间隙量大小的主要因素是旋转速度，同时还应考虑润滑油黏度、配合长度、配合直径、几何精度和温度等因素；影响过渡配合的松紧程度的主要因素是定心精度，同时还应考虑拆卸频繁程度、载荷、材料、配合长度、配合直径、几何精度和温度等因素；影响过盈配合的过盈量大小的主要因素是载荷，同时还应考虑材料、装配件、配合长度、配合直径、几何精度和温度等因素。根据具体条件的不同，结合件配合的间隙量或过盈量必须进行相应地改变。选用时可参照表 2-16 进行修正。

表 2-16　工作情况对过盈或间隙的修正

具体工作情况	过盈应增大或减小	间隙应增大或减小
材料许用应力小	减小	—
经常拆卸	减小	—
工作时，孔温高于轴温	增大	减小
工作时，轴温高于孔温	减小	增大
有冲击荷载	增大	减小
配合长度较大	减小	增大
配合面几何误差较大	减小	增大
装配时可能歪斜	减小	增大
旋转速度高	增大	增大
有轴向运动	—	增大
润滑油黏度增大	—	增大
装配精度高	减小	减小
表面粗糙度值大	增大	减小

(2) 了解各种基本偏差的特性和应用　表 2-17 所示为孔、轴的基本偏差的特性和应用。表 2-18 所示为优先配合的特征及应用说明。表 2-19 列举部分配合实例,供选用时参考。

表 2-17　孔、轴基本偏差的特性和应用

配合	基本偏差	特性和应用
间隙配合	a(A) b(B)	可得到特别大的间隙,应用很少,主要用于工作时温度高、热变形大的零件配合,如发动机中活塞与缸套的配合 H9/a9
	c(C)	可得到很大的间隙,一般用于工作条件较差(如农业机械),工作时受力变形大及装备工艺性不好的零件的配合,也适用于高温工作的动配合,如内燃机排气阀杆与导管的配合为 H8/c7
	d(D)	与 IT7～IT11 对应,适用于较松的间隙配合(如滑轮、空转皮带轮与轴的配合),以及大尺寸滑动轴承与轴的配合(如蜗轮机、球磨机等的滑动轴承与轴的配合),活塞环与活塞槽的配合可用 H9/d9
	e(E)	与 IT6～IT9 对应,具有明显的间隙,用于大跨距及多支点的转轴与轴承的配合,以及高速、重载的大尺寸轴与轴承的配合,如大型电机、内燃机的主要轴承处的配合为 H8/e7
	f(F)	多与 IT6～IT8 对应,用于一般转动的配合,受温度影响不大,采用普通润滑油的轴与滑动轴承的配合,如齿轮箱、小型电动机、泵等的转轴与滑动轴承的配合为 H7/f6
	g(G)	多与 IT5～IT7 对应,形成配合的间隙较小,用于轻载精密装置中的转动配合,用于插销的定位配合,滑阀、连杆销等处的配合,钻套孔多用 G
	h(H)	多与 IT4～IT11 对应,广泛用于相对转动的配合,作为一般的定位配合。若没有温度、变形的影响,也可用于精密滑动轴承,如车床尾座孔与滑动套筒的配合为H6/h5
过渡配合	js(JS)	多用于 IT4～IT7 具有平均间隙的过渡配合,用于略有过盈配合的定位配合,如联轴节、齿圈与轮毂的配合,滚动轴承外圈与外壳孔的配合多用 JS7。一般用手或木槌装配
	k(K)	多用于 IT4～IT7 平均间隙接近零的配合,用于定位配合,如滚动轴承的内、外圈分别与轴颈、外壳孔的配合。用木槌装配
	m(M)	多用于 IT4～IT7 平均过盈较小的配合,用于精密定位的配合,如蜗轮的青铜轮缘与轮毂的配合为 H7/m6
	n(N)	多用于 IT4～IT7 平均过盈较大的配合,很少形成间隙。用于加键传递较大扭矩的配合,如冲床上齿轮与轴的配合。用槌子或压力机装配

续表

配合	基本偏差	特性和应用
过盈配合	p(P)	用于小过盈配合。与 H6 或 H7 的孔形成过盈配合,而与 H8 的孔形成过渡配合。碳钢和铸铁制零件形成的配合为标准压入配合,如卷扬机的绳轮与齿圈的配合为 H7/p6。合金钢制零件的配合需要小过盈配合时可用 p(或 P)
	r(R)	用于传递大扭矩或受冲击负荷而需要加键的配合,如涡轮与轴的配合为 H7/r6。配合 H8/r7 在公称尺寸小于 100 mm 时,为过渡配合
	s(S)	用于钢和铸铁零件的永久性和半永久性结合,可产生相当大的结合力,如套环压在轴、阀座上用 H7/s6 配合
	t(T)	用于钢和铁制零件的永久性结合,不用键可传递扭矩,需用热套法或冷油法装配,如联轴节与轴的配合 H7/t6
	u(U)	用于大过盈配合,最大过盈需验算。用热套法进行装配。如火车轮毂和轴的配合为 H6/u5
	v(V),x(X) y(Y),z(Z)	用于特大过盈配合,目前使用的经验和资料很少,须经试验后才能运用。一般不推荐使用

表 2-18　优先配合的特征及应用说明

优先配合		特征及应用说明
基孔制	基轴制	
$\frac{H11}{c11}$	$\frac{C11}{h11}$	间隙非常大,液体摩擦情况差,用于要求大公差和大间隙的外露组件;要求装配方便的、很松的配合;高温工作和很松的转动配合
$\frac{H9}{d9}$	$\frac{D9}{h9}$	间隙比较大,液体摩擦情况尚好,用于公差等级较低、温度变化大、高转速或径向压力较大的自由转动配合
$\frac{H8}{f7}$	$\frac{F8}{h7}$	液体摩擦情况良好,配合间隙适中,能保证旋转时有较好的润滑条件。用于中等转速的一般精度的转动,也可用在长轴或多支承的中等精度的定位配合
$\frac{H7}{g6}$	$\frac{G7}{h6}$	间隙比较小,用于不回转的精密滑动配合或用于缓慢间歇回转的精密配合,也可用于保证配合件间具有较好的同轴精度或定位精度,又需经常拆装的配合
$\frac{H7}{h6}$	$\frac{H7}{h6}$	均为间隙配合,其最小间隙为零,最大间隙等于孔、轴公差之和,用于具有缓慢的轴向移动或摆动的配合;有同轴度和导向精度要求的定位配合
$\frac{H8}{h7}$	$\frac{H8}{h7}$	
$\frac{H9}{h9}$	$\frac{H9}{h9}$	
$\frac{H11}{h11}$	$\frac{H11}{h11}$	

续表

优先配合		特征及应用说明
基孔制	基轴制	
$\frac{H7}{k6}$	$\frac{K7}{h6}$	过渡配合，拆装尚方便，用木槌打入或取出。用于要求稍有过盈的精密定位配合。当传递扭矩较大时，应加紧固件
$\frac{H7}{n6}$	$\frac{N7}{h6}$	过渡配合，拆装困难，需用钢锤费力打入，用于允许有较大过盈的精密定位配合；在加紧固件的情况下，可承受较大的扭矩、冲击和振动；用于装配后不需拆卸或大修理时才拆卸的配合
$\frac{H7}{p6}$	$\frac{P7}{h6}$	过盈量小，用于定位精度特别重要时，能以最好的定位精度达到部件的刚性及同轴度精度要求。当传递大扭矩时，应加紧固件
$\frac{H7}{s6}$	$\frac{S7}{h6}$	过盈量属于中等，用于钢和铸铁零件的永久性和半永久性结合，在传递中等负荷时，不需加紧固件
$\frac{H7}{u6}$	$\frac{U7}{h6}$	过盈量较大，用于传递大的扭矩或承受大的冲击负荷，不加紧固件便能得到牢固结合的场合

表 2-19　部分典型配合实例

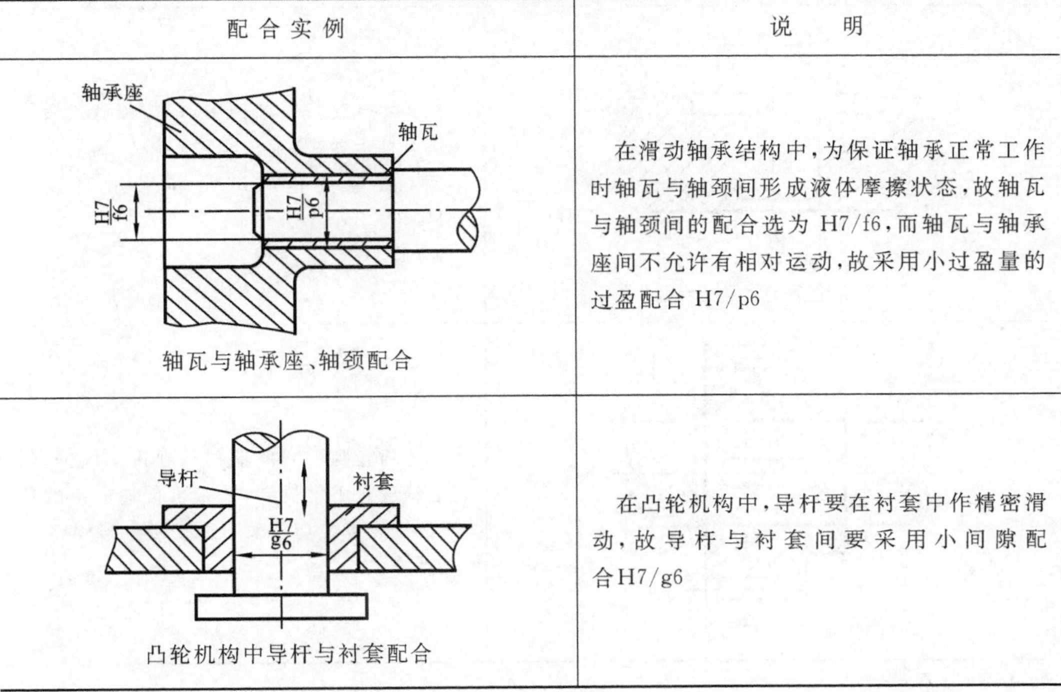

配合实例	说明
轴瓦与轴承座、轴颈配合	在滑动轴承结构中，为保证轴承正常工作时轴瓦与轴颈间形成液体摩擦状态，故轴瓦与轴颈间的配合选为 H7/f6，而轴瓦与轴承座间不允许有相对运动，故采用小过盈量的过盈配合 H7/p6
凸轮机构中导杆与衬套配合	在凸轮机构中，导杆要在衬套中作精密滑动，故导杆与衬套间要采用小间隙配合H7/g6

续表

配合实例 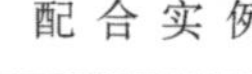	说　明
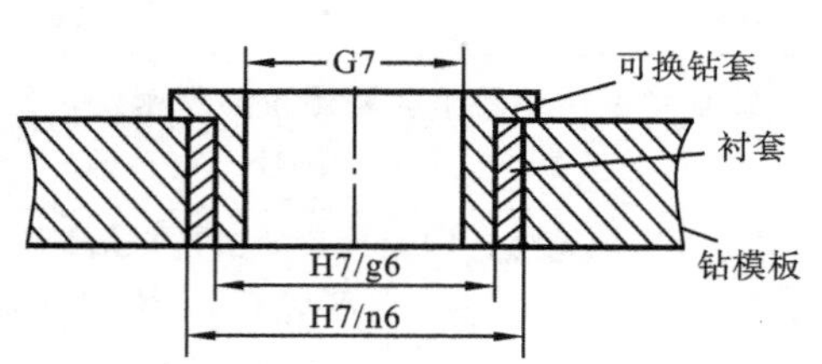 可换钻套与衬套、衬套与钻模板配合	在可换钻套机构中，衬套压入钻模板，要求精确定位，且不常拆卸，故衬套与钻模板采用较紧的过渡配合 H7/n6；而可换钻套需要定期更换，因此可换钻套与衬套采用小间隙的间隙配合 H7/g6；钻套内孔与钻头间应保证有一定间隙，以防止两者可能卡住或咬死，故钻套内孔采用 G7
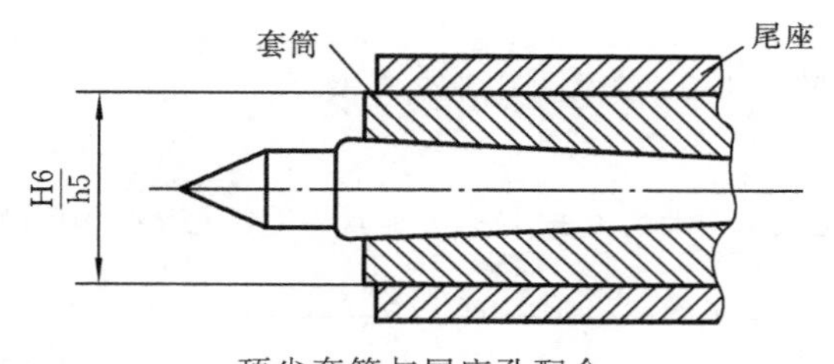 顶尖套筒与尾座孔配合	在车床尾座结构中，顶尖套筒在调整时，要在尾座孔中滑动，需要间隙，但在工作时要保证顶尖高的精度，又不能有间隙，故套筒外圆与尾座孔只能采用精度高而间隙小的间隙配合 H6/h5
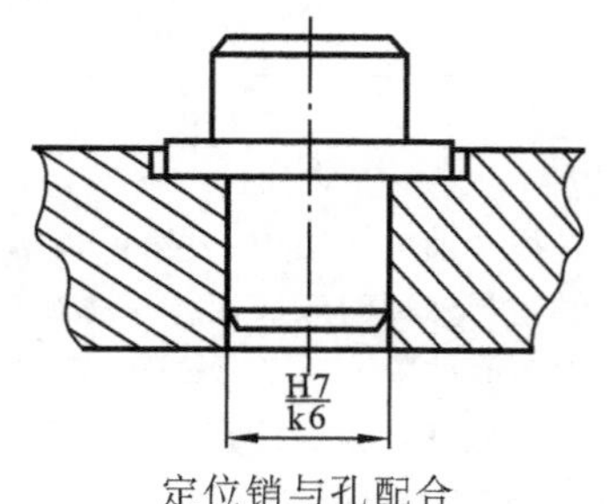 定位销与孔配合	在固定式定位销结构中，定位销直接装配在夹具体上使用，定位精度要求较高且不常拆卸，故定位销与夹具体采用过渡配合 H7/k6
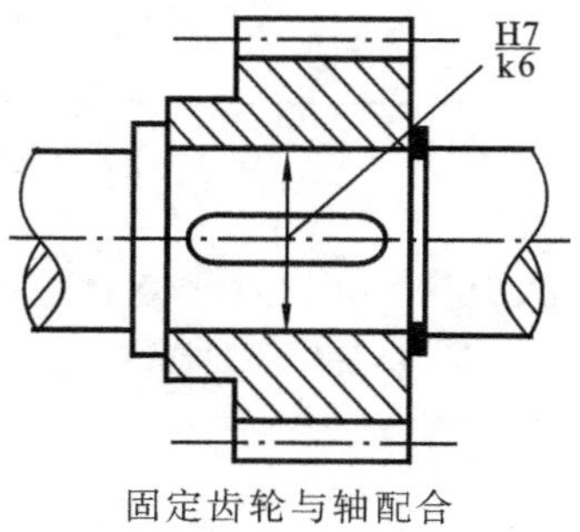 固定齿轮与轴配合	固定齿轮与轴间要求相对静止，有较好的定心精度且不常拆卸，加键可传递一定的负荷，故固定齿轮与轴采用过渡配合 H7/k6

续表

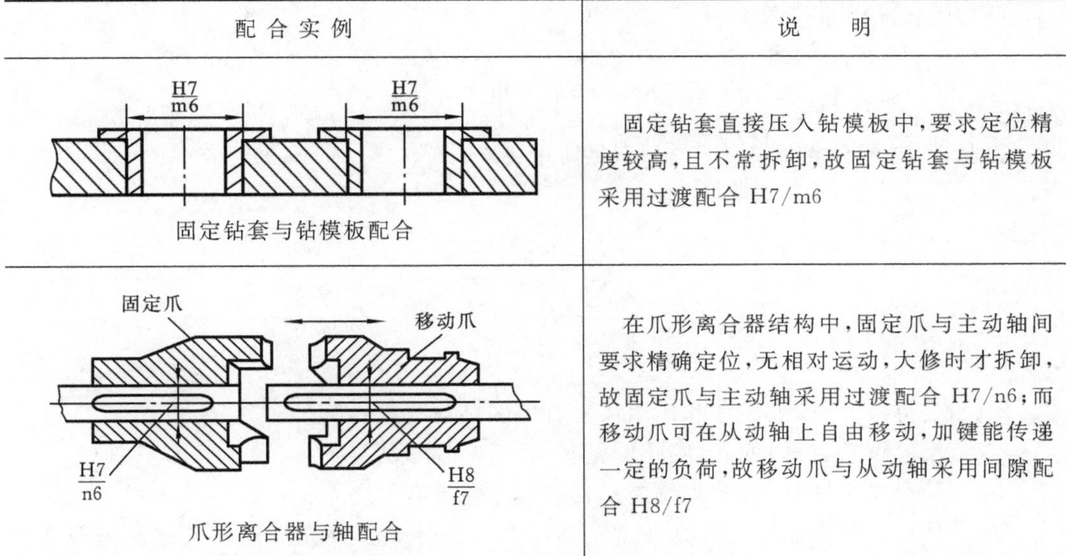

配合实例	说明
固定钻套与钻模板配合	固定钻套直接压入钻模板中，要求定位精度较高，且不常拆卸，故固定钻套与钻模板采用过渡配合 H7/m6
爪形离合器与轴配合	在爪形离合器结构中，固定爪与主动轴间要求精确定位，无相对运动，大修时才拆卸，故固定爪与主动轴采用过渡配合 H7/n6；而移动爪可在从动轴上自由移动，加键能传递一定的负荷，故移动爪与从动轴采用间隙配合 H8/f7

当已知配合的极限间隙和极限过盈时，可通过计算确定配合。

例 2-7 某基孔制配合，公称尺寸为 $\phi40$，允许配合过盈量为－0.076～－0.035 mm，试确定其配合代号。

解 (1) 求允许的配合公差。

由已知条件 $Y_{max}=-0.076$ mm，$Y_{min}=-0.035$ mm，则允许的配合公差

$$T_f=|Y_{max}-Y_{min}|=|(-0.076)-(-0.035)|\ \text{mm}=0.041\ \text{mm}$$

(2) 确定孔、轴公差。

查表 2-1 知：公称尺寸为 $\phi40$ mm，孔、轴公差之和小于并接近 0.041 mm 的标准公差为 IT6＝0.016 mm，IT7＝0.025 mm，故孔选 IT7 级，轴选 IT6 级，孔的公差带代号为 H7。

(3) 确定轴的基本偏差代号。

在基孔制过盈配合中，轴的基本偏差为下偏差。由 $Y_{min}=ES-ei$，可得

$$ei=ES-Y_{min}=IT7-Y_{min}=[0.025-(-0.035)]\ \text{mm}=+0.060\ \text{mm}$$

查表 2-6，轴的基本偏差值等于＋0.060 的基本偏差代号为 u，其基本偏差 ei＝＋0.060 mm，轴的公差带代号选为 u6，其上偏差 es＝ei＋IT6＝(＋0.060＋0.016) mm＝＋0.076 mm。

故所选配合代号为

$$\phi40\ \frac{H7}{u6}\left(\frac{^{+0.025}_{\ \ 0}}{^{+0.076}_{+0.060}}\right)$$

(4) 验算。

所选配合的极限过盈为

$$Y_{min}=ES-ei=[+0.025-(+0.06)]\ mm=-0.035\ mm$$

$$Y_{max}=EI-es=[0-(+0.076)]\ mm=-0.076\ mm$$

因此,所选配合 $\phi 40\ \frac{H7}{u6}\left(\frac{^{+0.025}_{\ \ 0}}{^{+0.076}_{+0.060}}\right)$满足使用要求。

习　　题

2-1　公称尺寸、极限尺寸和作用尺寸有何区别与联系?

2-2　尺寸偏差、极限偏差、实际偏差有何区别与联系?

2-3　什么是标准公差、基本偏差?它们与公差带有何联系?

2-4　什么是基准制?为什么要规定基准制?为什么要优先采用基孔制?一般在什么情况下才选用基轴制?

2-5　公差等级的选用应考虑哪些问题?

2-6　间隙配合、过盈配合、过渡配合各适宜于哪些场合?各种配合在选定松紧程度时要考虑哪些因素?配合的选择应考虑哪些因素?

2-7　根据题表 2-20 中的已知数据填表,并按适当比例绘制出各孔、轴的公差带图。

表 2-20　题 2-7 表　　单位:mm

序　号	尺寸标注	公称尺寸	极限尺寸		极限偏差		公　差
			上极限尺寸	下极限尺寸	上极限偏差	下极限偏差	
1	孔 $\phi 40^{+0.039}_{\ \ 0}$						
2	轴		ϕ60.041			+0.011	
3	孔	ϕ15			+0.017		0.011
4	轴	ϕ90		ϕ89.978			0.022

2-8　根据题表 2-21 中的已知数据填表,并按适当比例绘制出各对配合的尺寸公差带图和配合公差带图。

表 2-21 题 2-8 表 单位:mm

公称尺寸	孔			轴			X_{max}或Y_{min}	X_{min}或Y_{max}	X_{av}或Y_{av}	T_f	配合种类
	ES	EI	T_D	es	ei	T_d					
ϕ50		0				0.039	+0.103			0.078	
ϕ25			0.021	0				−0.048	−0.031		
ϕ80			0.046	0			+0.035		−0.003		

2-9 (1) 求下列配合中孔与轴的公差带代号、公差、基本偏差、极限偏差、极限尺寸、极限间隙或极限过盈、平均间隙或过盈、配合公差和配合类别，并画出公差带与配合图。

(2) 将下列基孔(轴)制配合，改换成配合性质相同的基轴(孔)制配合，试确定改换后配合中孔、轴的极限偏差(不准查表)。

① $\phi100\dfrac{H10}{d10}$ ② $\phi60\dfrac{F8}{h7}$ ③ $\phi120\dfrac{N7}{h6}$ ④ $\phi50\dfrac{H7}{u6}$ ⑤ $\phi80\dfrac{K7}{h6}$

2-10 已知下列两组孔与轴相配合，根据允许其间隙和过盈的变动范围，选用适当的配合。

(1) 公称尺寸=ϕ40，配合间隙为+41～+116 μm。

(2) 公称尺寸=ϕ60，允许其间隙和过盈的数值在+46～−32 μm 范围内变动。

2-11 某配合的公称尺寸为 ϕ45 mm，要求其装配后的配合间隙在(+0.018～+0.088) mm 之间变化，试按照基孔制配合确定其配合代号。

2-12 在 $\phi25\dfrac{M8}{h7}$和 $\phi25\dfrac{H8}{js7}$中，已知：IT7=0.021 mm，IT8=0.033 mm，ϕ25M8 孔的基本偏差为+0.004 mm。试分析计算其配合的极限间隙或极限过盈，并绘制出孔、轴的公差带图。

第3章　测量技术基础

3.1　测量基本概念

3.1.1　计量工作和对长度计量的基本要求

只有合格的零件才具有互换性。如何判断其合格，必须对零件进行检测。检测中如何保证计量单位的统一和计量数据的准确是检测中十分重要的问题。这里将利用技术和法制的手段，确保计量单位的统一和计量数据的准确所进行的工作称为计量工作。它是计量学、计量技术和计量管理的统称，是实现互换性的重要技术保证。计量工作包括的范围十分广泛，概括起来有十大计量，即长度计量，力学计量，时间和频率计量，光学计量，电学计量，磁学计量，无线电计量，放射性计量，声学计量，化学计量等。本课程研究的对象是长度计量，即几何参数或称几何量（包括长度、角度、表面粗糙度、形状和位置等）的计量。其主要问题是涉及机械零件的测量技术和测量器具的选择。因此，习惯上把长度计量称为技术测量。在长度计量中，对其基本要求是：将测量误差控制在允许的限度内，以保证所需的准确度；正确选择测量方法和测量器具，以保证所需的测量效率；能找出产生不合格的原因，以便改进。总之，必须保证"准确、效益"。

3.1.2　测量的定义

广义上讲，测量是为了对客观事物取得量的结果。从计量学的观点讲，测量就是将被测量和体现计量单位的标准量进行比较，从而确定二者比值大小的实验操作过程。用公式表示为

$$q = L/E \tag{3-1}$$

式中：q 为比值；L 为被测量；E 为测量单位。

当被测量 L 一定时，比值 q 的大小取决于所采用的测量单位 E。而测量单位 E 的选择又取决于被测的量所要求的精确程度。因此式(3-1)可改写为

$$L = q \cdot E \tag{3-2}$$

式(3-2)称为基本测量方程式。

由基本测量方程式可以看出，一个完整的测量过程必须有测量对象、测量单位、测量方法及测量精度四个方面，它们统称为测量过程四要素。

(1) 测量对象　这里的测量对象指的是几何量。从几何量的特性来分，测量对象包

括长度、角度、形位误差及表面粗糙度；从被测零件的特性来分，可分为方形零件、轴类零件、锥体零件、箱体零件、凸轮、花键、螺纹、齿轮、各种刀具等。测量时对被测零件的特性、被测参数的定义和有关标准都必须有清晰而明确的理解，只有这样才能正确地进行测量。

(2) 测量单位　我国采用以国际单位制为基础的法定计量单位。在长度计量中，米(m)是基本测量单位，机械制造业中常用毫米(mm)和微米(μm)；角度单位采用度(°)、分(′)、秒(″)、弧度(rad)和微弧度(μrad)等。

(3) 测量方法　测量方法是指在特定的对象下测量某一被测量时，参与测量过程的各组成因素和测量条件的总和。组成因素包括测量时确定的测量方法(如是直接测量还是间接测量，是绝对测量还是相对测量等)、测量基面及定位方法、瞄准形式和瞄准方法、测量结果的显示方法及测量中所使用的测量器具等。测量条件是指测量时的主观条件、客观条件(环境条件和温度)等。测量时应根据被测对象的特点确定所用测量器具，根据被测参数的特点及其与其他参数的关系，确定合适的测量方法和测量的主、客观条件。

(4) 测量精度　测量精度是指测量结果与真值一致的程度。由于任何测量过程总是不可避免地会出现测量误差，误差大说明测量结果离真值远，精度低。因此，测量结果总是在一定范围内的近似真值，绝对等于真值是不可能的。任何测量结果的可靠有效值都是由测量误差确定的。分析测量误差产生的原因，估算其大小，研究减小的方法，也是测量精度研究的课题。无精度的测量是没有意义的。

3.1.3 检验、测试、检定和比对的概念

检验是指判断被测量是否合格(在规定范围内)的过程，它通常不一定要求得到被测量的具体数值。检验包括测量、比较与判断三个过程。

测试是指试验研究性的测量，也可理解为试验和测量的全过程。

检定是指为评定计量器具的计量特性(如准确度、稳定度、灵敏度等)并确定其是否合格所进行的全部工作。检定的主要对象是计量器具。

比对是指在规定的条件下对相同准确度等级的同类基准、标准或工作用计量器具之间的量值进行比较。比对一般是精确度相近的标准仪器间相互比较，其数据只能起到旁证与参考的作用，不能起到量值传递的作用，也不能对其中一台仪器作出合格与否的结论。

3.2 长度单位和尺寸传递

3.2.1 长度单位与量值传递系统

为了进行长度计量，保证测量过程中标准量的统一，必须规定一个统一的标准，即长

度计量单位。1984 年,国务院发布了《关于在我国统一实行法定计量单位的命令》,决定在采用先进的国际单位制的基础上,进一步统一我国的计量单位,并发布了《中华人民共和国法定计量单位》,其中规定长度的基本单位为米(m)。机械制造中常用的长度单位为毫米(mm),1 mm=10^{-3} m。精密测量时,多采用微米(μm)为单位,1 μm=10^{-3} mm。超精密测量时,则用纳米(nm)为单位;1 nm=10^{-6} mm。

米的最初定义始于 1791 年的法国。随着科学技术的发展,对米的定义不断进行完善。1983 年,第十七届国际计量大会正式通过米的新定义:

"米是光在真空中(1/299 792 458)s 时间间隔内所经路径的长度。"

定义、复现、保存长度单位,并通过它传递给其他计量器具的物质称为长度基准。当前采用的是辐射线波长基准。其优点是稳定性、复原性比光波波长基准高。精度提高两个数量级,达到10^{-11} m。1985 年,我国用自己研制的碘吸收稳定的 0.633 μm 氦氖激光辐射来复现我国的国家长度基准。显然,这个长度基准无法直接用于生产。为了保证量值统一,必须把长度基准的量值准确地传递到生产中应用的计量器具和工件上去。因此,必须建立一套从长度的最高基准到被测工件的严密而完整的长度量值传递系统。我国长度量值分两个平行的系统向下传递(见图 3-1):一个是端面量具(量块)系统,另一个是刻线量具(线纹尺)系统。

角度也是机械制造中的重要几何量之一,由于圆周角定义为360°,因此角度不需要与长度一样再建立一个自然基准。但是计量部门在实际应用中,为了使常用的特定角度的测量方便和便于对测角仪器进行检定,仍然需要建立角度量的基准。实际用做角度量基准的标准器具是标准多面棱体和标准度盘。机械制造中的一般角度基准是角度量块、测角仪和分度头等。

目前生产的多面棱体是用特殊合金钢或石英玻璃精细加工而成。常见的有 4 面、6 面、8 面、12 面、24 面、36 面及 72 面等。图 3-2 所示为 8 面棱体,在该棱体的同一横切面上,其相邻两面法线间的夹角为45°。用它作基准可以测量 $n\times45°$的角度(n 为正整数)。

图 3-3 所示为以多面棱体作角度基准的量值传递系统。

3.2.2 量块

量块是没有刻度的、截面为矩形的平面平行的端面量具。量块用特殊合金钢制成,具有线胀系数小、不易变形、硬度高、耐磨性好、工作面表面粗糙度值小及研合性好等特点。如图 3-4(a)所示,量块上有两个平面度精度高并相互平行的测量面,其表面光滑平整。两个测量面间具有精确的尺寸。另外还有四个非测量面。从量块一个测量面上任意一点;(距边缘 0.5 mm 区域除外)到与此量块另一个测量面相研合的平晶表面的垂直距离称为量块长度 L_i ,从量块一个测量面中心点到与此量块另一个测量面相研合的平晶平面的垂直距离称为量块的中心长度 L_O 。量块上标出的尺寸称为量块的标称长度。

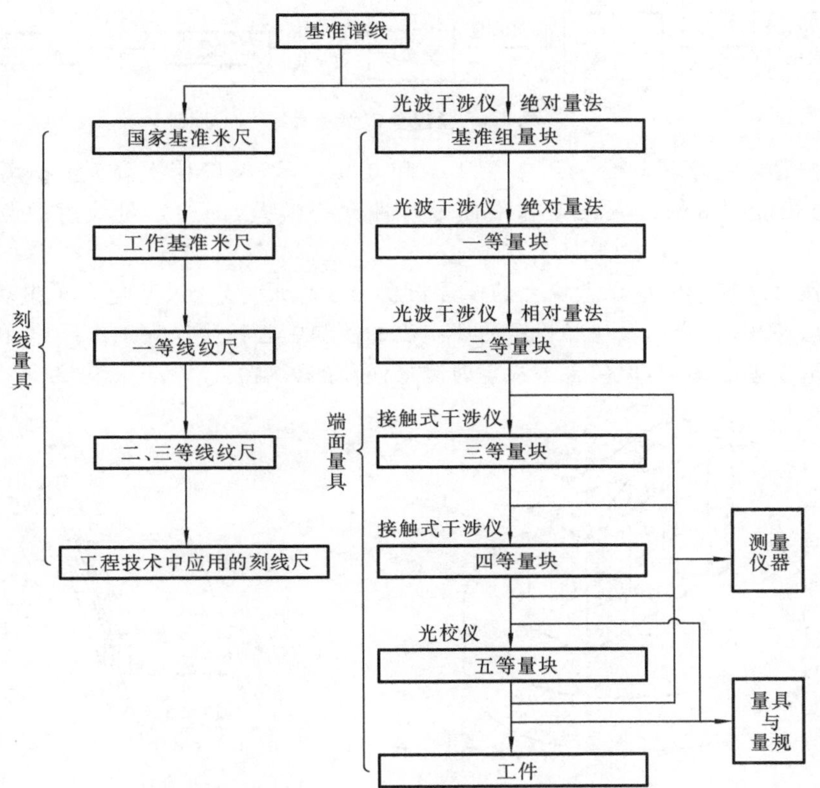

图 3-1 长度尺寸量值传递系统

量块在机械厂和各级计量部门中应用较广，常作为尺寸传递的长度基准和计量仪器示值误差的检定标准，也可用于精密划线和机床夹具的调整，同时，还可直接用于检测工件。

根据不同的使用要求，量块做成不同的精度等级。划分量块精度有两种规定：按“级”划分和按“等”划分。

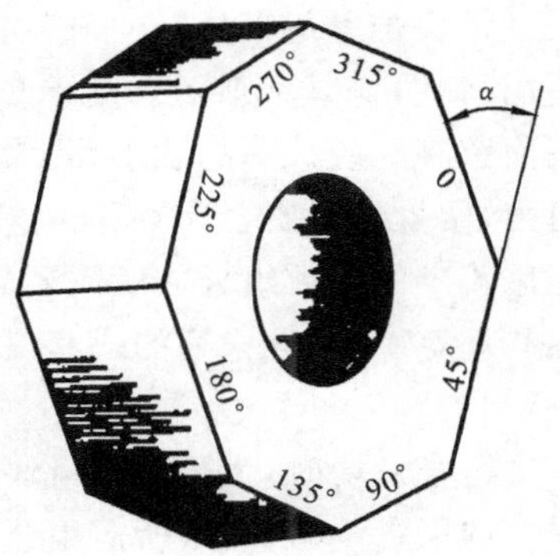

图 3-2 正八面棱体

GB/T 6093—2001《几何量技术规范(GPS) 长度标准 量块》国家标准中，按制造精度将量块分为 00、0、1、2、3 和 K 级共 6 级，精度依次降低。K 级为校准级，具有与 00 级相同的精度。分级的主要依据是量块中心长度的极限偏差、量块长度变动量(量块上最大量块长度与最小量块长度之差)的允许值、测量面的平面度、量块的研合性以及测量面的表面粗

图 3-3　角度量值传递系统

糙度等。按鉴定精度量块分为 1、2、3、4、5 和 6 共六等，精度依次降低。分等的主要指标是：中心长度测量的极限误差和平面平行性允许偏差，即检定量块时的测量总不确定度。

量块按“级”使用时应以量块上的标称长度为工作尺寸，该尺寸包含了量块的制造误差。按“等”使用时，应以量块经检定后所给出的实测中心长度作为工作尺寸，该尺寸排除了量块制造误差的影响，但包含了检定时测量误差的影响。

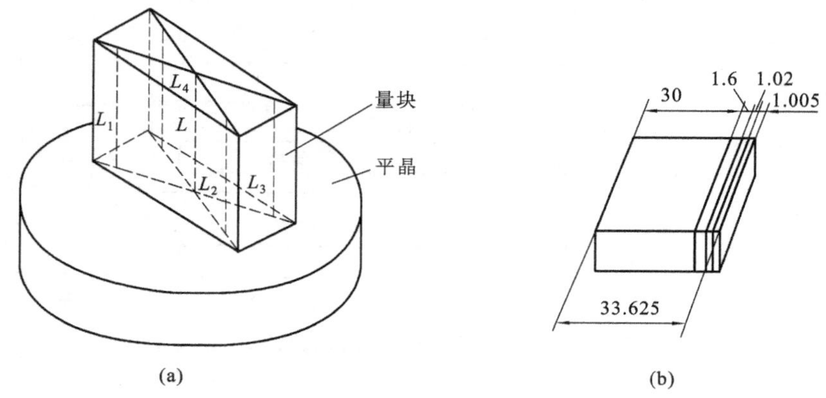

图 3-4　量块

量块是单值量具，一个量块只代表一个尺寸。而量块在使用时，常常用几个量块组合使用，如图 3-4(b)所示。由于量块测量面上的粗糙度数值和平面度误差都很小，当测量表面留有一层极薄的油膜(约为 0.02 μm)时，在切向推合力的作用下，由于分子之间的吸引力，两量块能研合在一起。这样，就可使用不同尺寸的量块组合成所需要的尺寸。为了能用较少的块数组合成所需要的尺寸，量块应按一定的尺寸系列成套生产供应。国家标准共规定了 17 种系列的成套量块。表 3-1 列出了其中一套量块(总块数为 83 块)的尺寸系列。

组合量块时，为了减少量块的组合误差，应尽量减少量块的组合块数，一般不超过 4 块。选用量块时，应从所需组合尺寸的最后一位数开始，每选一块至少应减去所需尺寸的一位尾数。例如，从 83 块一套的量块组，从中选取量块组成尺寸为 67.385 mm 尺寸的方法如下。

```
   67.385        所需尺寸
－  1.005        第一块量块尺寸
─────────
   66.38
－  1.38         第二块量块尺寸
─────────
   65
－  5            第三块量块尺寸
─────────
   60
－ 60            第四块量块尺寸
─────────
   0
```

表 3-1 一套量块(83 块)的尺寸

成套量块的尺寸(摘自 GB/T 6093—2001)				
序	总 块 数	尺寸系列/mm	间隔/mm	块 数
1	83	0.5	—	1
		1	—	1
		1.005	—	1
		1.01,1.02,…,1.49	0.01	49
		1.5,1.6,…,1.9	0.1	5
		2.0,2.5,…,9.5	0.5	16
		10,20,…,100	10	10

3.3 计量器具和测量方法

3.3.1 计量器具的分类

计量器具是测量仪器和测量器具的总称。通常,把没有传动放大系统的计量器具称为量具,如游标卡尺、90°角尺和量规等;把具有传动放大系统的计量器具称为量仪,如机械比较仪、测长仪和投影仪等。

计量器具可按其测量原理、结构特点及用途等分为以下四类。

1. 标准量具

以固定的形式复现量值的计量器具称为标准量具。通常,用来校对和调整其他计量器具,或作为标准量与被测工件进行比较。包括定值标准量具(如量块、角度量块等)和变值标准量具(如基准米尺、线纹尺、多面棱体等)。对成套的量块又称成套量具。

2. 通用计量器具

通用计量器具是一种通用性较强的计量器具。它可测量某一范围内的任一尺寸(或其他几何量)，并能获得具体读数值。通用计量器具按其结构特点又可分为固定刻线量具、游标量具、微动螺旋副式量仪、机械式量仪、光学式量仪、电动式量仪、气动式量仪、光电式量仪等。

(1) 固定刻线量具　是指具有一定划线，在一定范围内能直接读出被测量数值的量具，如钢直尺、卷尺等。

(2) 游标量具　是指直接移动测头来实现几何量测量的量具，如游标卡尺、深度游标卡尺、游标高度卡尺以及游标量角器等。

(3) 微动螺旋副式量仪　是指用螺旋方式移动测头来实现几何量测量的量仪，如外径千分尺、内径千分尺、深度千分尺等。

(4) 机械式量仪　是指通过机械结构来实现对被测量的感受、传递和放大来实现几何量测量的量仪，如百分表、千分表、杠杆百分表、杠杆齿轮比较仪、扭簧比较仪等。这种量仪结构简单、性能稳定、操作使用方便。

(5) 光学式量仪　是指利用光学原理来实现被测量的变换和放大，以实现几何量测量的量仪，如光学比较仪、自准直仪、测长仪、投影仪、工具显微镜、干涉仪等。这种量仪测量精度高、性能稳定，通用性好，一种仪器可作多种测量。在机械制造和仪器制造中应用比较广泛。

(6) 气动式量仪　是指以具有恒定压力的压缩空气作为介质，将被测量转换为压缩空气流量或压力的变化，实现原始信号转化放大和显示，进行几何量测量的量仪，如水柱式气动量仪、浮标式气动量仪等。气动测量应用广泛，具有测量精度高(放大倍数可高达数万倍)，测量效率高，操作方便等优点。但是，其示值范围小，属相对比较测量。气动测量装置的专用性较强，很少能互相通用，测量中需要用精度较高的专用校对规来校对仪器。

(7) 电动式量仪　是指将被测量通过传感器变换为电量，然后通过对电量的测量来实现几何量测量的量仪，如电感测微仪、电动轮廓仪等。这种量仪精度高、易于实现数据自动处理和显示，还可以实现计算机辅助测量和自动化。

(8) 光电式量仪　是指利用光学方法放大或瞄准，通过光电元件再转换为电量进行检测，以实现几何量测量的量仪，如光电显微镜、光栅测长机、光纤传感器、激光准直仪、激光干涉仪等。

3. 专用计量器具

它是指专门用来测量某种特定参数的计量器具，如圆度仪、渐开线检查仪、极限量规等。

极限量规是一种没有刻度的专用检验量具。用这种量具不能得到被检验工件的具体尺寸，但能判断该被检验工件是否合格。

4. 计量装置

计量装置是指为确定被测几何量所必需的计量器具和辅助设备的总体。它能够测量较多的几何量和较复杂的工件，有助于实现检测自动化和半自动化，如连杆、滚动轴承中的零件的测量。

3.3.2 计量器具的基本度量指标

度量指标是选择和使用计量器具、研究和判断测量方法正确性的依据，是用以说明计量器具的性能和功能的指标。计量器具的基本度量指标主要有以下几项。

(1) 刻度间距 计量器具标尺或刻度盘上两相邻刻线中心线间的距离或圆弧长度，通常是等距刻线。为了适于人眼观察和读数，刻度间距一般为 0.75～2.5 mm。

(2) 分度值(刻度值) 计量器具标尺或刻度盘上每一刻度间距所代表的量值，其单位与标在标尺上的单位一致。如千分表的分度值为 0.001 mm，百分表的分度值为 0.01 mm。一般长度量仪中的分度值有 0.1 mm、0.01 mm、0.001 mm、0.0005 mm 等。对于数显式量仪，其分度值称为分辨率。通常情况下，分度值越小，计量器具的精度越高。

(3) 示值范围 计量器具的读数装置所能显示或指示的最小值到最大值的范围。如图 3-5 所示计量器具的示值范围为±0.1 mm。

(4) 测量范围 计量器具所能测量的被测量最小值到最大值的范围。图 3-5 所示计量器具的测量范围为 0～180 mm。

(5) 灵敏度 计量器具对被测几何量微小变化的反应能力，如果被测量的变化为 ΔL，计量器具上相应的变化量为 Δb，则灵敏度 $S=\Delta b/\Delta L$，当分子分母是同一类量时，灵敏度又称放大倍数，其值为常数。放大倍数 $K=C/J$（C 为计量器具的刻度间距，J 为计量器具的分度值）。从放大倍数 $K=C/J$ 公式中可以看到，当刻度间距 C 一定时，放大倍数 K 愈大，分度值 J 愈小，从而可以获得更精确的读数。

(6) 示值误差 计量器具显示的数值与被测量真值的代数差。

(7) 校正值(修正值) 为了消除计量器具的系统误差，用代数法加到测量结果上的量值。其值与计量器具的系统误差的绝对值相等而符号相反。

(8) 回程误差 在相同的测量条件下，对同一被测量进行往返两个方向测量时，计量器具示值的最大变动量，它是由计量器具中测量系统的间隙、变形和摩擦等原因引起。测量时，为了减少回程误差的影响，应按一个方向进行测量。

(9) 测量力 计量器具的测头与被测工件表面之间的机械接触力。在接触式测量过程中要求测量力是恒定的。测量力太小，影响接触的可靠性；测量力太大，则会引起弹性变形，从而影响测量精度。

(10) 不确定度 由于测量误差的存在而对被测量值的测量结果不能肯定的程度。计量器具的不确定度主要是由未定系统误差和随机误差按一定方法综合的结果，用极限误差表示。

(11) 允许误差　技术规范、规程等对给定计量器具所允许的误差的极限值。

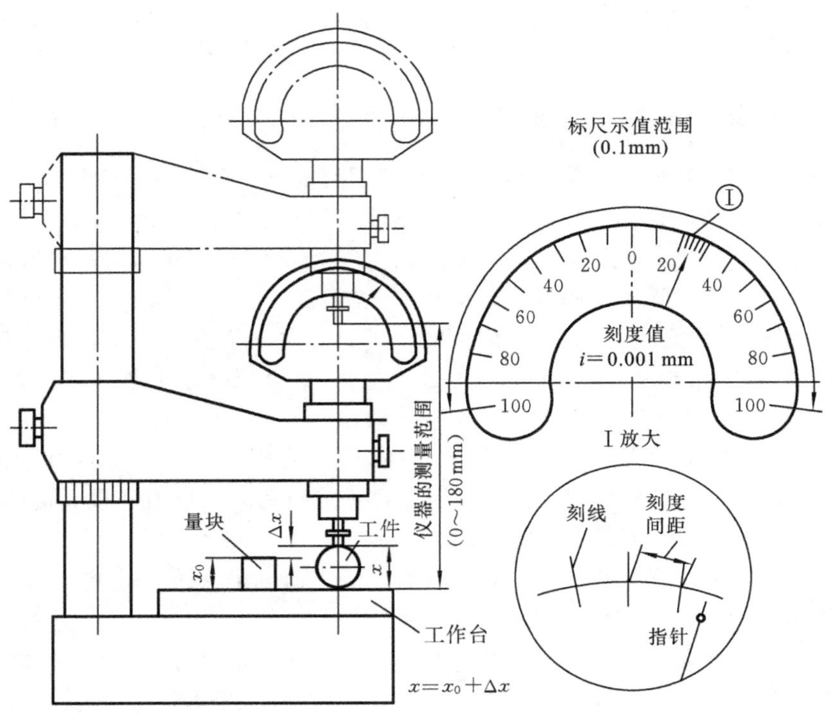

图 3-5　示值范围与测量范围

3.3.3　测量方法及其类型

广义的测量方法是指测量时所采用的测量原理、计量器具和测量条件的总和,是测量过程四要素之一,是测量过程的核心部分。而这里所说的测量方法是指在实际测量工作中,为获得测量结果所采用的具体测量方式,俗称测量方法。

测量方法可以按不同的要求和形式进行分类。

1. 直接测量和间接测量

按被测量值获得的方法,分为直接测量和间接测量。

(1) 直接测量　它是指不需要对被测量与其他实测量进行一定函数关系的辅助计算而直接得到被测量值的测量。

(2) 间接测量　它是指通过直接测量与被测量有已知关系的其他量而得到该被测量值的测量。例如,在测量较大圆柱零件的直径 D 时,可以先量出其周长 L,然后通过公式

$D=L/\pi$,求得零件的直径。

直接测量的测量过程简单,其测量精度只与这一测量过程有关。而间接测量的测量精度将取决于有关量的测量精度,并与所依据的计算公式有关。因此,间接测量通常用于直接测量不易测准,或由于被测件结构限制,或由于计量器具限制而无法直接测量的场合。

为了减少测量误差,一般都采用直接测量,间接测量作为备选。

2. 绝对测量和相对测量

按测量结果的读数值不同,分为绝对测量和相对测量。

(1) 绝对测量　它是指测量时从计量器具上直接得到被测量的整个量值的测量。例如,用游标卡尺、千分尺测量轴径或孔径。

(2) 相对测量(比较测量)　它是指在计量器具的读数装置上显示的数值是被测量相对于标准量的偏差值的测量。例如,在比较仪上测量轴径时,先用量块(标准量)调整仪器零位,然后测量被测轴径,所获得的示值就是被测轴径相对于量块尺寸的偏差值。

3. 接触测量和非接触测量

按测量时被测工件的测量表面与计量器具的测头是否有机械接触,分为接触测量和非接触测量。

(1) 接触测量　它是指测量时计量器具的测头与工件被测表面直接接触,并有机械作用的测量力的测量。例如,用千分尺、游标卡尺测量工件。为了保证接触的可靠性,测量力是必要的,但它可能使计量器具或工件产生变形,从而造成测量误差。尤其是在绝对测量时,对于软金属或薄结构易变形的工件,接触测量可能因变形造成较大的测量误差或划伤工件表面,影响测量精度。

(2) 非接触测量　它是指测量时计量器具的测头不与被测工件表面接触的测量。例如,用干涉显微镜或光纤显微镜测量表面粗糙度。非接触测量在测量时没有测量力,不会使计量器具或工件产生变形,因而对测量精度不会产生影响。

4. 单项测量和综合测量

按工件上同时测量的被测量多少,分为单项测量和综合测量。

(1) 单项测量　它是指对工件上的每一参数分别进行的测量。例如,用工具显微镜分别测量螺纹的单一中径、螺距和牙型半角的实际值,并分别判别它们各自是否合格。单项测量的效率较低,在分析加工过程中造成次品的原因时多采用它。

(2) 综合测量　它是指同时测量工件上几个有关几何量,综合地判断工件是否合格,而不要求知道有关单项值的测量。例如,用极限量规检验工件,用螺纹量规检验螺纹,用花键量规检验花键孔等。综合测量适用于只要求判断被测工件是否合格,而不需要得到具体误差值的场合。

5. 主动测量和被动测量

按测量在加工中所起的作用,分为主动测量和被动测量。

(1) 主动测量(也称在线测量) 它是指零件在加工过程中进行的测量。其测量结果可直接用来控制加工过程,及时防止废品产生。由于主动测量将检验与加工过程紧密结合,充分发挥了检测的作用,因而是检测技术发展的方向。

(2) 被动测量(也称离线测量) 它是指零件在加工完毕后进行的测量,它主要用来发现并剔除废品。

6. 静态测量和动态测量

按测量时被测工件所处的状态,分为静态测量和动态测量。

(1) 静态测量 它是指测量时,被测表面与测量头是相对静止的测量。例如,用千分尺测量零件的直径。

(2) 动态测量 它是指测量时,被测表面与测量头有相对运动的测量。此种测量能反映被测量的变化过程,能较大地提高测量效率和保证测量精度,也是技术测量的发展方向。例如,用激光丝杠动态检查仪测量丝杠。

3.4 测量误差及数据处理

3.4.1 测量误差的基本概念

1. 测量误差

实际测得的值与被测量真值之差称为测量误差,用 δ 表示。实际测量中,不管使用多么精确的计量器具,采用多么可靠的测量方法,进行多么仔细的测量,都不可避免地会产生测量误差。如果被测量的真值为 L,实际测得的值为 x,则测量误差 δ 可表示为

$$\delta=x-L \tag{3-3}$$

被测量的真值是一个理想的概念,通常真值是不知道的。在实际测量中常用相对真值(约定真值)或算术平均值来代替。

2. 测量误差的表示方法

测量误差可用绝对误差或相对误差表示。绝对误差是指实际测得的值与被测量的真值之差,即 $\delta=x-L$,它是一个代数值。测量时,绝对误差的绝对值大的测量结果,其测量精度低;反之,则测量精度高。但这一结论只适用于被测量相同或相近的情况下。因为测量精度不仅与绝对误差的绝对值大小有关,而且还与被测量的尺寸大小有关。因此,要比较两个尺寸不同的量的测量精度高低只能用到相对误差的概念。相对误差是指测量的绝对误差的绝对值与被测量真值之比的百分数,它是一个无量纲的数值,用公式表示为

$$\varepsilon=|\delta|/L\times100\%\approx|\delta|/x\times100\% \tag{3-4}$$

式中：ε 为相对误差。例如，某两个轴径的测得值分别为 $x_1=20\ \text{mm}$，$x_2=500\ \text{mm}$，$\delta_1=+0.001\ \text{mm}$，$\delta_2=+0.01\ \text{mm}$，则其相对误差分别为 $\varepsilon_1=0.001/20\times100\%=0.005\%$，$\varepsilon_2=0.01/500\times100\%=0.002\%$。由此可以看出，前者的测量精度要比后者低。

3. 测量误差的来源

测量误差的来源是多方面的，测量过程中的许多因素都会引起测量误差，但归纳起来不外乎有：方法误差，计量器具误差，主、客观条件引起的误差及基准件误差等。

（1）方法误差　它是指测量时，由于测量方式不当或不完善所引起的误差。它是由测量方式的原理误差、计算公式的近似、工件定位不准确和测量基准面本身的误差等多方面的因素引起的。例如，测量大轴的直径 D，用钢卷尺测出轴的周长 L，再根据公式 $D=L/\pi$，得出其直径 D 的数值。由于 π 取值的精确度不同，将会引起一个相应的测量误差。

（2）计量器具误差　它是指由于计量器具本身在设计、制造和使用过程中所造成的测量误差。它包括测量器具的原理误差，计量器具变换装置的制造与装配误差，计量器具中的零件在使用过程中的变形、滑动表面的磨损等。如设计计量器具时，为了简化结构而采用近似设计（杠杆齿轮比较仪中测杆的直线位移与指针的角位移不成正比，而表盘标尺却采用等分刻度）；设计的计量器具不符合“阿贝原理”；游标卡尺刻线不准；指示盘刻度线与指针的回转轴的安装有偏心等。

（3）主、客观条件引起的误差　主观条件引起的误差是指测量人员的主观因素造成的误差，如计量器具调整误差、眼睛的视差或分辨能力造成的估读误差等。

客观条件是指测量的环境条件，包括温度、湿度、气压、照明及灰尘等，当这些条件偏离标准条件时所引起的误差称为客观条件引起的误差，又称测量环境误差。对于长度计量，温度是主要的影响因素，其余各因素只在高精度的测量或对某种条件有严格要求时才考虑。例如，用光波波长进行绝对测量时，若气压、湿度偏离标准状态，则光波波长将发生变化。

当温度偏离标准温度（20 ℃）时引起的测量误差为

$$\Delta L=L[\alpha_2(t_2-20\ ^\circ\text{C})-\alpha_1(t_1-20\ ^\circ\text{C})] \tag{3-5}$$

式中：ΔL 为测量误差；L 为被测长度；t_1、t_2 为计量器具（或标准量）和被测工件的温度；α_1、α_2 为计量器具（或标准量）和被测工件的线胀系数。

例 3-1　用千分尺测量直径为 100 mm 的铝合金零件，设计要求为 $\phi100_{-0.035}^{\ 0}$ mm。若室温（量仪温度）$t_1=+16$ ℃，零件加工后未经过等温即进行测量。测量时工件温度 $t_2=+30$ ℃，若测得值为 $L'=99.985$ mm，问该零件是否合格？

解　千分尺材料为钢，线胀系数 $\alpha_1=11.5\times10^{-6}$ /℃，零件材料为铝合金，线胀系数 $\alpha_2=23\times10^{-6}$/℃。由公式(3-5)知，计算温度引起的误差 ΔL 为

$$\Delta L=100[23\times(30-20)-11.5\times(16-20)]\times10^{-6}\ \text{mm}=+0.027\ 6\ \text{mm}\approx+0.028\ \text{mm}$$

对测量结果进行修正，则零件在标准温度时的长度 L_0 为

$$L_0=L'-\Delta L=(99.985-0.028)\ \text{mm}=99.957\ \text{mm}<99.965\ \text{mm}$$

所以，该零件不合格。

若将铝合金零件与千分尺等温后再测量，即 $t_2=t_1=+16$ ℃，其他测量条件不变，则偏离标准温度引起的测量误差 ΔL 为

$$\Delta L=100[23\times(16-20)-11.5\times(16-20)]\times10^{-6}\ \text{mm}=-0.0046\ \text{mm}\approx-0.005\ \text{mm}$$

由此可见，为了减少温度变化引起的测量误差，对高精度测量应该在恒温条件下，并把被测工件和计量器具等温后进行测量。

(4) 基准件误差　任何一个测量过程都具有体现测量单位的基准量，而任何基准量都不可避免地存在误差，该误差称为基准件误差。如量块是常用的基准量，它本身就存在误差。例如，当在机械比较仪上测量 ϕ50 mm 的塞规时，用 50 mm 的 2 级量块作为基准量调整仪器，其误差为±0.7 μm，在测得值中可能带入 0.7 μm 的误差；若用 50 mm 的 4 等量块作为基准量调整仪器，其误差为±0.35 μm，在测得值中可能带入±0.35 μm 的测量误差。由此例可看出，基准件误差是 1∶1 地直接反映到测量结果中。因而基准件误差是影响测量精度的一个不可忽视的主要因素。要减小测量误差，提高测量精度，重要措施之一就是提高基准件精度，或者对基准件误差进行修正。

4. 测量误差的分类

测量误差按其性质可分为系统误差、随机误差和粗大误差三种基本类型。

(1) 系统误差　是指在相同测量条件下，多次重复测量同一量值时，误差的绝对值和符号都不改变，或者在条件变化时，按照某一确定的规律变化的误差。前者称为定值(常值)系统误差，后者称为变值系统误差。所谓规律，是指这种误差可以归结为某一因素或某几个因素的函数。这种函数一般可用解析式、曲线或数、表来表示。如刻度盘偏心引起仪器示值误差按正弦规律周期变化。在长度测量中，由于温度的均匀变化，引起按线性规律变化的测量误差。

(2) 随机误差　是指在相同的测量条件下，多次重复测量同一量值时，其绝对值大小和符号均以不可预知的方式变化着的误差。即每次测量对测量结果都有影响，但又不知影响的具体结果，误差的出现无规律可循。它是由一些随机因素，如测量器具的变形、测量力的不稳定、温度的波动、仪器中油膜的变化以及读数不准确等所引起。对于某一次测量结果的随机误差似乎无规律可循，但如果进行大量、多次重复测量，随机误差分布服从统计规律，因此，常用概率论和统计原理对它进行处理。

(3) 粗大误差　是指超出规定条件下预计的误差。它是由某种不正常原因(如工作疏忽、经验不足、过度疲劳、外界条件变化等)所引起。一个正确的测量是不应包含粗大误差。所以在进行误差分析时，主要分析系统误差和随机误差，并应剔除粗大误差。

5. 关于测量精度的几个概念

精度和误差是相对的概念，误差是指不准确、不精确的意思，即指测量结果偏离真值

的程度。由于误差分系统误差和随机误差,笼统的精度概念已不能反映上述误差的差异,因此,在测量精度中引入了精密度、正确度和准确度这样一些概念,以区别系统误差、随机误差对测量结果的影响。

1)精密度

精密度表示测量结果中随机误差大小的程度,表明测量结果随机分散的特性,是指在规定的测量条件下连续多次测量时所得到的数值重复一致的程度,是用于评定随机误差对测量结果影响的精度指标。随机误差越小,则测量精密度越高。

2)正确度

正确度表示测量结果中系统误差大小的程度,理论上可用修正值来消除。它是用于评定系统误差对测量结果影响的精度指标。系统误差越小,则正确度越高。

3)准确度

准确度表示测量结果中随机误差和系统误差综合影响的程度,说明测量结果与真值的一致程度。

一般来说,精密度高而正确度不一定高,反之亦然。而准确度高则精密度和正确度都高。如图 3-6 所示,以射击打靶为例,图 3-6(a)表示随机误差小而系统误差大,即精密度高而正确度低;图 3-6(b)表示系统误差小而随机误差大、即正确度高而精密度低;图 3-6(c)表示随机误差和系统误差都小,即准确度高。

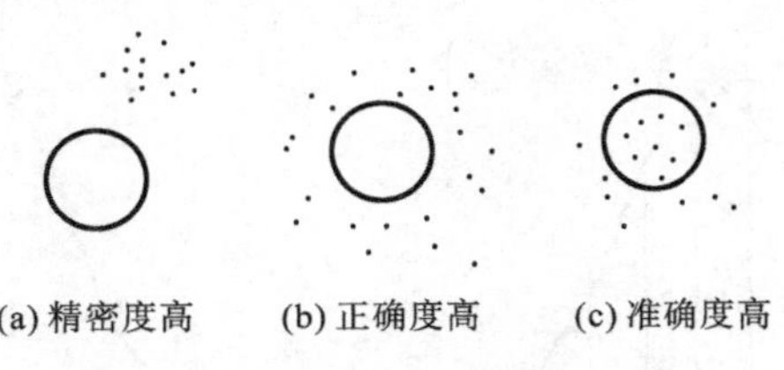

(a) 精密度高　(b) 正确度高　(c) 准确度高

图 3-6　精密度、正确度和准确度

3.4.2　测量误差的特征及其处理与评定

1. 随机误差

1)随机误差的分布规律及其特征

随机误差就其整体来说是有其内在规律的。例如,在相同测量条件下,对一圆柱销轴的同一部位重复测量 150 次,得到 150 个数据(这一系列的测得值常称为测量列),然后将测得的尺寸进行分组,从 7.131 mm 到 7.141 mm 每隔 0.001 mm 为一组,共分 11 组,其每组的尺寸范围及有关数据如表 3-2 所示。

表 3-2　测量数据统计表

测量值范围	测量中值	出现次数 n_i	相对出现次数率 n_i/N	测量值范围	测量中值	出现次数 n_i	相对出现次数率 n_i/N
7.130 5～7.131 5	$x_1=7.131$	$n_1=1$	0.007	7.136 5～7.137 5	$x_7=7.137$	$n_7=29$	0.193
7.131 5～7.132 5	$x_2=7.132$	$n_2=3$	0.020	7.137 5～7.138 5	$x_8=7.138$	$n_8=17$	0.113
7.132 5～7.133 5	$x_3=7.133$	$n_3=8$	0.054	7.138 5～7.139 5	$x_9=7.139$	$n_9=9$	0.060
7.133 5～7.134 5	$x_4=7.134$	$n_4=18$	0.120	7.139 5～7.140 5	$x_{10}=7.140$	$n_{10}=2$	0.013
7.134 5～7.135 5	$x_5=7.135$	$n_5=28$	0.187	7.140 5～7.141 5	$x_{11}=7.141$	$n_{11}=1$	0.007
7.135 5～7.136 5	$x_6=7.136$	$n_6=34$	0.227				

根据表 3-2 所统计的数据，以尺寸为横坐标，以相对出现的次数 n_i/N 为纵坐标，画出频率直方图，如图 3-7(a)所示。连接直方图各顶线的中点，得到一条折线，称为实际分布曲线。如果将上述测量次数无限增大($n\to\infty$)，再将分组间隔无限缩小($\Delta x\to 0$)，则实际分布曲线就会变成一条光滑的曲线，如图 3-7(b)所示，即随机误差的正态分布曲线，也称高斯曲线。

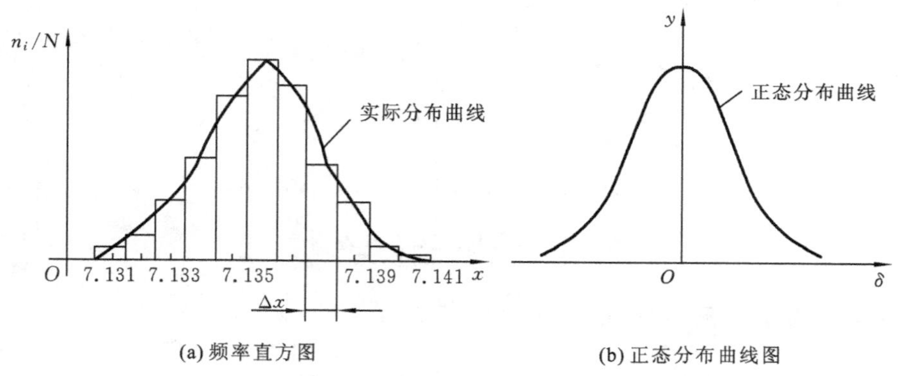

(a) 频率直方图　　(b) 正态分布曲线图

图 3-7　频率直方图和正态分布曲线

根据概率论原理，正态分布曲线的数学表达式为

$$y=f(\delta)=\frac{1}{\sigma\sqrt{2\pi}}\mathrm{e}^{-\frac{\delta^2}{2\sigma}} \tag{3-6}$$

式中：y 为概率分布密度；δ 为随机误差；σ 为标准偏差。

由式(3-6)和图 3-7 可以看出，随机误差具有以下四个基本特性。

(1) 差的单峰性，即绝对值小的误差比绝对值大的误差出现的机会多，也称误差的集中性。

(2) 误差的对称性，即绝对值相等的正负误差出现的机会相等，也称误差的相消性。

(3) 误差的有限性，即绝对值很大的误差出现的频率接近于零，也就是说，在一定的条件下误差的绝对值不会超过一定限度，也称误差的有界性。

(4) 误差的抵偿性，即在同一条件下，对同一量进行重复测量，其随机误差的算术平均值趋近于零，用公式表示为

$$\lim\sum_{i=1}^{n}\frac{\delta_i}{n}=0$$

2) 随机误差的评定指标

(1) 标准偏差——评定随机误差大小的尺度。

由式(3-6)还可以看出，概率分布密度 y 与随机误差 δ 及标准偏差 σ 有关。

当 $\delta=0$ 时，y 达到最大，即 $y_{\max}=\dfrac{1}{\sigma\sqrt{2\pi}}$。不同的标准偏差 σ 对应不同形状的正态分布曲线，σ 越小，$y_{\max}$ 值越大，曲线越陡，随机误差越集中，即测得值分布越集中，测量的精密度越高；反之，σ 越大，$y_{\max}$ 值越小，曲线越平坦，随机误差越分散，即测得值分布越分散，测量的精密度越低。图 3-8 所示为 $\sigma_1<\sigma_2<\sigma_3$ 时三种正态分布曲线。由此可见，当不存在系统误差时，测量方法精密度的高低可用标准偏差 σ 的大小来表示。因此，将标准偏差 σ 称为评定随机误差大小的尺度。

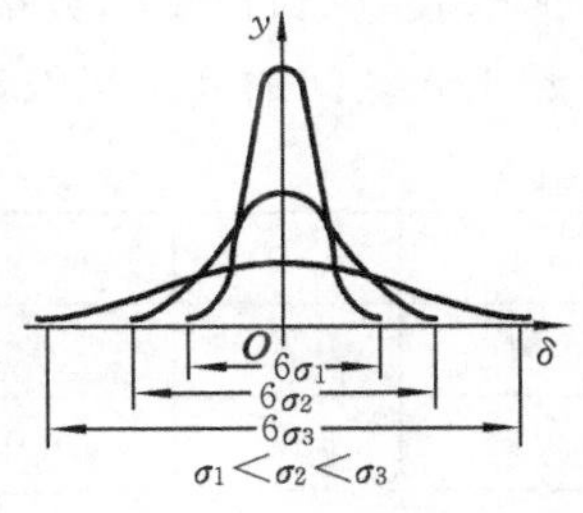

图 3-8 标准偏差对随机误差分布特性的影响

根据误差理论，等精度测量列中单次测量的标准偏差 σ 是各随机误差 δ 平方和的平均值的平方根，用公式表示为

$$\sigma=\sqrt{\frac{(\delta_1^2+\delta_2^2+\cdots+\delta_n^2)^2}{n}}=\sqrt{\frac{\sum\limits_{i=1}^{n}\delta_i^2}{n}} \tag{3-7}$$

式中：σ 为测量列中单次测量的标准偏差；δ_i 为测量列中各测得值相应的随机误差；n 为测量次数。

(2) 随机误差的极限值　根据随机误差的有限性可知，随机误差不会超过某一范围。随机误差的极限值就是指测量极限误差，即测量结果的误差超出它的概率可以忽略的误差界限。由于正态分布曲线和横坐标轴间所包含的面积等于所有随机误差出现的概率总和，因此对$(-\infty\sim+\infty)$之间的随机误差的概率 p 为

$$p=\int_{-\infty}^{+\infty}y\mathrm{d}\delta=\int_{-\infty}^{+\infty}\frac{1}{\sigma\sqrt{2\pi}}\mathrm{e}^{-\frac{\delta^2}{2\sigma^2}}\mathrm{d}\delta=1 \tag{3-8}$$

如果随机误差落在$(-\delta\sim+\delta)$之间时，则其概率为

$$p = \int_{-\delta}^{+\delta} y \, \mathrm{d}\delta = \int_{-\delta}^{+\delta} \frac{1}{\sigma\sqrt{2\pi}} \mathrm{e}^{-\frac{\delta^2}{2\sigma^2}} \mathrm{d}\delta = 1 \tag{3-9}$$

为计算方便,进行变量置换,令 $z=\delta/\sigma$,则 $\mathrm{d}z = \mathrm{d}\delta/\sigma$,将其代入式(3-9),得

$$p = \frac{1}{\sqrt{2\pi}} \int_{-z}^{+z} \mathrm{e}^{-\frac{z^2}{2}} \mathrm{d}z = \frac{2}{\sqrt{2\pi}} \int_{0}^{+z} \mathrm{e}^{-\frac{z^2}{2}} \mathrm{d}z \tag{3-10}$$

令 $P = 2\phi(z)$,则

$$\phi(z) = \frac{1}{\sqrt{2\pi}} \int_{0}^{+z} \mathrm{e}^{-\frac{z^2}{2}} \mathrm{d}z \tag{3-11}$$

式(3-11)将所求概率转化为变量 z 的函数,又称拉普拉斯函数,或概率积分函数。只要确定了 z 值,就可通过式(3-11)计算出 $\phi(z)$ 值。为了应用方便,其积分值一般列成表格的形式,称为概率函数积分表。现已查出 z=1、2、3、4 等几个特殊值的积分值,并求出不超出 δ 区间的概率以及超出 δ 区间的概率,如表 3-3 所示。

表 3-3　几个特殊值的概率积分

z	δ	$\phi(z)$	不超出 δ 的概率 p	超出 δ 的概率 $p'=1-p$
1	σ	0.341 3	0.682 6	0.317 4
2	2σ	0.477 2	0.954 4	0.045 6
3	3σ	0.498 63	0.997 3	0.002 7
4	4σ	0.499 868	0.999 36	0.000 64

由表列数据可以看出,若进行 100 次等精度测量,当 $\delta=\pm\sigma$ 时,可能有 32 次测得值超出 $|\delta|$ 的范围;当 $\delta=\pm 2\sigma$ 时,可能有 4.5 次测得值超出 $|\delta|$ 的范围;当 $\delta=\pm 3\sigma$ 时,可能有 0.27 次测得值超出 $|\delta|$ 的范围;当 $\delta=\pm 4\sigma$ 时,可能有 0.064 次测得值超出 $|\delta|$ 的范围。由于超出 $\delta=\pm 3\sigma$ 的概率已很小,故在实践中常将 $\delta=\pm 3\sigma$ 时的概率 p 近似为 1。从而将 $\delta=\pm 3\sigma$ 称为单次测量的随机误差的极限值,即随即误差的极限误差,记作

$$\delta_{\lim} = \pm 3\sigma = \pm 3\sqrt{\frac{\sum_{i=1}^{n} \delta_i^2}{n}} \tag{3-12}$$

所以极限误差是单次测量标准偏差的 3 倍,或称为置信概率为 99.73%时的随机误差的绝对值不会超过的限度,如图 3-9 所示。

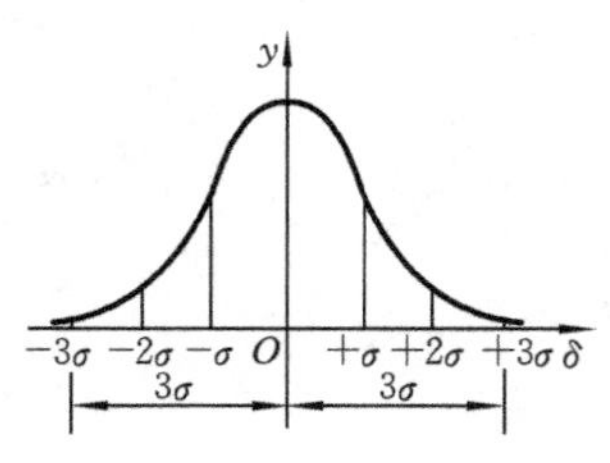

图 3-9　随机误差的极限误差

(3) 算术平均值及标准偏差的实验估计　对同一被测量在消除系统误差的前提下重复进行一组等精度测量,当测

量次数充分大时，由于随机误差的算术平均值趋近于零，因此，可用一系列测得值的算术平均值（$\overline{L}$）作为最终测量结果，它要比用其他任一次测量值作为测量结果更可靠、更接近于真值，即

$$\overline{L} = \frac{x_1 + x_2 + \cdots + x_n}{n} = \frac{1}{n}\sum_{i=1}^{n} x_i \tag{3-13}$$

前面已经介绍标准偏差 σ 是评定随机误差的尺度，根据误差理论，由式(3-7)计算标准偏差时，应具备这样几个条件：其一，真值 L 必须已知；其二，测量次数要无限大（$N \to \infty$）；其三，无系统误差。但在实际测量中要达到这三个条件是不可能的。因为真值 L 无法得知，则 $\delta_i = x_i - L$ 也就无法得知；测量次数也是有限量。所以在实际测量中常采用残余误差 υ_i 代替随机误差 δ_i 来估算标准偏差。所谓残余误差是指测量列中的任一测得值 x_i 和该测量列的算术平均值 $\overline{L}$ 的差值，记作 υ_i，即

$$\upsilon_i = x_i - \overline{L} \tag{3-14}$$

由算术平均值计算残余误差有以下两个特点：一是当测量次数足够多时，残余误差的代数和趋近于零，即 $\sum \upsilon_i \approx 0$；二是残余误差的平方和为最小，即 $\sum \upsilon_i^2 = \min$。因此，实际应用中，常用 $\sum \upsilon_i \approx 0$ 来验证数据处理中求得的 $\overline{L}$ 与 υ_i 是否正确。

用 υ_i 代替 δ_i 计算的标准偏差，所得之值称为单次测量的标准偏差的估计值，用 S 表示。S 的计算式为

$$S = \sqrt{\frac{1}{n-1}\sum_{i=1}^{n} \upsilon_i^2} \tag{3-15}$$

由式(3-15)求得 S 后，便可用 $\pm 3S$ 代替 $\pm 3\sigma$ 作为单次测量的极限误差，即

$$\delta_{\lim} = \pm 3S \tag{3-16}$$

(4) 测量列算术平均值的标准偏差 $\sigma_{\overline{L}}$ 及测量结果的表示　在相同的测量条件下，对同一被测量进行测量，将测量列分为若干组，每一组进行 n 次的测量称为多次测量。

标准偏差 σ 代表一组测得值中任一测得值的精密程度。但在多次重复测量中，是以测得值的算术平均值作为测量结果的。因此，更重要的是要知道算术平均值的精密程度，即算术平均值的标准偏差 $\sigma_{\overline{L}}$。

根据误差理论，测量列算术平均值的标准偏差 $\sigma_{\overline{L}}$ 与测量列中任一测得值的标准偏差，存在下列关系，即

$$\sigma_{\overline{L}} = \frac{S}{\sqrt{n}} \tag{3-17}$$

由式(3-17)可看出，多次测量的总体算术平均值的标准偏差 $\delta_{\overline{L}}$ 是单次测得值的标准偏差的 $\frac{1}{\sqrt{n}}$。这说明，随着测量次数的增多，$\sigma_{\overline{L}}$ 越小，测量的精密程度就越高。但是当 S

一定时，测量次数大于20以后，$\sigma_{\overline{L}}$的减小会变得缓慢，这就是说，企图用增加测量次数的方法来提高测量的精密度，收效是不大的。因此，在生产中，一般取测量次数为5～20次，通常≤10次。故测量列的算术平均值的测量极限误差为

$$\delta_{\lim(\overline{L})}=\pm 3\sigma_{\overline{L}} \tag{3-18}$$

此时，测量列的测量结果可表示为

$$L=\overline{L}\pm 3\sigma_{\overline{L}}=\overline{L}\pm \delta_{\lim(\overline{L})} \tag{3-19}$$

其置信概率为99.73%。

综上所述，可得出如下结论：①用多次测得值的算术平均值$\overline{L}$作为最终测量结果中的真值；②当用单次测得值作为测量结果时，随机误差对测量结果的影响可用单次测得值的极限误差$\delta_{\lim}$表示，$\delta_{\lim}=\pm 3S$（置信概率为99.73%），测量结果可表达为：$L=x_i\pm 3S=x_i\pm\delta_{\lim}$；③当用$n$次测得值的算术平均值作为测量结果时，随机误差对测量结果的影响可用算术平均值的极限误差$\delta_{\lim(\overline{L})}$表示，$\delta_{\lim(\overline{L})}=\pm 3\sigma_{\overline{L}}$（置信概率为99.73%），测量结果可表达为

$$L=\overline{L}\pm 3\sigma_{\overline{L}}=\overline{L}\pm \delta_{\lim(\overline{L})}$$

2. 系统误差的发现与消除

系统误差是影响测量结果可靠性的主要因素。由于其数值往往较大，因而在测量数据中如何发现与消除系统误差，是提高测量精确度的一个重要问题。

1）系统误差的发现

系统误差分为定值系统误差和变值系统误差两种。

(1) 定值系统误差的发现　定值系统误差无法直接从系列测得值的数据处理中揭示，只能通过另外的试验对比和分析的方法去发现，采用的方法有：预先检定法、标准量值代替法和反向补偿法等。例如，用量块作标准件并按其标称尺寸使用时，由于量块的尺寸偏差，使测量结果中存在着定值系统误差。这时可用高精度仪器对量块的实际尺寸进行检定来发现，或用另一块高一级精度的量块进行对比测量来发现。

(2) 变值系统误差的发现　变值系统误差可以从系列测得值的处理和分析观察中发现，方法有多种。常用的方法有残余误差观察法，即将测量列按测量顺序排列（或作图）观察各残余误差的变化规律，如图3-10所示。若残余误差大体正负相间，无显著变化、则不存在变值系统误差，如图3-10(a)所示；若各残余误差呈有规律地递增或递减，其趋势始终不变，而且在测量开始与结束时符号相反，如图3-10(b)所示，则可认为存在线性变化的系统误差；若各残余误差的符号和量值呈有规律地周期性变化，如图3-10(c)所示，则存在周期性系统误差。

很显然，在应用残余误差观察法判断变值系统误差时，必须有足够的重复测量次数并按各测得值的先后顺序作图；否则，变化规律不明显，判断的可靠性就差。

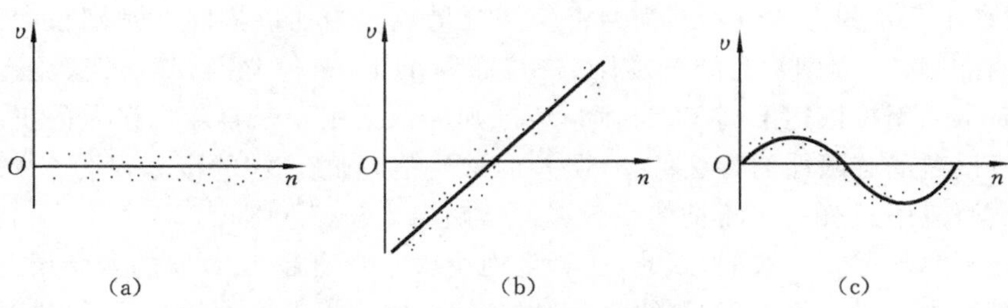

图 3-10 用残余误差作图判断系统误差

2）系统误差的消除

系统误差常用以下方法消除或减小。

(1) 误差根除法　该法是指从产生误差的根源上消除系统误差，这是消除系统误差的最根本的方法。为此，在测量之前，应对测量过程中可能产生系统误差的环节进行仔细分析，找出产生系统误差的根源并加以消除。例如，在测量开始前应仔细检查仪器工作台，调整零位，测量器具和被测工件应处于标准温度状态，测量人员要正对仪器指针读数和正确估读。

(2) 误差修正法　这种方法是预先检定出计量器具的系统误差，将其数值反向后作为修正值，再用代数法加到实际测得的值上，即可得到不包含该系统误差的测量结果。例如，量块的实际尺寸不等于标称尺寸，此时，如果按标称尺寸使用，就要产生系统误差，而按经过检定的量块实际尺寸使用，就会避免此项误差的产生。

(3) 误差抵消法　若两次测量所产生的系统误差大小相等(或相近)、符号相反，则取两次测得值的平均值作为测量结果，即可消除系统误差。例如，在工具显微镜上测量螺纹零件的螺距时，可先分别测出左、右牙面螺距；然后取二者的平均值作为测得值，则可减小螺纹零件在测量时由于安装不正确引起的系统误差。

(4) 对称消除法　对于线性系统误差，可采用对称测量法消除。例如，用比较法测量时，温度均匀变化，存在随时间呈线性变化的系统误差。此时，可采用安排等时间间隔的测量步骤，即第一步测工件、第二步测标准量、第三步再测标准量、第四步再测工件；然后，取第一步和第四步读数的平均值与第二步和第三步读数的平均值之差即可。

(5) 半周期消除法　对于周期变化的系统误差，可采用半周期消除法消除，即取相隔半个周期的两个测得值的平均值作为测量结果。

系统误差从理论上讲是完全可以消除的，但由于测量时众多因素的影响，实际上只能消除到一定的程度。若能将系统误差减小到使其影响相当于随机误差的程度，此时即可认为系统误差已被消除。

3. 粗大误差的判别与剔除

粗大误差是超出规定条件下预计的误差，数值比较大，对测量结果产生明显的歪曲。

因此，必须采用一定的方法进行判别并将其从测量数据中加以剔除。判别粗大误差的准则有拉依达准则（3σ 准则）、肖维勒准则、格拉布斯准则、T 检验准则以及狄克逊准则等。实际测量时常采用拉依达准则（3σ 准则），该准则的依据主要来自随机误差的正态分布规律。从随机误差的有限性的特性可知，误差的绝对值超过 $\pm 3\sigma$ 的概率仅为 0.27%，即在连续 370 次测量中只有一次测量的残余误差会超出 $\pm 3\sigma$（$370\times 0.0027\approx 1$ 次），而连续测量的次数是不会超过 370 次的，因此，在测量列里就不会有超出 $\pm 3\sigma$ 的残余误差。所以，凡是在测量列中有绝对值大于 3σ 的残余误差，就可看成粗大误差而必须予以剔除。在有限次测量时，其判断式为

$$|\upsilon_i| > 3S \tag{3-20}$$

剔除具有粗大误差的测量值以后，应根据剩下的测量值再重新计算 $\overline{L}$、υ_i 和 S，然后再根据 3σ 准则去判断剩下的测量值中是否还存在粗大误差。每次只能剔除一个，直到剔除完为止。

应该指出，3σ 准则是以测量次数充分大为前提的，当测量次数较少时（如 $\leqslant 10$ 次），用 3σ 准则就不够可靠。此时，最好采用其他判别粗大误差的准则，如狄克逊准则、肖维勒准则等。

3.4.3 等精度测量列的数据处理

1. 等精度直接测量列的数据处理

所谓等精度测量是指在测量条件（包括所使用的量仪、测量人员、测量方法及测量环境条件等）不变的情况下，对某一被测量值进行的一系列测量。虽然各测得值不相同，但影响各次测得值精度的因素和条件相同，因此其测量精度可视为相等。在对同一被测量进行多次测量所获得的一系列测得值中，可能同时存在系统误差、随机误差和粗大误差，或者只含其中某一类或某两类误差。为了得到正确的测量结果，应对各类误差分别进行处理。对于定值系统误差，应在测量过程中予以判别处理，用加修正值的方法来消除或减小。然后将得到的测量列的数据按下列步骤进行处理：①计算测量列的算术平均值；②计算测量列的残余误差；③估算标准偏差；④判断有无粗大误差；⑤分析判断变值系统误差；⑥计算测量列算术平均值的标准偏差和极限误差；⑦确定并写出测量结果。下面通过实例具体阐述等精度直接测量数据处理的方法步骤。

例 3-2 用某测量方法对一孔径进行等精度重复测量 10 次，按测量顺序记录测量值 x_i 列于表 3-4 中，试确定其测量结果。

表 3-4 测量数据计算表

测量序号	测得值 x_i/mm	残余误差 $\upsilon_i=(x_i-\overline{L})$/mm	残余误差的平方 υ_i^2/mm²
1	32.49	+0.01	0.000 1

续表

测量序号	测得值 x_i/mm	残余误差 $\upsilon_i=(x_i-\overline{L})$/mm	残余误差的平方 υ_i^2/mm²
2	32.48	0	0
3	32.51	+0.03	0.000 9
4	32.46	−0.02	0.000 4
5	32.50	+0.02	0.000 4
6	32.48	0	0
7	32.43	−0.05	0.002 5
8	32.49	+0.01	0.000 1
9	32.52	+0.04	0.001 6
10	32.44	−0.04	0.001 6
$n=10$	算术平均值 $\overline{L}=\dfrac{\sum_{i=1}^{10}x_i}{10}=32.48$	残余误差代数和 $\sum_{i=1}^{10}\upsilon_i=0$	残余误差平方和 $\sum_{i=1}^{10}\upsilon_i^2=0.007\,5$

解 （1）求算术平均值。

$$\overline{L}=\frac{\sum_{i=1}^{10}x_i}{n}=32.48\ \text{mm}$$

求各测得值的残余误差 υ_i 并列入表中，同时计算出 $\sum_{i=1}^{10}\upsilon_i=0$ 和 $\sum_{i=1}^{10}\upsilon_i^2=0.007\,5$，一并填入表中（见表 3-4）。

（2）估算标准偏差和单次测得值的极限误差。

由式（3-15）和式（3-16）分别求得

$$S=\sqrt{\frac{\sum_{n=1}^{10}\upsilon_i^2}{n-1}}=0.029\ \text{mm}\ ;\ \delta_{\lim}=\pm 3S=\pm 0.087\ \text{mm}$$

（3）判断有无粗大误差。

由 3σ 准则判断式（3-20）$|\upsilon_i|>3S$ 和由表 3-4 中的 υ_i 的计算结果可知，在测量列中没有一个残余误差的绝对值超过 0.087 mm。所以，测量列里不含粗大误差。

（4）分析判断有无明显的变值系统误差。

根据“残差观察法”，由表 3-4 中的 υ_i 的计测量结果影响结果可知，该测量列中的残余误差大体上正负相间，无明显的变化规律，所以认为无变值系统误差。

(5) 计算测量列算术平均值的标准偏差和极限误差。

由式(3-17)和式(3-18),分别求得

$$\sigma_{\overline{L}}=0.009\ 17\ \text{mm},\ \delta_{\lim(\overline{L})}=\pm 0.027\ 5\ \text{mm}$$

(6) 写出测量结果。

单次测量结果(如第五次)为

$$L=x_i\pm 3S=x_5\pm 3S=(32.50\pm 0.087)\ \text{mm}(\text{置信概率为}\ 99.73\%)$$

测量列算术平均值的测量结果为

$$L=\overline{L}\pm 3\sigma_{\overline{L}}=(32.48\pm 0.0275)\ \text{mm}(\text{置信概率为}\ 99.73\%)$$

2. 等精度间接测量列的数据处理

间接测量是指直接测量的量与被测量之间有一定的函数关系,因而直接测量的测得值误差也按一定函数关系传递到被测量的测量结果中,其数据处理方法和步骤如下。

1) 直接测得值的数据处理

按直接测量的数据处理方法求出各直接测得值及其极限误差,分别为

$$\overline{x}_1\pm\delta_{\lim(\overline{x}_1)}$$
$$\overline{x}_2\pm\delta_{\lim(\overline{x}_2)}$$
$$\vdots$$
$$\overline{x}_m\pm\delta_{\lim(\overline{x}_m)}$$

2) 具有函数关系的测得值的数据处理

当被测量值 y 与各直接测得值 $x_1,x_2,\cdots,x_m$ 之间有函数关系时,设函数关系为

$$y=f(x_1,x_2,\cdots,x_m) \tag{3-21}$$

式中:y 为被测量值,即函数的因变量;$x_1,x_2,\cdots,x_m$ 为各直接测得值,即函数的自变量。

该函数的增量可用函数的全微分来表示,即

$$\mathrm{d}y=\frac{\partial f}{\partial x_1}\mathrm{d}x_1+\frac{\partial f}{\partial x_2}\mathrm{d}x_2+\cdots+\frac{\partial f}{\partial x_m}\mathrm{d}x_m \tag{3-22}$$

式中:$\mathrm{d}y$ 为被测量值的测量误差,即函数的增量;$\mathrm{d}x_1,\mathrm{d}x_2,\cdots,\mathrm{d}x_m$ 为各直接测得值的测量误差,即自变量的增量;$\frac{\partial f}{\partial x_1},\frac{\partial f}{\partial x_2},\cdots,\frac{\partial f}{\partial x_m}$ 为函数的偏导数,称为误差的传递系数。

式(3-22)称为函数误差的基本计算公式。

3) 函数系统误差 Δy 的计算

如果各测得值中存在系统误差 Δx_i,则被测量值中也相应存在着系统误差 Δy,其计算式为

$$\Delta y=\frac{\partial f}{\partial x_1}\Delta x_1+\frac{\partial f}{\partial x_2}\Delta x_2+\cdots+\frac{\partial f}{\partial x_m}\Delta x_m \tag{3-23}$$

4) 函数随机误差的计算

由于各个测得值中存在随机误差，且为正态分布，因此函数也存在随机误差，也为正态分布。函数的随机误差可以用函数的标准偏差 σ_y 或用函数的极限误差 $\delta_{\lim(y)}$ 表示，即

$$\sigma_y = \sqrt{\left(\frac{\partial f}{\partial x_1}\right)^2 \sigma_{x_1}^2 + \left(\frac{\partial f}{\partial x_2}\right)^2 \sigma_{x_2}^2 + \cdots + \left(\frac{\partial f}{\partial x_m}\right)^2 \sigma_{x_m}^2} \tag{3-24}$$

或

$$\delta_{\lim(y)} = \sqrt{\left(\frac{\partial f}{\partial x_1}\right)^2 \delta_{\lim(x_1)}^2 + \left(\frac{\partial f}{\partial x_2}\right)^2 \delta_{\lim(x_2)}^2 + \cdots + \left(\frac{\partial f}{\partial x_m}\right)^2 \delta_{\lim(x_m)}^2} \tag{3-25}$$

式中：σ_y 为欲测量（函数）的标准偏差；σ_{x_i} 为实测量（直接测得值）的标准偏差；$\delta_{\lim(y)}$ 为欲测量（函数）的测量极限误差；$\delta_{\lim(x_i)}$ 为实测量（直接测得值）的测量极限误差。

例 3-3 如图 3-11(a)所示的样板，图样设计要求为：角度 $\alpha = 15°30' \pm 20''$，尺寸 $S = 20 \pm 0.009$ mm。

现采用如图 3-11(b)所示的方法间接测量 S 的值。首先准确地测出角度 α 和圆柱直径 d，再测出精密圆柱上方母线至平板距离 H，最后通过计算求出 S 值。

已知各参数实际测得值、系统误差和测量极限误差分别为

$$\alpha = 15°30',\ \Delta\alpha = +15''(0.000\ 072\ \text{rad}),\ \delta_{\lim(\alpha)} = \pm 7''$$

$$d = 4.005\ 0\ \text{mm},\ \Delta d = +0.003\ 0\ \text{mm},\ \delta_{\lim(d)} = \pm 0.000\ 5\ \text{mm}$$

$$H = 36.730\ 0\ \text{mm},\ \Delta H = +0.001\ 5\ \text{mm},\ \delta_{\lim(H)} = \pm 0.000\ 7\ \text{mm}$$

试求：S 的实际值及其测量极限误差 $\delta_{\lim(S)}$，并判断该被测样板是否合格？

解 (1) 列出函数关系式，并求出函数值。

$$S = H - \frac{d}{2}\left(1 + \cot\frac{\alpha}{2}\right)$$

将直接测得值 H、d、α 带入上式计算，有

$$S = \left[36.730\ 0 - \frac{4.005\ 0}{2}(1 + \cot 7°45')\right]\ \text{mm} = 20.013\ 0\ \text{mm}$$

(2) 对函数求全微分，计算误差传递系数。

$$\mathrm{d}S = \frac{\partial S}{\partial H}\mathrm{d}H + \frac{\partial S}{\partial d}\mathrm{d}d + \frac{\partial S}{\partial \alpha}\mathrm{d}\alpha$$

$$\frac{\partial S}{\partial H} = 1$$

式中

$$\frac{\partial S}{\partial d} = -\frac{1}{2}(1 + \cot 7°45') = -4.174$$

$$\frac{\partial S}{\partial \alpha} = \frac{d}{4\sin^2 7°45'} = \frac{4.005}{0.072\ 7}\ \text{mm} = 55.089\ \text{mm} = 55\ 089\ \mu\text{m}$$

(3) 求函数的系统误差。

$$\Delta S = \frac{\partial S}{\partial H}\Delta H + \frac{\partial S}{\partial d}\Delta d + \frac{\partial S}{\partial \alpha}\Delta\alpha = (+1.5 - 4.174 \times 3 + 55\ 089 \times 0.000\ 072)\ \mu\text{m}$$

$$= -7.06\ \mu\text{m}$$

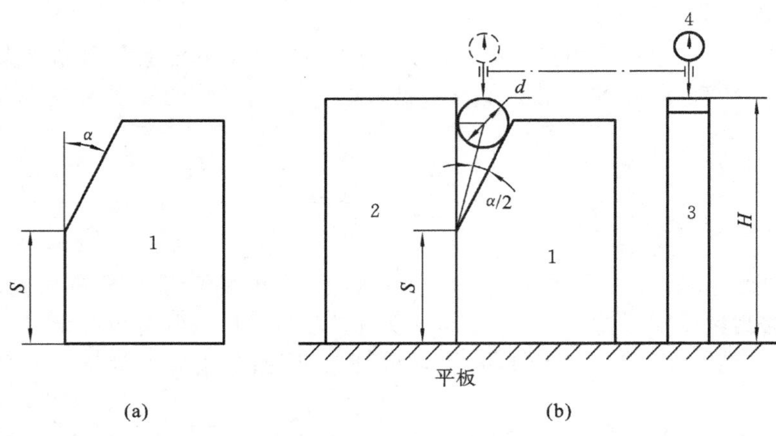

图 3-11　间接法测量距离 S 的示例

1—样板;2—方箱;3—量块;4—指示表

(4) 求函数的测量极限误差。

$$\delta_{\lim(S)}=\pm\sqrt{\left(\frac{\partial S}{\partial H}\right)^2\delta_{\lim(H)}^2+\left(\frac{\partial S}{\partial d}\right)^2\delta_{\lim(d)}^2+\left(\frac{\partial S}{\partial \alpha}\right)^2\delta_{\lim(\alpha)}^2}$$

$$=\pm\sqrt{0.7^2+(-4.174)^2\times 0.5^2+55\ 089^2\times 0.000\ 036^2}\ \mu\text{m}=\pm 2.95\ \mu\text{m}$$

(5) 写出测量误差及测量极限误差。

$$S=[20.013\ 0+(-0.007\ 1)\pm 0.002\ 9]\ \text{mm}=20.009\ 5\ \text{mm}\pm 0.002\ 9\ \text{mm}$$

根据测量与计算结果可知该样板合格。

习　　题

3-1　什么是测量?一个完整的测量过程包括哪几个要素?机械制造中对技术测量的基本要求是什么?

3-2　在我国法定计量单位中,长度的基本单位是什么?它的定义是如何规定的?

3-3　何谓长度基准?如何把长度基准的量值传递到被测量值?在尺寸传递系统中量块起什么作用?说明量块的用途和性能。

3-4　量块精度为什么分“级”和“等”?划分的依据是什么?在使用量块组时,怎样确定量块的工作尺寸和测量的极限误差?

3-5　量块按“等”和按“级”使用,哪一种使用情况存在着系统误差?哪一种使用情况仅存在着随机误差?

3-6 以机械比较仪为例说明计量器具的主要度量指标的含义。

3-7 试举例说明仪器的示值范围与测量范围的区别。

3-8 试举例说明绝对测量与相对测量的区别，直接测量与间接测量的区别，主动测量与被动测量的区别。

3-9 什么是示值误差？如何消除它？

3-10 什么是测量误差？它是如何产生的？测量误差如何以绝对误差和相对误差的形式表示？

3-11 测量误差按性质分几类？各有何特征？如何消除它们对测量精度的影响？

3-12 试述测量精密度、正确度、精确度的概念。

3-13 怎样表达单次测量和多次重复测量的测量结果？测量列单次测量值和算术平均值的标准偏差有何区别？

3-14 试从 83 块一套的量块中，同时组合下列尺寸（单位为 mm）：29.875、48.98、40.79、10.56。

3-15 仪器读数在 20 mm 处的示值误差为－0.02 mm，当用它测量工件时，读数正好为 20 mm，问工件的实际尺寸是多少？

3-16 用比较仪对某尺寸进行了 15 次等精度测量，测得数据如下（单位为 mm）20.216、20.213、20.215、20.214、20.215、20.215、20.217、20.216、20.213、20.215、20.216、20.214、20.217、20.215、20.214。假设现已消除定值系统误差，试求其测量结果和置信概略。

3-17 四个量块的实际尺寸和检定时的极限误差分别为（单位为 mm）：20 ± 0.0003，4.5 ± 0.0002，1.16 ± 0.0002，1.005 ± 0.0003，试计算这四块量块组合后的尺寸和极限误差。

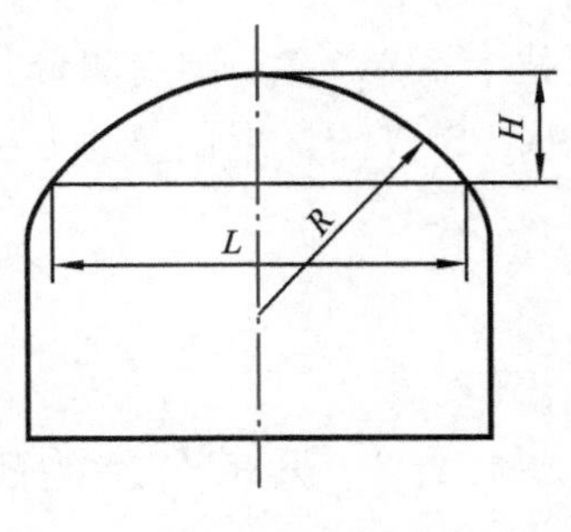

图 3-12 题 3-18 图

3-18 用弓高弦长法测量一厚度为 1.5 mm 的平面圆弧样板，如图 3-12 所示，现在大型工具显微镜上测得数据为（单位为 mm）：弦长 $L=32.463$，测量极限误差 $\delta_{\lim(L)}=\pm0.0042$，弓高 $H=8.014$，测量极限误差 $\delta_{\lim(H)}=\pm0.0033$，试确定该圆弧样板的半径 R 和测量极限误差 $\delta_{\lim(R)}\left(R=\dfrac{L^2}{8H}+\dfrac{H}{2}\right)$。

第4章　几何公差

机械零件上几何要素的形状和位置精度是一项重要的质量指标。零件在加工过程中由于受各种因素的影响，零件的几何要素不可避免地会产生形状误差、方向误差和位置误差(简称几何误差)，它们对产品的寿命、使用性能和互换性有很大的影响。几何误差越大，零件的几何参数的精度越低，其质量也就越低。为了保证零件的互换性和使用要求，需要按功能要求正确地给定零件的几何公差，用以限制几何误差。

为适应经济发展和国际交流的需要，我国根据国际标准 ISO 1101:2004 制定了有关确定形位公差的一系列国家标准:GB/T 1182—2008《产品几何量技术规范(GPS)几何公差　形状、方向、位置和跳动公差标注》、GB/T 18780.1—2002《产品几何量技术规范(GPS)几何要素　第一部分　基本术语与定义》、GB/T 1184—1996《形状和位置公差　未注公差值》、GB/T 4249—2009《公差原则》、GB/T 1958—2004《产品几何量技术规范(GPS)形状和位置公差　检测规定》、GB/T 13319—2003《产品几何量技术规范(GPS)几何公差　位置度公差注法》、GB/T 16671—2009《形状和位置公差　最大实体要求、最小实体要求和可逆要求》。作为贯彻上述标准的技术保证还发布了一系列几何误差评定和检测标准:GB/T 11336—2004《直线度误差检测》、GB/T 11337—2004《平面度误差检测》、GB/T 4380—2004《圆度误差的评定　两点　三点法》、GB/T 7234—2004《产品几何量技术规范(GPS)圆度测量　术语、定义及参数》、GB/T 7235—2004《产品几何量技术规范(GPS)评定圆度误差的方法　半径变化量测量》等。

4.1　概　述

4.1.1　几何公差的研究对象

几何公差(如形状、方向、位置和跳动公差等)的研究对象是构成零件几何特征的点(如圆心、球心、中心点、交点)、线(如素线、轴线、中心线、引线等)、面(如平面、中心平面、圆柱面、圆锥面、球面、曲面等)。这些点、线、面统称几何要素。一般在研究形状公差时，涉及的对象有线和面两类几何要素，在研究位置公差时，涉及的对象有点、线和面三类几何要素。几何公差就是研究这些几何要素在形状及其相互间方向或位置方面的精度问题。对零件进行几何误差的控制就是对几何要素形状、方向或位置的控制。

1. 几何要素的术语与定义

(1) 要素(几何要素) 点、线或面。

① 组成要素。面或面上的线。

② 导出要素。由一个或几个组成要素得到的中心点、中心线或中心面。例如球心是由球面得到的导出要素,该球面为组成要素;圆柱的中心线是由圆柱面得到的导出要素,该圆柱面为组成要素。

(2) 尺寸要素 由一定大小的线性尺寸或角度尺寸确定的几何形状。尺寸要素可以是圆柱形、球形、两平行对应面、圆锥形或楔形。

(3) 公称组成要素 由技术制图或其他方法确定的理论正确组成要素。

(4) 公称导出要素 由一个或几个公称组成要素导出的中心点、轴线或中心平面。

(5) 工件实际表面 实际存在并将整个工件与周围介质分隔的一组要素。

(6) 实际(组成)要素 由接近实际(组成)要素所限定的工件实际表面的组成要素部分。没有实际导出要素。

(7) 提取组成要素 按规定方法,由实际(组成)要素提取有限数目的点所形成的实际(组成)要素的替代。该替代的方法由要素所要求的功能确定,每个实际(组成)要素可以有几个这种替代。

(8) 提取导出要素 由一个或几个提取组成要素得到的中心点、中心线或中心面。为方便起见,提取圆柱面的导出中心线称为提取中心线,两相对提取平面的导出中心面称为提取中心面。

(9) 拟合组成要素 按规定的方法由提取组成要素形成的并具有理想形状的组成要素。

(10) 拟合导出要素 由一个或几个拟合组成要素中心点、轴线或中心平面。

几何要素定义间的相互关系的结构如图 4-1 所示,其图解如图 4-2 所示。

2. 几何要素的分类

几何要素可从不同角度来分类,简介如下。

1) 按结构特征分类(见图 4-3)

(1) 组成要素(轮廓要素) 即构成零件外形为人们直接感觉到的点、线、面各要素。

(2) 导出要素(中心要素) 即轮廓要素对称中心所表示的点、线、面各要素。其特点是它不能为人们直接感觉到,而是通过相应的轮廓要素才能体现出来,如零件上的中心面、中心线、中心点等。

2) 按存在状态分类

(1) 实际要素 即零件上实际存在的要素,可以通过测量反映出来的要素。

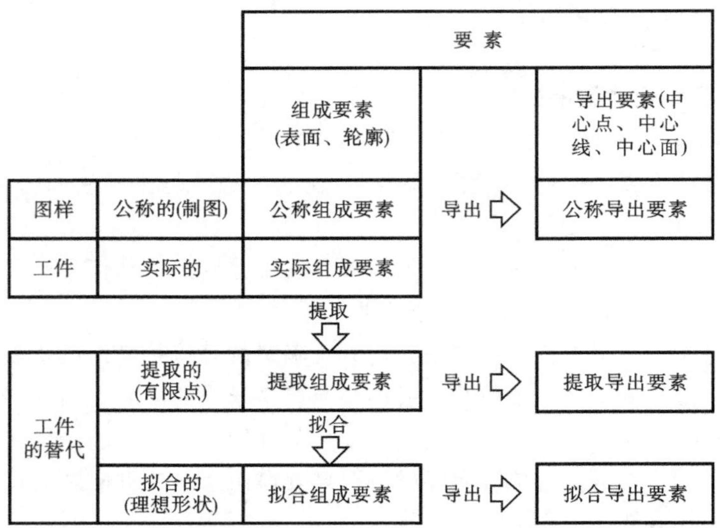

图 4-1 几何要素定义间相互关系的结构框图

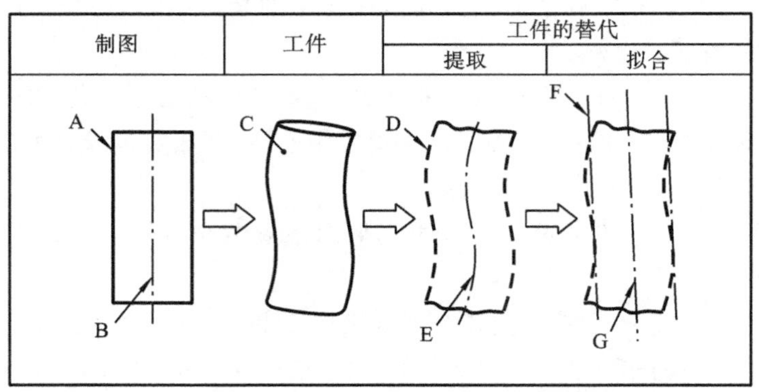

图 4-2 几何要素定义间相互关系

A—公称组成要素;B—公称导出要素;C—实际要素;

D—提取组成要素;E—提取导出要素;F—拟合组成要素;G—拟合导出要素

(2) 理想要素　是指没有任何误差的几何要素;是按设计要求,由图样给定的点、线、面的理想形态,是绝对正确的几何要素。理想要素是作为评定实际要素的依据,在生产中是不可能得到的。

3) 按所处部位分类

(1) 被测要素　即图样中有几何公差要求的要素,是测量和控制的对象。如图 4-4(a)中 ϕ16H7 孔的轴线、图 4-4(b)中的上平面。

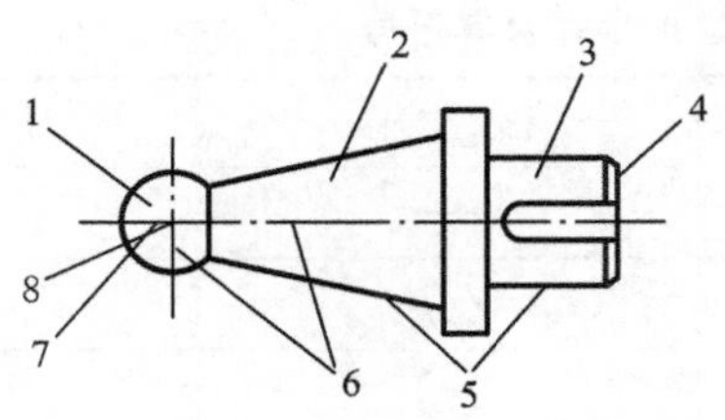

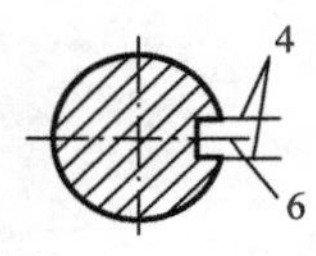

图 4-3 组成要素及导出要素

1—球面；2—圆锥面；3—圆柱面；4—平面；5—素线；

6、7—中心线；8—球心

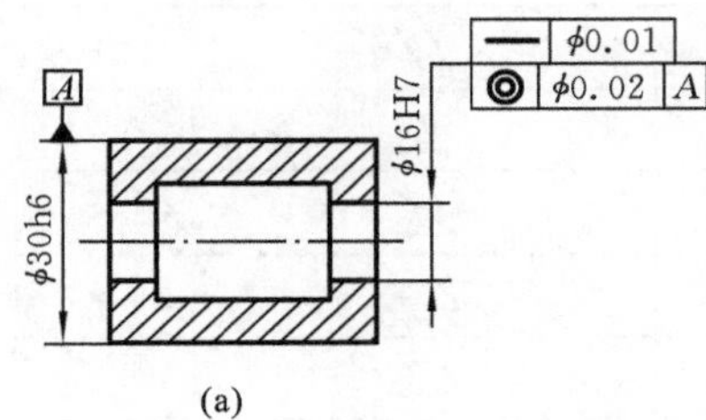

(a)

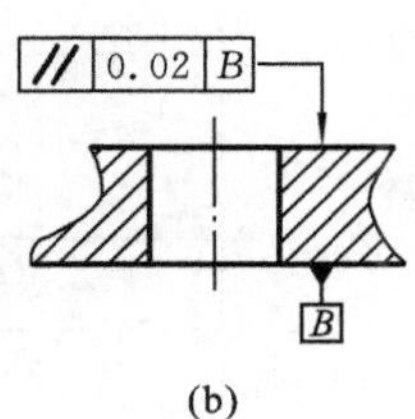

(b)

图 4-4 基准要素和被测要素

(2) 基准要素　即用来确定被测要素方向和位置的参照要素，应为理想要素。基准要素在图样上都标有基准符号或基准代号，如图 4-4(a)中 ϕ30h6 的轴线、图 4-4(b)中的下平面。

4) **按功能关系分类**

(1) 单一要素　它是指仅对被测要素本身给出形状公差要求的要素，是独立的，与基准不相关的。

(2) 关联要素　即对被测要素给出位置公差要求，与其他要素(基准)有位置关系的要素。如图 4-4(a)中 ϕ16H7 孔的轴线，相对于 ϕ30h6 圆柱面轴线有同轴度公差要求，此时 ϕ16H7 的轴线属关联要素。同理，图 4-4(b)中的上平面相对于下平面有平行度要求，故上平面属关联要素。

4.1.2 几何公差的项目及其符号

几何公差的几何特征及其符号见表 4-1。国家标准将几何公差共分为 19 个项目，其中形状公差为 6 个项目，因它是对单一要素提出的要求，因此无基准要求；方向公差为 5 个项目、位置公差为 6 个项目、跳动公差为 2 个项目，因它们是对关联要素提出的要求，因此，在大多数情况下有基准要求。

表 4-1　几何公差的项目及其符号

公差类型	几何特征	符　号	有无基准
形状公差	直线度	—	无
	平面度	⏥	无
	圆度	○	无
	圆柱度	⌭	无
	线轮廓度	⌒	无
	面轮廓度	⌓	无
方向公差	平行度	//	有
	垂直度	⊥	有
	倾斜度	∠	有
	线轮廓度	⌒	有
	面轮廓度	⌓	有
位置公差	位置度	⌖	有或无
	同心度(用于中心点)	◎	有
	同轴度(用于轴线)	◎	有
	对称度	⌯	有
	线轮廓度	⌒	有
	面轮廓度	⌓	有
跳动公差	圆跳动	↗	有
	全跳动	⌰	有

4.1.3　公差带概念

几何公差是指被测实际要素的允许变动全量。几何公差的公差带是由一个或几个理想的几何线或面所限定的、由线性公差值表示其大小的区域,比尺寸公差带即数轴上两点之间的区域要复杂。对要素规定的几何公差确定了公差带,该要素应限定在公差带之内。

(1) 形状公差及公差带　形状公差是指单一实际要素的形状所允许的变动全量。形状公差带是指限制被测单一实际要素形状变动的区域。

(2) 方向公差及公差带　方向公差是指关联实际要素的方向对基准所允许的变动量。方向公差带是指限制被测关联实际要素相对于基准要素的方向变动的区域。

(3) 位置公差及公差带　位置公差是指关联实际要素的位置对基准所允许的变动量。位置公差带是指限制被测关联实际要素相对于基准要素的位置变动的区域。

(4) 跳动公差及公差带　跳动公差是指关联实际要素绕基准轴线旋转时所允许的最大跳动量。跳动公差带是指关联实际要素绕基准轴线旋转时所允许的变动区域。

(5) 几何公差及公差带　几何公差是指形状公差、方向公差、位置公差、跳动公差的统称。几何公差带是指限制被测实际要素形状、方向与位置变动的区域。

(6) 几何公差带四要素　几何公差带的大小、形状、方向和位置称为几何公差带的四要素。几何公差带的形状由被测要素的特征及设计要求来确定；几何公差带的宽度或直径即几何公差带的大小，由给定的几何公差值确定。几何公差带必须包含被测提取(实际)要素，而被测提取(实际)要素在几何公差带内可以具有任何形状(除非另有要求)。

几何公差带的主要形状有 11 种，如图 4-5 所示。

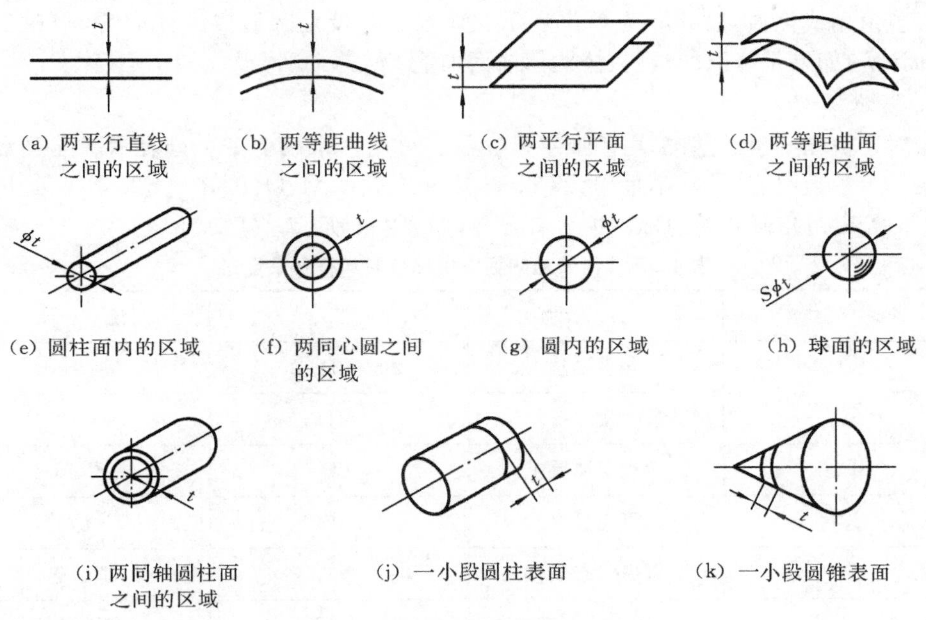

图 4-5　几何公差带的主要形状

4.2　几何公差的标注

4.2.1　公差框格与基准符号

在技术图样中标注几何公差时，应绘制公差框格，注明几何公差数值及有关符号。根据 GB/T 1182—2008 规定，公差框格为矩形方框，该方框由二格或多格组成，在图样中只能水平或垂直绘制。框格中的内容从左到右按顺序填写，框格内容包括：几何特征符号、公差值、基准字母及有关符号，如图 4-6 所示。如对同一个要素给出几种几何特征的公差，为方便起见，可将一个公差框格放在另一个公差框格的下面。

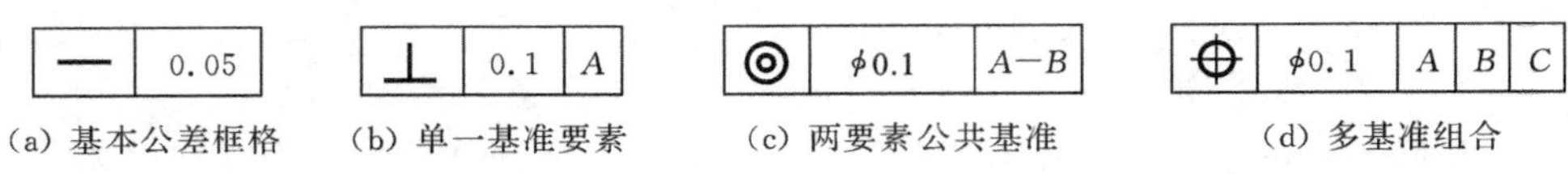

(a) 基本公差框格　(b) 单一基准要素　(c) 两要素公共基准　(d) 多基准组合

图 4-6　几何公差框格

1. 几何特征符号

根据零件的工作性能要求，几何特征符号由设计者从表 4-1 中选定。

2. 公差值

公差值用线性值，以 mm 为单位表示。如果公差带是圆形或圆柱形的，则在公差值前面加注 ϕ；如果是球形的，则在公差值前面加注 $S\phi$ 。

3. 基准

相对于被测要素的基准，由基准字母表示。可用一个或多个字母表示基准要素或基准体系。为不致引起误解，不采用大写字母 E、F、I、J、L、M、O、P、R。大写字母 E、F、I、J、L、M、O、P、R 在几何公差的标注中另有含义，如表 4-2 所示。

表 4-2　几何公差的标注中部分附加符号及意义

符　号	说　明	符　号	说　明
Ⓔ	包容要求	LD	小径
Ⓜ	最大实体要求	MD	大径
Ⓛ	最小实体要求	PD	中径、节径
Ⓡ	可逆要求	LE	线素
Ⓕ	自由状态条件	NC	不凸起
Ⓟ	延伸公差带	ACS	任意横截面
CZ	公共公差带	TED	理论正确尺寸

1) 基准符号在公差框格中的标注

(1) 单一基准要素用大写拉丁字母表示，如图 4-6(b)所示。

(2) 由两个要素组成的公共基准，用由横线隔开的两个大写字母表示，如图 4-6(c)所示。

(3) 由两个或两个以上要素组成的基准体系，如多基准组合，表示基准的大写字母应按基准的优先次序从左至右分别置于各格中，如图 4-6(d)所示。

2) 基准符号在基准要素和图样上的标注

(1) 大写字母标注在基准方格内，与一个涂黑的(或空白的)三角形相连以表示基准，如图 4-7(a)所示。表示基准的字母也应注在公差框格内，如图 4-7(b)所示。

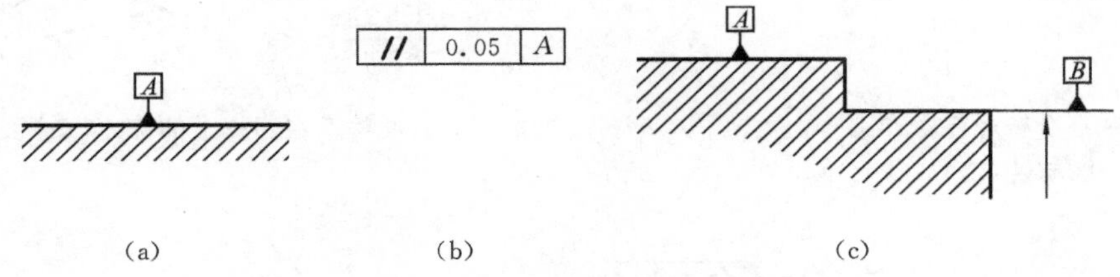

图 4-7 基准符号在基准要素和图样上的标注

(2) 当基准要素是轮廓线或表面时，基准三角形应放置在要素的轮廓线或在它的延长线上(但应与尺寸线明显地错开)，如图 4-7(c)所示。基准三角形还可放置在用圆点指向实际表面的引出线的水平线上，如图 4-8(a)所示。

(3) 当基准是尺寸要素确定的轴线、中心平面或中心点时，基准三角形应放置在该尺寸线的延长线上(与尺寸线一致)，如图 4-8(b)、图 4-8(c)所示。如果尺寸线处安排不下两个箭头，则其中一个箭头可用基准三角形代替，如图 4-8(c)所示。

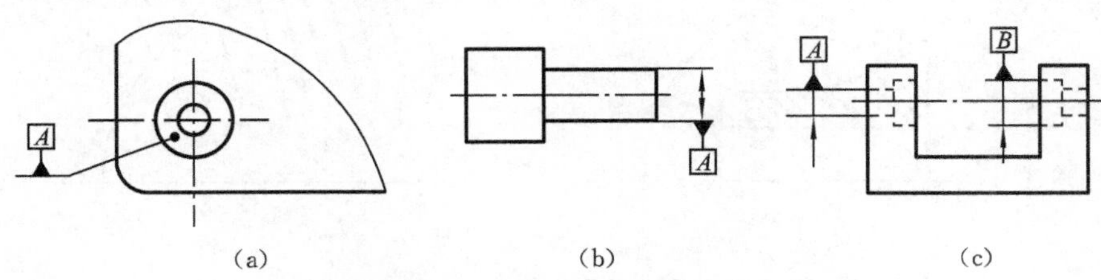

图 4-8 基准符号在图样上的标注(一)

(4) 任选基准的标注方法如图 4-9 所示。

4. 指引线

指引线用细实线表示。指引线一端与公差框格相连(可从框格的左端或右端引出，指引线引出时必须垂直于公差框格)，另一端带有箭头。指引线指到位置之前最多拐折两次。公差带的宽度方向就是指引线给定的方向，如图 4-10 所示。或者指引线垂直于被测要素，公差带的宽度方向为被测要素的法向，如图 4-11 所示。另有规定，则必须注明角度(包括 90°)，如图 4-12 所示。对于圆度，公差带的宽度应在垂直于公称轴线的平面内确定。

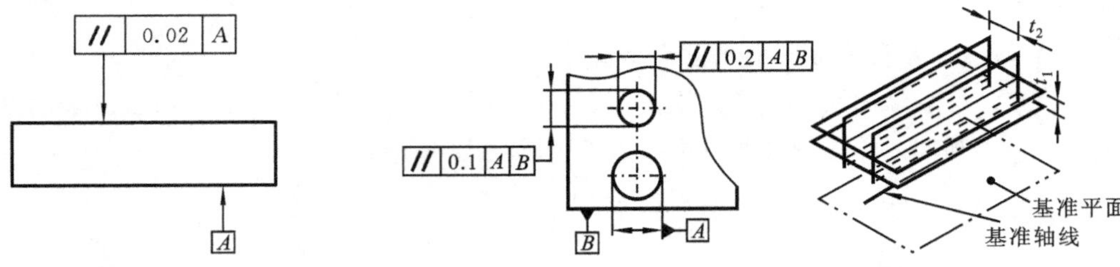

图 4-9　基准符号在图样上的标注(二)

图 4-10　基准符号在图样上的标注(三)

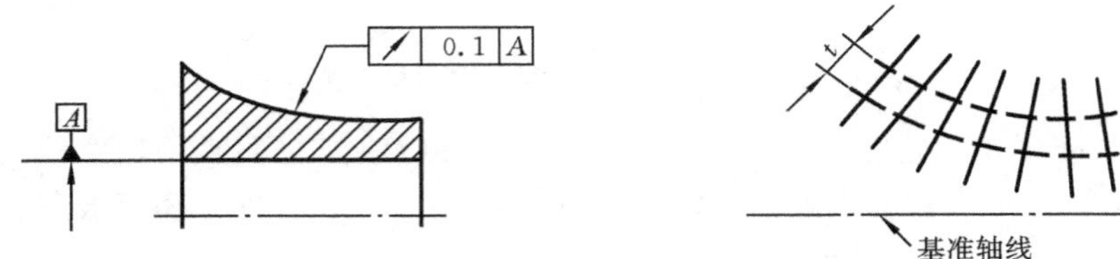

图 4-11　基准符号在图样上的标注(四)

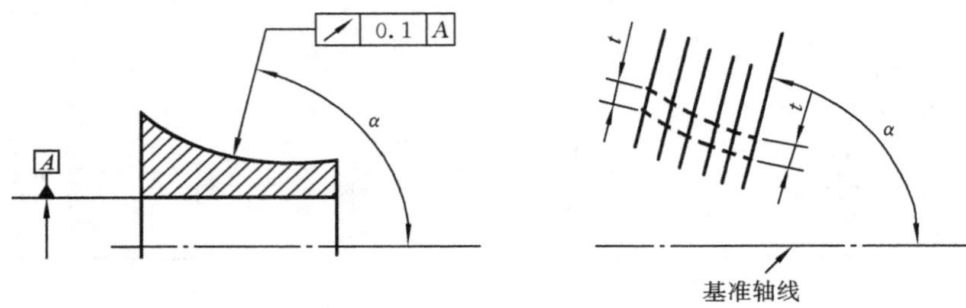

图 4-12　基准符号在图样上的标注(五)

4.2.2　被测要素在图样上的标注

用带箭头的指引线将被测要素与公差框格相连，按以下方法标注。

(1) 当公差涉及轮廓线或表面时，将箭头置于要素的轮廓线或轮廓线的延长线，但必须与尺寸线明显地错开，如图 4-13(a)所示。应注意，圆度标注的指引线箭头必须垂直指向回转体的轴线。

(2) 箭头也可指向引出线的水平线，引出线引自被测面，如图 4-13(b)所示。

(3) 当公差涉及要素的轴线、中心平面或带尺寸要素确定的点时，指引线的箭头应对准尺寸线，即应与尺寸线的延长线重合。被测要素指引线的箭头，可兼作一个尺寸箭头，如图 4-13(c)所示。

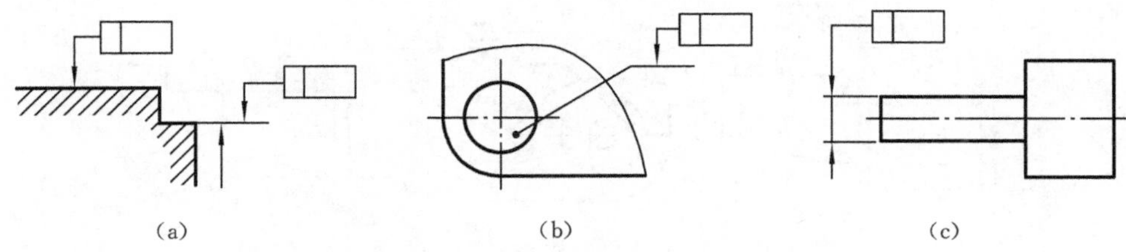

图 4-13 被测要素在图样上的标注(一)

(4) 当某项公差应用于几个相同要素时,应在框格上方被测要素的尺寸之前注明要素的个数,如“6× ϕ”、“6 槽”,如图 4-14 所示。

(5) 如要求在公差带内进一步限定被测要素的形状,则应在公差框格的下方注明,如图 4-15 所示。

图 4-14 被测要素在图样上的标注(二)

图 4-15 被测要素在图样上的标注(三)

(6) 一个公差框格可以用于具有相同几何特征和公差值的若干个分离要素,其表示方法如图 4-16 所示。

(7) 当若干个分离被测要素给出单一公差带时,应在公差框格内公差值的后面加注公共公差带的符号 CZ,如图 4-17 所示。

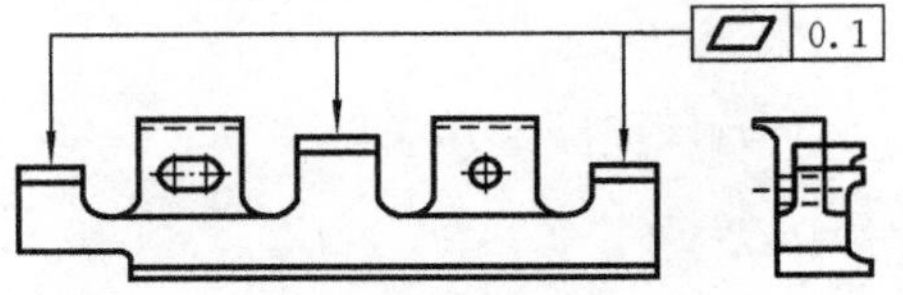

图 4-16 被测要素在图样上的标注(四)

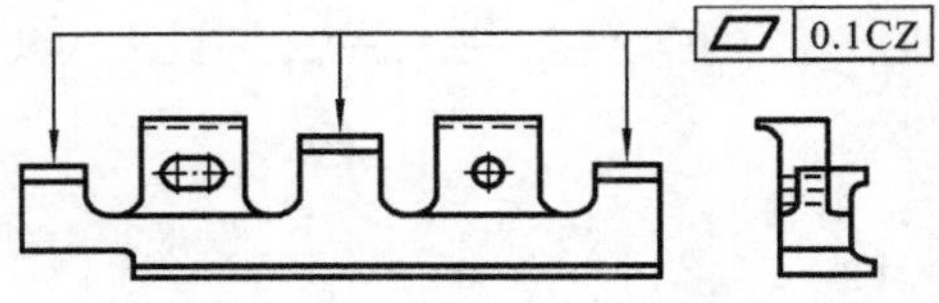

图 4-17 被测要素在图样上的标注(五)

(8) 限定性规定如下。

① 当需要对整个被测要素上的任意限定范围标注同样几何特征的公差时,可在公差值的后面加注限定范围的线性尺寸值,且两者间用斜线相隔。这种限制要求可以直接放在表示整个被测要素公差要求的框格下面,如图 4-18 所示。

—	0.05/200

—	0.1
	0.05/200

图 4-18 局部限制标注(一)

② 如果给出的公差仅适用于要素的某一指定局部,应采用粗点画线表示其范围,并加注尺寸,如图 4-19(a)和图 4-19(b)所示。

③ 如果仅以要素的某一局部作基准,则应用粗点画线示出该部分并加注尺寸,如图 4-19(c)所示。

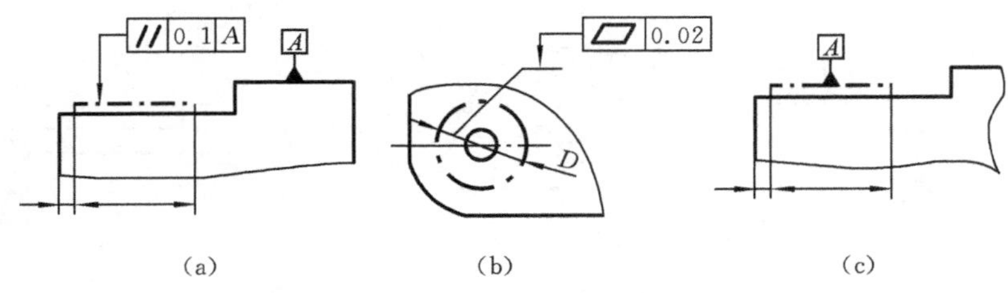

(a)　　(b)　　(c)

图 4-19　局部限制标注(二)

(9) 理论正确尺寸的标注　当给出一个或一组要素的位置、方向或轮廓度公差时，分别用来确定其理论正确位置、方向或轮廓的尺寸称为理论正确尺寸(TED)。如对于要素的位置度、轮廓度和倾斜度，其尺寸由不带公差的理论正确位置、轮廓和角度确定。

理论正确尺寸也用于确定基准体系中各基准之间的方向、位置关系。

理论正确尺寸没有公差，并标注在一个方框中。零件实际尺寸仅是由在公差框格中位置度、轮廓度和倾斜度公差来限定，如图 4-20(a)、图 4-20(b)所示。

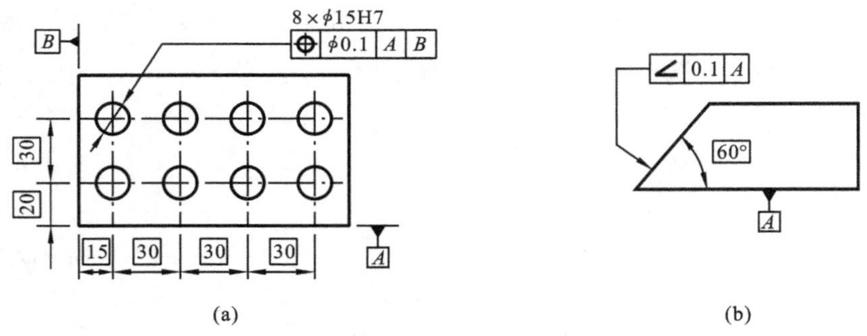

(a)　　(b)

图 4-20　理论正确尺寸的标注

(10) 附加符号的标注　在几何公差标注中，可以使用标准规定的附加符号表达设计要求，在公差框格中作出相应的表示。

① 最大实体要求用符号Ⓜ表示，此符号可根据需要单独或者同时标注在相应公差值和(或)基准字母的后面，如图 4-21(a)、(b)、(c)所示。

② 最小实体要求用符号Ⓛ表示，此符号可根据需要单独或者同时标注在相应公差值和(或)基准字母的后面，如图 4-21(d)所示。

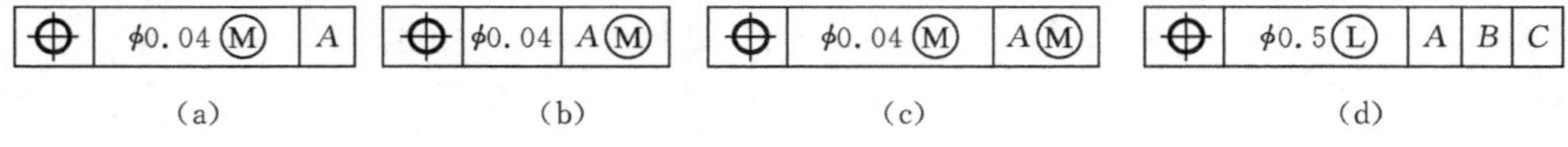

(a)　　(b)　　(c)　　(d)

图 4-21　最大实体要求和最小实体要求的标注

③ 对于极少数要素需严格保证其配合性质，并要求由尺寸公差控制其几何公差时应标注包容要求符号Ⓔ，Ⓔ应加注在该要素尺寸极限偏差或公差带代号的后面，如图 4-22 所示。

④ 可逆要求用符号Ⓡ表示，可逆要求应与最大实体要求和最小实体要求同时使用，其符号Ⓡ标注在Ⓜ或Ⓛ的后面，如图 4-23 所示。

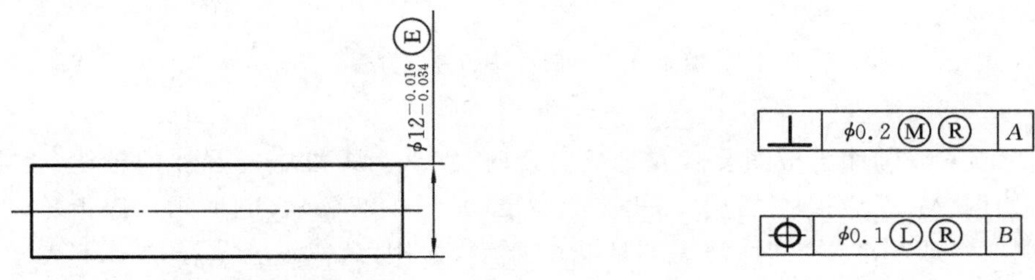

图 4-22 包容要求的标注　　图 4-23 可逆要求的标注

⑤ 延伸公差带用符号Ⓟ表示，标注在公差框格内的公差值的后面，同时也应加注在图样中延伸公差带长度数值的前面，如图 4-24 所示。

⑥ 自由状态条件符号Ⓕ的标注。对于非刚性被测要素在自由状态时，若超出图样上给定的公差值，可在公差框格内标注出允许的几何公差值，并在公差值后面加注符号Ⓕ，表示被测要素的几何公差是在自由状态条件下的公差值，未加Ⓕ则表示的是在受约束力情况下的公差值，如图 4-25 所示。

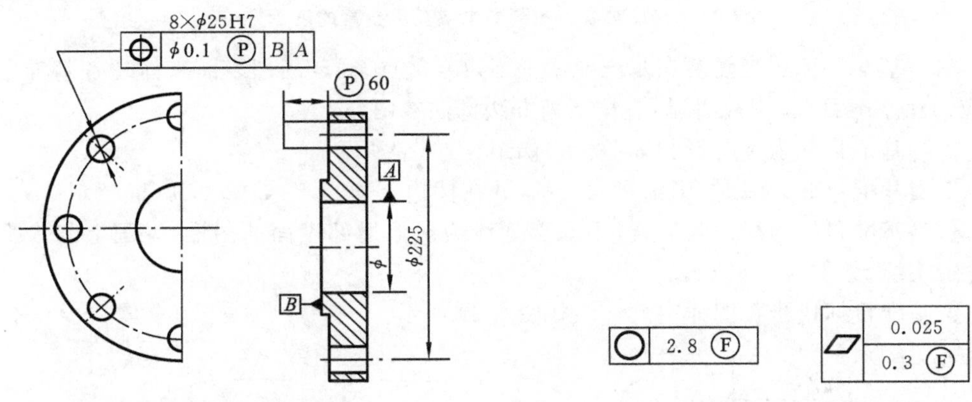

图 4-24 延伸公差带标注　　图 4-25 自由状态条件标注

(11) 附加标记　有关附加标记的内容简介如下。

① 全周符号的标注：几何公差特征项目如轮廓度公差适用于横截面内的整周轮廓或由该轮廓所示的整周表面时，应采用全周符号，如图 4-26(a)、(b)所示。全周符号并不包括整个工件的所有表面，只包括由轮廓和公差标注所表示的各个表面。

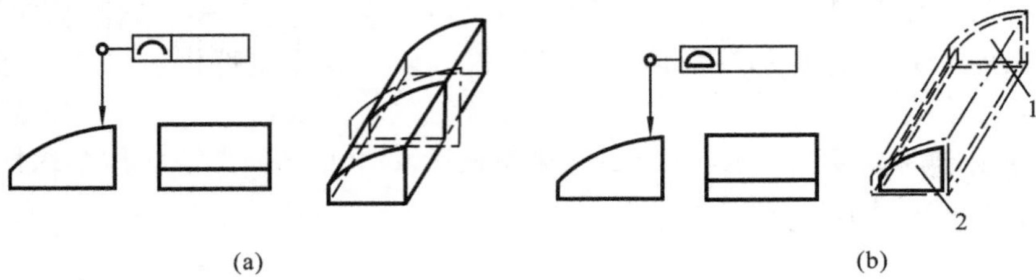

图 4-26　全周符号的表示方法

1、2—未涉及表面

② 当以螺纹轴线为被测要素或基准要素时，默认为螺纹中径圆柱的轴线，否则应另有说明，如用“MD”表示大径，用“LD”表示小径，如图 4-27(a)、(b)所示。以齿轮、花键轴线为被测要素或基准要素时，需说明所指的要素，如用“PD”表示节径，“MD”表示大径，“LD”表示小径。

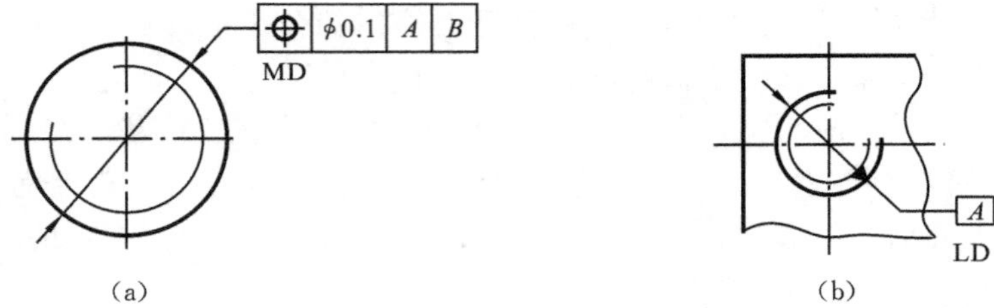

图 4-27　螺纹轴线为被测要素或基准要素的表示方法

(12) 基准目标　当需要在基准要素上指定某些点、线或局部表面来体现各基准平面时，应标注基准目标。基准目标应按下列方法标注在图样上。

① 当基准目标为点时，用“×”表示，如图 4-28(a)所示。

② 当基准目标为线时，用细实线表示，并在棱边上加“×”，如图 4-28(b)所示。

③ 当基准目标为局部表面时，用双点划线绘出该局部表面的图形，并画上与水平成 45°的细实线，如图 4-28(c)所示。

④ 基准目标代号在图样中的标注如图 4-29 所示。

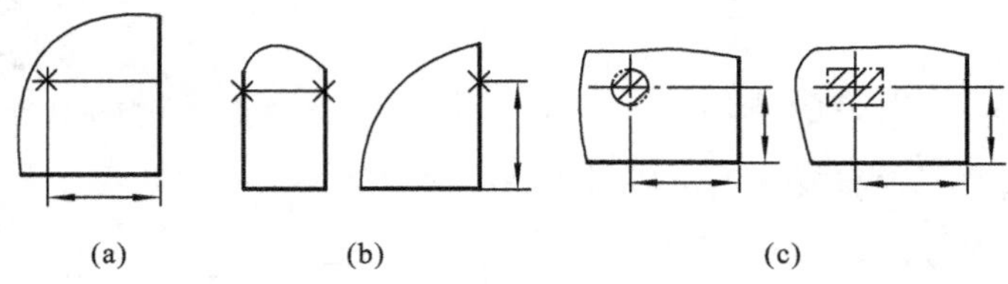

图 4-28　基准目标的标注

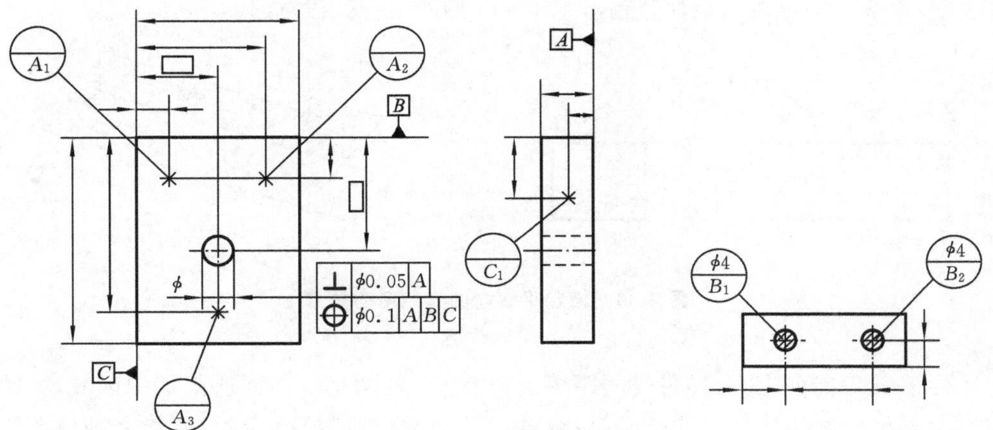

图 4-29 基准目标代号在图样中的标注

4.3 几何公差

几何公差是用来限制零件本身几何误差的，它是被测提取(实际)要素对其拟合要素的允许变动量。新国家标准将几何公差分为形状公差、方向公差、位置公差和跳动公差。

几何公差的公差带是表示被测提取(实际)要素允许变动的区域，概念明确、形象，它体现了被测要素的设计要求，也是加工和检验的依据。

几何公差的特征项目较多，每个项目的具体要求不同时，几何公差的公差带的形状有各种不同的形式。本节针对几何公差的公差带的特点进行分析，以便理解和掌握几何公差的基本内容。

4.3.1 形状公差

形状公差是单一被测提取(实际)要素对其拟合要素的允许变动量，形状公差带是表示单一被测提取(实际)要素允许变动的区域。形状公差有直线度、平面度、圆度、圆柱度、无基准的线轮廓度和面轮廓度等 6 个项目。形状公差不涉及基准，形状公差带的方位可以浮动。形状公差带只能控制被测提取(实际)要素的形状误差。

1. 直线度(—)

直线度公差用于限制平面内或空间直线的形状误差。根据零件的功能要求不同，可分别提出给定平面内、给定方向上和任意方向的直线度要求。

(1) 在给定平面内，公差带是间距等于公差值 t 的两平行直线所限定的区域，如图4-30所示。框格中标注的 0.1 的意义是：在任一平行于图示投影面的平面内，上平面的提取(实际)素线应限定在间距为公差值 0.1 mm 的两平行直线之间。

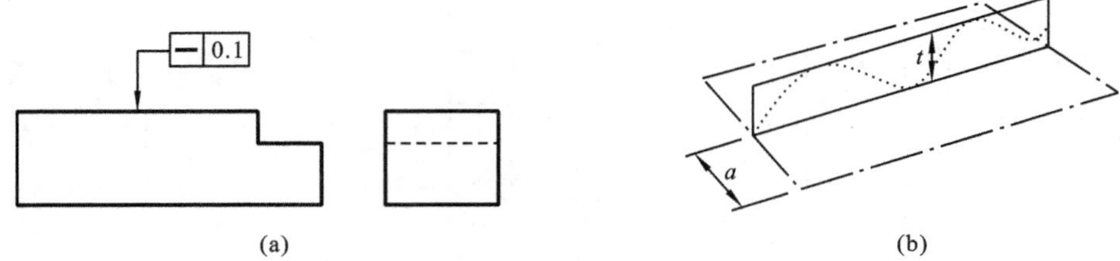

图 4-30 给定平面内的直线度公差带

a—任一距离

(2) 在给定方向上,公差带是间距等于公差值 t 的两平行平面所限定的区域,如图 4-31 所示,框格中标注的 0.2 的意义是:被测圆柱面的任一提取(实际)素线必须位于距离为公差值 0.2 mm 的两平行平面之内。

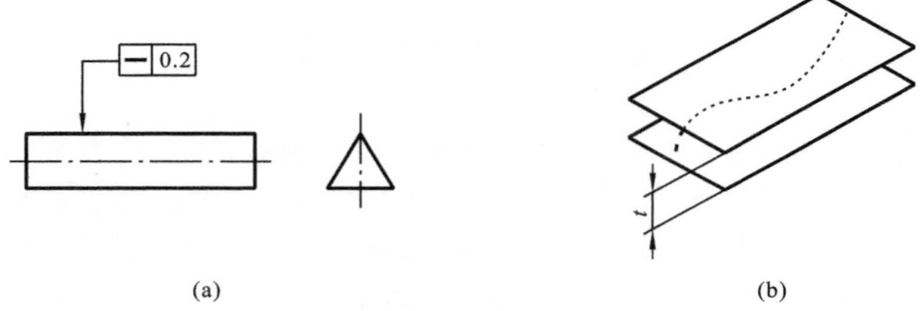

图 4-31 给定方向上的直线度公差带

(3) 在任意方向上,公差带是直径等于公差值 t 的圆柱面所限定的区域。此时在公差值前加注 ϕ,如图 4-32 所示。框格标注的 ϕ0.08 的意义是:外圆柱面的提取(实际)中心线必须位于直径为 0.08 mm 的圆柱面内。

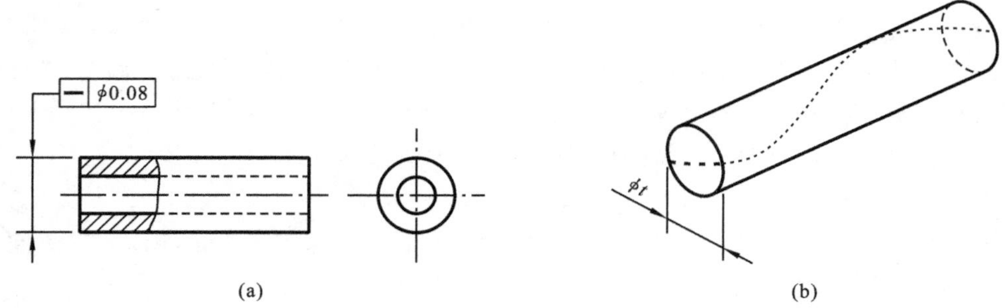

图 4-32 任意方向上的直线度公差带

2. 平面度(▱)

公差带为间距等于公差值 t 的两平行平面所限定的区域，如图 4-33 所示。框格中标注的 0.08 的意义是：提取(实际)表面应限定在间距等于公差值 0.08 mm 的两平行平面之间。

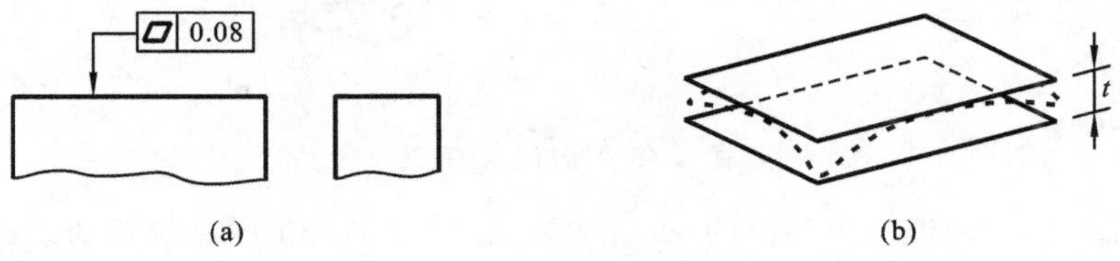

图 4-33 平面度公差带

3. 圆度(○)

公差带为在给定横截面内，半径差等于公差值 t 的两同心圆所限定的区域，如图 4-34(c)所示。图 4-34(a)框格中标注的 0.03 的意义是：在圆柱面和圆锥面的任一横截面内，提取(实际)圆周应限定在半径差等于公差值 0.03 mm 的两共面同心圆之间。图 4-34(b)框格中标注的 0.1 的意义是：在圆锥面任一横截面内，提取(实际)圆周应限定在半径差等于公差值 0.1 mm 的两同心圆之间。

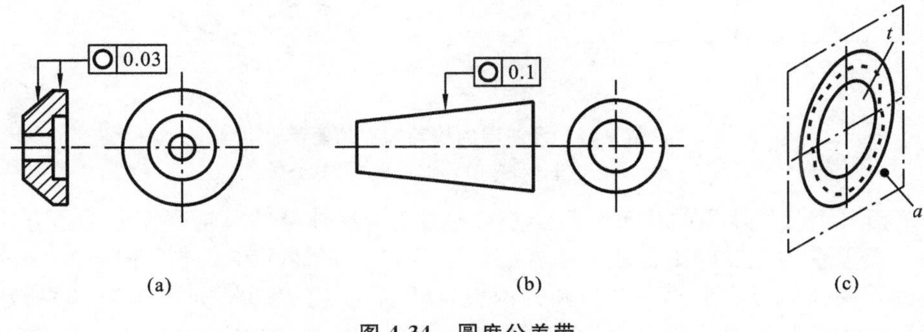

图 4-34 圆度公差带

a—任一横截面

4. 圆柱度(⌭)

公差带为半径差等于公差值 t 的两同轴圆柱面所限定的区域，如图 4-35(b)所示。图 4-35(a)框格中标注的 0.1 的意义是：提取(实际)圆柱面应限定在半径差等于公差值 0.1 mm 的两同轴圆柱面之间。圆柱度能对圆柱面纵、横截面各种形状误差进行综合控制。

5. 线轮廓度(⌒)

(1) 无基准的线轮廓度公差　无基准的线轮廓度公差是形状公差。公差带为直径等于公差值 t，圆心位于具有理论正确几何形状上的一系列圆的两包络线所限定的区域，如图 4-36(b)所示。被测要素理论正确几何形状用尺寸并且加注公差来控制，这时其位置

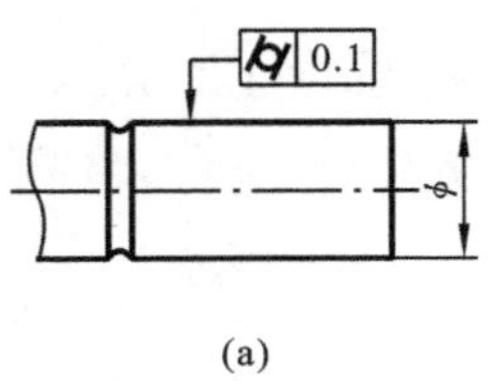

(a)

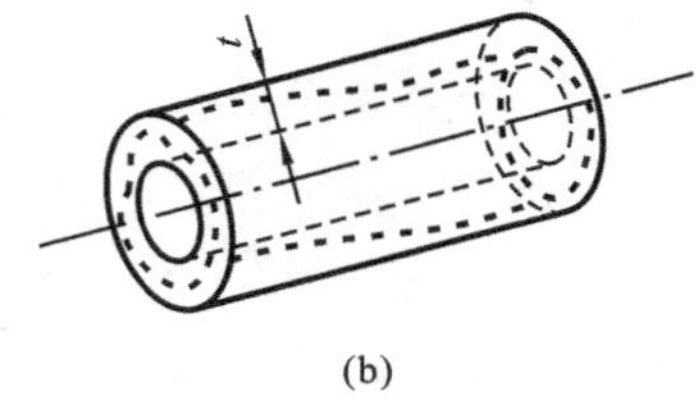

(b)

图 4-35 圆柱度公差带

是不定的。图 4-36(a)框格中标注的 0.04 的意义是:在平行于图示投影面的截面内,提取(实际)轮廓线应限定在直径等于公差值 0.04 mm,圆心位于被测要素理论正确几何形状上的一系列圆的两包络线之间。

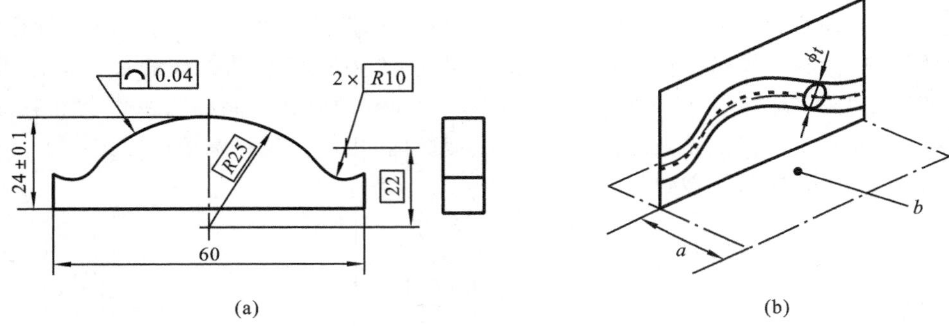

(a) (b)

图 4-36 无基准的线轮廓度公差带

a—任一距离;b—垂直于图(a)视图所在平面

(2) 相对于基准体系的线轮廓度公差　相对于基准体系的线轮廓度公差是方向和位置公差。公差带为直径等于公差值 t,圆心位于由基准平面 A 和基准平面 B 确定的被测要素理论正确几何形状上的一系列圆的两包络线所限定的区域,如图 4-37(b)所示。被测要素理论正确几何形状用理论正确尺寸加注基准来控制,这时其位置是唯一确定的,不能移动。图 4-37(a)框格中标注的 0.04 的意义是:在任一平行于图示投影面的截面内,提取(实际)轮廓线应限定在直径等于公差值 0.04 mm,圆心位于由基准平面 A 和基准平面 B 确定的被测要素理论正确几何形状上的一系列圆的两等距包络线之间。

6. 面轮廓度(⌓)

面轮廓度公差用于限制一般曲面的形状误差。

(1) 无基准的面轮廓度公差　无基准的面轮廓度公差是形状公差。公差带为直径等于公差值 t,球心位于被测要素具有理论正确几何形状上的一系列圆球的两包络面所限定的区域,如图 4-38(b)所示。图 4-38(a)框格中标注的 0.02 的意义是:提取(实际)轮廓面应限定在直径等于公差值 0.02 mm、球心位于被测要素理论正确几何形状上的一系列圆球的两等距包络面之间。

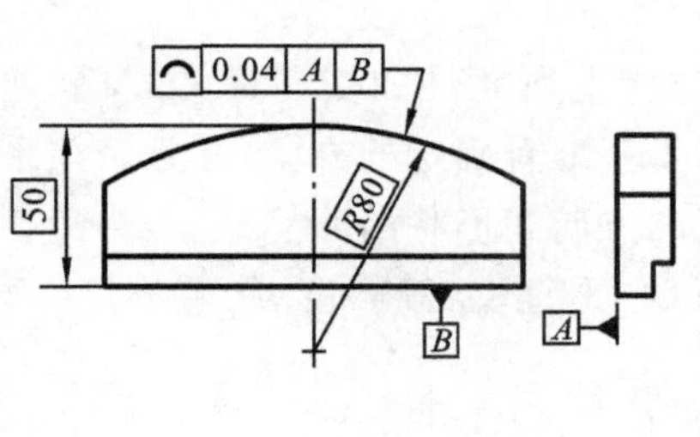

(a)

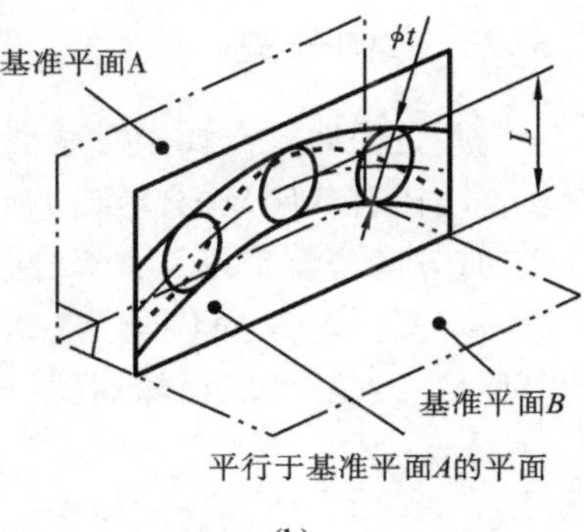

(b)

图 4-37 相对于基准体系的线轮廓度公差带

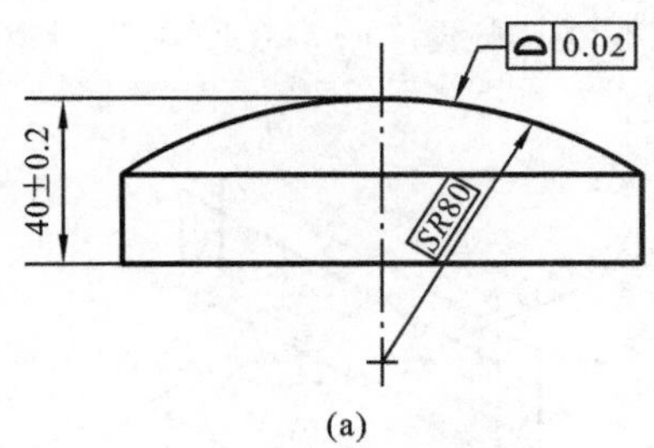

(a)

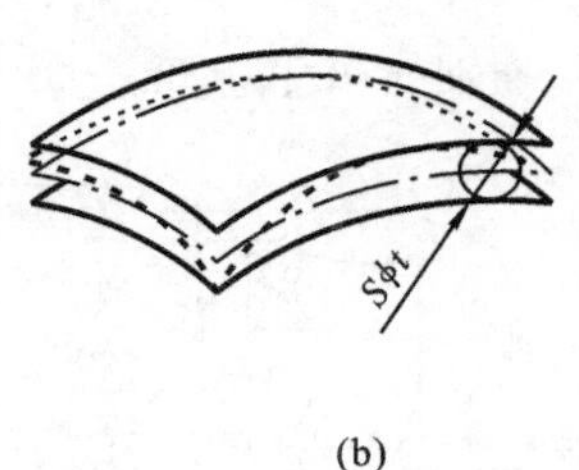

(b)

图 4-38 无基准的面轮廓度公差带

(2) 相对于基准的面轮廓度公差　相对于基准的面轮廓度公差，是方向和位置公差。公差带为直径等于公差值 t，球心位由基准平面 A 确定的被测要素理论正确几何形状上的一系列圆球的两包络面所限定的区域，如图 4-39(b)所示。图 4-39(a)框格中标注的 0.1的意义是：提取(实际)轮廓面应限定在直径等于公差值 0.1 mm、球心位于由基准平面 A 确定的被测要素理论正确几何形状上的一系列圆球的两等距包络面之间。

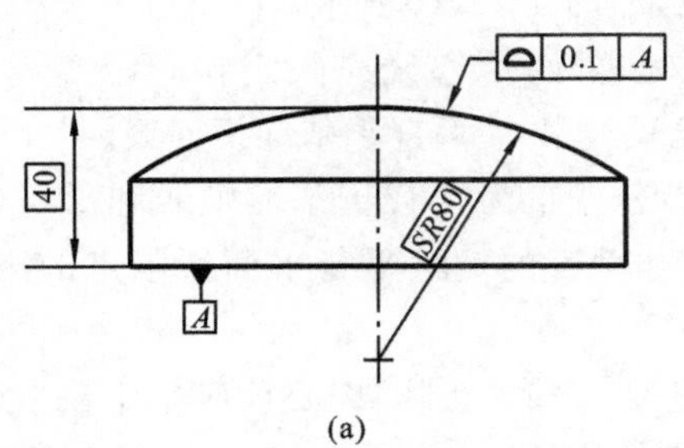

(a)

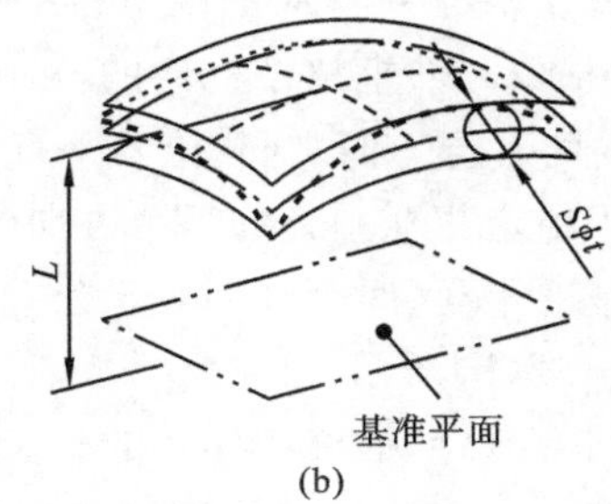

(b)

图 4-39 相对于基准的面轮廓度公差带

4.3.2 方向公差

方向公差是关联被测要素对基准要素在规定方向上所允许的变动量，方向公差与其他几何公差相比有其明显的特点：方向公差带相对于基准有确定的方向，并且公差带的位置可以浮动；方向公差带还具有综合控制被测要素的方向和形状的职能。

根据两要素给定方向不同，方向公差分为平行度、垂直度、倾斜度、线轮廓度、面轮廓度等5个项目（线轮廓度、面轮廓度，见4.3.1节）。

1. 平行度(//)

平行度公差用于限制被测要素对基准要素平行的误差。

(1) 线对基准体系的平行度公差　当给定一个方向的平行度要求时，公差带为间距等于公差值 t，平行于两基准的两平行平面所限定的区域，如图4-40(b)所示。

图4-40(a)框格中标注0.1的意义是：提取(实际)中心线应限定在间距等于0.1 mm，平行于基准轴线 A 和基准平面 B 的两平行平面之间。

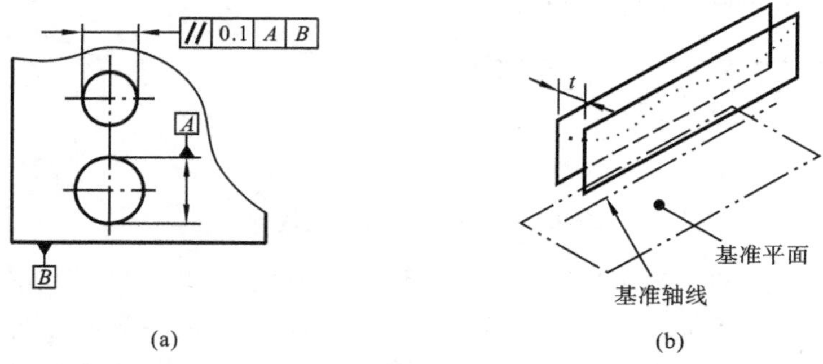

图4-40　线对基准体系的平行度公差带(一)

当给定另一个方向的平行度要求时，公差带为间距等于公差值 t，平行于基准轴线 A 且垂直于基准平面 B 的两平行平面所限定的区域，如图4-41(b)所示。

图4-41(a)框格中标注的0.1的意义是：提取(实际)中心线应限定在间距等于0.1 mm的两平行平面之间，该两平行平面平行于基准轴线 A 且垂直于基准平面 B。

当给定相互垂直的两个方向的平行度要求时，公差带为平行于基准轴线和平行或垂直于基准平面、间距分别等于公差值 t_1 、t_2 ，且相互垂直的两组平行平面所限定的区域，如图4-42(b)所示。

图4-42(a)框格中标注的0.1、0.2的意义分别是：提取(实际)中心线应限定在平行于基准轴线 A 和平行或垂直于基准平面 B、间距分别等于0.1 mm和0.2 mm，且相互垂直的两组平行平面之间。

(2) 线对基准线的平行度公差　当给定任意方向的平行度要求时，在公差值前加注

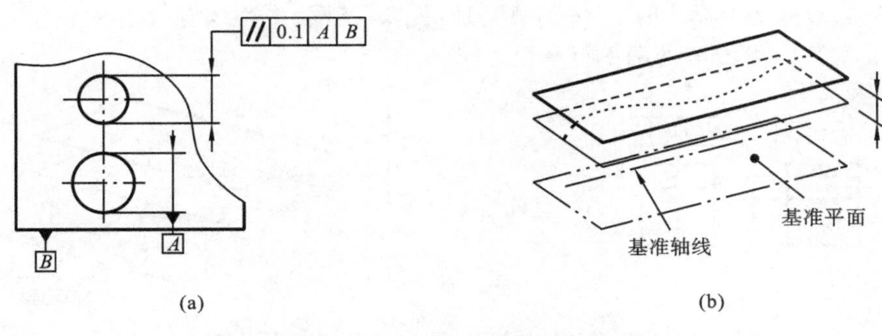

图 4-41　线对基准体系的平行度公差带(二)

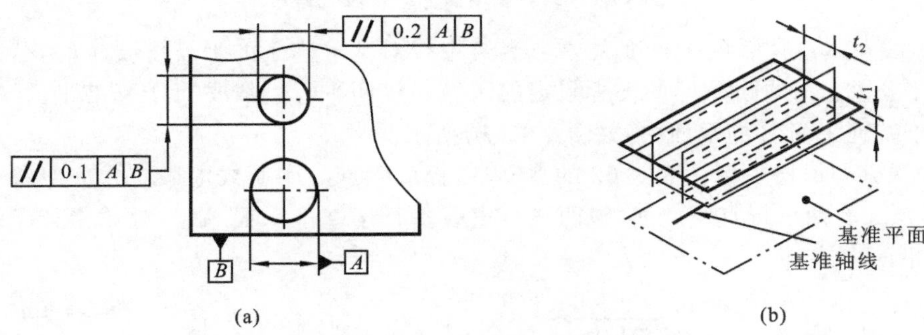

图 4-42　线对基准体系的平行度公差带(三)

ϕ。若公差值前加注了符号 ϕ，公差带为平行于基准轴线、直径等于为公差值 ϕt 的圆柱面所限定的区域，如图 4-43(b)所示。

图 4-43(a)公差框格中标注的 $\phi0.03$ 的意义是：提取(实际)中心线应限定在平行于基准轴线 A、直径等于 0.03 mm 的圆柱面内。

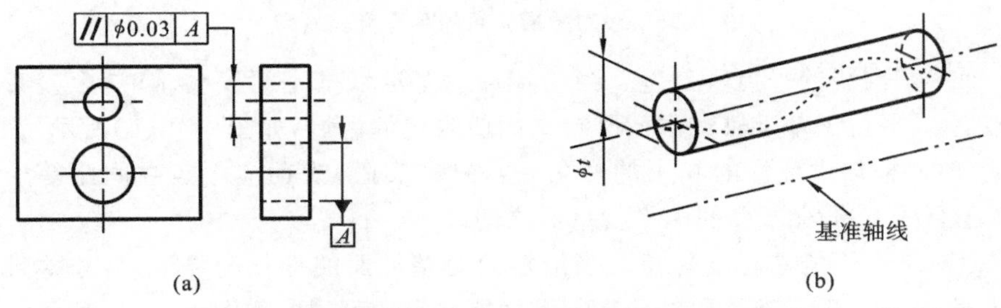

图 4-43　线对基准线的平行度公差带

(3) 线对基准面的平行度公差　当给定线对基准面的平行度要求时，公差带为平行于基准平面、间距等于公差值 t 的两平行平面所限定的区域，如图 4-44(b)所示。

图 4-44(a)框格中标注的 0.01 的意义是:提取(实际)中心线应限定在平行于基准平面 B、间距等于 0.01 mm 的两平行平面之间。

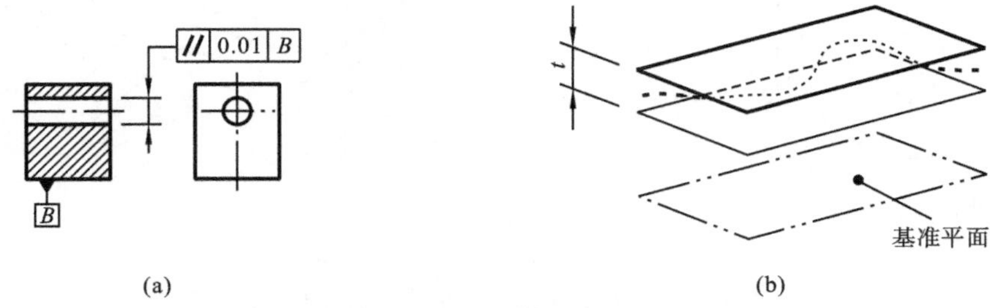

图 4-44　线对基准面的平行度公差带

(4) 线对基准体系的平行度公差　当给定线对基准体系的平行度要求时,公差带为间距等于公差值 t 的两平行直线所限定的区域。该两平行直线平行于基准平面 A、且处于平行于基准平面 B 的平面内,如图 4-45(b)所示。

图 4-45(a)框格中标注的 0.02 的意义是:提取(实际)中心线应限定在间距等于公差值 0.02 mm 的两平行直线之间,该两平行直线平行于基准平面 A、且处于平行于基准平面 B 的平面内。

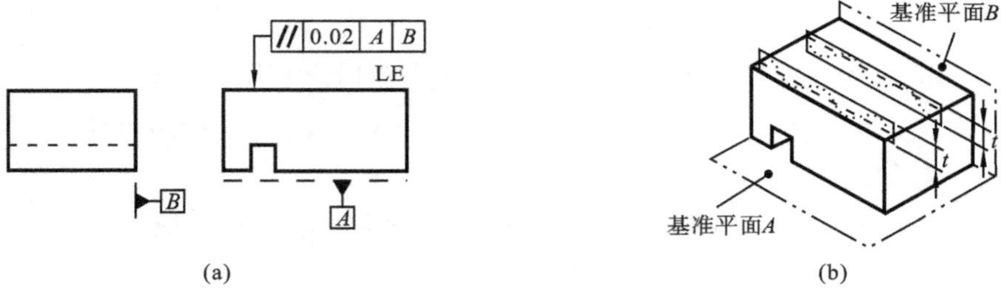

图 4-45　线对基准体系的平行度公差带

(5) 面对基准线的平行度公差　当给定面对基准线的平行度要求时,公差带为间距等于公差值 t 、平行于基准轴线的两平行平面所限定的区域,如图 4-46(b)所示。

图 4-46(a)框格中标注的 0.1 的意义是:提取(实际)表面应限定在间距等于公差值 0.1 mm、平行于基准轴线 C 的两平行平面之间。

(6) 面对基准面的平行度公差　当给定面对基准面的平行度要求时,公差带为间距等于公差值 t 、平行于基准平面的两平行平面所限定的区域。如图 4-47(b)所示。

图 4-47(a)框格中标注的 0.01 的意义是:提取(实际)表面应限定在间距等于公差值 0.01 mm、平行于基准平面 D 的两平行平面之间。

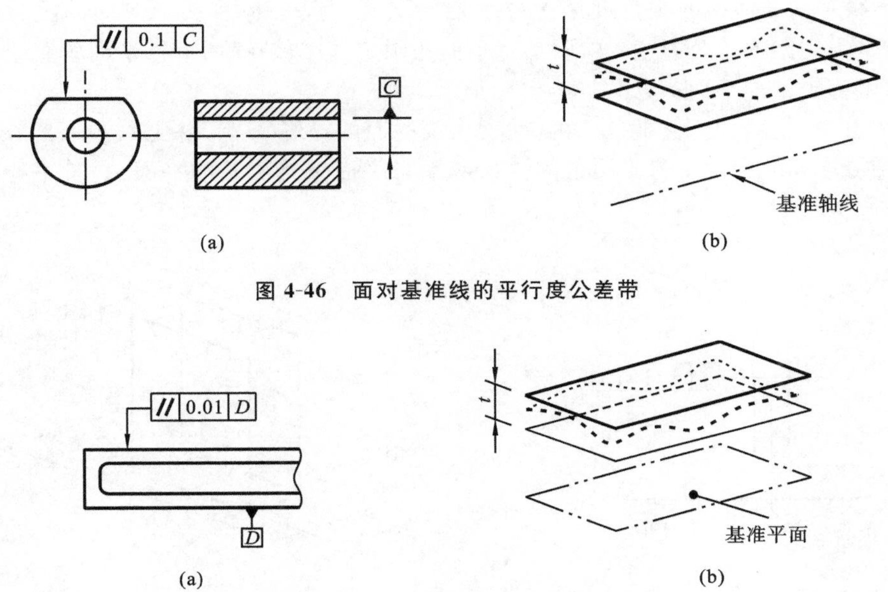

图 4-46 面对基准线的平行度公差带

图 4-47 面对基准面的平行度公差带

2. 垂直度(⊥)

垂直度公差用于限制被测要素对基准要素垂直的误差。

(1) 线对基准线的垂直度公差　当给定线对基准线的垂直度要求时，公差带为间距等于公差值 t 、垂直于基准线的两平行平面所限定的区域，如图 4-48(b)所示。

图 4-48(a)框格中标注的 0.06 的意义是：提取(实际)中心线应限定在间距等于公差值 0.06 mm、垂直于基准轴线 A 的两平行平面之间。

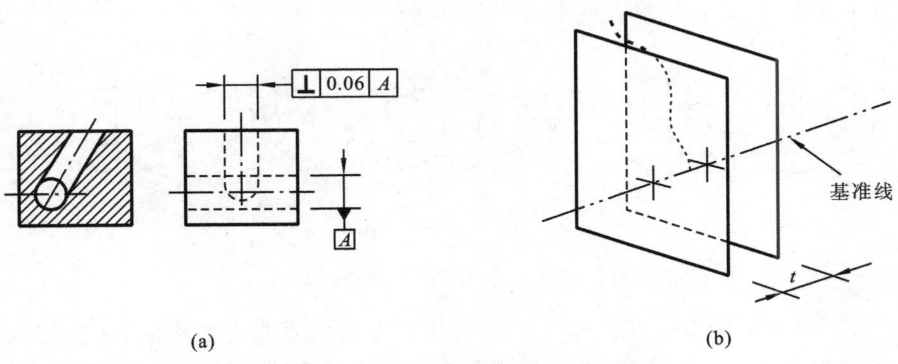

图 4-48 线对基准线的垂直度公差带

(2) 线对基准体系的垂直度公差　①当给定线对基准体系一个方向的垂直度要求时,公差带为间距等于公差值 t 的两平行平面所限定的区域,该两平行平面垂直于基准平面 A,且平行于基准平面 B,如图 4-49(b)所示。

图 4-49(a)框格中标注的 0.1 的意义是:圆柱面的提取(实际)中心线应限定在间距等于公差值 0.1 mm 的两平行平面之间。该两平行平面垂直于基准平面 A,且平行于基准平面 B。

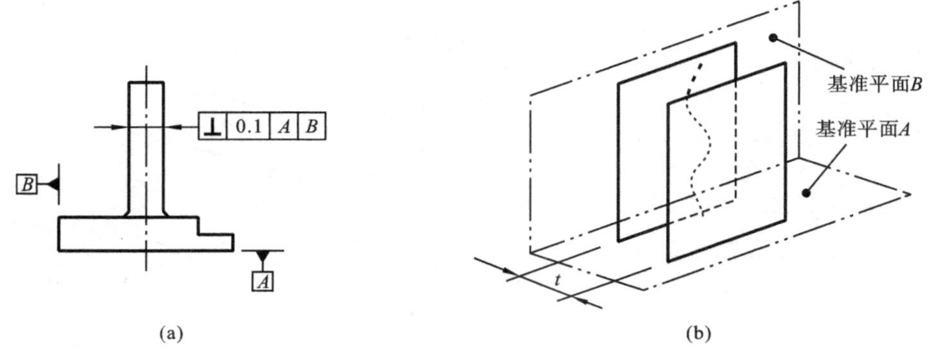

图 4-49　线对基准体系的垂直度公差带(一)

②当给定线对基准体系两个方向的垂直度要求时,公差带为间距分别等于公差值 t_1 、t_2 ,且互相垂直的两组平行平面所限定的区域。该两组平行平面都垂直于基准平面 A,其中一组平行平面垂直于基准平面 B,另一组平行平面平行于基准平面 B,如图 4-50(b)、(c)所示。

图 4-50(a)框格中标注的 0.1、0.2 的意义分别是:圆柱面的提取(实际)中心线应限定在间距分别等于公差值 0.1 mm 和 0.2 mm,且互相垂直的两组平行平面内。该两组平行平面垂直于基准平面 A,且垂直或平行于基准平面 B。

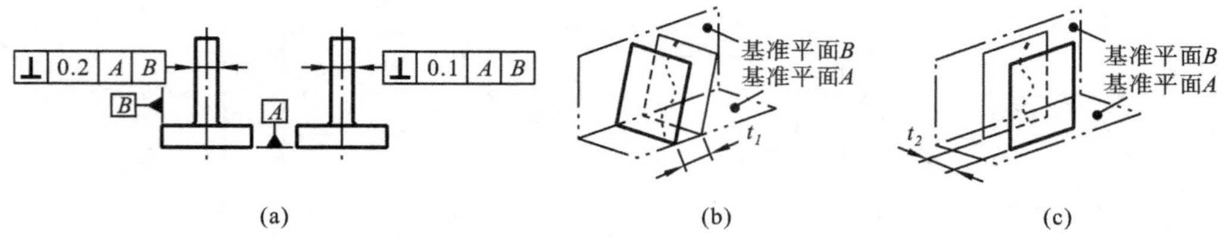

图 4-50　线对基准体系的垂直度公差带(二)

(3) 线对基准面的垂直度公差　当给定任意方向的垂直度要求时,在公差值前加注 ϕ。若公差值前加注了符号 ϕ ,公差带为直径等于为公差值 ϕt 、轴线垂直于基准平面的圆柱面所限定的区域,如图 4-51(b)所示。

图 4-51(a)公差框格中标注的 ϕ0.01 的意义是:圆柱面的提取(实际)中心线应限定在直径等于 0.01 mm、垂直于基准平面 A 的圆柱面内。

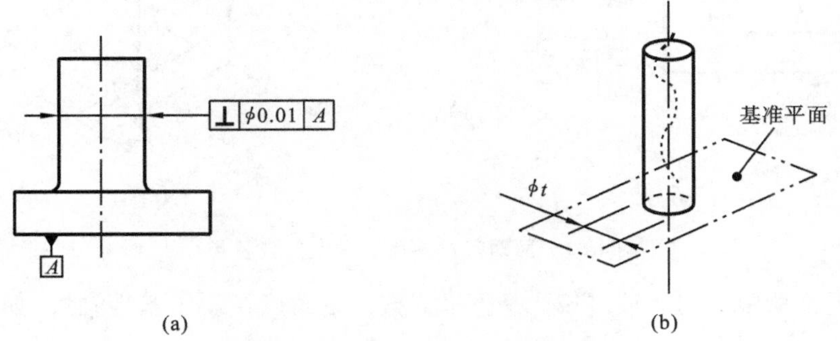

图 4-51 线对基准面的垂直度公差带

(4) 面对基准线的垂直度公差　当给定面对基准线的垂直度要求时,公差带为间距等于公差值 t 且垂直于基准轴线的两平行平面所限定的区域,如图 4-52(b)所示。

图 4-52(a)框格中标注的 0.08 的意义是:提取(实际)表面应限定在间距等于公差值 0.08 mm 的两平行平面之间,该两平行平面垂直于基准轴线 A。

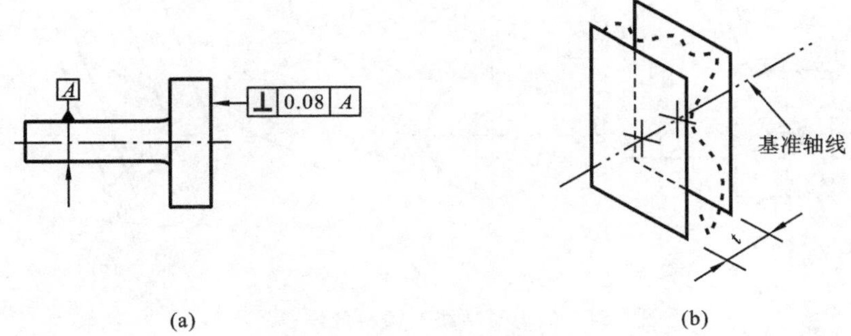

图 4-52 面对基准线的垂直度公差带

(5) 面对基准平面的垂直度公差　当给定面对基准平面的垂直度要求时,公差带为间距等于公差值 t、垂直于基准平面的两平行平面所限定的区域,如图 4-53(b)所示。

图 4-53(a)框格中标注的 0.08 的意义是:提取(实际)表面应限定在间距等于公差值 0.08 mm、垂直于基准平面 A 的两平行平面之间。

3. 倾斜度(∠)

倾斜度公差用于限制被测要素对基准要素成一定角度的误差。

(1) 线对基准线的倾斜度公差　分别按以下两种情况介绍。

① 当给定被测线与基准线在同一平面上的倾斜度要求时,公差带为间距等于公差值

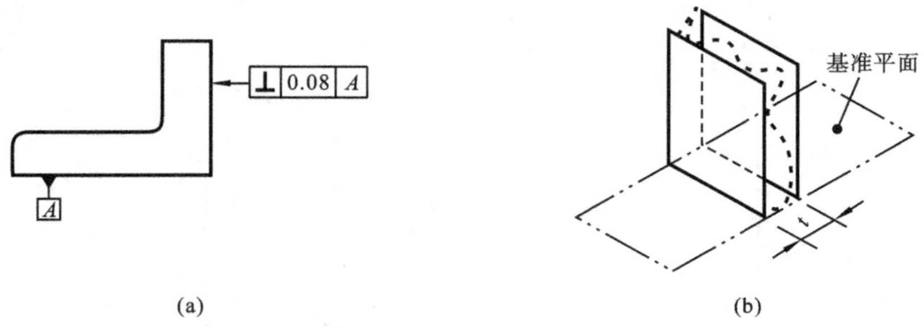

(a) (b)

图 4-53　面对基准平面的垂直度公差带

t 的两平行平面所限定的区域。该两平行平面按给定角度倾斜于基准轴线，如图 4-54(b)所示。

图 4-54(a)框格中标注的 0.08 的意义是：提取(实际)中心线应限定在间距等于公差值 0.08 mm 的两平行平面之间。该两平行平面按理论正确角度 60°倾斜于公共基准轴线 A—B。

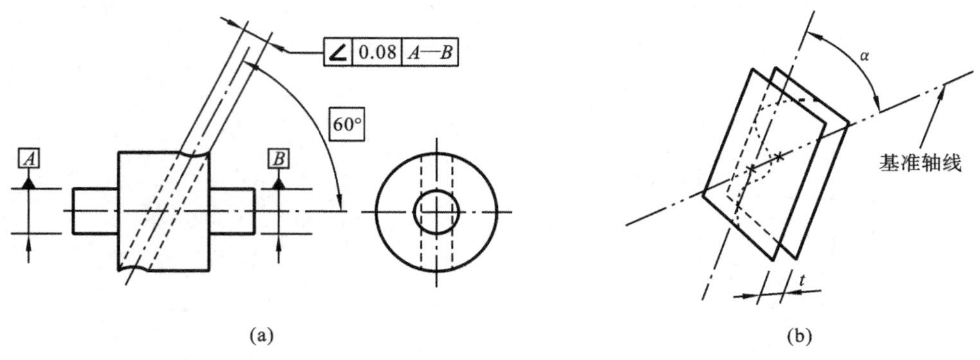

(a) (b)

图 4-54　线对基准线的倾斜度公差带(一)

② 当给定被测线与基准线在不同平面内的倾斜度要求时，公差带为间距等于公差值 t 的两平行平面所限定的区域。该两平行平面按给定角度倾斜于基准轴线，如图 4-55(b)所示。

图 4-55(a)框格中标注的 0.08 的意义是：提取(实际)中心线应限定在间距等于公差值 0.08 mm 的两平行平面之间。该两平行平面按理论正确角度 60°倾斜于公共基准轴线 A—B。

(2) 线对基准面的倾斜度公差　分别按以下两种情况介绍。

① 当给定被测线与基准面的倾斜度要求时，公差带为间距等于公差值 t 的两平行平面所限定的区域。该两平行平面按给定角度倾斜于基准平面，如图 4-56(b)所示。

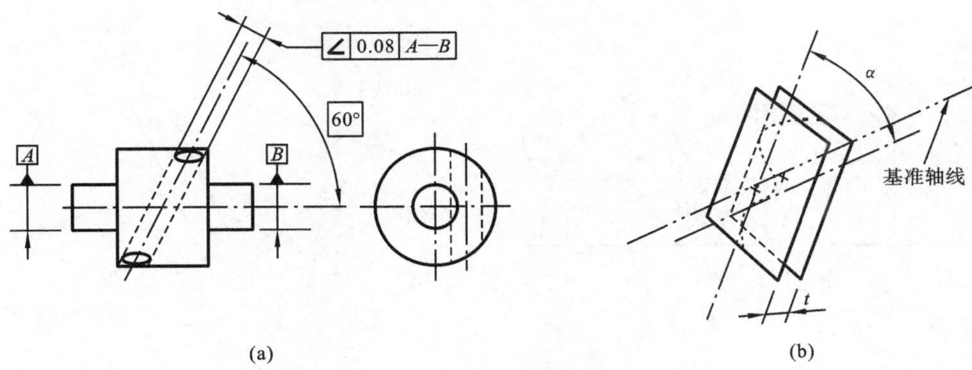

图 4-55 线对基准线的倾斜度公差带(二)

图 4-56(a)框格中标注的 0.08 的意义是:提取(实际)中心线应限定在间距等于公差值 0.08 mm 的两平行平面之间。该两平行平面按理论正确角度 60°倾斜于基准平面 A。

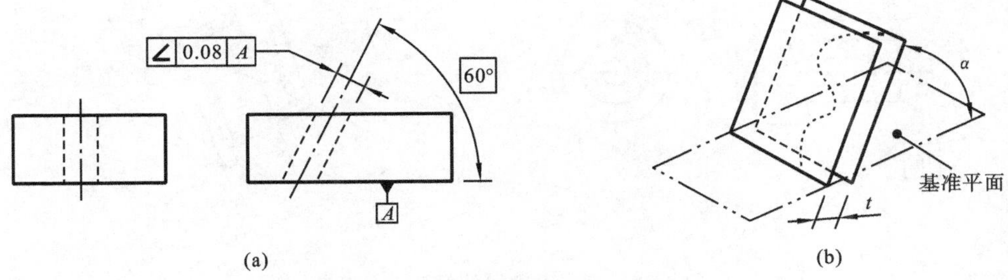

图 4-56 线对基准面的倾斜度公差带(一)

② 当给定任意方向的倾斜度要求时,在公差值前加注 ϕ。若公差值前加注了符号 ϕ,公差带为直径等于为公差值 ϕt 的圆柱面所限定的区域。该圆柱面公差带的轴线按给定角度倾斜于基准平面 A 且平行于基准平面 B,如图 4-57(b)所示。

图 4-57(a)公差框格中标注的 ϕ0.1 的意义是:提取(实际)中心线应限定在直径等于 0.1 mm 圆柱面内。该圆柱面的中心线按理论正确角度 60°倾斜于基准平面 A 且平行于基准平面 B。

(3) 面对基准线的倾斜度公差 当给定被测面对基准线的倾斜度要求时,公差带为间距等于公差值 t 的两平行平面所限定的区域。该两平行平面按给定角度倾斜于基准轴线,如图 4-58(b)所示。

图 4-58(a)框格中标注的 0.1 的意义是:提取(实际)表面应限定在间距等于公差值 0.1 mm 的两平行平面之间。该两平行平面按理论正确角度 75°倾斜于基准轴线 A。

(4) 面对基准面的倾斜度公差 当给定被测面对基准面的倾斜度要求时,公差带为

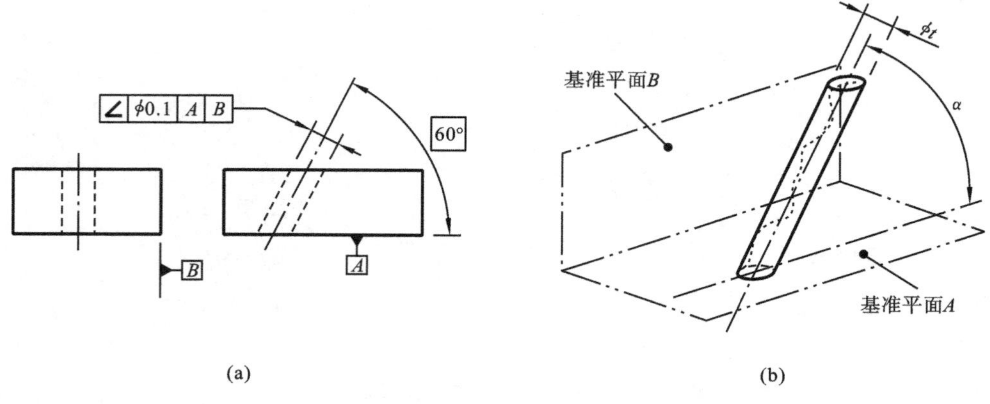

图 4-57 线对基准面的倾斜度公差带(二)

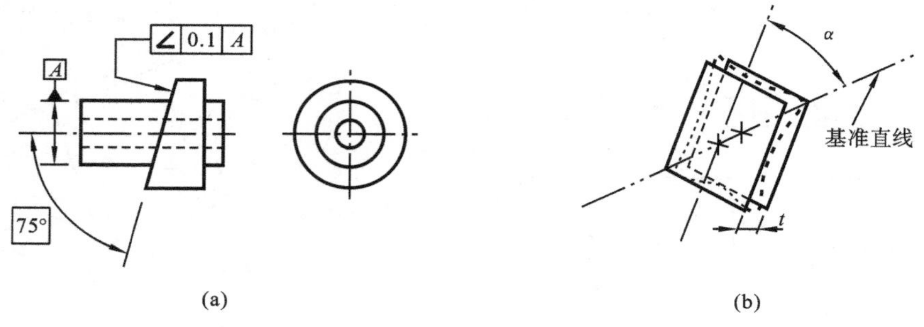

图 4-58 面对基准线的倾斜度公差带

间距等于公差值 t 的两平行平面所限定的区域。该两平行平面按给定角度倾斜于基准平面，如图 4-59(b)所示。

图 4-59(a)框格中标注的 0.08 的意义是：提取(实际)表面应限定在间距等于公差值 0.08 mm 的两平行平面之间。该两平行平面按理论正确角度 40°倾斜于基准平面 A。

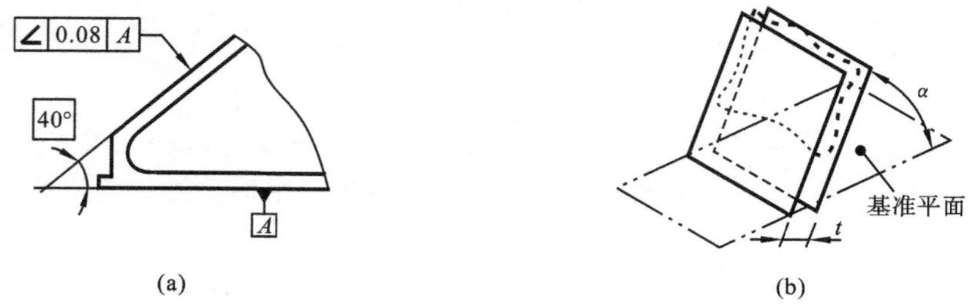

图 4-59 面对基准面的倾斜度公差带

4.3.3 位置公差

位置公差是关联实际被测要素对基准在位置上所允许的变动量。位置公差带与其他几何公差带比较有以下特点:位置公差带具有确定的位置,相对于基准的尺寸为理论正确尺寸;位置公差带具有综合控制被测要素位置、方向和形状的功能。

根据被测要素和基准要素之间的功能关系,位置公差分为位置度、同心度、同轴度和对称度四个项目(另外,还有线轮廓度、面轮廓度,参见4.3.1节)。

1. 位置度(⌖)

(1) 点的位置度公差　如公差值前加注 $S\phi$,公差带为直径等于公差值 $S\phi t$ 的圆球面所限定的区域。该圆球面中心的理论正确位置由基准 A、B、C 和理论正确尺寸确定,如图4-60(b)所示。

图4-60(a)公差框格中标注的 $S\phi0.3$ 的意义是:提取(实际)球心应限定在直径等于 $S\phi0.3$ 圆球面内。该圆球面的中心由基准平面 A、基准平面 B、基准中心平面 C 和理论正确尺寸30 mm、25 mm确定。注:提取(实际)球心的定义尚未标准化。

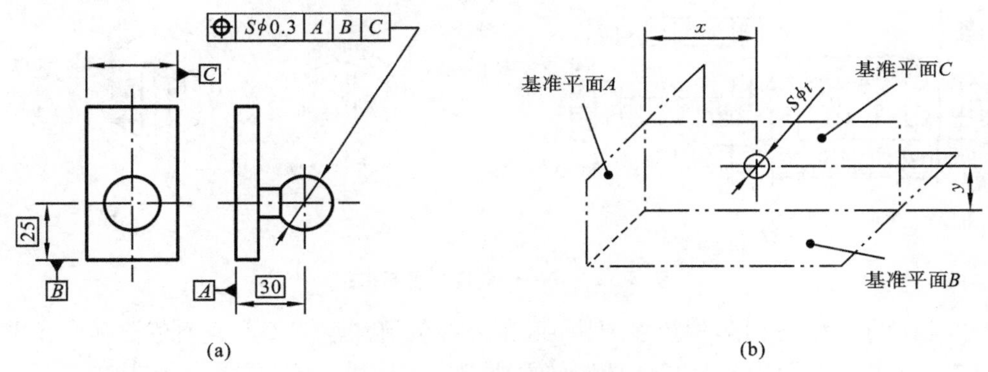

图4-60　点的位置度公差带

(2) 线的位置度公差　分别按以下三种情况介绍。

① 给定一个方向的公差时,公差带为间距等于公差值 t、对称于线的理论正确位置的两平行平面所限定的区域。线的理论正确位置由基准平面 A、B 和理论正确尺寸确定,如图4-61(b)所示。

图4-61(a)公差框格中标注的0.1的意义是:各条刻线的提取(实际)中心线应限定在间距等于0.1 mm、对称于基准平面 A、B 和理论正确尺寸25 mm、10 mm确定的理论正确位置的两平行平面之间。

② 给定两个方向的公差时,公差带为间距分别等于公差值 t_1、t_2、对称于线的理论正确(理想)位置的两对相互垂直的平行平面所限定的区域。线的理论正确位置由基准平

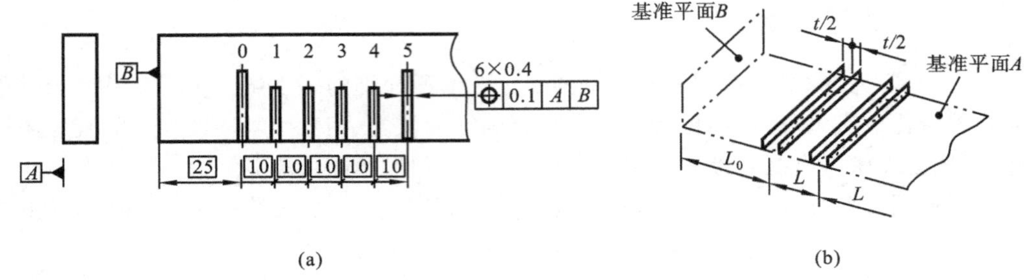

(a) (b)

图 4-61 线的位置度公差带(一)

面 C、A 和 B 及理论正确尺寸确定,如图 4-62(b)、(c)所示。

图 4-62(a)公差框格中标注的 0.05、0.2 的意义是:各孔的提取(实际)中心线在给定方向上应各自限定在间距分别等于直径等于 0.05 mm 和 0.2 mm、且相互垂直的两对平行平面内。每对平行平面对称于由基准平面 C、A、B 和理论正确尺寸 20 mm、15 mm、30 mm 确定的各孔轴线的理论正确位置。

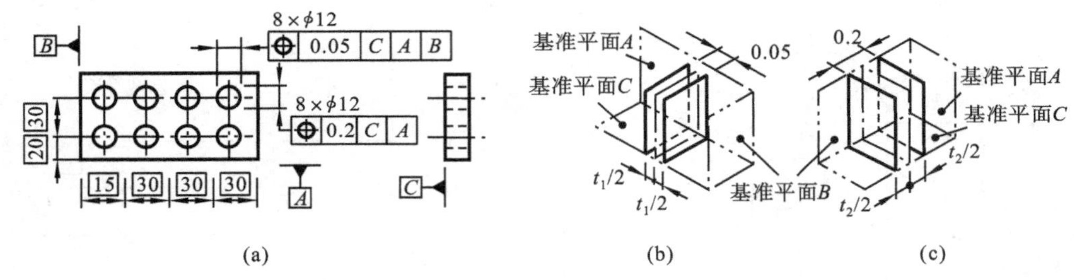

(a) (b) (c)

图 4-62 线的位置度公差带(二)

③ 当给定任意方向的位置度要求时,在公差值前加注 ϕ。若公差值前加注了符号 ϕ,公差带为直径等于为公差值 ϕt 的圆柱面所限定的区域。该圆柱面的轴线的位置由基准平面 C、A 和 B 及理论正确尺寸确定,如图 4-63(c)所示。

图 4-63(a)公差框格中标注的 ϕ0.08 的意义是:提取(实际)中心线应限定在直径等于 0.08 mm 的圆柱面内,该圆柱面的轴线的位置由基准平面 C、A 和 B 及理论正确尺寸 100 mm、68 mm 确定的理论正确位置上。

图 4-63(b)公差框格中标注的 ϕ0.1 的意义是:各提取(实际)中心线应各自限定在直径等于 0.1 mm 的圆柱面内,该圆柱面的轴线应处于由基准平面 C、A、B 和理论正确尺寸 20 mm、15 mm、30 mm 确定的各孔轴线的理论正确位置上。

(3) 轮廓平面或者中心平面的位置度公差　公差带为间距等于公差值 t,且对称于被测面理论正确位置的两平行平面所限定的区域。面的理论正确位置由基准平面、基准轴线和理论正确尺寸确定,如图 4-64(c)所示。

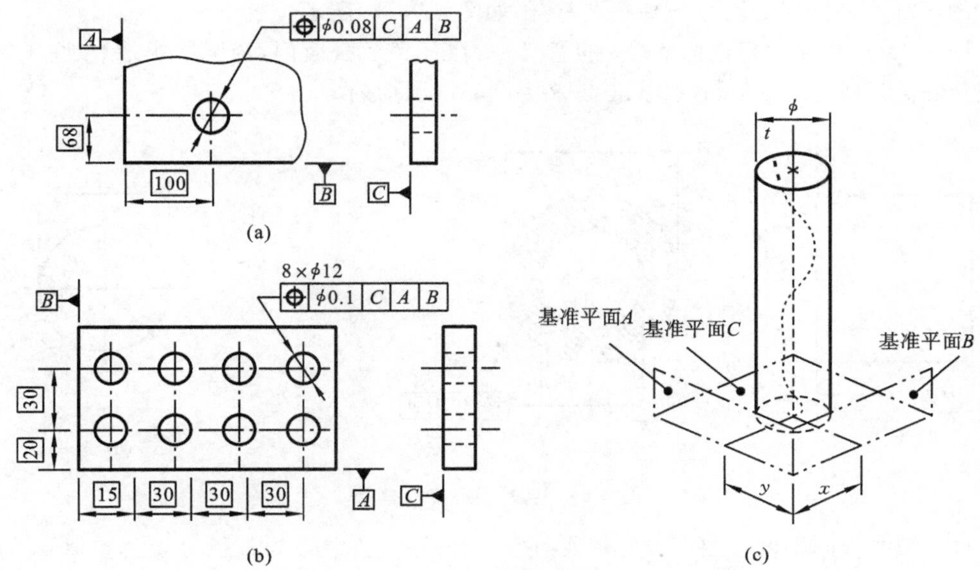

图 4-63 线的位置度公差带(三)

图 4-64(a)公差框格中标注的 0.05 的意义是:提取(实际)表面应限定在间距等于 0.05 mm、且对称于被测面的理论正确位置的两平行平面之间。该两平行平面对称于由基准平面 A、基准轴线 B 和理论正确尺寸 15 mm、105°确定的被测面的理论正确位置。

图 4-64(b)公差框格中标注的 0.05 的意义是:提取(实际)中心面应限定在间距等于 0.05 mm 的两平行平面之间,该两平行平面对称于由基准轴线 A 和理论正确角度 45°确定的各被测面的理论正确位置。注:有关 8 个缺口之间理论正确角度的默认规定见 GB/T 13319—2003。

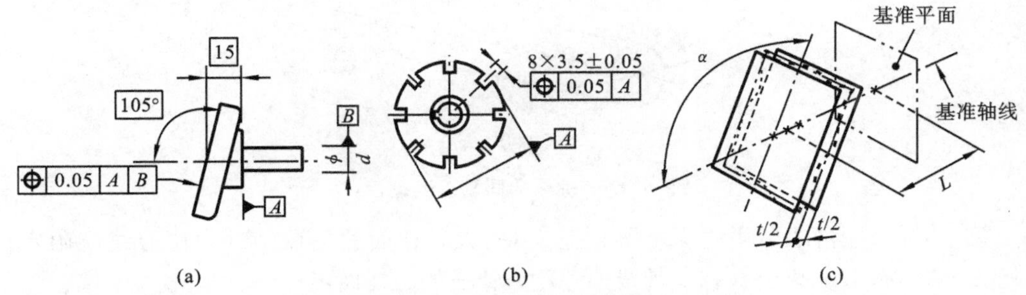

图 4-64 轮廓平面或者中心平面的位置度公差带

2. 同心度和同轴度(◎)

(1) 点的同心度公差　公差带前标注符号 ϕ,公差带为直径等于公差值 ϕt 的圆周所限定的区域。该圆周的圆心与基准点重合，如图 4-65(b)所示。

图 4-65(a)框格中标注的 $\phi 0.1$ 的意义是：在任意横截面内，内圆的提取（实际）中心应限定在直径等于 0.1 mm，以基准点 A 为圆心的圆周内。

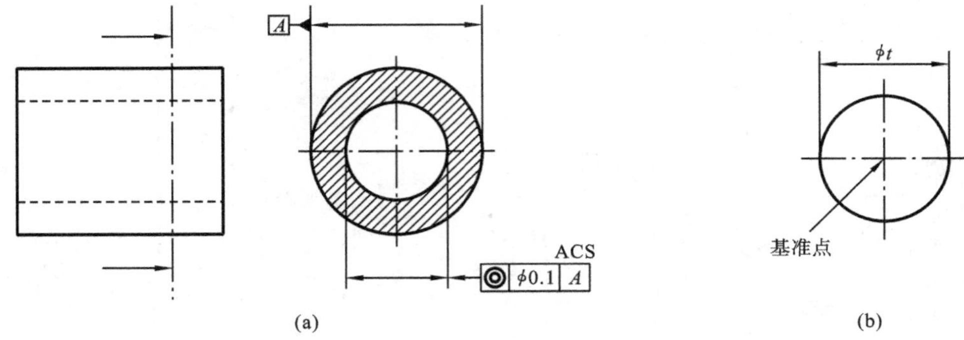

图 4-65　点的同心度公差带

(2) 轴线的同轴度公差　公差带值前标注符号 ϕ，公差带为直径等于公差值 ϕt 的圆柱面所限定的区域。该圆柱面的轴线与基准轴线重合，如图 4-66(d)所示。

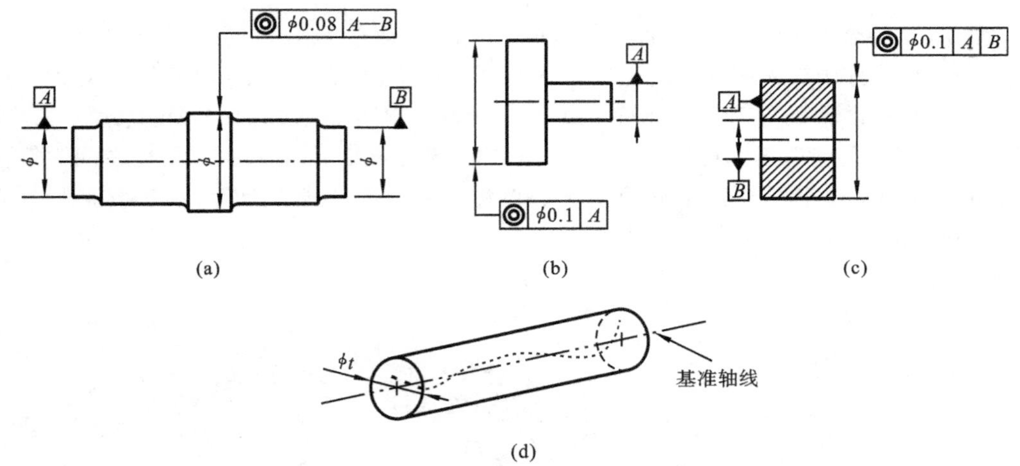

图 4-66　轴线的同轴度公差带

图 4-66(a)框格中标注的 $\phi 0.08$ 的意义是：大圆柱面的提取（实际）中心线应限定在直径等于 0.08 mm、以公共基准轴线 $A—B$ 为轴线的圆柱面内。

图 4-66(b)框格中标注的 $\phi 0.1$ 的意义是：大圆柱面的提取（实际）中心线应限定在直径等于 0.1 mm、以基准轴线 A 为轴线的圆柱面内。

图 4-66(c)框格中标注的 $\phi 0.1$ 的意义是：大圆柱面的提取（实际）中心线应限定在直

径等于 0.1 mm、以垂直于基准平面 A 的基准轴线 B 为轴线的圆柱面内。

3. 对称度(⌯)

中心平面对称度公差,公差带为间距等于为公差值 t,对称于基准中心平面的两平行平面所限定的区域,如图 4-67(c)所示。

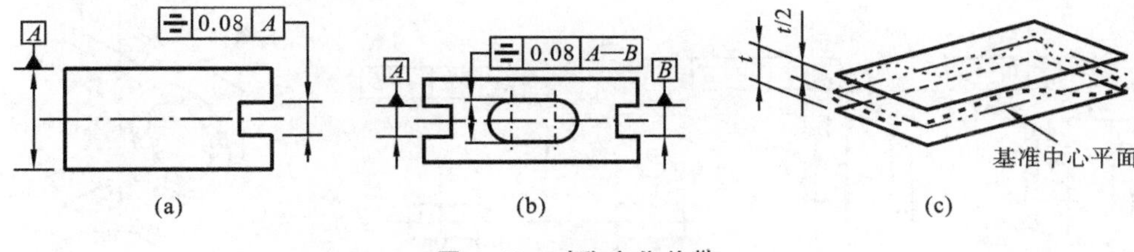

图 4-67 对称度公差带

图 4-67(a)框格中标注的 0.08 的意义是:提取(实际)中心面应限定在间距等于 0.08 mm、对称于基准中心平面 A 的两平行平面之间。

图 4-67(b)框格中标注的 0.08 的意义是:提取(实际)中心面应限定在间距等于 0.08 mm、对称于公共基准中心平面 A—B 的两平行平面之间。

4.3.4 跳动公差

跳动公差是关联实际要素绕基准轴线回转一周或连续回转时所允许的最大跳动量。

跳动公差是按特定的测量方法定义的位置公差带,测量方法简便。它的被测要素为圆柱面、端平面和圆锥面等轮廓要素,基准要素为轴线。

跳动公差与其他几何公差相比有其显著的特点:跳动公差带相对于基准轴线有确定的位置;跳动公差带可以综合控制被测要素的位置、方向和形状。

跳动公差分为圆跳动和全跳动。

1. 圆跳动(↗)

圆跳动公差是被测要素某一固定参考点围绕基准轴线旋转一周时(零件和测量仪器间无轴向位移)允许的最大变动量 t。圆跳动公差适用于每一个不同的测量位置。圆跳动可能包括圆度、同轴度、垂直度或平面度误差,这些误差的总值不能超过给定的圆跳动公差。

(1) 径向圆跳动公差 径向圆跳动通常是围绕轴线旋转一整周,也可对部分圆周进行限制。公差带为在任一垂直于基准轴线的横截面内、半径差等于公差值 t、圆心在基准轴线上的两同心圆所限定的区域,如图 4-68(d)所示。

图 4-68(a)框格中标注的 0.1 的意义是:在任一垂直于基准 A 的横截面内,提取(实际)圆应限定在半径差等于 0.1 mm、圆心在基准轴线 A 上的两同心圆之间。

图 4-68(b)框格中标注的 0.1 的意义是:在任一平行于基准平面 B、垂直于基准轴线

A 的截面上，提取(实际)圆应限定在半径差等于 0.1 mm，圆心在基准轴线 A 上的两同心圆之间。

图 4-68(c)框格中标注的 0.1 的意义是：在任一垂直于公共基准 A—B 的横截面内，提取(实际)圆应限定在半径差等于 0.1 mm、圆心在基准轴线 A—B 上的两同心圆之间。

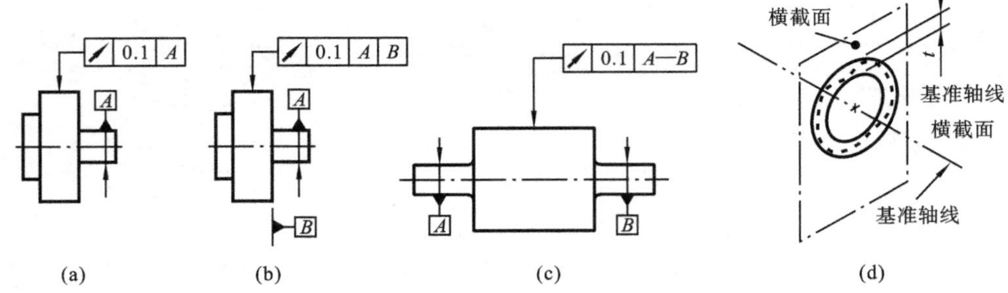

图 4-68　径向圆跳动公差带

圆跳动通常适用于整个要素，但亦可规定只适用于局部要素的某一指定部分。图 4-69(a)、(b)框格中标注的 0.2 的意义是：在任一垂直于基准轴线 A 的横截面内，提取(实际)圆弧应限定在半径差等于 0.2 mm、圆心在基准轴线 A 上的两同心圆弧之间。

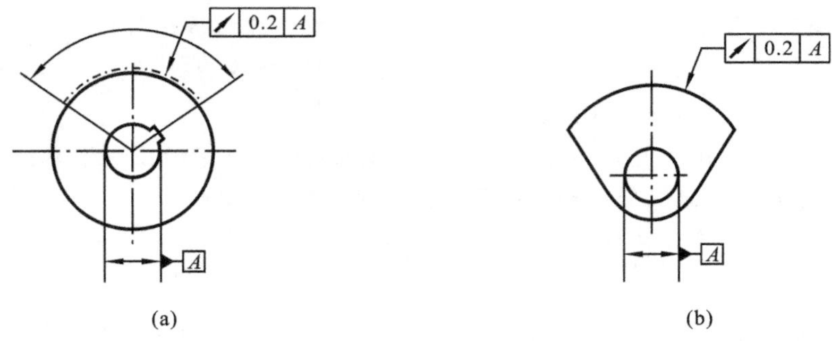

图 4-69　圆跳动适用于局部要素标注

(2) 轴向圆跳动公差　公差带为与基准轴线同轴的任一半径的圆柱截面上，间距等于公差值 t 的两圆所限定圆柱面区域，如图 4-70(b)所示。

图 4-70(a)框格标注的 0.1 的意义是：在与基准轴线 D 同轴的任一圆柱形截面上，提取(实际)圆应限定在轴向距离等于 0.1 mm 的两个等圆之间。

(3) 斜向圆跳动公差　公差带为与基准轴线同轴的某一圆锥截面上，间距等于公差值 t 的两圆所限定的区域，如图 4-71(c)所示。除非另有规定，测量方向应沿被测表面的法向。

图 4-71(a)框格中标注的 0.1 的意义是：在与基准轴线 C 同轴的任一圆锥截面上，提

图 4-70 轴向圆跳动公差带

取(实际)线应限定在素线方向间距等于公差值 0.1 mm 的两不等圆之间。

当标注公差的素线不是直线时,圆锥截面的锥角要随所测圆的实际位置而改变,如图 4-71(b)、图 4-71(d)所示。

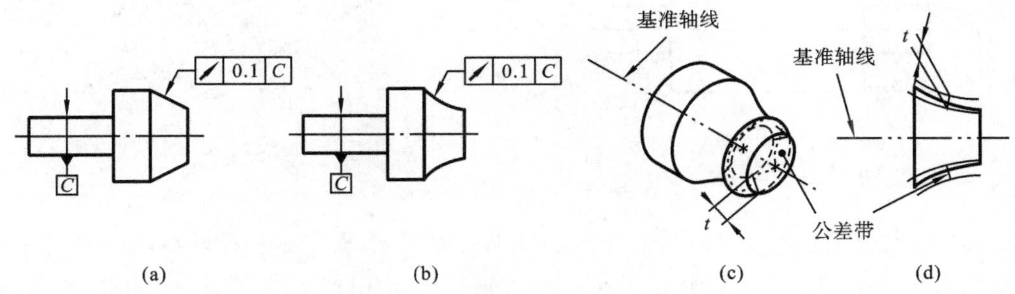

图 4-71 斜向圆跳动公差带

(4) 给定方向的斜向圆跳动公差 公差带为与基准轴线同轴的、具有给定锥角的任一圆锥截面上,间距等于公差值 t 的两不等圆所限定的区域,如图 4-72(b)所示。

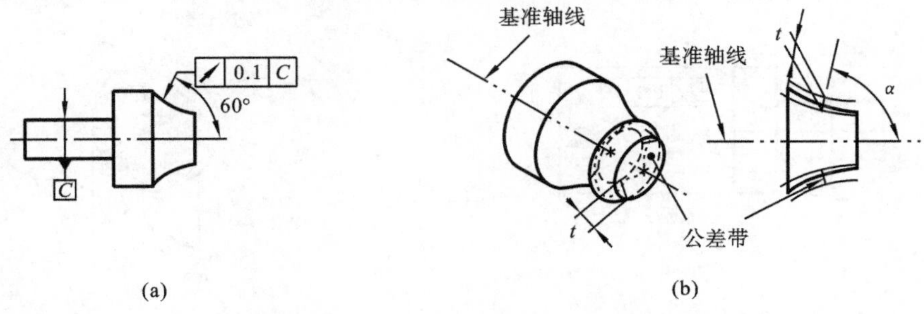

图 4-72 给定方向的斜方圆跳动公差带

图 4-72(a)框格中标注的 0.1 的意义是:在与基准轴线 C 同轴且具有给定角度 60°的任一圆锥截面上,提取(实际)圆应限定在素线方向间距等于 0.1 mm 的两不等圆之间。

2. 全跳动(⌰)

全跳动公差控制的是整个被测要素相对于基准要素的跳动总量。

(1) 径向全跳动公差　公差带为半径差等于公差值 t,与基准轴线同轴的两圆柱面所限定的区域,如图 4-73(b)所示。

图 4-73(a)框格中标注的 0.1 的意义是:提取(实际)表面应限定在半径差等于 0.1 mm,与公共基准轴线 A—B 同轴的两圆柱面之间。被测要素围绕公共基准线 A—B 作若干次旋转,并在测量仪器与工件间同时作轴向的相对移动时,被测要素上各点间的示值差均不得大于 0.1 mm。测量仪器或工件必须沿着基准轴线方向并相对于公共基准轴线 A—B 移动。

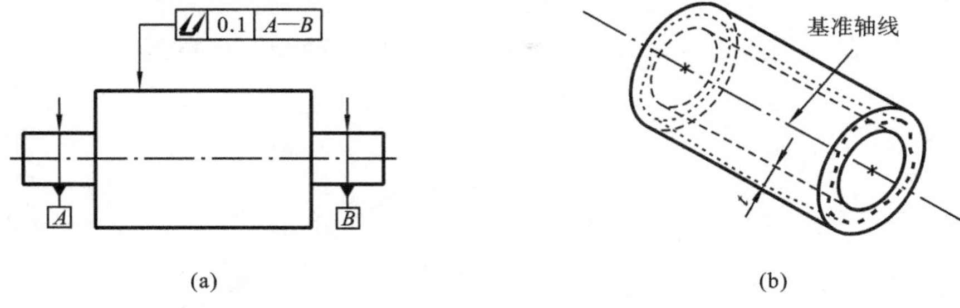

图 4-73　径向全跳动公差带

(2) 轴向全跳动公差　公差带为间距等于公差值 t,垂直于基准轴线的两平行平面所限定的区域,如图 4-74(b)所示。图 4-74(a)框格中标注的 0.1 的意义是:提取(实际)表面应限定在间距等于 0.1 mm,垂直于基准轴线 D 的两平行平面之间。被测要素围绕基准轴线 A 作若干次旋转,并在测量仪器与工件间作径向相对移动时,在被测要素上各点间的示值差均不得大于 0.05 mm。测量仪器或工件必须沿着轮廓具有理想正确形状的

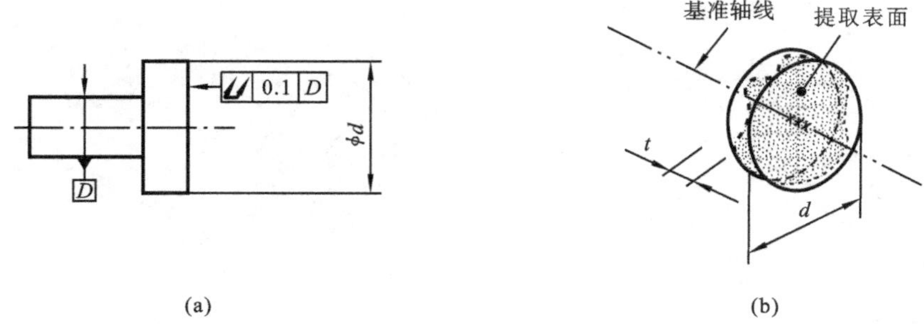

图 4-74　轴向全跳动公差带

线和相对于基准轴线 A 的正确方向移动。

4.3.5 各类几何公差之间的关系

如果功能需要，可以规定一种或多种几何特征的公差以限定要素的几何误差。限定要素某种类型几何误差的几何公差，也能限制该要素其他类型的几何误差。

要素的位置公差可同时控制该要素的位置误差、方向误差和形状误差。

要素的方向公差可同时控制该要素的方向误差和形状误差。

要素的形状公差只能控制该要素的形状误差。

4.3.6 基准

在位置公差中，基准是指基准要素，是确定被测要素的方向或位置的参考对象。但基准实际要素也有形状误差，因此，由基准实际要素建立基准时，应以该基准实际要素的理想要素为基准。

1. 基准的种类

(1) 单一基准　由一个要素建立的基准称为单一基准。如一个平面、中心线或轴线等。

(2) 组合基准　由两个或两个以上的要素建立的一个独立基准称为组合基准(公共基准)。如图 4-73 所示的径向全跳动的要求，由两段轴线 A、B 建立起公共基准 A—B。

(3) 三基面体系　由三个互相垂直的平面构成的基准体系，称为三基面体系，如图 4-75所示，A、B 和 C 三个平面互相垂直，基准平面按功能要求有顺序之分，最主要的为第一基准平面，依次为第二和第三基准平面。

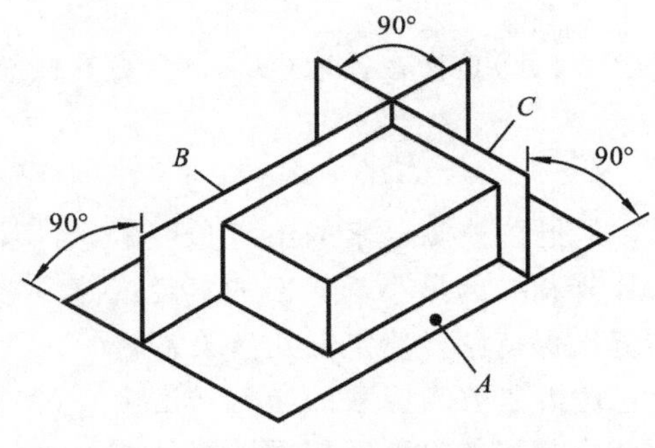

图 4-75　三基面体系

2. 基准的选择

在图样上标注位置公差时，应根据设计要求，并兼顾基准统一原则和结构特征，正确地选择基准，一般可从下列几方面来考虑。

(1) 设计时,应根据实际要素的功能要求及要素间的几何关系来选择基准。例如,对旋转轴,通常以与轴承配合的轴颈表面作为基准或以轴心线作为基准。

(2) 从装配关系考虑,应选择零件相互配合、相互接触的表面作为各自的基准,以保证零件的正确装配。

(3) 从加工、测量角度考虑,应选择在工、夹量具中定位的相应表面作为基准,并考虑这些表面作基准时要便于设计工具、夹具和量具,还应尽量使测量基准与设计基准统一。

(4) 当被测要素的方向需采用多基准定位时,可选用组合基准或三基面体系,还应从被测要素的使用要求考虑基准要素的顺序。

4.4 公差原则

为了实现互换性,保证其功能要求,在零件设计时,对某些被测要素有时要同时给定尺寸公差和几何公差,这就产生了如何处理两者之间的关系问题。公差原则就是处理尺寸公差和几何公差关系的基本原则。公差原则的国家标准包括 GB/T 4249—2009《产品几何技术规范(GPS)　公差原则》和 GB/T 16671—2009《产品几何技术规范(GPS)　几何公差　最大实体要求、最小实体要求和可逆要求》。

国家标准 GB/T 4249—2009《产品几何技术规范(GPS)　公差原则》规定了几何公差与尺寸公差之间的关系。公差原则分为独立原则和相关原则。相关原则又分包容要求、最大实体要求和最小实体要求。

4.4.1 有关术语与定义

1. 局部实际尺寸

局部实际尺寸(简称实际尺寸)是指在提取(实际)要素的任意正截面上,两对应点之间测得的距离。

2. 作用尺寸

(1) 体外作用尺寸　它是指在被测要素的给定长度上,与实际内表面体外相接的最大理想面或与实际外表面体外相接的最小理想面的直径或宽度。对关联要素,该理想面的轴线或中心平面必须与基准保持图样给定的几何关系。

(2) 体内作用尺寸　它是指在被测要素的给定长度上,与实际内表面体内相接的最小理想面或与实际外表面体内相接的最大理想面的直径或宽度。对于关联要素,该理想面的轴线或中心平面必须与基准保持图样给定的几何关系。

3. 最大实体状态和最大实体尺寸

最大实体状态(MMC)是指实际要素在给定长度上处处位于尺寸极限之内并具有实体最大(占有材料量最多)时的状态。最大实体尺寸(MMS)是指实际要素在最大实体状态下的极限尺寸。对于外表面为最大极限尺寸,对于内表面为最小极限尺寸。

4. 最小实体状态和最小实体尺寸

最小实体状态(LMC)是指实际要素在给定长度上,处处位于尺寸极限之内,并具有实体最小(占有材料量最少)时的状态。最小实体尺寸(LMS)是指实际要素在最小实体状态下的极限尺寸。对于外表面为最小极限尺寸,对于内表面为最大极限尺寸。

5. 最大实体实效状态和最大实体实效尺寸

最大实体实效状态(MMVC)是指在给定长度上,实际要素处于最大实体状态,且其导出要素的形状或位置误差等于给出公差值时的综合极限状态。最大实体实效尺寸(MMVS)是指最大实体实效状态下的体外作用尺寸。对于内表面为最大实体尺寸减去几何公差值(加注符号Ⓜ的);对于外表面为最大实体尺寸加几何公差值(加注符号Ⓜ的)。

6. 最小实体实效状态和最小实体实效尺寸

最小实体实效状态(LMVC)是指在给定长度上,实际要素处于最小实体状态,且其导出要素的形状或位置误差等于给出公差值时的综合极限状态。最小实体实效尺寸(LMVS)是指在最小实体实效状态下的体内作用尺寸。对于内表面为最小实体尺寸加几何公差值(加注符号Ⓛ的);对于外表面为最小实体尺寸减几何公差值(加注符号Ⓛ的)。

7. 边界

边界是指由设计给定的具有理想形状的极限包容面。边界的尺寸为极限包容面的直径或距离。

(1) 最大实体边界　尺寸为最大实体尺寸的边界。

(2) 最小实体边界　尺寸为最小实体尺寸的边界。

(3) 最大实体实效边界　尺寸为最大实体实效尺寸的边界。

(4) 最小实体实效边界　尺寸为最小实体实效尺寸的边界。

8.最大实体要求和最小实体要求

最大实体要求(MMR)是指被测要素的实际轮廓应遵守其最大实体实效边界,当其实际尺寸偏离最大实体尺寸时,允许其几何误差值超出在最大实体状态下给出的公差值的一种要求。

最小实体要求(LMR)是指被测要素的实际轮廓应遵守其最小实体实效边界,当其实际尺寸偏离最小实体尺寸时,允许其几何误差值超出在最小实体状态下给出的公差值的一种要求。

9. 可逆要求(RR)

可逆要求是指导出要素的几何误差值小于给出的几何公差值时,允许在满足零件功能要求的前提下扩大尺寸公差。

10. 零形位公差

零形位公差是指被测要素采用最大实体要求或最小实体要求时，其给出的几何公差值为零，用“0 Ⓜ”或“0 Ⓛ”表示。

4.4.2 公差原则

1. 独立原则

独立原则是指图样上给定的每一个尺寸和形状、位置要求均是独立的，应分别满足要求。如果对尺寸和形状、尺寸与位置之间的相互关系有特定要求，则应在图样上予以规定。

在独立原则中，尺寸公差和几何公差各自独立地控制被测要素的尺寸误差和几何误差。独立原则的适用范围较广，大多数机械零件的几何精度都是遵循独立原则的，尺寸公差控制尺寸误差，几何公差控制几何误差，图样上不需任何附加标注。

尺寸公差中除有线性尺寸公差外，还有角度公差。角度公差仅控制被测要素与理想要素之间的角度变动量，不控制被测要素的形状误差，且理想要素的位置应符合最小条件。

角度公差只控制线和素线的总方向，不控制其形状误差。总方向是指接触线的方向，接触线是与实际线相接触的最大距离为最小的理想直线(见图 4-76)。

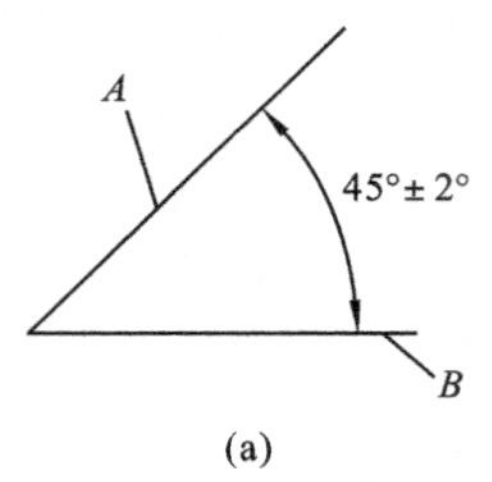

(a)

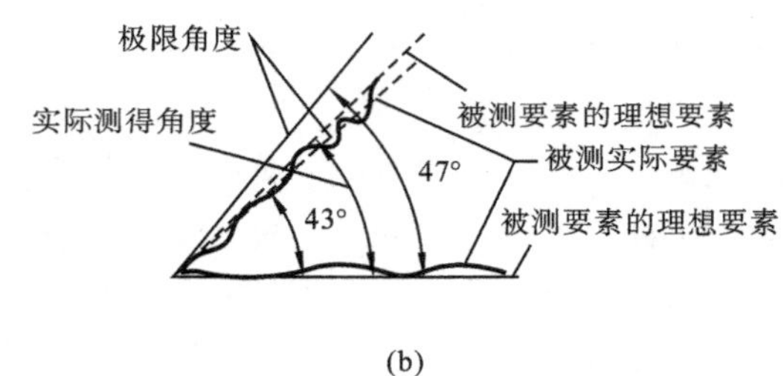

(b)

图 4-76 角度公差

实际线的形状误差应由单独标注的形状公差或未注形状公差控制。

A、*B* 两被测实际要素分别按最小条件确定其理想要素，该两理想要素间的夹角应在给定的两极限角度之间，角度公差不控制实际要素的形状误差，见图 4-76(b)所示。

2. 相关要求

相关要求是指尺寸公差与几何公差相互有关的公差要求。相关要求又分为包容要求、最大实体要求(包括可逆要求应用于最大实体要求)和最小实体要求(包括可逆要求应用于最小实体要求)。

1) 包容要求

包容要求适用于单一要素，如圆柱表面或两平行表面。包容要求表示被测提取(实际)要素应遵守其最大实体边界,其局部实际尺寸不得超过最小实体尺寸。当被测提取(实际)要素偏离最大实体状态时,尺寸公差富余的量被用于补偿形状公差,当被测提取(实际)要素为最小实体状态时,形状公差获得最大补偿量。

包容要求主要用于需要保证配合性质的孔、轴单一要素的中心轴线的直线度。在使用包容要求的情况下,图样上所标注的尺寸公差,具有控制尺寸误差和形状误差的双重职能。

采用包容要求的单一要素应在其尺寸极限偏差或公差带代号之后加注符号"Ⓔ",如图 4-77(a)所示,形状公差 t 与尺寸公差 $T_{\mathrm{h}}(T_{\mathrm{S}})$ 的关系可以用动态公差图表示,如图 4-77(b)所示,图形形状为直角三角形。在图 4-77 中,圆柱表面必须在最大实体边界内,该边界的尺寸为最大实体尺寸 ϕ20 mm,其局部实际尺寸不得小于 19.979 mm,如图 4-78(b)所示。

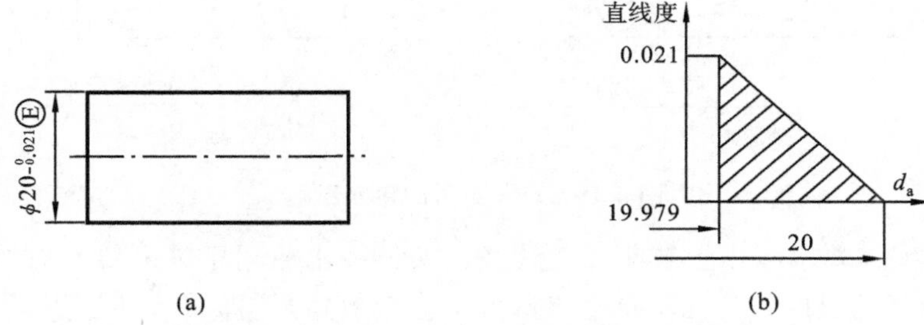

图 4-77 包容要求的单一要素表示方法与动态公差图

2) 最大实体要求

最大实体要求适用于中心要素。最大实体要求是控制被测提取(实际)要素的实际轮廓处于其最大实体实效边界之内的一种公差要求,此时应在图样上标注符号"Ⓜ"。当其实际尺寸偏离最大实体尺寸时,允许其几何误差值超出其给出的公差值,即几何公差得到补偿,其补偿量来自尺寸公差,当被测提取(实际)要素为最小实体状态时,几何公差获得最大补偿量。

当其几何误差小于给出的几何公差,又允许其实际尺寸超出最大实体尺寸时,可将可逆要求应用于最大实体要求。此时应同时在其形位公差框格中最大实体要求的几何公差值后标注符号"Ⓡ"。

最大实体要求主要用于需保证装配成功率的螺栓或螺钉连接处的导出要素,一般是孔组轴线的位置度,还有槽类的对称度和同轴度。

(1) 图样标注 最大实体要求的符号为"Ⓜ"。当应用于被测要素时,应在被测要素几何公差框格中的公差值后标注符号"Ⓜ";当应用于基准要素时,应在几何公差框格内的基准字母代号后标注符号"Ⓜ"。

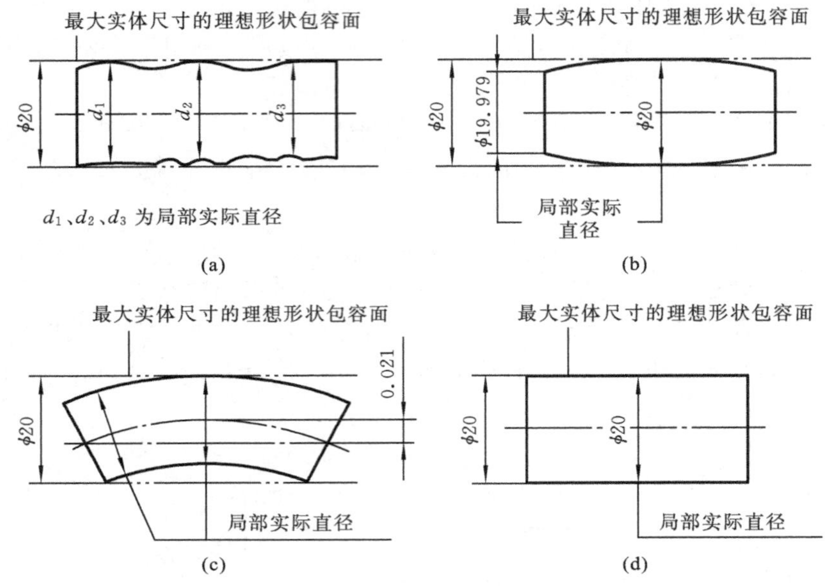

图 4-78 单一要素的包容原则

(2) 最大实体要求应用于被测要素　最大实体要求应用于被测要素时,被测要素的实际轮廓在给定的长度上处处不得超出最大实体实效边界,即其体外作用尺寸不应超出最大实体实效尺寸,且其局部实际尺寸不得超出最大实体尺寸和最小实体尺寸。

最大实体要求应用于被测要素时,被测要素的几何公差值是在该要素处于最大实体状态时给出的。当被测要素的实际轮廓偏离其最大实体状态,即其实际尺寸偏离最大实体尺寸时,几何误差值可超出在最大实体状态下给出的几何公差值,即此时的几何公差值可以增大。

当给出的几何公差值为零时,则为零形位公差。此时,被测要素的最大实体实效边界等于最大实体边界,最大实体实效尺寸等于最大实体尺寸。

(3) 最大实体要求应用于基准要素　分别按以下三种情况介绍。

① 最大实体要求应用于基准要素时,基准要素应遵守相应的边界。若基准要素的实际轮廓偏离其相应的边界,即其体外作用尺寸偏离其相应的边界尺寸,则允许基准要素在一定范围内浮动,其浮动范围等于基准要素的体外作用尺寸与其相应的边界尺寸之差。

② 基准要素本身采用最大实体要求时,则其相应的边界为最大实体实效边界。此时,基准代号应直接标注在形成该最大实体实效边界的形位公差框格下面,如图 4-79 所示。

③ 基准要素本身不采用最大实体要求时,其相应的边界为最大实体边界。图 4-80(a)为采用独立原则的示例,图 4-80(b)为采用包容要求的示例。

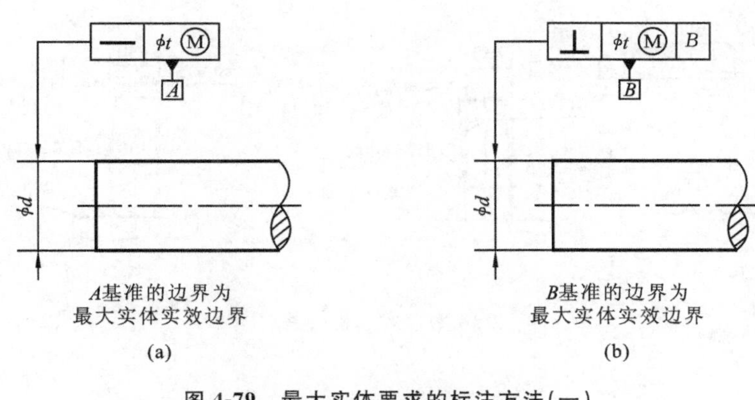

图 4-79　最大实体要求的标注方法(一)

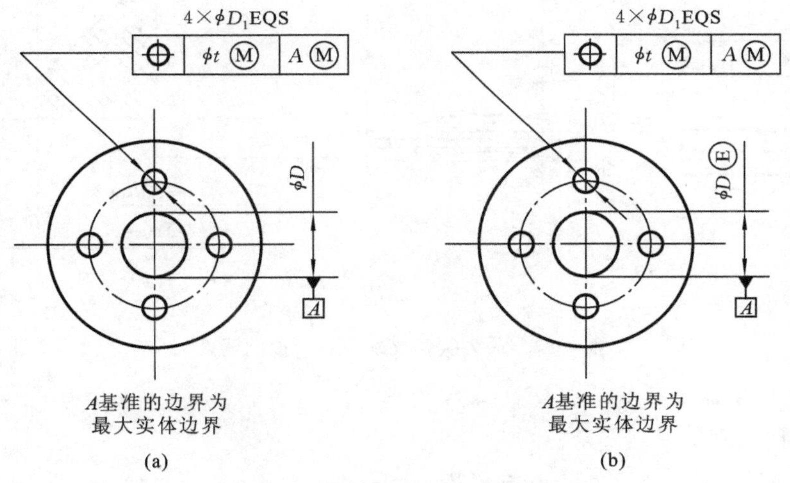

图 4-80　最大实体要求的标注方法(二)

(4) 零几何公差　关联要素遵守最大实体边界时,可以应用最大实体要求的零几何公差。

零几何公差是最大实体要求的特殊情况,较最大实体要求更为严格。关联要素采用最大实体要求的零几何公差标注时,要求其实际轮廓处处不得超越最大实体边界,且该边界应与基准保持图样上给定的几何关系,要素实际轮廓的局部实际尺寸不得超越最小实体尺寸,如图 4-81 所示。

圆柱表面必须在最大实体边界内,该边界的尺寸为最大实体尺寸 $\phi 50$,且与基准平面 A 垂直。实际圆柱的局部实际尺寸不得小于 49.975 mm。

例 4-1　图 4-82(a)表示轴 $\phi 20_{-0.3}^{\ 0}$ mm 的轴线直线度公差采用最大实体要求。当被测要素处于最大实体状态时,其轴线直线度公差为 $\phi 0.1$ mm,如图 4-82(b)所示。图 4-82

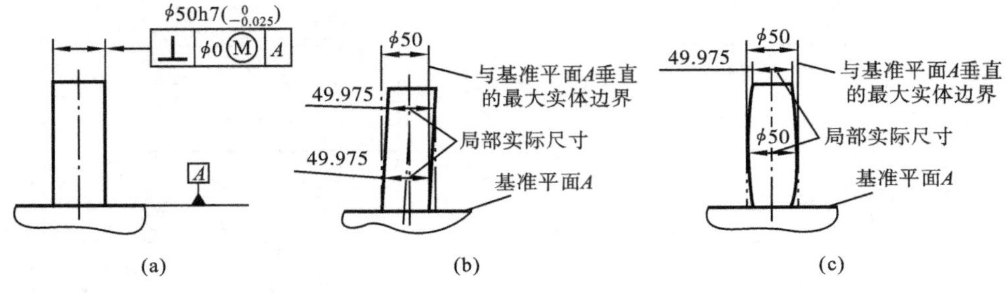

图 4-81　零几何公差

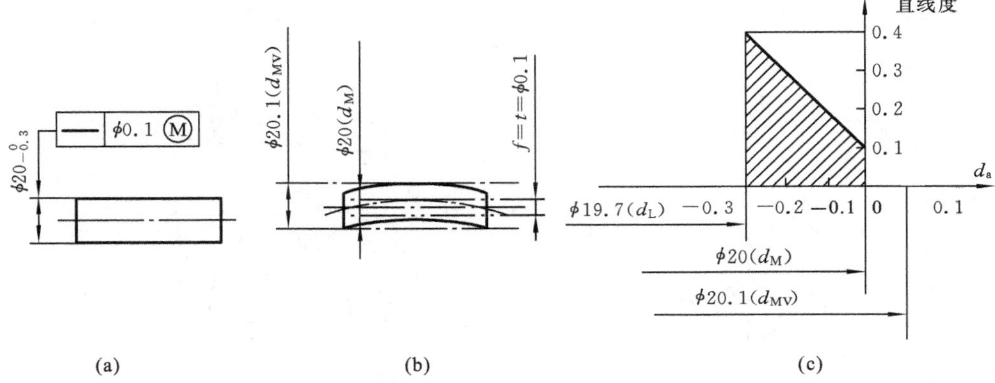

图 4-82　最大实体要求应用于被测要素

(c)给出了表达上述关系的动态公差图。

解　该轴应满足下列要求：

(1) 实际尺寸在 ϕ19.7～20 mm 之内；

(2) 实际轮廓不超出最大实体实效边界，即其体外作用尺寸不大于最大实体实效尺寸 $d_{MV}=d_M+t=(20+0.1)$ mm$=20.1$ mm。

当该轴处于最小实体状态时，其轴线直线度误差允许达到最大值，即等于图样给出的直线度公差值(ϕ0.1 mm)与轴的尺寸公差(0.3 mm)之和 ϕ0.4 mm。

例 4-2　图 4-83(a)表示孔 $\phi 50^{+0.13}_{-0.08}$ mm 的轴线对 A 基准的垂直度公差，采用最大实体要求的零几何公差。

解　该孔应满足下列要求：

(1) 实际尺寸在 ϕ49.92～50.13 mm 之内。

(2) 实际轮廓不超出关联最大实体边界，即其关联体外作用尺寸不小于最大实体尺寸 $D_M=49.92$ mm。

当该孔处于最大实体状态时，其轴线对 A 基准的垂直度误差值应为零，如图 4-83(b)

所示。当该孔处于最小实体状态时，其轴线对 A 基准的垂直度误差允许达到最大值，即孔的尺寸公差值 $\phi0.21$ mm。图 4-83(c)给出了表达上述关系的动态公差图。

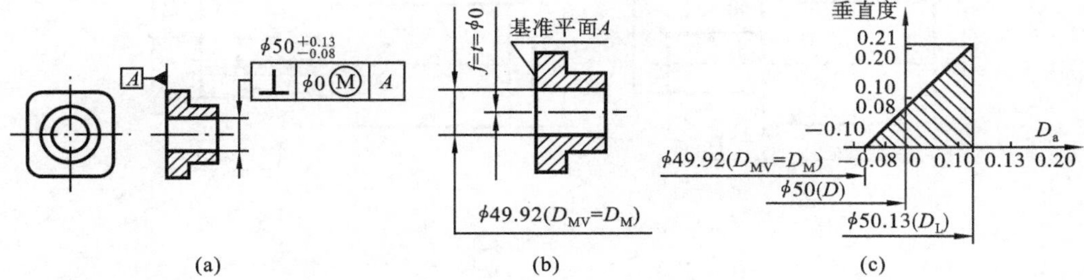

图 4-83 最大实体要求零几何公差的应用

例 4-3 图 4-84(a)表示最大实体要求应用于轴 $\phi12_{-0.05}^{0}$ mm 的轴线对轴 $\phi25_{-0.05}^{0}$ mm 的轴线的同轴度公差，并同时应用于基准要素。当被测要素处于最大实体状态时，其轴线对 A 基准的同轴度公差为 $\phi0.04$ mm，如图 4-84(b)所示。试述其实体尺寸特性及公差带特点。

解 被测轴应满足下列要求：

(1) 实际尺寸在 $\phi11.95$～12 mm 之内；

(2) 实际轮廓不超出关联最大实体实效边界，即其关联体外作用尺寸不大于关联最大实体实效尺寸 $d_{MV}=d_M+t=(12+0.4)$ mm$=12.04$ mm。

当被测轴处于最小实体状态时，其轴线对 A 基准轴线的同轴度误差允许达到最大值，即等于图样给出的同轴度公差($\phi0.04$ mm)与轴的尺寸公差(0.05 mm)之和 $\phi0.09$ mm，如图 4-84(c)所示。

当 A 基准的实际轮廓处于最大实体边界上，即其体外作用尺寸等于最大实体尺寸 $d_M=25$ mm 时，基准轴线不能浮动，如图 4-84(b)、(c)所示。当 A 基准的实际轮廓偏离最大实体边界，即其体外作用尺寸偏离最大实体尺寸 $d_M=25$ mm 时，基准轴线可以浮动。当体外作用尺寸等于最小实体尺寸 $d_L=24.95$ mm 时，其浮动范围达到最大值 0.05 mm ($=d_M-d_L=(25-24.95)$ mm$=0.05$ mm)，如图 4-84(d)所示。

例 4-4 成组要素的位置度公差采用最大实体要求。图 4-85(a)表示 4 个孔 $\phi8_{+0.1}^{+0.2}$ 的轴线的位置度公差采用最大实体要求。当各孔均处于最大实体状态时，其轴线对理想位置的位置度公差为 $\phi0.1$ mm，如图 4-85(b)所示。图 4-85(c)给出了表达上述关系的动态公差图。试述各孔实体尺寸特性及公差带特点。

解 各孔应满足下列要求：

(1) 实际尺寸在 $\phi8.1$～8.2 mm 之内；

(2) 实际轮廓不超出最大实体实效边界，即其体外作用尺寸不小于最大实体实效尺

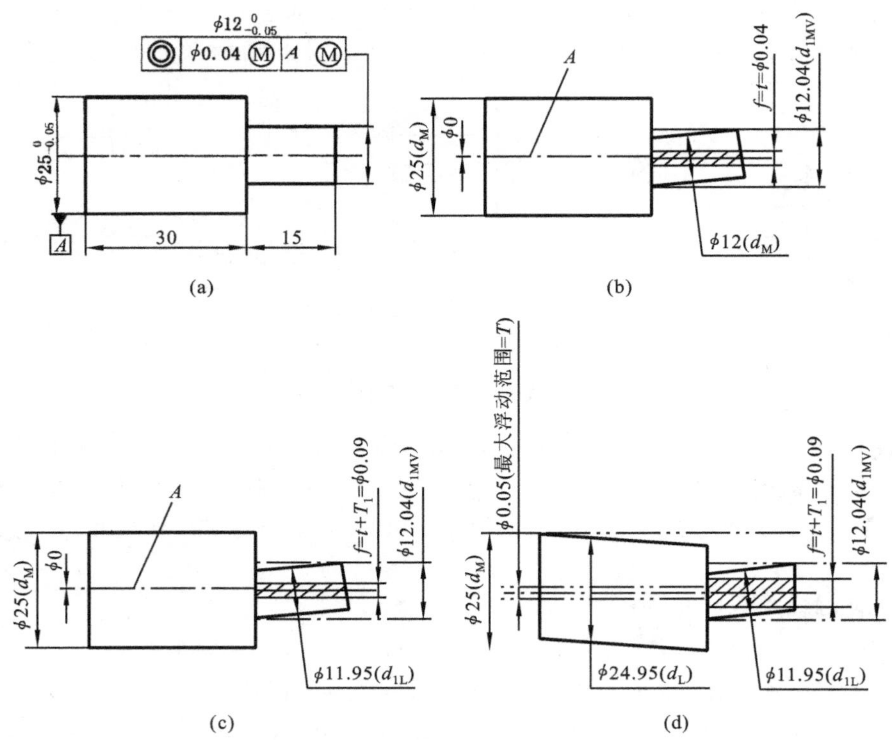

图 4-84 最大实体要求应用于被测要素和基准要素

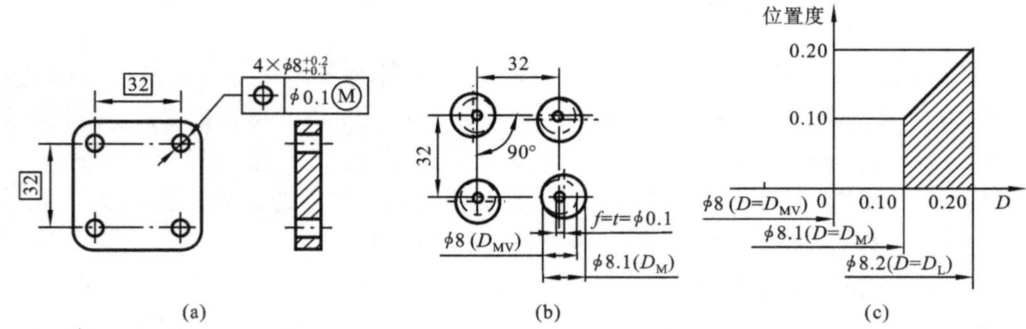

图 4-85 最大实体要求应用于成组要素

寸 $D_{MV}=D_M-t=(8.1-0.1)$ mm=8 mm。

当各孔均处于最小实体状态时，其轴线的位置度误差允许达到最大值，即等于图样给出的位置度公差(φ0.1 mm)与孔的尺寸公差(0.1 mm)之和 φ0.2 mm。

3）**最小实体要求**

最小实体要求适用于中心要素。最小实体要求是控制被测要素的实际轮廓处于其最小实体实效边界之内的一种公差要求，此时应在图样上标注符号“Ⓛ”。当其实际尺寸偏离最小实体尺寸时，允许其几何误差值超出其给出的公差值，即几何公差得到补偿，其补偿量来自尺寸公差，当被测实际要素为最大实体状态时，几何公差获得最大补偿量。

最小实体要求主要用于需要保证最小壁厚处（如空心的圆柱凸台、带孔的小垫圈等）的中心要素，一般是中心轴线的位置度、同轴度等。

当其几何误差小于给出的几何公差，又允许其实际尺寸超出最小实体尺寸时，可将可逆要求应用于最小实体要求。此时应同时在其几何公差框格中，最小实体要求的几何公差值后标注符号“Ⓡ”。

（1）图样标注　最小实体要求的符号为“Ⓛ”。当应用于被测要素时，应在被测要素几何公差框格中的公差值后标注符号“Ⓛ”；当应用于基准要素时，应在几何公差框格内的基准字母代号后标注符号“Ⓛ”。

（2）最小实体要求应用于被测要素　最小实体要求应用于被测要素时，被测要素的实际轮廓在给定的长度上处处不得超出最小实体实效边界，即其体内作用尺寸不应超出最小实体实效尺寸，且其局部实际尺寸不得超出最大实体尺寸和最小实体尺寸。

最小实体要求应用于被测要素时，被测要素的几何公差值是在该要素处于最小实体状态时给出的。当被测要素的实际轮廓偏离其最小实体状态，即其实际尺寸偏离最小实体尺寸时，几何误差值可超出在最小实体状态下给出的几何公差值，即此时的几何公差值可以增大。

当给出的几何公差值为零时，则为零几何公差。此时，被测要素的最小实体实效边界等于最小实体边界，最小实体实效尺寸等于最小实体尺寸。

（3）最小实体要求应用于基准要素　分别按以下三种情况介绍。

① 最小实体要求应用于基准要素时，基准要素应遵守相应的边界。若基准要素的实际轮廓偏离相应的边界，即其体内作用尺寸偏离相应的边界尺寸，则允许基准要素在一定范围内浮动，其浮动范围等于基准要素的体内作用尺寸与相应边界尺寸之差。

② 基准要素本身采用最小实体要求时，则相应的边界为最小实体实效边界。此时，基准代号应直接标注在形成该最小实体实效边界的几何公差框格下面，如图 4-86 所示。

③ 基准要素本身不采用最小实体要求时，相应的边界为最小实体边界，如图 4-87 所示。

例 4-5　图 4-88(a)表示孔 $\phi 8^{+0.25}_{0}$ mm 的轴线对 A 基准的位置度公差采用最小实体要求。当被测要素处于最小实体状态时，其轴线对 A 基准的位置度公差为 $\phi 0.4$ mm，如图 4-88(b)所示。图 4-88(c)给出了表达上述关系的动态公差图。试述其实体尺寸特性及公

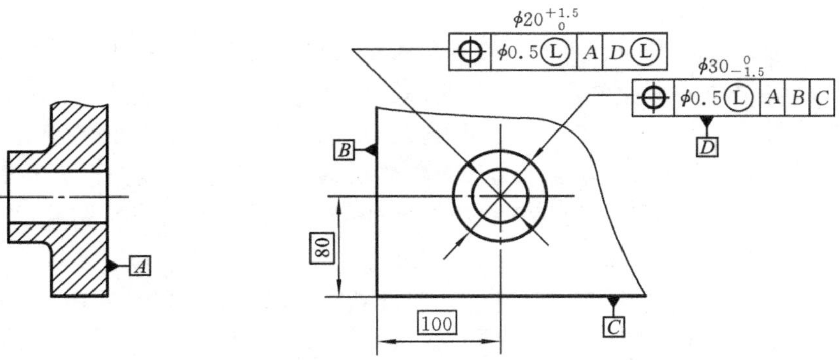

D 基准的边界为最小实体实效边界

图 4-86　最小实体要求的标注方法(一)

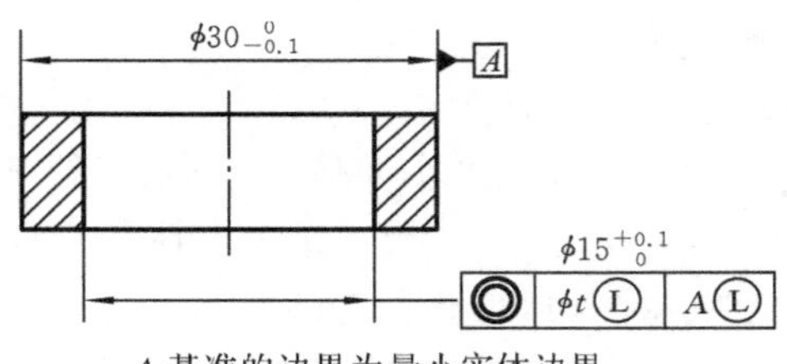

A 基准的边界为最小实体边界

图 4-87　最小实体要求的标注方法(二)

差带特点。

解　该孔应满足下列要求：

(1) 实际尺寸在 ϕ8～8.25 mm 之内；

(2) 实际轮廓不超出关联最小实体实效边界，即其关联体内作用尺寸不大于最小实体实效尺寸 $D_{LV} = D_L + t = (8.25+0.4)$ mm=8.65 mm。

当该孔处于最大实体状态时，其轴线对 A 基准的位置度误差允许达到最大值，即等于图样给出的位置度公差(ϕ0.4 mm)与孔的尺寸公差(0.25 mm)之和 ϕ0.65 mm。

例 4-6　图 4-89(a)表示孔 $\phi 8^{+0.65}_{0}$ mm 的轴线对 A 基准的位置度公差，采用最小实体要求的零几何公差。试述其实体尺寸特性及公差带特点。

解　该孔应满足下列要求：

(1) 实际尺寸不小于 ϕ8 mm；

(2) 实际轮廓不超出关联最小实体边界，即其关联体内作用尺寸不大于最小实体尺寸 D_L=8.65 mm。

当该孔处于最小实体状态时，其轴线对 A 基准的位置度误差应为零，如图 4-89(b)

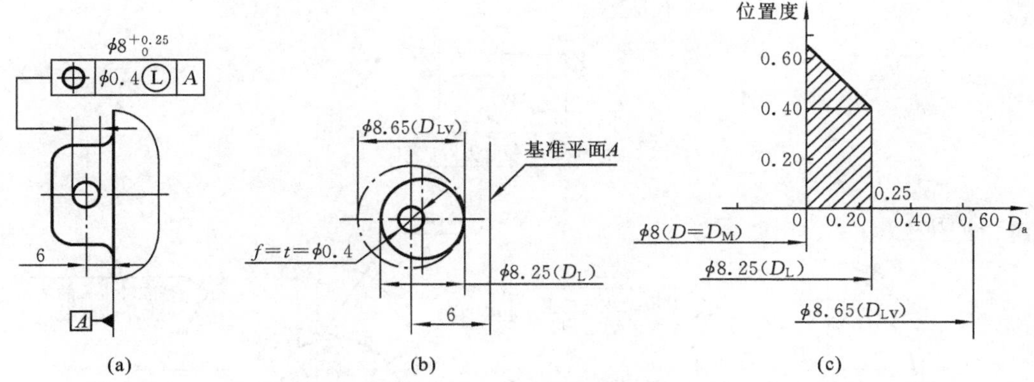

图 4-88 最小实体要求应用于被测要素

所示。

当该孔处于最大实体状态时，其轴线对 A 基准的位置度误差允许达到最大值，即孔的尺寸公差 $\phi 0.65$ mm。图 4-89(c)给出了表达上述关系的动态公差图。

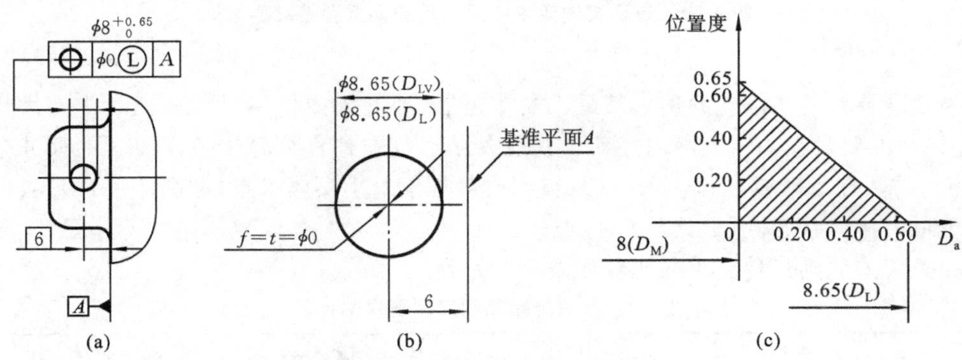

图 4-89 最小实体要求的零几何公差的应用

例 4-7 图 4-90(a)表示最小实体要求应用于孔 $\phi 39^{+1}_{0}$ mm 的轴线对 A 基准的同轴度公差，并同时应用于基准要素。当被测要素处于最小实体状态时，其轴线对 A 基准的同轴度公差为 $\phi 1$ mm，如图 4-90(b)所示。试述其实体尺寸特性及公差带特点。

解 该孔应满足下列要求：

(1) 实际尺寸在 ϕ39～40 mm 之内；

(2) 实际轮廓不超出关联最小实体实效边界，即其关联体内作用尺寸不大于关联最小实体实效尺寸 $D_{LV} = D_L + t = (40+1)$ mm=41 mm。

当该孔处于最大实体状态时，其轴线对 A 基准的同轴度误差允许达到最大值，即等于图样给出的同轴度公差($\phi 1$ mm)与孔的尺寸公差(1 mm)之和 $\phi 2$ mm，如图 4-90(c)

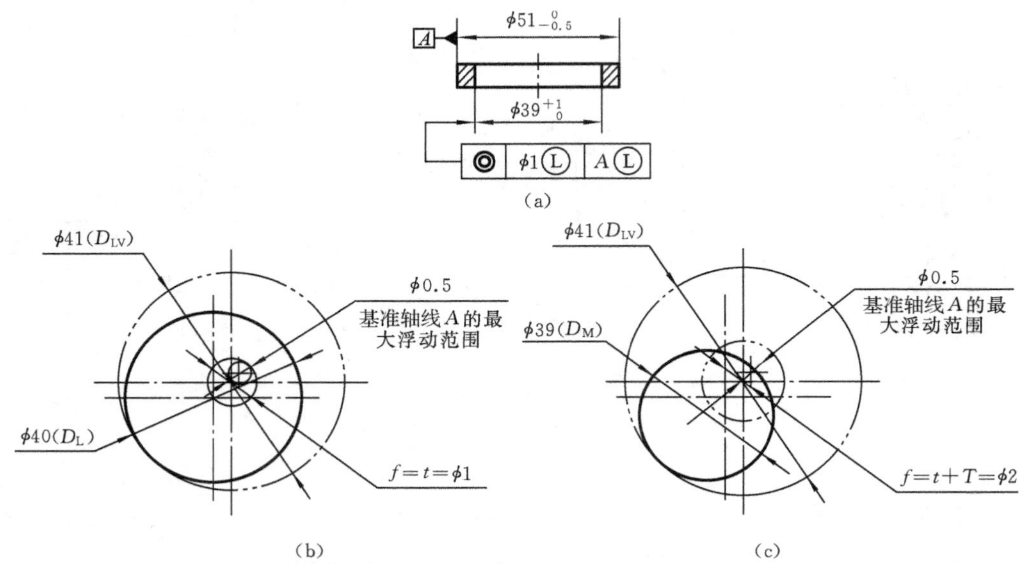

图 4-90　最小实体要求应用于被测要素和基准要素

所示。

当基准要素的实际轮廓偏离其最小实体边界，即其体内作用尺寸偏离最小实体尺寸时，允许基准要素在一定范围内浮动。其最大浮动范围是直径等于基准要素的尺寸公差 0.5 mm 的圆柱形区域，如图 4-90(b)(被测要素处于最小实体状态)和图 4-90(c)(被测要素处于最大实体状态)所示。

相关公差原则三种要求的比较如表 4-3 所示。

表 4-3　相关公差原则三种要求的比较

<table>
<tr><td colspan="3">相关公差原则</td><td>包 容 要 求</td><td>最大实体要求</td><td>最小实体要求</td></tr>
<tr><td colspan="3">标注标记</td><td>Ⓔ</td><td>Ⓜ、可逆要求为ⓂⓇ</td><td>Ⓛ、可逆要求为ⓁⓇ</td></tr>
<tr><td colspan="3">几何公差的给定状态及 t_1 值</td><td>最大实体状态下给定 $t_1=0$</td><td>最大实体状态下给定 $t_1>0$</td><td>最小实体状态下给定 $t_1>0$</td></tr>
<tr><td colspan="3">特殊情况</td><td>无</td><td>$t_1=0$ 时，称为最大实体要求的零几何公差</td><td>$t_1=0$ 时，称为最小实体要求的零几何公差</td></tr>
<tr><td rowspan="3">遵守的理想边界</td><td colspan="2">边界名称</td><td>最大实体边界</td><td>最大实体实效边界</td><td>最小实体实效边界</td></tr>
<tr><td rowspan="2">边界尺寸计算公式</td><td>孔</td><td>$MMB_D=D_M=D_{min}$</td><td>h</td><td>$LMVB_D=D_L=D_{min}+t_1$</td></tr>
<tr><td>轴</td><td>$MMB_d=d_M=d_{min}$</td><td>$MMVB_d=d_M=d_{min}+t_1$</td><td>$LMVB_d=d_L=d_{min}-t_1$</td></tr>
</table>

续表

几何公差 t 与尺寸公差 T_h（T_s）的关系	最大实体状态	$t_1=0$	$t_1>0$	$t_{max}=T_h(T_s)+t_1$
	最小实体状态	$t_{max}=T_h(T_s)$	$t_{max}=T_h(T_s)+t_1$	$t_1>0$
几何公差获得尺寸公差补偿量的一般计算公式		$t_2=\vert MMS-D_a(d_a)\vert$	$t_2=\vert MMS-D_a(d_a)\vert$	$t_2=\vert LMS-D_a(d_a)\vert$
适用范围		保证配合性质的单一要素	保证容易装配的关联中心要素	保证最小壁厚的关联中心要素
可逆要求		不适用，尺寸公差只能补给几何公差	适用，不仅尺寸公差能补给几何公差，在一定条件下，尺寸公差也可以获得来自几何公差的补给	适用，不仅尺寸公差能补给几何公差，在一定条件下，尺寸公差也可以获得来自几何公差的补给

4.5 几何公差的选择及未注几何公差值的规定

零部件的几何误差对机器的正常使用有很大的影响，因此，合理、正确地选择几何公差对保证机器的功能要求，提高经济效益是十分重要的。

在图样上是否给出几何公差要求，可按下述原则确定：凡几何公差要求用一般机床加工能保证的，不必注出，其公差值要求应按 GB/T 1184—1996《形状和位置公差　未注公差值》执行；凡几何公差有特殊要求（高于或低于 GB/T 1184—1996 规定的公差级别），则应按标准规定注出几何公差。

4.5.1 几何公差项目的选择

在几何公差的 19 个项目中，有单项控制的公差项目，如圆度、直线度、平面度等；也有综合控制的公差项目，如圆柱度、位置公差的各个项目。应该充分发挥综合控制的公差项目的职能，这样，可减少图样上给出的几何公差项目及相应的几何误差检测项目。

在满足功能要求的前提下，应该根据零件的几何特征及特征项目的公差带特点，选用测量简便的项目。例如，为使测量方便，同轴度公差常常可以用径向圆跳动公差或径向全跳动公差代替（应注意，径向跳动是由同轴度误差与圆柱面形状误差的综合结果，故当同轴度由径向跳动代替时，给出的跳动公差值应略大于同轴度公差值，否则，就会要求过严);齿轮中心孔轴线应当与其端面有垂直度的要求,但考虑测量的方便性,一般用轴向圆跳动公差代替。

4.5.2 公差原则的选择

选择公差原则时,应根据被测要素的功能要求,充分发挥出公差的职能和采取该种公差原则的可行性、经济性。表 4-4 列出了三种公差原则的应用场合和示例,可供选择时参考。

表 4-4 公差原则选择参考表

公差原则	应用场合	示例
独立原则	尺寸精度与几何精度需要分别满足要求	齿轮箱体孔的尺寸精度与两孔轴线的平行度;连杆活塞销孔的尺寸精度与圆柱度;滚动轴承内、外圈滚道的尺寸精度与形状的精度
	尺寸精度与几何精度要求相差较大	滚筒类零件尺寸精度要求很低,形状精度要求较高;平板的形状精度要求很高,尺寸精度要求不高;冲模架的下模座尺寸精度要求不高,平行度要求较高;通油孔的尺寸精度有一定要求,形状精度无要求
	尺寸精度与几何精度无联系	滚子链条的套筒或滚子内、外圆柱面的轴线同轴度与尺寸精度,齿轮箱体孔的尺寸精度与孔轴线间的位置精度;发动机连杆上的尺寸精度与孔轴线间的位置精度
	保证运动精度	导轨的形状精度要求严格,尺寸精度要求次要
	保证密封性	气缸套的形状精度要求严格,尺寸精度要求次要
	未注公差	凡未注尺寸公差与未注几何公差都采用独立原则,例如退刀槽倒角、圆角等非功能要素
包容要求	保证《公差与配合》国标规定的配合性质	ϕ20h7 Ⓔ孔与 ϕ20h6 Ⓔ轴的配合,可以保证配合的最小间隙等于零
	尺寸公差与几何公差间无严格比例关系要求	一般的孔与轴配合,只要求作用尺寸不超越最大实体尺寸,局部实际尺寸不超越最小实体尺寸
	保证关联作用尺寸不超越最大实体尺寸	关联要素的孔与轴性质要求,标注 0 Ⓜ
最大实体要求	被测中心要素	保证自由装配,如轴承盖上用于穿过螺钉的通孔,法兰盘上用于穿过螺栓的通孔
	基准中心要素	基准轴线或中心平面相对于理想边界的中心允许偏离时,如同轴度的基准轴线

4.5.3 几何公差值的选择

总的原则是：在满足零件功能要求的前提下，选取最经济的公差值。

1. 公差值的选用原则

（1）根据零件的功能要求，并考虑加工的经济性和零件的结构、刚性等情况，按公差表中数系确定要素的公差值，并考虑下列情况。

① 在同一要素上给出的形状公差值应小于位置公差值。如要求平行的两个表面，其平面度公差值应小于平行度公差值。

② 圆柱形零件的形状公差值(轴线的直线度除外)一般情况下应小于其尺寸公差值。圆度、圆柱度的公差值小于同级的尺寸公差值的 1/3，因而可按同级选取，但也可根据零件的功能，在邻近的范围内选取。

③ 平行度公差值应小于其相应的距离公差值。

（2）对于下列情况，考虑到加工的难易程度和除主参数外其他参数的影响，在满足零件功能的要求下，适当降低 1～2 级选用：

① 孔相对于轴；

② 细长比较大的轴和孔；

③ 距离较大的轴和孔；

④ 宽度较大(一般大于 1/2 长度)的零件表面；

⑤ 线对线和线对面相对于面对面的平行度、垂直度公差。

2. 几何公差等级

国标 GB/T 1184—1996 规定如下。

（1）直线度、平面度、平行度、垂直度、倾斜度、同轴度、对称度、圆跳动、全跳动公差分 1、2、…、12 级，公差等级按序由高变低，公差值按序递增(见表 4-5、表 4-6、表 4-7)。

表 4-5 直线度、平面度(摘自 GB/T 1184—1996)

主参数 L 图例

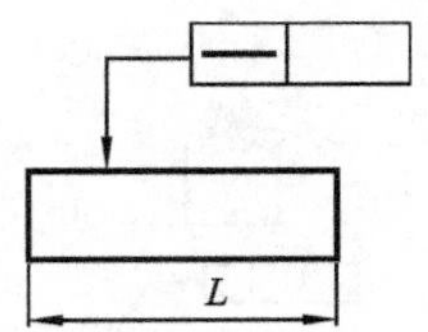

续表

主参数 L/mm	公差等级											
	1	2	3	4	5	6	7	8	9	10	11	12
	公差值/μm											
≤10	0.2	0.4	0.8	1.2	2	3	5	8	12	20	30	60
>10~16	0.25	0.5	1	1.5	2.5	4	6	10	15	25	40	80
>16~25	0.3	0.06	1.2	2	3	5	8	12	20	30	50	100
>25~40	0.4	0.8	1.5	2.5	4	6	10	15	25	40	60	120
>40~63	0.5	1	2	3	5	8	12	20	30	50	80	150
>63~100	0.6	1.2	2.5	4	6	10	15	25	40	60	100	200
>100~160	0.8	1.5	3	5	8	12	20	30	50	80	120	250
>160~250	1	2	4	6	10	15	25	40	60	100	150	300
>250~400	1.2	2.5	5	8	12	20	30	50	80	120	200	400
>400~630	1.5	3	6	10	15	25	40	60	100	150	250	500
>630~1 000	2	4	8	12	20	30	50	80	120	200	300	600
>1 000~1 600	2.5	5	10	15	25	40	60	100	150	250	400	800
>1 600~2 500	3	6	12	20	30	50	80	120	200	300	500	1 000
>2 500~4 000	4	8	15	25	40	60	100	150	250	400	500	1 200
>4 000~6 300	5	10	20	30	50	80	120	200	300	500	800	1 500
>6 300~10 000	6	12	25	40	60	100	150	250	400	600	1 000	2 000

表 4-6　平行度、垂直度、倾斜度(摘自 GB/T 1184—1996)

主参数 L、$d(D)$图例

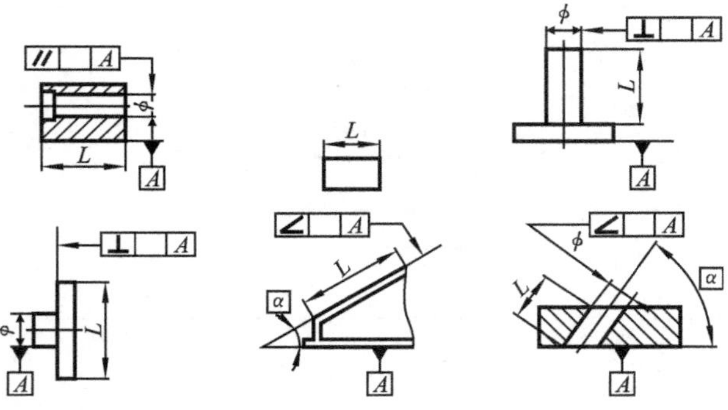

续表

主参数 L、d(D)L/mm	公差等级											
	1	2	3	4	5	6	7	8	9	10	11	12
	公差值/μm											
≤10	0.4	0.8	1.5	3	5	8	12	20	30	50	80	120
>10～16	0.5	1	2	4	6	10	15	25	40	60	100	150
>16～25	0.6	1.2	2.5	5	8	12	20	30	50	80	120	200
>25～40	0.8	1.5	3	6	10	15	25	40	60	100	150	250
>40～63	1	2	4	8	12	20	30	50	80	120	200	300
>63～100	1.2	2.5	5	10	15	25	40	60	100	150	250	400
>100～160	1.5	3	6	12	20	30	50	80	120	200	300	500
>160～250	2	4	8	15	25	40	60	100	150	250	400	600
>250～400	2.5	5	10	20	30	50	80	120	200	300	500	800
>400～630	3	6	12	25	40	60	100	150	250	400	600	1 000
>630～1 000	4	8	15	30	50	80	120	200	300	500	800	1 200
>1 000～1 600	5	10	20	40	60	100	150	250	400	600	1 000	1 500
>1 600～2 500	6	12	25	50	80	120	200	300	500	800	1 200	2 000
>2 500～4 000	8	15	30	60	100	150	250	400	600	1 000	1 500	2 500
>4 000～6 300	10	20	40	80	120	200	300	500	800	1 200	2 000	3 000
>6 300～10 000	12	25	50	100	150	250	400	600	1 000	1 500	2 500	4 000

表 4-7　同轴度、对称度、圆跳动和全跳动(摘自 GB/T 1184—1996)

主参数 L、d(D)图例

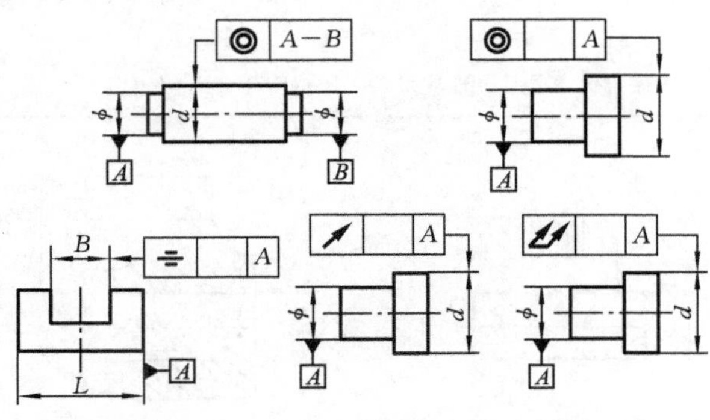

续表

主参数 L、$d(D)L$/mm	公差等级											
	1	2	3	4	5	6	7	8	9	10	11	12
	公差值/μm											
≤1	0.4	0.6	1.0	1.5	2.5	4	6	10	15	25	40	60
>1～3	0.4	0.6	1.0	1.5	2.5	4	6	10	20	40	60	120
>3～6	0.5	0.8	1.2	2	3	5	8	12	25	50	80	150
>6～10	0.6	1	1.5	2.5	4	6	10	15	30	60	100	200
>10～18	0.8	1.2	2	3	5	8	12	20	40	80	120	250
>18～30	1	1.5	2.5	4	6	10	15	25	50	100	150	300
>30～50	1.2	2	3	5	8	12	20	30	50	120	200	400
>50～120	1.5	2.5	4	6	10	15	25	40	80	150	250	500
>120～250	2	3	5	8	12	20	30	50	100	200	300	600
>250～500	2.5	4	6	10	15	25	40	60	120	250	400	800
>500～800	3	5	8	12	20	30	50	80	150	300	500	1 000
>800～1250	4	6	10	15	25	40	60	100	200	400	600	1 200
>1250～2000	5	8	12	20	30	50	80	120	250	500	800	1 500
>2000～3150	6	10	15	25	40	60	100	150	300	600	1 000	2 000
>3150～5000	8	12	20	30	50	80	120	200	400	800	1 200	2 500
>5000～8000	10	15	25	40	60	100	150	250	500	1 000	1 500	3 000
>8000～10000	12	20	30	50	80	120	200	300	600	1 200	2 000	4 000

(2) 圆度、圆柱度公差分 0、1、2、…、12 共 13 级，公差等级按序由高变低，公差值按序递增，如表 4-8 所示。

表 4-8 圆度、圆柱度(摘自 GB/T 1184—1996)

主参数 $d(D)$图例

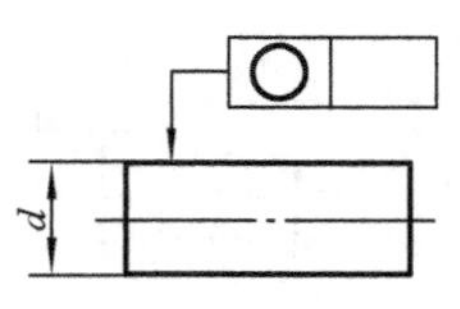

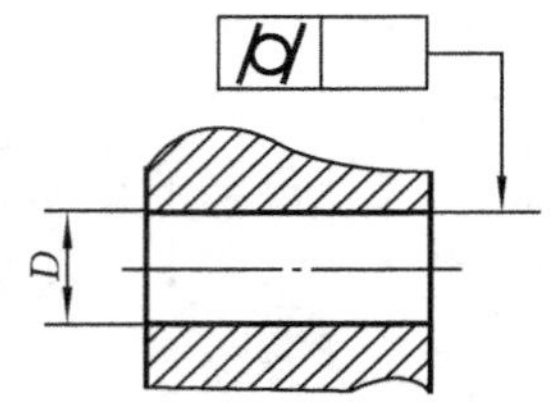

续表

主参数 $d(D)L$/mm	公差等级												
	0	1	2	3	4	5	6	7	8	9	10	11	12
	公差值/μm												
≤3	0.1	0.2	0.3	0.5	0.8	1.2	2	3	4	6	10	14	25
>3～6	0.1	0.2	0.4	0.6	1	1.5	2.5	4	5	8	12	18	30
>6～10	0.12	0.25	0.4	0.6	1	1.5	2.5	4	6	9	15	22	36
>10～18	0.15	0.25	0.5	0.8	1.2	2	3	5	8	11	18	27	43
>18～30	0.2	0.3	0.6	1	1.5	2.5	4	6	9	13	21	33	52
>30～50	0.25	0.4	0.6	1	1.5	2.5	4	7	11	16	25	39	62
>50～80	0.3	0.5	0.8	1.2	2	3	5	8	13	19	30	46	74
>80～120	0.4	0.6	1	1.5	2.5	4	6	10	15	22	35	54	87
>120～180	0.6	1	1.2	2	3.5	5	8	12	18	25	40	63	100
>180～250	0.8	1.2	2	3	4.5	7	10	14	20	29	46	72	115
>250～315	1.0	1.6	2.5	4	6	8	12	16	23	22	52	81	130
>315～400	1.2	2	3	5	7	9	13	18	25	36	57	89	140
>400～500	1.5	2.5	4	6	8	10	15	20	27	40	63	97	155

（3）对位置度，国家标准只规定了公差值数系，而未规定公差等级，如表 4-9 所示。位置度公差值一般与被测要素的类型、连接方式等有关。

位置度常用于控制螺栓和螺钉连接中孔距的位置精度要求。例如用螺栓作为连接件，被连接零件上的孔均为通孔，其孔径大于螺栓的直径，位置度公差为

$$t = X_{\min}$$

式中：t 为位置度公差；$X_{\min}$ 为通孔与螺栓间的最小间隙。

如用螺钉连接时，被连接零件中有一个零件上的孔是螺纹，而其余零件上的孔都是通孔，且孔径大于螺钉直径，位置度公差可用下式计算

$$t = 0.5X_{\min}$$

按上式计算确定的公差，经化整并按表 4-9 选择公差值。

表 4-9　位置度系数（摘自 GB/T 1184—1996）

1	1.2	1.5	2	2.5	3	4	5	6	8
1×10^n	1.2×10^n	1.5×10^n	2×10^n	2.5×10^n	3×10^n	4×10^n	5×10^n	6×10^n	8×10^n

3. 几何公差等级的确定

确定几何公差常用等级可以参考表 4-10 至表 4-13 提供的各种几何公差项目及其常

用等级的应用实例，根据具体情况进行选择，并应注意：

(1) 形状公差、定向公差、定位公差之间的关系，即定位公差值＞定向公差值＞形状公差值。

(2) 几何公差与尺寸公差及表面粗糙度参数之间的协调关系，即 $T > t > Ra$(Ra 为表面粗糙度参数，见第 5 章)。

表 4-10　直线度和平面度公差常用等级的应用举例

公差等级	应　用　举　例
5	1 级平板，2 级宽平尺，平面磨床的纵导轨、垂直导轨、立柱导轨及工作台，液压龙门刨床和六角车床床身导轨，柴油机进气、排气阀门导杆
6	普通机床导轨，如普通车床，龙门刨床、滚齿机、自动车床等的床身导轨、立柱导轨，柴油机壳体
7	2 级平板，机床主轴箱、摇臂钻床底座和工作台，镗床工作台，液压泵盖，减速器壳体结合面
8	机床传动箱体，交换齿轮箱体，车床溜板箱体，柴油机气缸体，连杆分离面，缸盖结合面，汽车发动机缸盖、曲轴箱结合面，液压管件和法兰连接面
9	3 级平板，自动车床床身底面，摩托车曲轴箱体，汽车变速箱壳体，手动机械的支承面

表 4-11　圆度和圆柱度公差常用等级的应用举例

公差等级	应　用　举　例
5	一般计量仪器主轴、测杆外圆柱面，陀螺仪轴颈，一般机床主轴轴颈及主轴轴承孔，柴油机、汽油机活塞、活塞销，与 6 级滚动轴承配合的轴颈
6	仪表端盖外圆柱面，一般机床主轴及前轴承孔，泵、压缩机的活塞、气缸，汽油发动机凸轮轴，纺机锭子，减速器转轴轴颈，高速船用柴油机、拖拉机曲轴主轴颈，与 6 级滚动轴承配合的外壳孔，与 0 级滚动轴承配合的轴颈
7	大功率低速柴油机曲轴轴颈、活塞、活塞销、连杆、气缸，高速柴油机箱体轴承孔，千斤顶或压力油缸活塞，机车传动轴，水泵及通用减速器转轴轴颈，与 0 级滚动轴承配合的外壳孔
8	大功率低速发动机曲轴轴颈，压气机连杆盖、连杆体，拖拉机气缸、活塞，炼胶机冷铸轴辊、印刷机传墨辊，内燃机曲轴轴颈，柴油机凸轮轴轴承孔、凸轮轴，拖拉机、小型船用柴油机气缸套
9	空气压缩机缸体，液压传动筒，通用机械杠杆与拉杆用套筒销子，拖拉机活塞环、套筒孔

表 4-12 平行度、垂直度和倾斜度公差常用等级的应用举例

公差等级	应 用 举 例
4,5	普通车床导轨、重要支承面,机床主轴轴承孔对基准的平行度,精密机床重要零件,计量仪器、量具、模具的基准面和工作面,机床床头箱体重要孔,通用减速器壳体孔,齿轮泵的油孔端面,发动机轴和离合器的凸缘,气缸支承端面,安装精密滚动轴承的壳体孔的凸肩
6,7,8	一般机床的基准面和工作面,压力机和锻锤的工作面,中等精度钻模的工作面,机床一般轴承孔对基准的平行度,变速器箱体孔,主轴花键对定心表面轴线的平行度,重型机械滚动轴承端盖,卷扬机、手动传动装置中的传动轴,一般导轨,主轴箱体孔,刀架、砂轮架、气缸配合面对基准轴线以及活塞销孔对活塞轴线的垂直度,滚动轴承内、外圈端面对轴线的垂直度
9,10	低精度零件,重型机械滚动轴承端盖,柴油机、煤气发动机箱体曲轴孔,曲轴轴颈,花键轴和轴肩端面,带式运输机法兰盘等端面对轴线的垂直度,手动卷扬机及传动装置中轴承孔端面,减速器壳体平面

表 4-13 同轴度、对称度和径向跳动公差常用等级的应用举例

公差等级	应 用 举 例
5,6,7	应用范围较广。用于几何精度要求较高、尺寸的标准公差等级为 IT8 及高于 IT8 的零件。5 级常用于机床主轴轴颈,计量仪器的测杆,涡轮机主轴,柱塞油泵转子,高精度滚动轴承外圈,一般精度滚动轴承内圈。7 级用于内燃机曲轴、凸轮轴、齿轮轴、水泵轴、汽车后轮输出轴,电机转子、印刷机传墨辊的轴颈,键槽
8,9	常用于几何精度要求一般、尺寸的标准公差等级为 IT9 至 IT11 的零件。8 级用于拖拉机发动机分配轴轴颈,与 9 级精度以下齿轮相配的轴,水泵叶轮,离心泵体,棉花精梳机前后滚子,键槽等,9 级用于内燃机气缸套配合面,自行车中轴

4.5.4 几何公差的未注公差值的规定

图样上没有标注几何公差值的要素,其几何精度要求由未注几何公差来控制。

1. 采用未注公差值的优点

采用未注公差值的优点为:图样易读;节省设计时间;图样很清楚地指出哪些要素可以用一般加工方法加工,即保证工程质量又不需一一检测;保证零件特殊的精度要求,有利于安排生产、质量控制和检测。

2. 几何公差的未注公差值

GB/T 1184—1996 对直线度、平面度、垂直度、对称度和圆跳动的未注公差值进行规定,如表 4-14 至表 4-17 所示。其他项目如线、面轮廓度、倾斜度、位置度和全跳动均应由

各要素的注出或未注几何公差、线性尺寸公差或角度公差控制。

1）直线度和平面度

表 4-14　直线度和平面度的未注公差值　　单位：mm

公差等级	基本长度范围					
	≤10	>1 030	>30～100	>100～300	>300～1 000	>100～3 000
H	0.02	0.05	0.1	0.2	0.3	0.4
K	0.05	0.1	0.2	0.4	0.6	0.8
L	0.1	0.2	0.4	0.8	1.2	1.6

2）圆度

圆度的未注公差值等于标准的直径公差值，但不能大于表 4-17 中的径向圆跳动值。

3）圆柱度

圆柱度的未注公差值不做规定。

(1) 圆柱度误差由三个部分组成：圆度、直线度和相对素线的平行度误差，而其中每一项误差均由它们的注出公差或未注公差来控制。

(2) 如因功能要求，圆柱度应小于圆度、直线度和平行度的未注公差的综合结果，应在被测要素上按 GB/T 1184—1996 的规定注出圆柱度公差值。

(3) 采用包容要求。

4）平行度

平行度的未注公差值等于给出的尺寸公差值，或是直线度和平面度未注公差值中的较大者。应取两要素中的较长者为基准。若两要素的长度相等，则可选任一要素为基准。

5）垂直度

表 4-15 所示为垂直度的未注公差值。取形成直角的两边中较长的一边作为基准，较短的一边作为被测要素。若两边的长度相等，则可取其中的任意一边作为基准。

表 4-15　垂直度的未注公差值　　单位：mm

公差等级	基本长度范围			
	≤100	>100～300	>300～1 000	>1 000～3 000
H	0.2	0.3	0.4	0.5
K	0.4	0.6	0.8	1
L	0.6	1	1.5	2

6）对称度

表 4-16 所示为对称度的未注公差值。应取两要素中较长者作为基准，较短者作为被

测要素。若两要素长度相等,则可选任一要素为基准。

表 4-16 对称度的未注公差值 单位:mm

公差等级	基本长度范围			
	≤100	>100~300	>300~1 000	>1 000~3 000
H	0.5			
K	0.6		0.8	1
L	0.6	1	1.5	2

注意,对称度的未注公差值用于至少两个要素中的一个是中心平面,或两个要素的轴线相互垂直。

7) 同轴度

同轴度的未注公差值未规定。在极限状况下,同轴度的未注公差值可以和表 4-17 中规定的径向圆跳动的未注公差值相等。应选两要素中的较长者为基准。若两要素长度相等,则可选任一要素为基准。

8) 圆跳动

表 4-17 所示为圆跳动(径向、轴向和斜向)的未注公差值。对于圆跳动的未注公差值,应以设计或工艺给出的支承面作为基准,否则,应取两要素中较长的一个作为基准。若两要素的长度相等,则可选任一要素为基准。

表 4-17 圆跳动的未注公差值 单位:mm

公差等级	圆跳动公差值
H	0.1
K	0.2
L	0.5

3. 未注公差值的图样表示法

若采用 GB/T 1184—1996 规定的未注公差值,应在标题栏附近或在技术要求、技术文件(如企业标准)中注出标准号及公差等级代号:

GB/T 1184—1996 X

例如,圆要素注出直径公差值$25_{-0.1}^{\ 0}$ mm,圆度未注公差值等于尺寸公差值 0.1 mm(见图 4-91(a))。

又如,圆要素直径采用未注公差值,按 GB/T 1804—2000 中的 m 级(见图 4-91(b))。

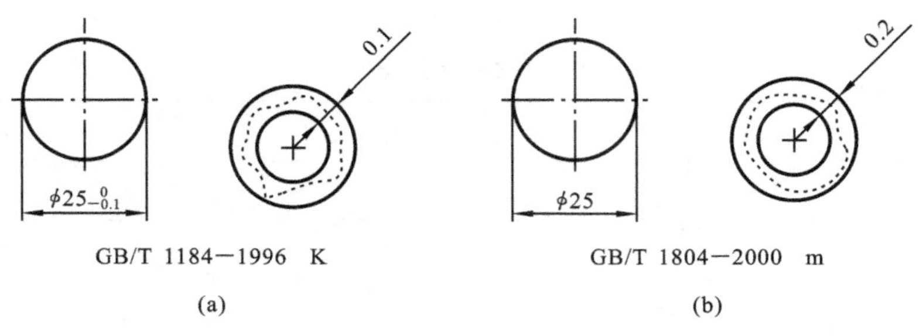

图 4-91 圆度未注公差示例

4.6 几何误差的评定与检测原则

几何公差带的形状、方向和位置是多种多样的，它取决于被测要素的几何理想要素和设计要求，并以此评定几何误差。

4.6.1 几何误差的评定

几何误差是指被测提取(实际)要素对其拟合要素的变动量。若被测提取(实际)要素全部位于几何公差带内，零件合格；反之，则不合格。

在测量被测实际要素的形状和位置误差值时，首先应确定拟合要素对被测提取(实际)要素的具体方位，因为不同方位的拟合要素与被测提取(实际)要素上各点的距离是不相同的，因而测量所得几何误差值也不相同。确定拟合要素方位的常用方法为最小包容区域法。

最小包容区域法是用两个等距的拟合要素包容被测提取(实际)要素，并使两拟合要素之间的距离为最小。应用最小包容区域法评定几何误差是完全满足“最小条件”的。所谓“最小条件”，即被测提取(实际)要素对其拟合要素的最大变动量为最小。

如图 4-92 所示，拟合要素为直线(或平面)的方位可取 $A_1—B_1$、$A_2—B_2$、$A_3—B_3$ 等，其中 $A_1—B_1$ 之间的距离(误差)h_1 为最小，即 $h_1<h_2<h_3$，故拟合要素直线应取 $A_1—B_1$，以此来评定直线度误差。

对于圆形轮廓，评定圆度误差时，用 C_1、C_2…组两同心圆去包容被测提取(实际)要素，半径差为最小的两同心圆，即为符合最小包容区域的拟合要素轮廓。此时圆度误差值为两同心圆的半径差 Δr_1，如图 4-93 所示。

评定方向误差时，拟合要素的方向由基准确定；评定定位误差时，拟合要素的位置由基准和理论正确尺寸确定。对于同轴度和对称度，理论正确尺寸为零。如图 4-94 所示，包容被测提取(实际)要素的拟合要素应与基准成理论正确的角度。

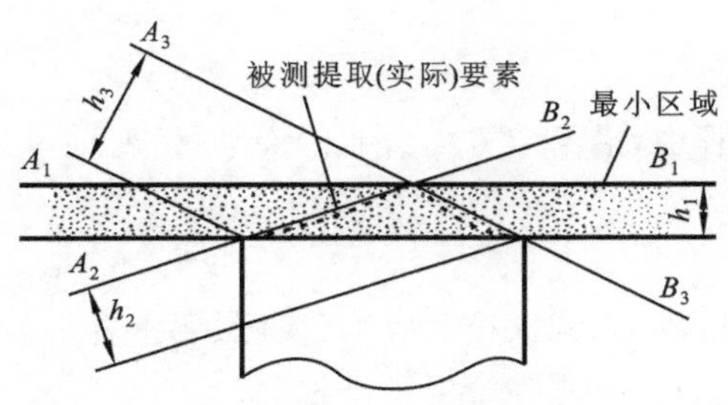

图 4-92 按最小包容区域法评定直线度误差图

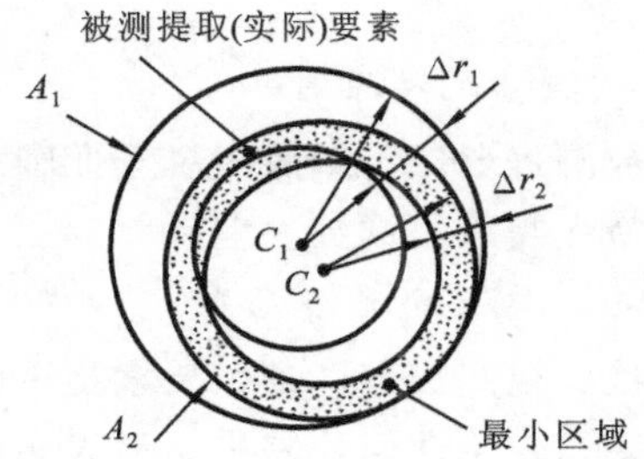

图 4-93 按最小包容区域法评定圆度误差

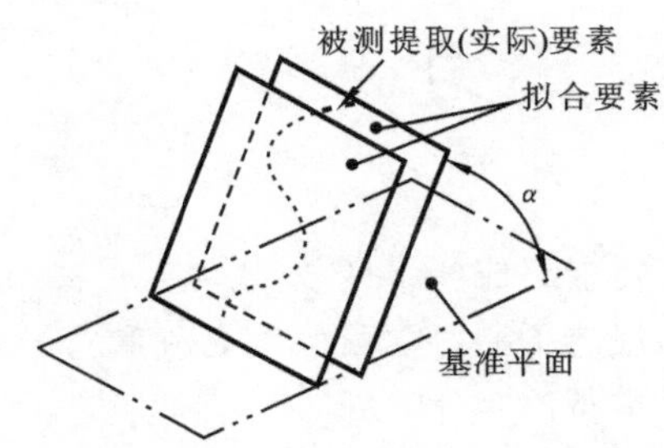

图 4-94 按最小包容区域法评定定向误差

确定拟合要素方位的评定方法还有最小二乘法、贴切法和简易法等。

4.6.2 几何误差的检测原则

几何误差的项目较多，为了能正确地测量几何误差，便于选择合理的检测方案，国家标准规定了几何误差的五项检测原则。这些检测原则是各种检测方法的概括，可以按照这些原则，根据被测对象的特点和有关条件，选择最合理的检测方案、检测方法和测量装置。

1. 与拟合要素比较原则

将被测提取(实际)要素与拟合要素相比较，量值由直接法和间接法获得，拟合要素用模拟法获得。模拟拟合要素的形状，必须有足够的精度。在几何公差测量中，该检测原理应用最为广泛。

2. 测量坐标值原则

测量被测实际要素的坐标值(如直角坐标值、极坐标值、圆柱面坐标值等)，并经数据处理获得几何误差值。该原则广泛应用于轮廓度和位置度的测量。

3. 测量特征参数原则

测量被测提取(实际)要素上具有代表性的参数(即特征参数)来表示几何误差值。

按特征参数的变动量来确定几何误差是近似的，故采用此原则的测量方法的精度较低。

4. 测量跳动原则

被测提取(实际)要素绕基准轴线回转过程中,沿给定方向或线的变动量,变动量是指示器最大与最小读数之差。

5. 控制实效边界原则

检验被测提取(实际)要素是否超过实效边界,以判断被测提取(实际)要素合格与否。该原则适合于几何公差采用最大实体要求的场合,采用综合量规来检测。

习 题

4-1 形位公差带由哪些要素组成?

4-2 形状和位置公差各规定了哪些项目?其名称和符号是什么?

4-3 评定形位误差的基本条件是什么?

4-4 形位公差值的选择原则是什么?如何判定形位误差的合格性?

4-5 什么是理论正确尺寸?图样上如何表示?在形位公差中它的作用是什么?

4-6 径向圆跳动与同轴度、端面跳动与端面垂直度有哪些关系?

4-7 什么是评定形状误差的最小条件和最小包容区?按最小条件评定几何公差有何意义?

4-8 国家标准对未注形位公差值有什么规定?形位公差的未注公差值在图样上该如何表示?

4-9 如果某圆柱面的径向圆跳动误差为 15 μm,其圆度误差能否大于 15 μm?

4-10 试改正如图 4-95 所示的图样上几何公差的标注错误(几何公差项目不允许改变)。

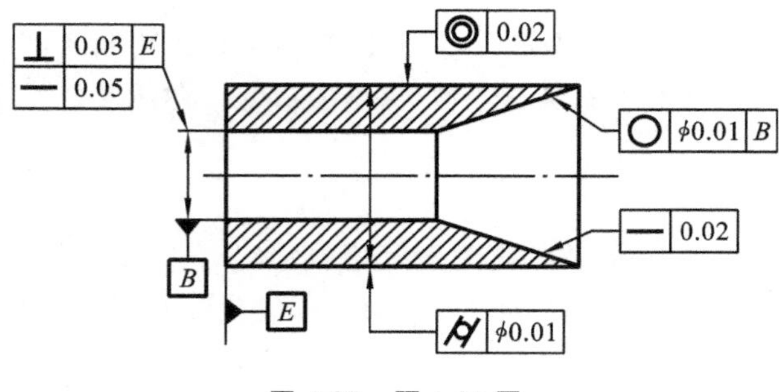

图 4-95 题 4-10 图

第5章　表面粗糙度

5.1　概　　述

用任何方法获得的零件表面，其上总会存在着由较小间距的峰和谷组成的微观高低不平。这种加工表面上具有的微观几何形状误差称为表面粗糙度。它主要是在加工过程中，由于刀具切削后留下的刀痕、切屑分离时的塑性变形、工艺系统中存在高频振动及刀具和零件表面之间的摩擦等原因所形成的。表面粗糙度对零件的功能要求、使用寿命、可靠性及美观程度均有直接的影响。为了正确地测量和评定零件表面粗糙度，自从1956年颁布第一个表面光洁度标准JB 50—1956以来，我国对表面粗糙度国家标准已进行了多次修订，现在实施的相关标准主要有GB/T 3505—2009《产品几何技术规范(GPS)表面结构　轮廓法表面结构的术语、定义及参数》、GB/T 1031—2009《产品几何技术规范(GPS)表面结构　轮廓法　表面粗糙度参数及其数值》、GB/T 10610—2009《产品几何技术规范(GPS)表面结构　轮廓法　评定表面结构的规则和方法》、GB/T 131—2006《产品几何技术规范(GPS)技术产品文件中表面结构的表示法》、GB/T 6062—2009《产品几何技术规范(GPS)表面结构　轮廓法　接触(触针)式仪器的标称特性》。本章将对上述标准的主要内容进行介绍。

5.1.1　表面粗糙度的概念

物体与周围介质分离的表面称为实际表面。为了研究零件的表面结构，通常，用垂直于零件实际表面的平面与该零件实际表面相交所得到的轮廓作为评估对象。该轮廓称为表面轮廓，它是一条轮廓曲线，如图5-1所示。

加工后形成零件的实际表面一般处于非理想状态，其截面轮廓形状是复杂的，同时存在各种几何形状误差。一般说来，加工后零件的实际轮廓总是包含着表面粗糙度轮廓、波纹度轮廓和宏观形状轮廓等构成的几何误差，它们叠加在同一表面上，如图5-2所示。

表面形状误差、表面粗糙度、表面波纹度之间的界定，通常按表面轮廓上相邻两波峰或波谷之间的距离，即按波距的大小来划分，或按波距与峰谷高度的比值来划分。一般来说，波距小于1 mm，大体呈周期性变化的属于表面粗糙度范围；波距在1～10 mm之间呈周期性变化的属于表面波纹度范围；波距大于10 mm的属于表面宏观形状误差范围。

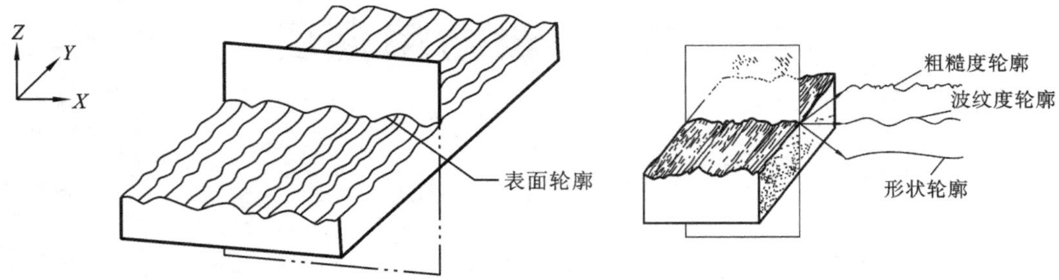

图 5-1　零件的实际表面与表面轮廓

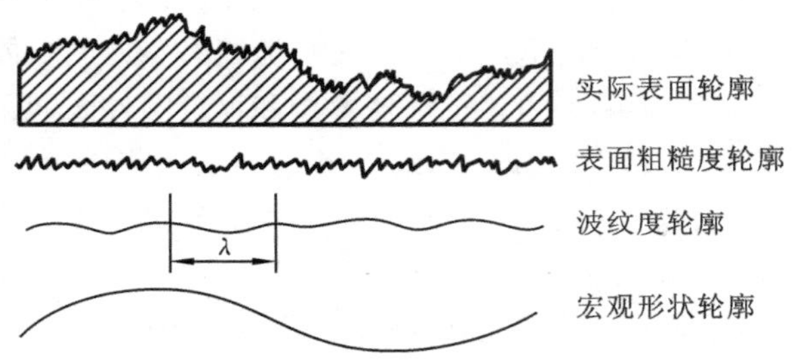

图 5-2　零件表面轮廓的组成(λ—波长)

5.1.2　对零件使用性能的影响

表面粗糙度参数值的大小对零件的使用性能和寿命有直接影响，主要有以下几个方面。

(1) 对磨损的影响　表面越粗糙，通常摩擦阻力越大，零件磨损就越快。

(2) 对配合的影响　表面粗糙度会使零件配合变松。具体而言，会使间隙配合的间隙增大；会使过盈配合的连接强度降低。

(3) 对疲劳强度的影响　粗糙的表面容易在表面微观不平度的凹谷处产生应力集中，使零件的疲劳强度降低。

(4) 对耐蚀性的影响　粗糙的表面易使腐蚀性物质附着于零件表面的微观凹谷，并渗入金属零件的内层，使锈蚀或电化学腐蚀加剧。

此外，表面粗糙度对接触刚度、密封性、产品外观及表面反射能力等都有明显的影响。因此，表面粗糙度是评定产品质量的重要指标。在零件设计保证尺寸、形状和位置等几何精度的同时，对表面粗糙度提出相应的要求也是必不可少的。

5.2 表面粗糙度的评定

零件在加工后的表面粗糙度轮廓是否符合要求，应由测量和评定它的结果来确定。测量和评定表面粗糙度轮廓时，应规定取样长度、评定长度、中线和评定参数。GB/T 3505—2009《术语、定义及表面结构参数》、GB/T 1031—2009《表面粗糙度参数及其数值》规定了轮廓法评定表面粗糙度的术语定义、参数及其数值。下面主要介绍相关基本术语及评定参数。

5.2.1 基本术语

1. 轮廓滤波器

滤波器是指除去某些波长成分而保留所需表面成分的处理方法。轮廓滤波器是把轮廓分成长波成分和短波成分的滤波器，共有 λs、λc 和 λf 三种滤波器。λs 滤波器是确定存在于表面上的粗糙度与比它更短的波的成分之间相交界限的滤波器；λc 滤波器是确定粗糙度与波纹度成分之间相交界限的滤波器。λf 滤波器是确定存在于表面上的波纹度与比它更长的波的成分之间相交界限的滤波器。它们所能抑制的波长称为截止波长。从短波截止波长至长波截止波长这两个极限值之间的波长范围称为传输带。三种滤波器的传输特性相同，截止波长却不同。波长具体数值根据 GB/T 6062—2009《接触(触针)式仪器的标称特性》中的规定确定。

为了评价表面轮廓(见图 5-2 所示的实际表面轮廓)上各种几何形状误差中的某一几何形状误差，可以通过轮廓滤波器来呈现这一几何形状误差，过滤掉其他的几何形状误差。

对表面轮廓采用轮廓滤波器 λs 抑制短波后得到的总的轮廓称为原始轮廓。对原始轮廓采用 λc 滤波器抑制长波成分以后形成的轮廓称为粗糙度轮廓。对原始轮廓连续采用 λf 和 λc 两个滤波器分别抑制长波成分和短波成分以后形成的轮廓称为波纹度轮廓。粗糙度轮廓和波纹度轮廓均是经过人为修正的轮廓，粗糙度轮廓是评定粗糙度轮廓参数(R 参数)的基础，波纹度轮廓是评定波纹度轮廓参数(W 参数)的基础。本章只讨论粗糙度轮廓参数，有关波纹度轮廓参数的内容可参考相关书籍及标准。

使用接触(触针)式仪器测量表面粗糙度轮廓时，为了抑制波纹度对粗糙度测量结果的影响，仪器的截止波长为 λc 的长波滤波器从实际表面轮廓上把波长较大的波纹度波长成分加以抑制或排除掉；截止波长为 λs 的短波滤波器从实际表面轮廓上抑制比粗糙度波长更短的成分，从而只呈现表面粗糙度轮廓，以对其进行测量和评定。其传输带则是从 λs 至 λc 的波长范围。长波滤波器的截止波长 λc 等于取样长度 lr。

2. 取样长度 lr

鉴于实际表面轮廓包含粗糙度、波纹度和宏观形状误差等三种几何形状误差，测量表面粗糙度轮廓时，应把测量限制在一段足够短的长度上，以抑制或减弱表面波纹度、排除宏观形状误差对表面粗糙度轮廓测量结果的影响。这段长度称为取样长度，它是用于在 X 轴方向(见图 5-1)判别被评定轮廓不规则特征的长度，用符号 lr 表示，如图 5-3 所示。lr 过长，表面粗糙度的测量值中可能包含有表面波纹度的成分；过短，则不能客观反应表面粗糙度的实际情况，使测得结果有很大随机性。取样长度值与表面粗糙度的评定参数有关，在取样长度范围内，一般应包含五个以上的轮廓峰和轮廓谷。表面越粗糙，则取样长度 lr 就应越大。评定粗糙度轮廓的取样长度 lr 在数值上与轮廓滤波器 λc 的截止波长相等。

3. 评定长度 ln

由于零件表面的微小峰、谷的不均匀性，在表面轮廓不同位置的取样长度上的表面粗糙度轮廓测量值不完全相同。因此，为了更合理地反映整个表面粗糙度轮廓的特性，应测量连续的几个取样长度上的表面粗糙度轮廓。这些连续的几个取样长度称为评定长度，它是用于评定被评定轮廓的 X 轴方向上的长度，用符号 ln 表示，如图 5-3 所示。

评定长度可以只包含一个取样长度或包含连续的几个取样长度。评定长度的缺省值为连续的 5 个取样长度(即 $ln=5\times lr$)。取样长度和评定长度的标准值见表 5-1。

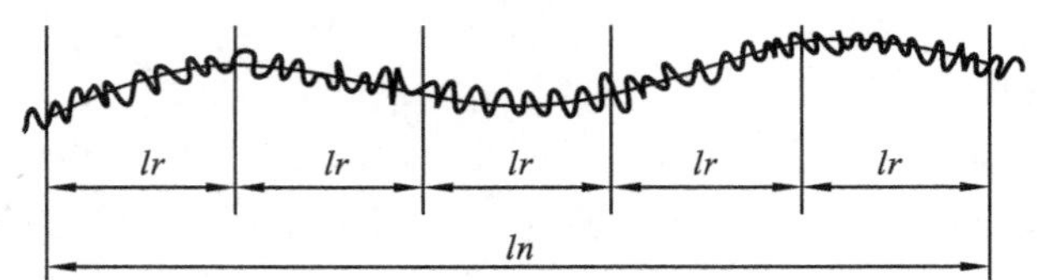

图 5-3 取样长度和评定长度

表 5-1 取样长度和评定长度标准值(摘自 GB/T1031—2009)

Ra/μm	Rz/μm	取样长度 lr/mm	评定长度 ln/mm
≥0.008～0.02	≥0.025～0.1	0.08	0.4
>0.02～0.1	>0.1～0.5	0.25	1.25
>0.1～2	>0.5～10	0.8	4
>2～10	>10～50	2.5	12.5
>10～80	>50～320	8	40

4. 中线 m

为了定量地评定表面轮廓参数，首先要确定一条中线，它是具有几何轮廓形状并划分轮廓的基准线，以中线为基础来计算各种评定参数的数值。用轮廓滤波器 λc 抑制了长波轮廓成分相对应的中线，称为粗糙度轮廓中线。粗糙度轮廓中线是用以评定被测表面粗糙度参数数值的基准。中线按照标称形状用最小二乘法拟合确定的。所谓最小二乘法拟合，是指在一个取样长度内使轮廓上各点到该中线距离的平方和 $\int_0^{lr} Z^2 \mathrm{d}x$ 为最小。在轮廓图形上确定最小二乘中线的位置比较困难，可使用轮廓算术平均中线。轮廓算术平均中线是指在取样长度内，与轮廓走向一致，将轮廓划分为上、下两部分，且使上、下两部分面积相等的线(见图 5-4)，即

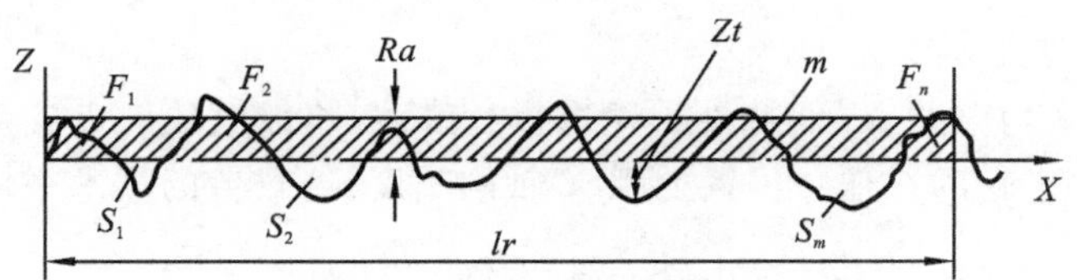

图 5-4 轮廓算术平均中线

$$F_1 + F_2 + \cdots + F_n = S_1 + S_2 + \cdots + S_n \tag{5-1}$$

5. 轮廓峰与轮廓谷

轮廓峰表示被评定轮廓上连接轮廓与 X 轴两相邻交点的向外(从材料到周围介质)的轮廓部分；轮廓谷表示被评定轮廓上连接轮廓与 X 轴两相邻交点的向内(从周围介质到材料)的轮廓部分。

6. 轮廓单元

轮廓单元是指一个轮廓峰与相邻的一个轮廓谷的组合。一个轮廓单元的轮廓峰高与轮廓谷深之和称为轮廓单元高度，用 Zt 表示；一个轮廓单元与 X 轴相交线段的长度，称为轮廓单元宽度，用 Xs 表示。如图 5-5 所示。

7. 轮廓实体材料长度 $Ml(c)$

轮廓的实体材料长度是指在一个给定水平截面高度 c 上用一条平行于 X 轴的线与轮廓单元相截所获得的各段截线长度之和，用 $Ml(c)$表示。如图 5-6 所示。

$$Ml(c) = Ml_1 + Ml_2 \tag{5-2}$$

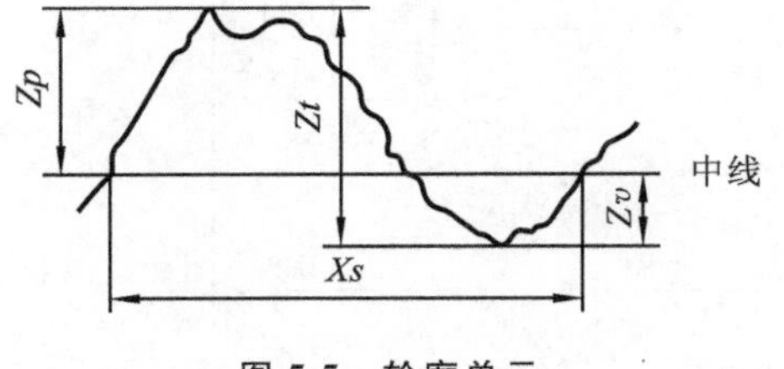

图 5-5 轮廓单元

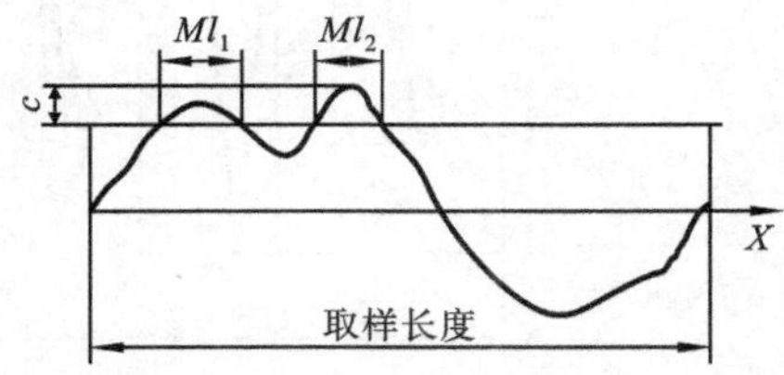

图 5-6 轮廓实体材料长度

5.2.2 评定参数

为了定量地评定表面粗糙度轮廓，必须用参数及其数值来表示表面粗糙度轮廓的特征。GB/T 3505—2009《产品几何技术规范(GPS) 表面结构 轮廓法表面结构的术语、定义及参数》规定了幅度参数、间距参数、混合参数、曲线和相关参数。限于篇幅，本章主要介绍幅度参数，间距参数和曲线参数。

1. 幅度参数—— Ra 、Rz

1) 轮廓的算术平均偏差 Ra

轮廓的算术平均偏差 Ra 是指在一个取样长度内，粗糙度轮廓上各点纵坐标值 $Z(x)$ (纵坐标值指被评定轮廓在任一位置上距 X 轴的高度)绝对值的算术平均值(见图 5-4)。

$$Ra = \frac{1}{lr}\int_0^{lr} |Z(x)| \mathrm{d}x \tag{5-3}$$

2) 轮廓最大高度 Rz

轮廓峰的最高点距 X 轴的距离，称为轮廓峰高 Zp，轮廓谷的最低点与 X 轴的距离，称为轮廓谷深 Zv，如图 5-5 所示。在一个取样长度内，轮廓峰高的最大值称为最大轮廓峰高，用 Rp 表示，轮廓谷深的最大值称为最大轮廓谷深，用 Rv 表示。

轮廓的最大高度 Rz 是指在一个取样长度内，被评定轮廓的最大轮廓峰高 Rp 与最大轮廓谷深 Rv 之和，如图 5-7 所示，即

$$Rz = Rp + Rv \tag{5-4}$$

显然，评定粗糙度轮廓的幅度参数 Ra、Rz 的数值越大，则零件表面越粗糙。Ra 参数能客观地反映表面微观几何形状误差，是通常采用的评定参数。

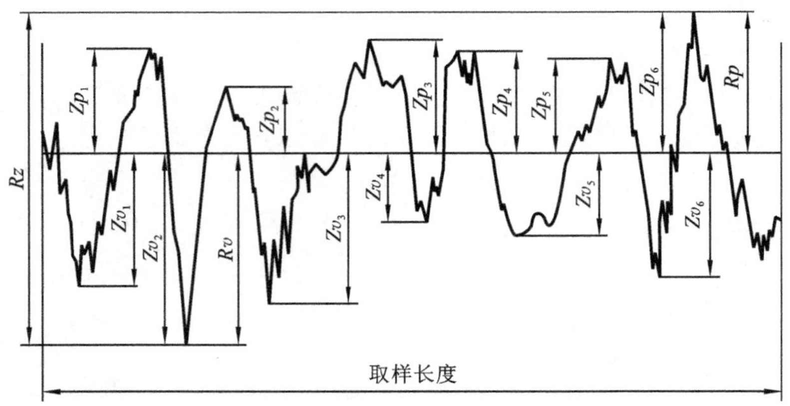

图 5-7 轮廓最大高度

2. 间距参数——RSm

轮廓单元的平均宽度 RSm 是指在一个取样长度内轮廓单元宽度的平均值，如图 5-8 所示。RSm 的值可以反映被测表面加工痕迹的细密程度。

$$RSm = \frac{1}{m}\sum_{i=1}^{m} Xs_i \tag{5-5}$$

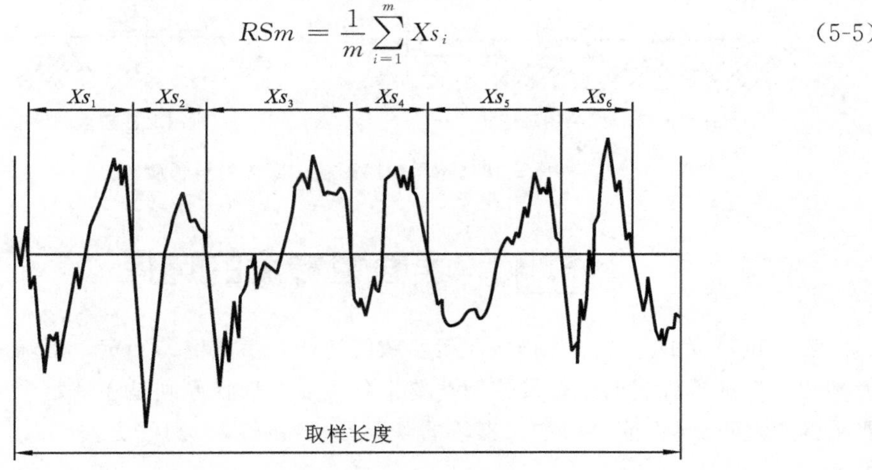

图 5-8 轮廓单元的宽度

3. 曲线参数——$Rmr(c)$

轮廓的支承长度率 $Rmr(c)$ 是指在评定长度范围内在给定水平截面高度 c 上轮廓的实体材料长度 $Ml(c)$ 与评定长度的比率。

$$Rmr(c) = \frac{Ml(c)}{ln} \tag{5-6}$$

表示轮廓支承长度率随水平截面高度 c 变化关系的曲线称为轮廓支承长度率曲线，如图 5-9 所示，显然，不同 c 的位置有不同的轮廓支承长度率。

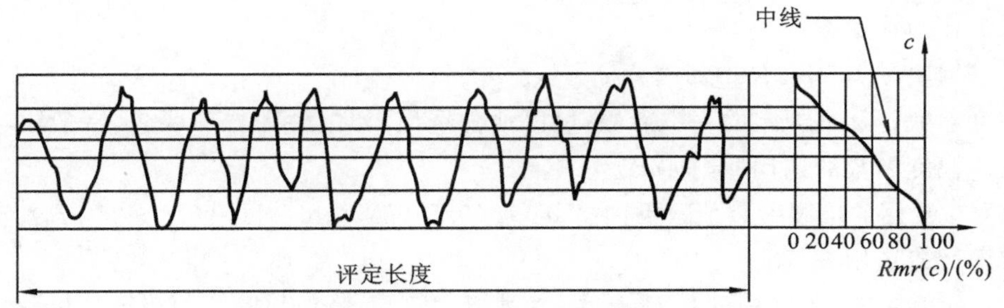

图 5-9 轮廓支承长度率曲线

轮廓支承长度率与零件的实际轮廓形状有关，能直观反映实际接触面积的大小，是反映零件表面耐磨性能的指标。对于不同的实际轮廓形状，在相同的评定长度内对于相同的水平截距，轮廓支承长度率越大，则表示零件表面凸起的实体部分就越大，承载面积就越大，因而接触刚度就越高，耐磨性能也就越好。如图 5-10(a)所示表面的耐磨性能较好，如图 5-10(b)所示表面的耐磨性能较差。

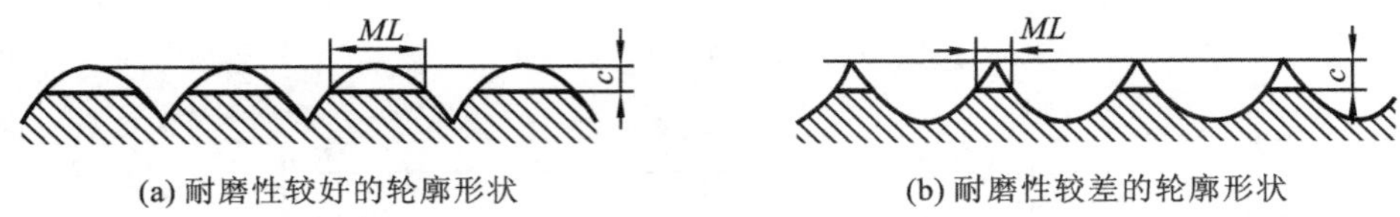

(a) 耐磨性较好的轮廓形状　　(b) 耐磨性较差的轮廓形状

图 5-10　不同轮廓形状的实体材料长度

5.3　表面粗糙度的选择

表面粗糙度的选择主要是指评定参数的选择和参数值的确定。正确地选用表面粗糙度参数对保证零件表面质量及使用功能十分重要。选择原则是在满足零件表面使用功能要求的前提下，尽可能考虑加工工艺的可能性、经济性、检测的方便性及仪器设备条件等因素。

5.3.1　评定参数的选择

在国家标准 GB/T 1031—2009《产品几何技术规范(GPS)　表面结构　轮廓法　表面粗糙度参数及其数值》中规定了评定表面粗糙度的参数及其数值和规定表面粗糙度时的一般规定。标准中给出了 Ra 、Rz 、RSm、$Rmr(c)$等参数。在表面粗糙度的评定参数中，Ra 、Rz 两个高度幅度特征参数为基本参数，RSm、$Rmr(c)$为附加参数。这些参数分别从不同角度反映了零件的表面形貌特征，但都存在着不同程度的不完整性。因此，在具体选用时要根据零件的功能要求、材料性能、结构特点及测量的条件等情况，适当选用一个或几个作为评定参数。

1. 基本参数(Ra 、Rz)的选择

幅度参数是标准规定的基本参数，可以独立选用，如零件无特殊要求，一般仅选用幅度参数。幅度参数的选用原则如下。

(1) 在常用的幅度参数值范围内(Ra =0.025～6.3 μm，Rz =0.1～25 μm)范围内，标准推荐优先选用 Ra 。

在评定参数中，最常用的是 Ra 。Ra 参数概念直观，其值反映表面粗糙度轮廓特性的信息量大，能够最完整、最全面地表征零件表面轮廓的微小峰谷特征，通常，采用电动轮廓仪测量，电动轮廓仪的测量范围为 0.02～8 μm。在该范围内用触针式轮廓仪测量 Ra 值比较容易，便于进行数值处理。因此，对于光滑和半光滑表面，表面有耐磨性要求时，普遍

采用 Ra 作为评定参数。但因受触针式轮廓仪功能的限制，不宜作过于粗糙或过于光滑表面的评定参数。当表面粗糙度要求特别高或特别低时不宜采用 Ra 。

（2）对于 $Ra>6.3\ \mu m$ 和 $Ra<0.025\ \mu m$ 范围内的零件表面，多采用 Rz 。

在此参数范围内，零件表面过于粗糙度或过于光滑，不便采用触针式轮廓仪测量 Ra ，此时选用 Rz ，便于用测量 Rz 的仪器进行测量。通常，用光学仪器（如光切显微镜和干涉显微镜等）测量 Rz ，测量范围为 0.1～60 μm，但由于测量点有限，反映出的表面轮廓信息不如 Ra 全面，有一定局限性。

（3）当零件表面不允许有较深加工痕迹，防止应力集中，要求保证零件的抗疲劳强度和密封性时，需选 Rz 或同时选用 Ra 和 Rz 。

（4）当被测表面面积太小，难以取得一个规定的取样长度，不适宜采用 Ra 评定时，也常选用 Rz 作为评定参数。

（5）零件材料较软时，不能选用 Ra ，因为 Ra 值常采用针描法进行测量，针描法用于测量软材料，可能会划伤被测表面，而且也会影响测量结果的准确性。

2. 附加参数（ RSm 、$Rmr(c)$ ）的选择

标准规定，幅度参数是首选参数，是必须标注的参数，只有对于少数零件的重要表面有特殊使用要求时才选用附加参数。幅度参数的附加参数包括轮廓单元的平均宽度 RSm、（间距参数）和轮廓支承长度率 $Rmr(c)$，其中，前者是反映间距特性的参数，主要用于密封性、外观质量要求较高的表面；后者是反映形状特性的参数，主要用于接触刚度或耐磨性要求较高的表面。以下情况可以考虑选择附加参数。

（1）对于密封性要求高的表面，可以规定 RSm。

（2）当表面要求承受交变应力时，可以选用 Rz 和 RSm 。

（3）当表面着重要求外观质量和可漆性（如喷涂均匀，涂层有极好的附着性和光洁性等）时，可选用 Ra 和 RSm。例如，汽车外形钢板除要控制幅度参数 Ra 外，还需进一步控制 RSm，以提高钢板的可漆性。

（4）要求冲压成形后抗裂纹、抗振、耐腐蚀、减小流体流动摩擦阻力等情况下也可选用 RSm。

（5）当要求轮廓实际接触面积大、接触刚度较高或耐磨性好时可以选用 Ra 、Rz 和 $Rmr(c)$。

5.3.2 表面粗糙度参数值的选择

1. 表面粗糙度参数值

表面粗糙度参数允许值应按国家标准 GB/T 1031—2009《产品几何技术规范（GPS） 表面结构 轮廓法 表面粗糙度参数及其数值》规定的参数值系列选取。轮廓算术平均偏差 Ra、轮廓最大高度 Rz、轮廓单元平均宽度 RSm、轮廓支承长度率 $Rmr(c)$ 的参数

值系列分别见表 5-2 至表 5-5。

表 5-2　轮廓算术平均偏差 *Ra* 的数值(摘自 GB/T 1031—2009)

Ra	0.012 0.025 0.05 0.1	0.2 0.4 0.8 1.6	3.2 6.3 12.5 25	50 100 — —

表 5-3　轮廓最大高度 *Rz* 的数值(摘自 GB/T 1031—2009)

Rz	0.025 0.05 0.1 0.2	0.4 0.8 1.6 3.2	6.3 12.5 25 50	100 200 400 800	1 600 — — —

表 5-4　轮廓单元平均宽度 *RSm* 的数值(摘自 GB/T 1031—2009)

RSm	0.006 0.012 5 0.025 0.05	0.1 0.2 0.4 0.8	1.6 3.2 6.3 12.5

表 5-5　轮廓支承长度率 *Rmr*(*c*)的数值(摘自 GB/T 1031—2009)

Rmr(*c*)/(%)	10	15	20	25	30	40	50	60	70	80	90

注:选用轮廓支承长度率 *Rmr*(*c*)时,应同时给出轮廓截面高度 *c* 值。*c* 值可用微米或 *Rz* 的百分数表示,*Rz* 的百分数系列如下:5%,10%,15%,20%,25%,30%,40%,50%,60%,70%,80%,90%。

根据表面功能和生产的经济合理性,当选用表 5-2 至表 5-4 系列值不能满足要求时,可选取补充系列值,补充系列值见 GB/T 1031—2009 附录 A。

2. *表面粗糙度参数值的选择*

对于表面粗糙度轮廓的技术要求,通常只给出幅度参数(*Ra* 或 *Rz*)及允许值,附加参数 *RSm*、*Rmr*(*c*)仅用于少数零件的重要表面,而其他要求常采用默认的标准化值,所以这里只讨论表面粗糙度轮廓幅度参数 *Ra*、*Rz* 值的选用原则。

表面粗糙度参数值选择得合理与否,直接关系到机器的使用性能、使用寿命和制造成本。一般来说,表面粗糙度值越小,零件的工作性能越好,使用寿命就越长。但绝不能认为表面粗糙度值越小越好。因为表面粗糙度值越小,零件的加工越困难,加工成本也越高,对某些情况而言,表面粗糙度参数值过小,反而会影响使用性能。所以应综合考虑零件的功能要求和制造成本,合理选择表面粗糙度的参数值。总的选择原则是:在满足零件功能要求的前提下,尽量选用较大的参数允许值,以降低加工成本。在实际应用中,通常先采用类比法初步确定表面粗糙度值，然后再对比工作条件做适当调整。调整时应考虑以下原则。

（1）同一零件上，工作表面的粗糙度参数值小于非工作表面的粗糙度参数值。尺寸精度高的部位，其粗糙度参数值应比尺寸精度低的部位小。

（2）摩擦表面的粗糙度参数值比非摩擦表面小；滚动摩擦表面比滑动摩擦表面的粗糙度参数值要小。其相对速度越高，单位面积压力越大，粗糙度参数值应越小。

（3）受循环载荷作用的重要零件的表面及易引起应力集中的部分（如圆角、沟槽、台肩等），其表面粗糙度参数值应较小。

（4）要求配合性质稳定可靠时，其配合表面的粗糙度参数值应较小。特别是小间隙的间隙配合和承受重载荷、要求连接强度高的过盈配合，其配合表面的粗糙度参数值应小一些。一般情况下，间隙配合比过盈配合的粗糙度参数值要小。配合性质相同，零件尺寸越小，表面粗糙度参数值应越小；表面粗糙度与配合间隙或过盈的关系可参考表 5-6。

表 5-6　表面粗糙度与配合间隙或过盈的关系

<table>
<tr><th rowspan="2">间隙或过盈量/μm</th><th colspan="2">表面粗糙度 Ra/μm</th></tr>
<tr><th>轴</th><th>孔</th></tr>
<tr><td>≤2.5</td><td>0.1～0.2</td><td>0.2～0.4</td></tr>
<tr><td>>2.5～4</td><td rowspan="2">0.2～0.4</td><td>0.4～0.8</td></tr>
<tr><td>>4～6.5</td><td>0.8～1.6</td></tr>
<tr><td>>6.5～10</td><td>0.4～0.8</td><td rowspan="3">1.6～3.2</td></tr>
<tr><td>>10～16</td><td rowspan="2">0.8～1.6</td></tr>
<tr><td>>16～25</td></tr>
<tr><td>>25～40</td><td>1.6～3.2</td><td>3.2～6.3</td></tr>
</table>

（5）同一精度等级其他条件相同时，小尺寸表面比大尺寸表面的粗糙度参数值要小，轴表面比孔表面的粗糙度参数值要小。

（6）要求耐腐蚀、密封性能好或外表美观的表面，其粗糙度参数值应较小。

（7）凡有标准对零件的表面粗糙度参数值作出具体规定的，则应按标准的规定确定粗糙度参数值，如与滚动轴承配合的轴颈和外壳孔的表面粗糙度。

（8）表面粗糙度参数值应与尺寸公差及几何公差相协调。通常情况下，尺寸公差和几何公差值越小，表面粗糙度的 Ra 或 Rz 值应越小。一般应符合：尺寸公差＞形位公差＞表面粗糙度。在正常工艺条件下，表面粗糙度 Ra、Rz 与尺寸公差 T 和形状公差 t 的对应关系参见表 5-7。

但是尺寸公差、形状公差、表面粗糙度之间并不存在确定的函数关系。有些零件尺寸精度和几何精度要求不高，但表面粗糙度参数值却要求很小。例如，为了避免应力集中，提高抗疲劳强度，对某些非配合轴颈表面和转接圆处，应要求较小的表面粗糙度。又如，某些装饰表面和工作时与人们肉体相接触的表面（如仪表框、操作手轮或手柄、手术工具等），也应规定较小的粗糙度参数值。

表 5-7　表面粗糙度与尺寸公差和形状公差的关系

形状公差与尺寸公差的关系	Ra 与 T 的关系	Rz 与 T 的关系
$t \approx 0.6T$	$Ra \leqslant 0.05T$	$Rz \leqslant 0.2T$
$t \approx 0.4T$	$Ra \leqslant 0.025T$	$Rz \leqslant 0.1T$
$t \approx 0.25T$	$Ra \leqslant 0.012T$	$Rz \leqslant 0.05T$
$t < 0.25T$	$Ra \leqslant 0.15T$	$Rz \leqslant 0.6T$

表 5-8 所示为表面粗糙度的表面特征、经济加工方法及应用举例，供类比法选择时参考。

表 5-8　表面粗糙度的表面特征、经济加工方法及应用举例

$Ra/\mu m$	$Rz/\mu m$	表面形状特征		加工方法	应用举例
>20～40	>80～160	粗糙	可见刀痕	粗车、粗刨、粗铣、钻、毛锉、锯断	粗加工表面，非配合的加工表面，如轴端面、倒角、钻孔、齿轮和带轮侧面、键槽底面、垫圈接触面等
>10～20	>40～80		微见刀痕		
>5～10	>20～40	半光	可见加工痕迹	车、刨、铣、钻、镗、粗铰	轴上不安装轴承、齿轮处的非配合表面，紧固件的自由装配表面，轴和孔的退刀槽等
>2.5～5	>10～20		微见加工痕迹	车、刨、铣、镗、磨、拉、粗刮、滚压	半精加工面，支架，箱体，盖面、套筒等和其他零件连接而无配合要求的表面，需要发蓝的表面等
>1.25～2.5	>6.3～10		看不清加工痕迹	车、刨、铣、镗、磨、拉、刮、铣齿	接近于精加工表面，箱体上安装轴承的镗孔表面、齿轮齿工作面等

续表

<table>
<tr><th>$Ra/\mu m$</th><th>$Rz/\mu m$</th><th colspan="2">表面形状特征</th><th>加工方法</th><th>应用举例</th></tr>
<tr><td>>0.63～1.25</td><td>>3.2～6.3</td><td rowspan="3">光</td><td>可辨加工痕迹的方向</td><td>车、镗、磨、拉、刮、精铰、磨齿、滚压</td><td>圆柱销、圆锥销，与滚动轴承配合的表面，普通车床导轨表面，内、外花键定心表面、齿轮齿面等</td></tr>
<tr><td>>0.32～0.63</td><td>>1.6～3.2</td><td>微辨加工痕迹的方向</td><td>精镗、磨、刮、精铰、滚压</td><td>要求配合性质稳定的配合表面，工作时承受交变应力的重要表面，较高精度车床导轨表面、高精度齿轮齿面等</td></tr>
<tr><td>>0.16～0.32</td><td>>0.8～1.6</td><td>不可辨加工痕迹的方向</td><td>精磨、珩磨、研磨、超精加工</td><td>精密机床主轴圆锥孔、顶尖圆锥面，发动机曲轴轴颈和凸轮轴的凸轮工作表面，高精度齿轮齿面等</td></tr>
<tr><td>>0.08～0.16</td><td>>0.4～0.8</td><td rowspan="4">极光</td><td>暗光泽面</td><td>精磨、研磨、普通抛光</td><td>精密机床主轴轴颈表面，一般量规工作表面，气缸套内表面，活塞销表面等</td></tr>
<tr><td>>0.04～0.08</td><td>>0.2～0.4</td><td>亮光泽面</td><td rowspan="2">超精磨、精抛光、镜面磨削</td><td>精密机床主轴轴颈表面，滚动轴承滚珠表面，高压液压泵中柱塞和柱塞孔的配合表面等</td></tr>
<tr><td>>0.01～0.04</td><td>>0.05～0.2</td><td>镜状光泽面</td><td>特别精密的滚动轴承套圈滚道、钢球及滚子表面，高压油泵中的柱塞和柱塞套的配合表面，保证高度气密的结合表面等</td></tr>
<tr><td>≤0.01</td><td>≤0.05</td><td>镜面</td><td>镜面磨削、超精研</td><td>高精度量仪、量块的测量面，光学仪器中的金属镜面等</td></tr>
</table>

5.3.3 规定表面粗糙度要求的一般规则

（1）为保证零件的表面质量，可按功能需要规定表面粗糙度参数值；否则，可不规定其参数值，也不需要检查。

（2）在规定表面粗糙度要求时，应给出表面粗糙度参数值和测定时的取样长度值两项基本要求，必要时也可规定表面纹理、加工方法或加工顺序和不同区域的粗糙度等附加要求。

（3）表面粗糙度各参数的数值应在垂直于基准面的各截面上获得。对给定的表面，如截面方向与高度参数(Ra、Rz)最大值的方向一致,则可不规定测量截面的方向,否则,应在图样上标出。

(4) 表面粗糙度要求不适用于表面缺陷,在评定过程中,不应把表面缺陷(如沟槽、气孔、划痕等)包含进去。必要时,应单独规定表面缺陷的要求。

5.4 表面粗糙度的标注

GB/T 131—2006《技术产品文件中表面结构的表示法》规定了技术产品文件(如图样、说明书、合同、报告等)中表面结构的表示法。

5.4.1 表面粗糙度轮廓的图形符号

为了标注表面粗糙度轮廓各种不同的技术要求,GB/T 131—2006 规定了一个基本图形符号、两个扩展图形符号和三个完整图形符号(见表 5-9)。

(1) 基本图形符号由两条不等长的与标注表面成 60°夹角的直线构成。基本图形符号仅用于简化标注,没有补充说明时不能单独使用。

(2) 扩展图形符号是对表面结构有指定要求的图形符号。扩展图形符号是在基本图形符号上加一短横或加一个圆圈。

(3) 完整图形符号是对基本图形符号或扩展图形符号扩充后的图形符号。在基本图形符号和扩展图形符号的长边加一横线就构成用于任何工艺方法(在文本中用 APA 表示)、去除材料的方法(在文本中用 MRR)、不去除材料(在文本中用 NMR 表示)的方法三种不同工艺要求的完整图形符号。

表 5-9 表面粗糙度的图形符号

符　　号	含　　义
√	基本图形符号,未指定工艺方法的表面。当通过一个注释解释时可单独使用
(带短横的符号)	扩展图形符号,用去除材料的方法获得的表面;仅当其含义是“被加工表面”时可单独使用
(带圆圈的符号)	扩展图形符号,不去除材料的表面,也可用于表示保持上道工序形成的表面,不管这种状况是通过去除材料或不去除材料形成的
(三个带长横线的符号)	完整图形符号,用于标注有关参数和说明

5.4.2 表面粗糙度轮廓技术要求在完整图形符号上的注写

1. 在完整图形符号上的注写位置

在完整图形符号中，对表面粗糙度评定参数的符号及极限值和其他技术要求应标注在图 5-11 所示的指定位置。此图为在去除材料的完整图形符号上的标注。在允许任何工艺和不去除材料的完整图形符号上，也按照图 5-11 所示的指定位置标注。

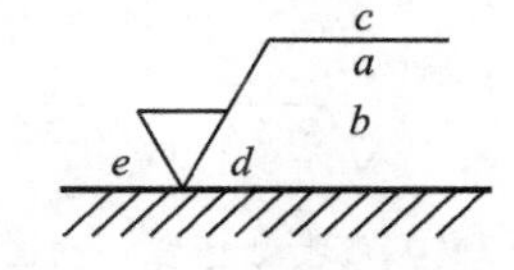

图 5-11 表面粗糙度轮廓技术要求的标注位置

在完整图形符号各个指定位置上分别注写下列技术要求。

位置 a：注写幅度参数符号（Ra 或 Rz）及极限值（μm）和有关技术要求。

按以下顺序依次注写下列的各项技术要求的符号及相关数值：上、下限值符号，传输带数值/幅度参数符号，评定长度值，极限值判断规则（空格），幅度参数极限值必须注意：①传输带数值后面有一条斜线"/"，若传输带数值采用默认的标准化值而省略标注，则此斜线不予注出；②评定长度值是用它所包含的取样长度个数（阿拉伯数字）来表示的，如果默认为标准化值 5（即 $ln=5\times lr$），同时，极限值判断规则采用默认规则，而都省略标注，则为了避免误解，幅度参数符号与幅度参数极限值之间应插入空格，否则，可能把该极限值的首位数误认为表示评定长度值的取样长度个数；③倘若极限值判断规则采用默认规则而省略标注，则为了避免误解，评定长度值与幅度参数极限值之间应插入空格，否则，可能把表示评定长度值的取样长度个数误认为极限值的首位数。

位置 b：注写附加评定参数的符号及相关数值（如 RSm，其单位为 μm）。

位置 c：注写加工方法、表面处理、涂层或其他加工工艺要求，如车、磨、镀等加工表面。

位置 d：注写要求的表面纹理和纹理的方向。

位置 e：注写加工余量（以 mm 为单位给出数值）。

2. 表面粗糙度轮廓幅度参数的标注

在完整图形符号上，幅度参数的符号及极限值应一起标注。按 GB/T 131—2006 的规定，在完整图形符号上标注极限值，其给定数值分为下列两种情况。

1）标注极限值中的一个数值且默认为上限值

当只单向标注一个数值时，则默认为它是幅度参数的上限值。标注示例如图 5-12 所示（默认传输带，默认评定长度 $ln=5\times lr$，默认为 16%规则）。

2）同时标注上、下限值

需要在完整图形符号上同时标注幅度参数上、下限值时，则应分成两行标注幅度参数符号和上、下限值。上限值标注在上方，并在传输带的前面加注符号"U"。下限值标注在下方，并在传输带的前面加注符号“L”。当传输带采用默认的标准化值而省略标注时，则在上方和下方幅度参数符号的前面分别加注符号“U”和“L”，标注示例如图 5-13 所示（去除材料，默认传输带，默认评定长度 $ln=5\times lr$，默认为 16%规则）。

对某一表面标注幅度参数的上、下限值时，在不引起歧义的情况下，可以不加写“U”、“L”。

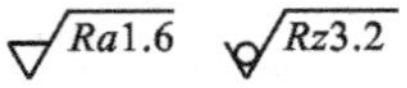

*Ra*1.6　*Rz*3.2

图 5-12　幅度参数值默认为上限值的标注

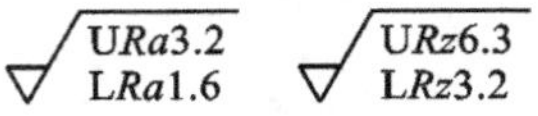

U*Ra*3.2 L*Ra*1.6　U*Rz*6.3 L*Rz*3.2

图 5-13　同时标注幅度参数上、下限值的标注

3. 极限值判断规则的标注

根据表面粗糙度轮廓参数代号上给定的极限值，对实际表面进行检测后判断其合格性时，按 GB/T 10610—2009 的规定，可以采用下列两种判断规则。

1) 16%**规则**

16%规则是指在同一评定长度范围内幅度参数所有的实测值中，大于上限值的个数少于总数的 16%，小于下限值的个数少于总数的 16%，则认为合格。16%规则是表面粗糙度轮廓技术要求标注中的默认规则，如图 5-12、图 5-13 所示。

2) **最大规则**

在幅度参数符号的后面增加标注一个“max”的标记，则表示检测时合格性的判断采用最大规则。它是指整个被测表面上幅度参数所有的实测值皆不大于上限值，才认为合格。标注示例如图 5-14、图 5-15 所示（去除材料，默认传输带，默认 $ln=5\times lr$）。

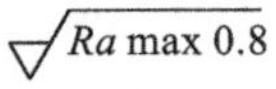

Ra max 0.8

图 5-14　应用最大规则且默认为上限值的标注

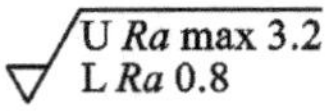

U *Ra* max 3.2 L *Ra* 0.8

图 5-15　应用最大规则的上限值和默认 16%规则的下限值的标注

4. 传输带和取样长度、评定长度的标注

如果表面粗糙度轮廓完整图形符号上没有标注传输带（见图 5-12 至图 5-15），则表示采用默认传输带，即默认短波滤波器和长波滤波器的截止波长（λs 和 λc）皆为标准化值。

需要指定传输带时，传输带标注在幅度参数符号的前面，并用斜线“/”隔开。传输带用短波和长波滤波器的截止波长（mm）进行标注，短波滤波器 λs 在前，长波滤波器 λc 在后（$\lambda c=lr$），它们之间用连字号“－”隔开，标注示例如图 5-16 所示（去除材料，默认 $ln=5\times lr$，幅度参数值默认为上限值，默认 16%规则）。

在图 5-16(a)的标注中，传输带 $\lambda s=0.0025$ mm，$\lambda c=lr=0.8$ mm。在某些情况下，对传输带只标注两个滤波器中的一个，另一个滤波器则采用默认的截止波长标准化值。如只标注一个滤波器，应保留连字号“－”来区分是短波滤波器还是长波滤波器，例如，在图

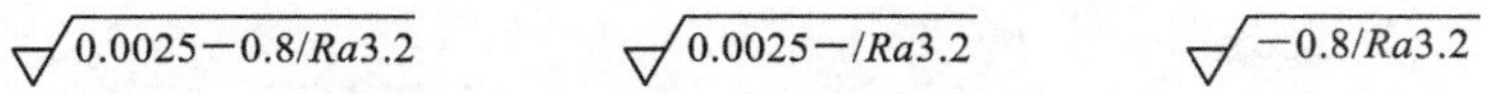

0.0025−0.8/*Ra*3.2　　0.0025−/*Ra*3.2　　−0.8/*Ra*3.2

(a) 同时标注短波和长波滤波器　(b) 只标注短波滤波器　(c) 只标注长波滤波器

图 5-16　确认传输带的标注

5-16(b)的标注中，传输带 λs＝0.0025 mm，λc 默认为标准化值；在图 5-16(c)的标注中，传输带 λc＝0.8 mm，λs 默认为标准化值。

设计时若采用标准评定长度，即采用默认的取样长度个数 5 可省略标注(见图 5-16)。需要指定评定长度时(在评定长度范围内的取样长度个数不等于 5)，则应在幅度参数符号的后面注写取样长度的个数，如图 5-17 所示(去除材料，评定长度 $ln \neq 5 \times lr$，幅度参数值默认为上限值)。在图 5-17(a)的标注中，$ln = 3 \times lr$，$\lambda c = lr = 1$ mm，λs 默认为标准化值，判断规则默认为“16%规则”。在图 6-17(b)的标注中，$ln = 6 \times lr$，传输带为 0.008 mm－1 mm，判断规则采用最大规则。

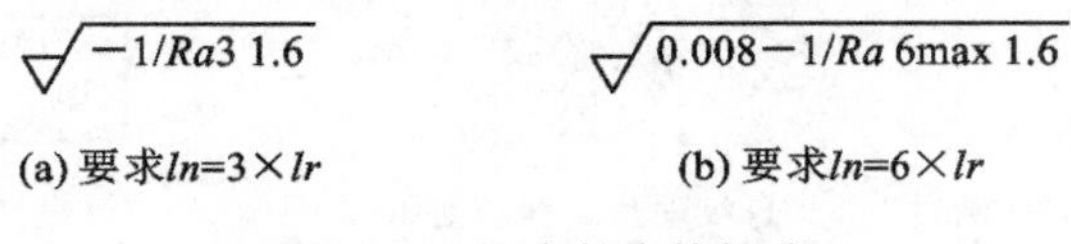

图 5-17　评定长度的标注

5. 表面纹理的标注

纹理方向是指表面纹理的主要方向，通常由加工工艺决定。典型的表面纹理及其方向用规定的符号(见图 5-18)标注在完整符号中(在图 5-11 位置 *d* 处)。如果这些符号不能清楚地表示表面纹理要求，可以在零件图上加注说明。采用定义的符号标注表面纹理不适用于文本标注。

6. 附加评定参数和加工方法的标注

加工工艺用文字在完整图形符号中(在图 5-11 位置 *c* 处)注明。附加评定参数和加工方法的标注示例如图 5-19 所示。该图也为上述各项技术要求在完整图形符号上标注的示例。用磨削加工的方法获得的表面，其幅度参数 *Ra* 上限值为 1.6 μm(采用最大规则)，下限值为 0.2 μm(默认 16%规则)，传输带均采用 λs＝0.008 mm，$\lambda c = lr$＝1 mm，评定长度值采用默认的标准化值 5；附加了间距参数 *RSm*0.05(mm)，加工纹理垂直于视图所在的投影面。

7. 加工余量的标注

在同一图样中有多个加工工序的表面可标注加工余量，例如，图 5-20 所示车削工序的直径方向的加工余量为 0.4 mm，其余技术要求皆采用默认。

8. 表面粗糙度轮廓代号及其含义

表面粗糙度轮廓代号是指在周围注写了技术要求的完整图形符号，简称粗糙度代号，

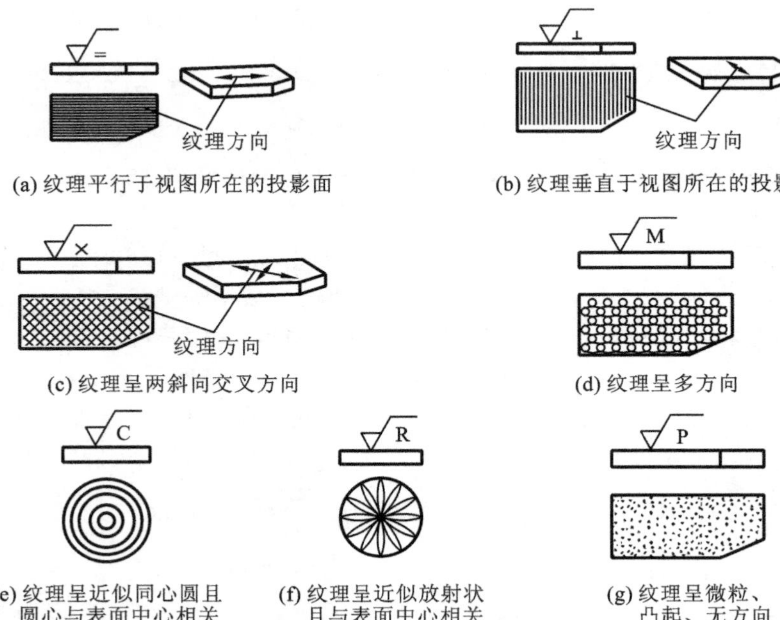

(a) 纹理平行于视图所在的投影面　(b) 纹理垂直于视图所在的投影面

(c) 纹理呈两斜向交叉方向　(d) 纹理呈多方向

(e) 纹理呈近似同心圆且圆心与表面中心相关　(f) 纹理呈近似放射状且与表面中心相关　(g) 纹理呈微粒、凸起、无方向

图 5-18　表面纹理方向符合及标注图例

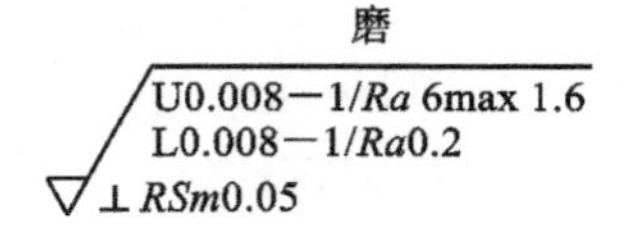

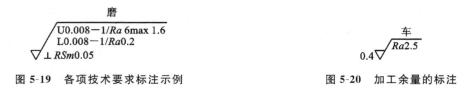

图 5-19　各项技术要求标注示例

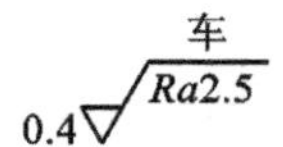

图 5-20　加工余量的标注

其含义见表 5-10。

表 5-10　表面粗糙度轮廓代号的含义

表面粗糙度轮廓代号	含　义
Rz0.4（不允许去除材料符号）	表示不允许去除材料，单向上限值，默认传输带，粗糙度的最大高度 0.4 μm，评定长度为 5 个取样长度(默认)，“16%规则”(默认)
Rzmax 0.2（去除材料符号）	表示去除材料，单向上限值，默认传输带，粗糙度的最大高度 0.2 μm，评定长度为 5 个取样长度(默认)，“16%规则”(默认)
0.008−0.8/Ra3.2（去除材料符号）	表示去除材料，单向上限值，传输带 0.008～0.8 mm，算术平均偏差 3.2 μm，评定长度为 5 个取样长度(默认)，“16%规则”(默认)

续表

表面粗糙度轮廓代号	含 义
$\sqrt{-0.8/Ra3\ 3.2}$	表示去除材料，单向上限值，传输带根据 GB/T 6062，取样长度 0.8 μm，算术平均偏差 3.2 μm，评定长度包含 3 个取样长度，“16%规则”（默认）
$\sqrt{\text{U } Ra \text{ max } 3.2 \quad \text{L } Ra0.8}$	表示不允许去除材料，双向极限值，两极限值均使用默认传输带，上限值：算术平均偏差 3.2 μm，评定长度为 5 个取样长度（默认），“最大规则”。下限值：算术平均偏差 0.8 μm，评定长度为 5 个取样长度（默认），“16%规则”（默认）

5.4.3 表面粗糙度轮廓代号在零件图上的标注

1. 一般规定

对零件任何一个表面的粗糙度轮廓技术要求一般只标注一次，并且用表面粗糙度轮廓代号尽可能标注在相应的尺寸及其公差的同一视图上。除非另有说明，所标注的表面粗糙度轮廓技术要求是对完工零件表面的要求。此外，粗糙度代号上的各种符号和数字的注写和读取方向应与尺寸的注写和读取方向一致，并且粗糙度代号的尖端必须从材料外指向并接触零件表面。

为了使图例简单，下述各个图例中的粗糙度代号上都只标注了幅度参数符号及上限值，其余的技术要求皆采用默认的标准化值。

2. 表面粗糙度要求的常规标注方法

1）标注在轮廓线上或指引线上

表面粗糙度要求可标注在轮廓线上或其延长线、尺寸界线上，其符号应从材料外指向并接触表面，如图 5-21 所示。必要时，表面结构符号也可用带黑点（它位于可见表面上）的指引线引出标注，如图 5-22 所示。

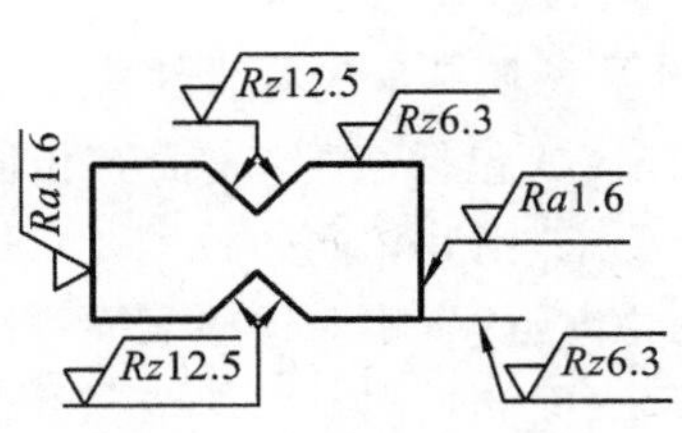

图 5-21 在轮廓线上的标注

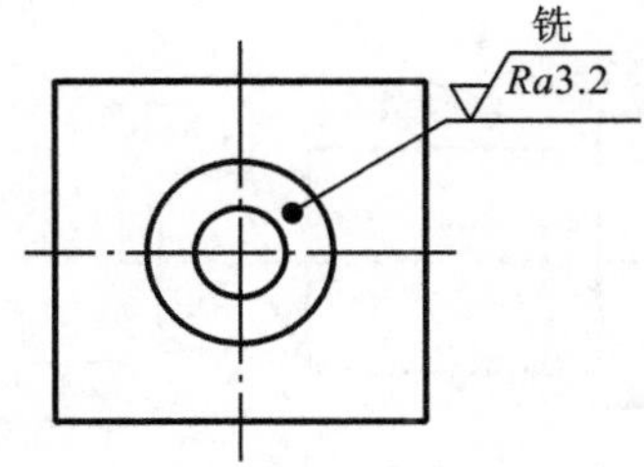

图 5-22 带黑点的指引线引出标注

2) 标注在特征尺寸的尺寸线上

在不致引起误解时,表面粗糙度要求可以标注在给定的尺寸线上,如图 5-23 所示。

3) 标注在几何公差框格上

粗糙度要求可标注在几何公差框格的上方,如图 5-24 所示。

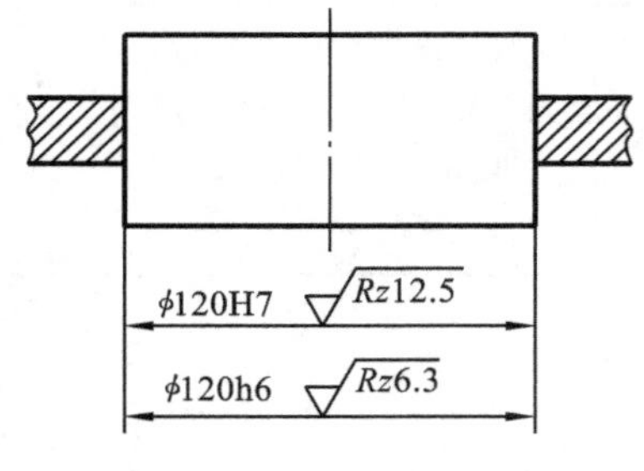

图 5-23 标注在尺寸线上

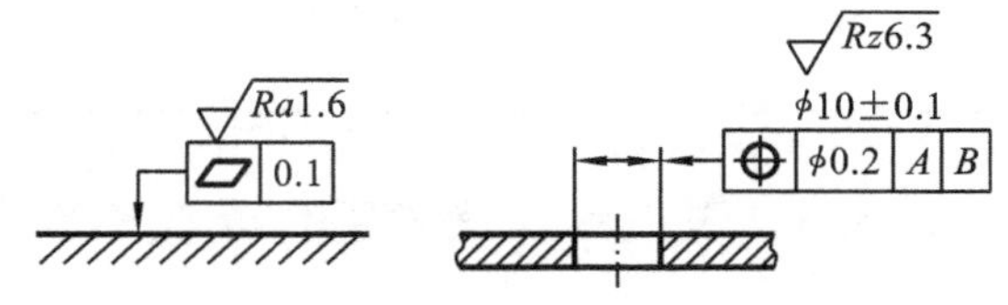

图 5-24 标注在几何公差框格上方

4) 标注在圆柱和棱柱表面上

圆柱和棱柱表面的表面粗糙度要求只标注一次(见图 5-25)。如果每个棱柱表面有不同的表面粗糙度要求,则应分别单独标注(见图 5-26)。

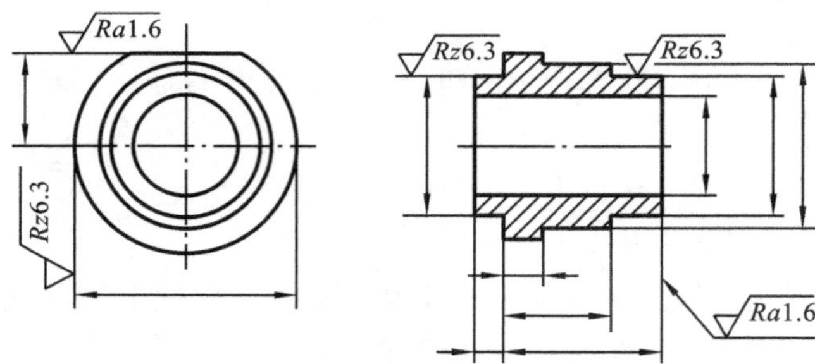

图 5-25 表面结构要求标注在圆柱特征的延长线上

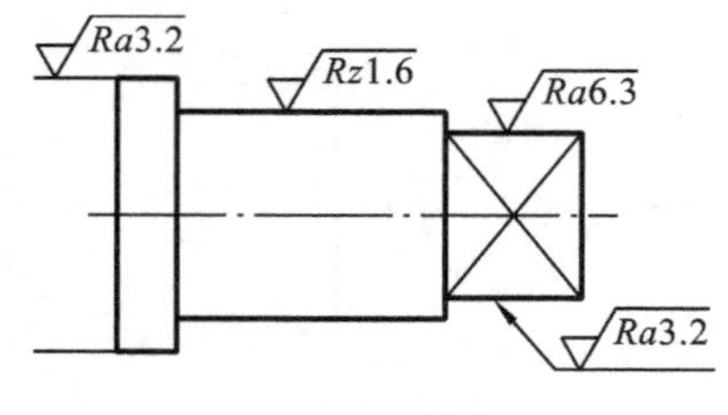

图 5-26 圆柱和棱柱的表面结构要求的注法

3. 粗糙度要求的简化标注方法

1) 有相同表面粗糙度要求的简化注法

如果在工件的多数(包括全部)表面有相同的表面粗糙度轮廓技术要求,则其相同的技术要求可统一标注在图样的标题栏附近,省略对这些表面进行分别标注。此时(除全部表面有相同要求的情况外),除了需要标注相关表面统一技术要求的粗糙度代号以外,还需要在其右侧画一个圆括号,在括号内给出一个无任何其他标注的基本图形符号。标注示例见图 5-27 的右下角标注,它表示除了两个已标注粗糙度代号的表面以外的其余表面的粗糙度要求。

2) 多个表面有共同要求或图纸空间有限的注法

当零件的多个表面具有相同的表面粗糙度技术要求或粗糙度代号直接标注在零件某表面上受到空间限制时，可以用基本图形符号、扩展图形符号或带一个字母的完整图形符号标注在零件这些表面上，而在图形或标题栏附近，以等式的形式标注相应的粗糙度代号，如图 5-28 所示。

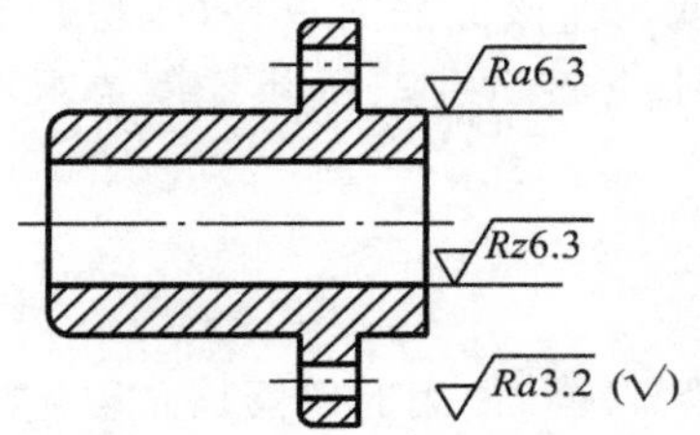

图 5-27 多数表面有相同要求的简化注法

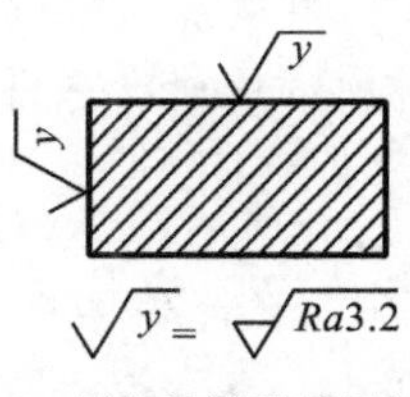

(a) 用基本图形符号标注 (b) 用完整图形符号标注

图 5-28 用等式形式简化标注的示例

3) 视图上构成封闭轮廓的各个表面具有相同要求时的标注

当图样某个视图上构成封闭轮廓的各个表面具有相同的表面粗糙度轮廓技术要求时，可以采用表面粗糙度轮廓特殊符号(即在完整图形符号的长边与横线的拐角处加画一个小圆)，进行标注，标注示例如图 5-29 所示，特殊符号表示对视图上封闭轮廓周边的上、下、左、右四个表面的共同要求，不包括前表面和后表面。

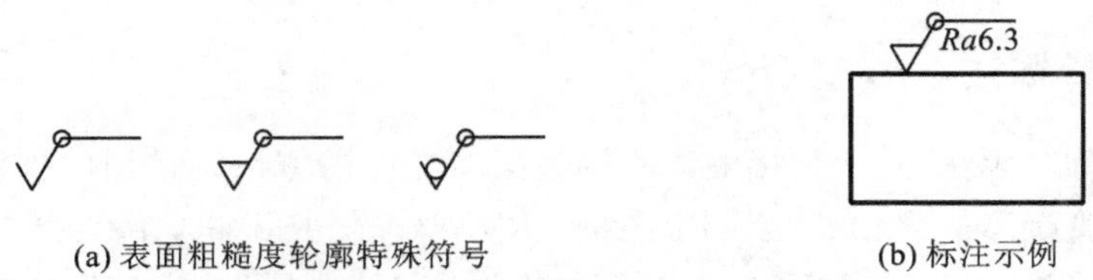

(a) 表面粗糙度轮廓特殊符号 (b) 标注示例

图 5-29 封闭轮廓各表面具有相同要求时的简化注法

5.5 表面粗糙度的测量

测量表面粗糙度参数值时，应注意不要将零件的表面缺陷(如气孔、划痕和沟槽等)包括进去。当图样上注明了表面粗糙度参数值的测量方向时，应按规定的方向测量。若图样上无特别注明测量方向时，则应按测量数值最大的方向进行测量。一般的零件表面上，按垂直于表面加工纹理方向测量可得到最大测量值。用电火花、研磨等方法加工的零件表面没有一定的加工纹理方向，则应在几个不同的方向上测量，取最大值作为测量结果。

常用的表面粗糙度检测方法有比较法、光切法、干涉法和针描法。

5.5.1 比较法

比较法是将被测零件表面与已知评定参数值的表面粗糙度标准样板直接进行比较，从而估计出被测表面粗糙度的一种测量方法。使用时，所用粗糙度样板的材料、表面形状、加工方法和加工纹理方向等应尽可能与被测表面一致，以减小检测误差。当零件批量较大时，可从加工零件中挑选出样品，经检定后作为样板使用。该方法简单易行，适宜于车间检验；其缺点是只能作定性分析，且评定精度较低，仅适用于评定表面粗糙度要求不高的零件表面。

5.5.2 光切法

光切法是利用光切原理来测量表面粗糙度的一种测量方法。常用的仪器是光切显微镜（又称双管显微镜）。该方法主要用于测量 Rz 值，也可用于测量 Rz 值，测量 Rz 值的范围一般为 0.8～60 μm。可用于测量车、铣、刨及其他类似加工方法加工的金属零件外表面。

5.5.3 干涉法

干涉法是利用光波干涉原理来测量表面粗糙度的一种测量方法。常用的仪器是干涉显微镜。该方法主要用于测量 Rz 值，也可用于测量 Ry 值，测量 Rz 值的范围一般为 0.05～0.8 μm，还可用于测量表面粗糙度要求较高的零件表面。

5.5.4 针描法

针描法也称轮廓法，是一种接触式测量表面粗糙度的方法。常用的仪器是电动轮廓仪。该仪器可直接测量 Ra 值，也可用于测量 Ry、Rz 值。图 5-30 所示为电动轮廓仪的工作原理框图。测量时，仪器的触针针尖与被测表面相接触，以一定速度在被测表面上移动。被测表面上的微小峰谷使触针在移动的同时，还沿轮廓的垂直方向作上下运动。触针的运动情况实际反映了被测表面的轮廓情况，通过传感器转换成电信号，再通过滤波、放大和计算处理，直接显示出 Ra 值的大小，也可由记录装置画出被测表面的轮廓图形，经过数学处理得出 Ra、Rz 值的大小。

针描法可用于测量平面、轴、孔和圆弧面等各种形状的表面粗糙度。但由于是接触式测量，对于材料较软或 Ra 值较小的表面容易产生划痕。此外，若测量太粗糙的零件表面，可能会损伤触针；测量太光滑的零件表面，因针尖圆弧半径的限制，可能无法接触到被测表面的凹谷底部。故该方法的测量范围一般为 Ra 0.01～5 μm。

在实际测量中，会遇到有些表面不便于采用以上方法直接测量，如深孔、盲孔、凹槽、

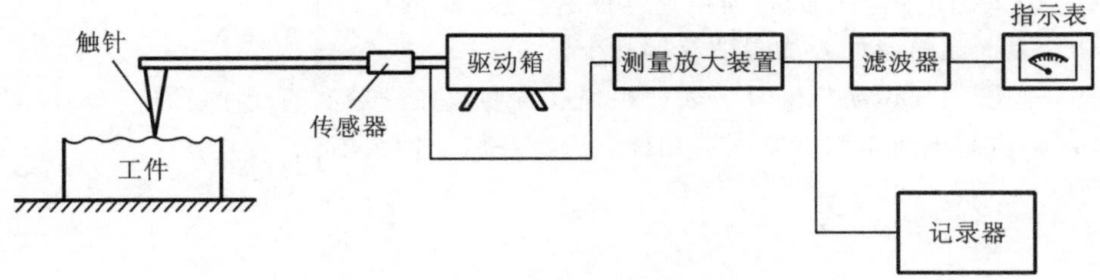

图 5-30　针描法测量表面粗糙度的工作原理图

内螺纹及大型横梁等。这时，可采用印模法将被测表面的轮廓复制成模，再使用非接触测量方法测量印模，从而间接评定被测表面的粗糙度。

习　　题

5-1　表面粗糙度对零件的使用性能有哪些影响?

5-2　设计时如何协调尺寸公差、形状公差和表面粗糙度参数之间的关系?

5-3　评定表面粗糙度的主要轮廓参数有哪些? 分别说明其含义和代号?

5-4　将下列要求标注在图 5-31 上，零件的加工均采用去除材料法获得：

(1) 直径为 ϕ50 mm 的圆柱外表面粗糙度 Ra 的允许值为 3.2 μm;

(2) 左端面的表面粗糙度 Ra 的允许值为 1.6 μm;

(3) 直径为 ϕ50 mm 的圆柱右端面的表面粗糙度 Ra 的允许值为 1.6 μm;

(4) 内孔表面粗糙度 Ra 的允许值为 0.4 μm;

(5) 螺纹工作面的表面粗糙度 Rz 的最大值为 1.6 μm，最小值为 0.8 μm;

(6) 其余各加工面的表面粗糙度 Ra 的允许值为 25 μm。

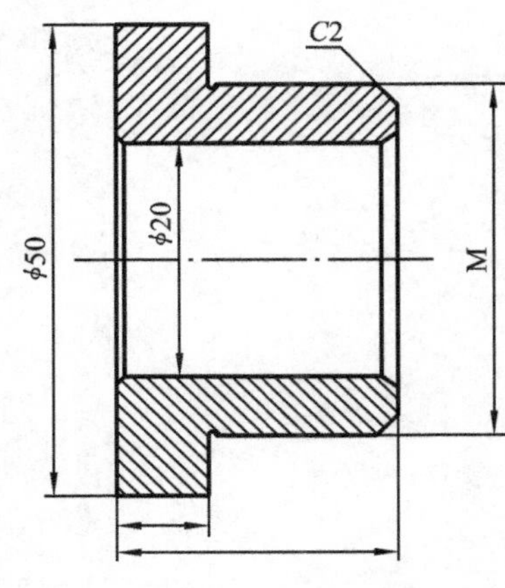

图 5-31　题 5-4 图

5-5　试用类比法确定轴 ϕ80s5 和孔 ϕ80S6 的表面粗糙度 Ra 的上限允许值。

5-6　$\phi 45\,\dfrac{H7}{d6}$ 与 $\phi 45\,\dfrac{H7}{h6}$ 相比，哪种配合应选用较小的表面粗糙度参数值? 为什么?

5-7　有一传动轴的轴径，其尺寸为 $\phi\,40^{+0.013}_{+0.002}$，圆柱度公差为 2.5 μm，试根据形状公差和尺寸公差确定该轴径的表面粗糙度评定参数 Ra 的允许值。

5-8 表面粗糙度的附加参数有哪几个?

5-9 画图简要说明标准规定表面粗糙度各参数在符号上的标注位置。

5-10 检测表面粗糙度常用哪几种方法?各用于什么场合?

第 6 章 光滑工件尺寸的检验

检验光滑工件尺寸的方法有两种：用通用计量器具检验和用光滑极限量规检验。用通用计量器具检验是选择合适的计量器具测量工件尺寸，并按规定的验收极限判断工件尺寸是否合格的一种定量检验过程；用光滑极限量规检验是采用无刻度的、定值的、专用的、成对的通规和止规来判断工件尺寸是否在极限尺寸内的一种定性检验过程。光滑工件的尺寸一般用通用计量器具检验，在成批大量生产中采用光滑极限量规检验可提高工作效率。

6.1 用通用计量器具检验

6.1.1 误收和误废

由于存在测量误差，所以在检验工件时，若工件的真实尺寸接近极限尺寸，则可能产生两种错误判断：一是将真实尺寸处于公差带之内的合格品判为废品，称为误废；二是将真实尺寸处于公差带之外的废品判为合格品，称为误收。二者统称为误检。

显然，误收会影响产品质量，误废会提高产品成本。为保证产品质量，国家标准GB/T 3177—2009《产品几何技术规范(GPS)　光滑工件尺寸的检验》中规定了验收极限来防止误收。

6.1.2 验收极限和安全裕度 *A*

验收极限是指检验工件尺寸时判断尺寸合格与否的尺寸界限。由于尺寸误检发生的概率与工件加工方法的工艺能力指数 C_p($C_p = T/6\sigma$)、实际尺寸的分布规律、测量方法的精度有关。同时，工件尺寸的重要程度不同，允许尺寸误检的概率也就不同。所以，国家标准 GB/T 3177—2009 规定了两种确定验收极限的方式。

1. *内缩方式*

该方式规定验收极限是从工件的最大极限尺寸和最小极限尺寸分别向工件公差带内移动一个安全裕度 *A* 来确定，如图 6-1 所示。

上验收极限＝最大极限尺寸－安全裕度(A)

下验收极限＝最小极限尺寸＋安全裕度(A)

国家标准 GB/T 3177—2009 规定安全裕度 *A* 按工件公差的 1/10 确定，如表 6-1 所示。

表 6-1 安全裕度 A 和计量器具不确定度允许值 u_1 单位:mm

工件公差		安全裕度 A	计量器具不确定度允许值 u_1
大于	至		
0.009	0.018	0.001	0.000 9
0.018	0.032	0.002	0.001 8
0.032	0.058	0.003	0.002 7
0.058	0.100	0.006	0.005 4
0.100	0.180	0.010	0.009
0.180	0.320	0.018	0.016
0.320	0.580	0.032	0.029
0.580	1.000	0.060	0.054
1.000	1.800	0.100	0.090
1.800	3.200	0.180	0.160

2. 不内缩方式

该方式规定验收极限等于工件的最大极限尺寸和最小极限尺寸,即安全裕度 A 值等于零,如图 6-1 所示。

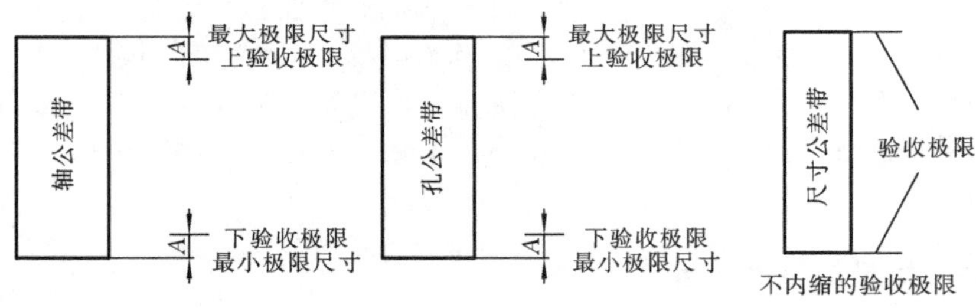

图 6-1 验收极限

3. 验收极限方式的选择

验收极限方式一般可按以下方式选择。

(1) 对采用包容要求的尺寸、公差等级较高的尺寸,应选用内缩方式。

(2) 当工艺能力指数 $C_p \geqslant 1$ 时,可选用不内缩方式;对采用包容要求的尺寸,其最大实体尺寸一边应选用内缩方式。

(3) 当工件实际尺寸服从偏态分布时,仅对尺寸偏向的一边选用内缩方式。

(4) 对非配合和一般公差的尺寸,可选用不内缩方式。

6.1.3 计量器具的选择

选择计量器具时,首先应考虑被测工件的外形、位置、尺寸的大小,使所选计量器具满足工件要求。其次，应按计量器具不确定度允许值 u_1 来选择计量器具。国家标准规定所选用计量器具的不确定度允许值 u_1 不大于 $0.9A$，如表 6-1 所示。

表 6-2 至表 6-4 分别给出了车间常用的千分尺、游标卡尺、比较仪和指示表的测量不确定度。

表 6-2　千分尺和游标卡尺的测量不确定度　　单位：mm

<table>
<tr><td colspan="2" rowspan="2">尺寸范围</td><td colspan="4">计量器具类型</td></tr>
<tr><td>分度值为 0.01 的外径千分尺</td><td>分度值为 0.01 的内径千分尺</td><td>分度值为 0.02 的游标卡尺</td><td>分度值为 0.05 的游标卡尺</td></tr>
<tr><td>大于</td><td>至</td><td colspan="4">测量不确定度</td></tr>
<tr><td>0</td><td>50</td><td>0.004</td><td rowspan="3">0.008</td><td rowspan="6">0.020</td><td rowspan="4">0.05</td></tr>
<tr><td>50</td><td>100</td><td>0.005</td></tr>
<tr><td>100</td><td>150</td><td>0.006</td></tr>
<tr><td>150</td><td>200</td><td>0.007</td><td rowspan="3">0.013</td></tr>
<tr><td>200</td><td>250</td><td>0.008</td><td rowspan="8">0.100</td></tr>
<tr><td>250</td><td>300</td><td>0.009</td></tr>
<tr><td>300</td><td>350</td><td>0.010</td><td rowspan="3">0.020</td><td rowspan="7">—</td></tr>
<tr><td>350</td><td>400</td><td>0.011</td></tr>
<tr><td>400</td><td>450</td><td>0.012</td></tr>
<tr><td>450</td><td>500</td><td>0.013</td><td>0.025</td></tr>
<tr><td>500</td><td>600</td><td rowspan="3"></td><td rowspan="3">0.030</td></tr>
<tr><td>600</td><td>700</td></tr>
<tr><td>700</td><td>1 000</td><td>0.150</td></tr>
</table>

表 6-3　比较仪的测量不确定度　　单位：mm

<table>
<tr><td colspan="2" rowspan="2">尺寸范围</td><td colspan="4">所使用的计量器具</td></tr>
<tr><td>分度值为 0.000 5（相当于放大 2 000 倍）的比较仪</td><td>分度值为 0.001（相当于放大 1 000 倍）的比较仪</td><td>分度值为 0.002（相当于放大 400 倍）的比较仪</td><td>分度值为 0.005（相当于放大 250 倍）的比较仪</td></tr>
<tr><td>大于</td><td>至</td><td colspan="4">测量不确定度</td></tr>
<tr><td></td><td>25</td><td>0.000 6</td><td rowspan="2">0.001 0</td><td>0.001 7</td><td rowspan="6">0.003 0</td></tr>
<tr><td>25</td><td>40</td><td>0.000 7</td><td rowspan="3">0.001 8</td></tr>
<tr><td>40</td><td>65</td><td rowspan="2">0.000 8</td><td rowspan="2">0.001 1</td></tr>
<tr><td>65</td><td>90</td></tr>
<tr><td>90</td><td>115</td><td>0.000 9</td><td>0.001 2</td><td rowspan="2">0.001 9</td></tr>
<tr><td>115</td><td>165</td><td>0.001 0</td><td>0.001 3</td></tr>
</table>

续表

165	215	0.001 2	0.001 4	0.002 0	0.003 5
215	265	0.001 4	0.001 6	0.002 1	
265	315	0.001 6	0.001 7	0.002 2	

表 6-4　指示表的测量不确定度　单位:mm

尺寸范围		所使用的计量器具			
		分度值为0.001的千分表(0级在全程范围内,1级在0.2内);分度值为0.002的千分表在1转范围内	分度值为0.001,0.002,0.005的千分表(1级在全程范围内);分度值为0.01的百分表(0级在任意1 mm内)	分度值为0.01的百分表(0级在全程范围内,1级在任意1 mm内)	分度值为0.01的百分表(1级在全程范围内)
大于	至	测量不确定度			
	25	0.005	0.010	0.018	0.030
25	40				
40	65				
65	90				
90	115				
115	165	0.006			
165	215				
215	265				
265	315				

6.1.4　计量器具选用示例

例 6-1　试确定检验工件尺寸为 ϕ25e9 Ⓔ的验收极限,并选择适当的计量器具。

解　(1) 确定工件尺寸。

$$\text{上偏差 } es=-0.040\ \text{mm},\text{下偏差 } ei=-0.092\ \text{mm}$$

$$\text{工件尺寸公差 } T_d=0.052\ \text{mm}$$

(2) 确定安全裕度。

A=0.003 mm,计量器具不确定度允许值 u_1=0.0027 mm

(3) 确定验收极限。

上验收极限=(25−0.040−0.003) mm=24.957 mm

下验收极限=(25−0.092+0.003) mm=24.911 mm

(4) 计量器具的选择。

查表得:工件尺寸为 ϕ25 mm 时,分度值为 0.002 mm 的比较仪的不确定度为 0.0017 mm,小于 u_1=0.027 mm,满足使用要求。

例 6-2 试确定检验工件尺寸为 ϕ70F9 Ⓔ的验收极限,并选择适当的计量器具。

解 (1) 确定工件尺寸。

上偏差 ES=0.104 mm,下偏差 EI=0.030 mm

工件尺寸公差 T_d=0.074 mm

(2) 确定安全裕度。

A=0.006 mm,计量器具不确定度允许值 u_1=0.0054 mm

(3) 确定验收极限。

上验收极限=(70+0.104−0.006) mm=70.098 mm

下验收极限=(70+0.030+0.006) mm=70.036 mm

(4) 计量器具的选择。

查表得:工件尺寸为 ϕ70 mm 时,分度值为 0.001 mm 的千分表的不确定度为 0.005 mm,小于 u_1=0.054 mm,满足使用要求。

6.2 用光滑极限量规检验

6.2.1 光滑极限量规的检验原理

光滑极限量规是一种无刻度的定值专用量具(简称量规),用它来检验工件时,只能判断工件尺寸是否在允许的极限尺寸范围内,而不能测量出工件的实际尺寸或作用尺寸。因为光滑极限量规结构简单、制造容易,特别是用来检验工件时使用方便,所以广泛应用于大批量生产中。但光滑极限量规是一种定值专用量具,需要在检验工件前进行量规的设计、制造。其执行的国际标准为 GB/T 1957—2006。

检验孔用的量规称为塞规,检验轴用的量规称为环规或卡规。量规由通规(通端)和止规(止端)所组成,通常是成对使用的。通规按工件的最大实体尺寸(孔为 D_{min},轴为 d_{max})制造,控制工件的作用尺寸;止规按工件的最小实体尺寸(孔为 D_{max},轴为 d_{min})制造,控制工件的实际尺寸。量规检验工件是遵循泰勒原则(即极限尺寸判断原则),检验时,通规通过被测孔、轴,则表示工件的作用尺寸没有超出最大实体边界(即 $D_m \geqslant D_{min}$;$d_m \leqslant$

d_{max});止规通不过被测孔、轴,则表示工件的实际尺寸没有超越最小实体尺寸(即 $D_a \leqslant D_{max}$;$d_a \geqslant d_{min}$),如图 6-2 所示。

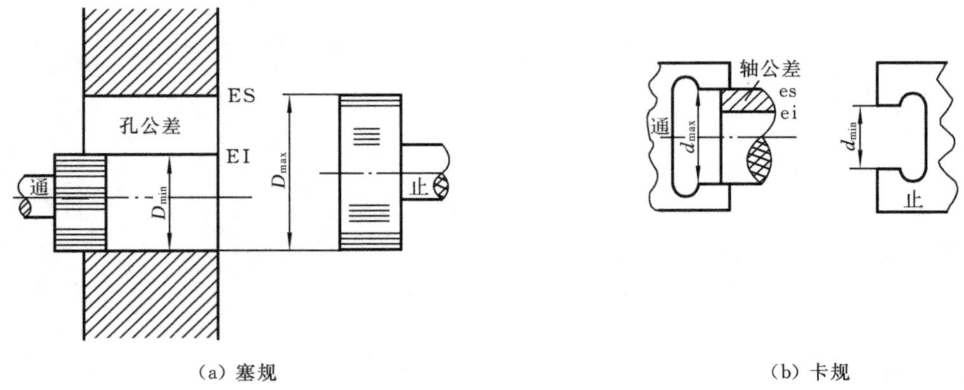

(a) 塞规　　(b) 卡规

图 6-2　光滑极限量规

6.2.2　光滑极限量规的分类

根据使用场合,量规分为工作量规、验收量规和校对量规三类。

工作量规是生产过程中生产工人检验工件时使用的量规。通规用代号"T"表示,止规用代号"Z"表示。工作量规往往选用新量规或磨损较少的量规。

验收量规是验收工件时检验人员或用户代表所使用的量规。验收量规不用专门制造,是从工作量规中挑选磨损较多且接近磨损极限的通规和接近最小实体尺寸的止规来作为验收量规。这样,可以保证生产工人用工作量规自检合格的工件,在检验人员或用户代表再用验收量规验收时一定合格,减少验收纠纷。

校对量规是用来校对环规和卡规的量规。量规在制造时也是一种高精度的工件,同样需要检验。塞规的工作尺寸属于轴尺寸,便于用精密量仪测量。而环规和卡规的工作尺寸属于孔尺寸,不便于用精密量仪测量。因此,可以专门设计制造校对量规来校对环规和卡规。

6.2.3　工作量规的设计

1. 工作量规的公差带

量规的制造精度比被检验的工件高,但同样存在制造误差,因此,对量规也必须规定制造公差。为检验时防止误收,国家标准规定,量规的公差带应位于被检工件的尺寸公差带内。由于通规在使用过程中经常通过工件,会渐渐磨损。为使通规具有合理的使用寿命,应留出一定的磨损备量,因此,将通规的公差带从工件最大实体尺寸处向工件公差带内缩一段距离，同时规定出通规的磨损极限（即被检工件的最大实体尺寸）。而止规通常不通过工件，因此不需留出磨损备量，止规公差带布置在工件公差带内紧靠最小实体尺寸处，如图 6-3 所示。图中 T 为通规和止规的制造公差，Z 为通规的位置要素（即通规公差带中心到工件最大实体尺寸的距离）。T、Z 值与被检工件尺寸公差的大小有关，其值如表 6-5 所示。

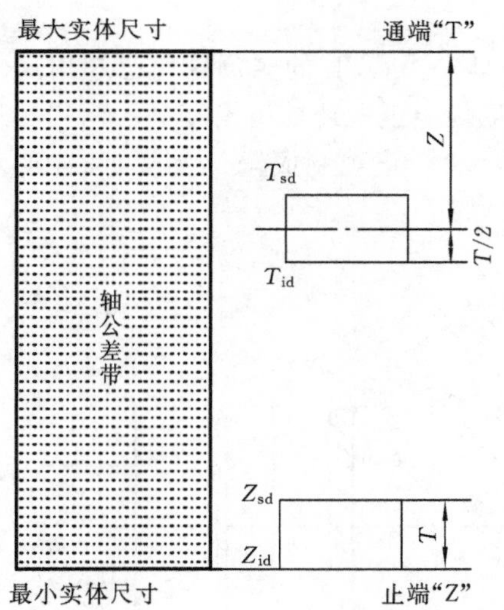

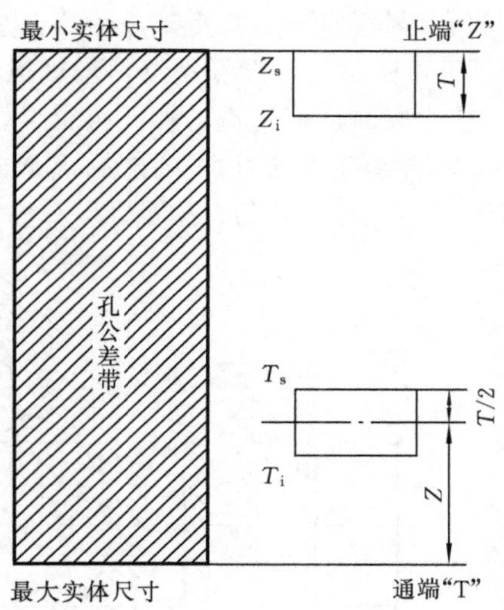

图 6-3 量规公差带

表 6-5 量规制造公差 T 和位置要素 Z 值　　单位：μm

工件基本尺寸	IT6			IT7			IT8			IT9		
/mm	IT6	T	Z	IT7	T	Z	IT8	T	Z	IT9	T	Z
～3	6	1	1	10	1.2	1.6	14	1.6	2	25	2	3
＞3～6	8	1.2	1.4	12	1.4	2	18	2	2.6	30	2.4	4
＞6～10	9	1.4	1.6	15	1.8	2.4	22	2.4	3.2	36	2.8	5
＞10～18	11	1.6	2	18	2	2.8	27	2.8	4	43	3.4	6
＞18～30	13	2	2.4	21	2.4	3.4	33	3.4	5	52	4	7
＞30～50	16	2.4	2.8	25	3	4	39	4	6	62	5	8
＞50～80	19	2.8	3.4	30	3.6	4.6	46	4.6	7	74	6	9
＞80～120	22	3.2	3.8	35	4.2	5.4	54	5.4	8	87	7	10
＞120～180	25	3.8	4.4	40	4.8	6	63	6	9	100	8	12
＞180～250	29	4.4	5	46	5.4	7	72	7	10	115	9	14
＞250～315	32	4.8	5.6	52	6	8	81	8	11	130	10	16
＞315～400	36	5.4	6.2	57	7	9	89	9	12	140	11	18
＞400～500	40	6	7	63	8	10	97	10	14	155	12	20

2. 工作量规的结构形式

按照泰勒原则，通规是用于控制工件作用尺寸的，通规的测量面理论上应是与被检验孔或轴形状相对应的完整表面（即全形量规），且测量长度应等于被检验孔或轴的长度。止规是用于控制工件实际尺寸的，止规的测量面理论上应是点状的（即不全形量规），与被检验孔或轴是点接触，且测量长度可小于被检验孔或轴的长度。即符合泰勒原则的通规形式为全形量规，而止规形式应为不全形量规。

图 6-4 所示为全形和不全形量规检验工件孔的情况。该孔的实际轮廓已超出尺寸公差带，应为废品。当量规的形式符合泰勒原则时，量规能正常地检验出废品。而当量规的形式不符合泰勒原则时，即通规制成不全形量规（片状），止规制成全形量规（圆柱形），显然有可能将该孔误判为合格品。

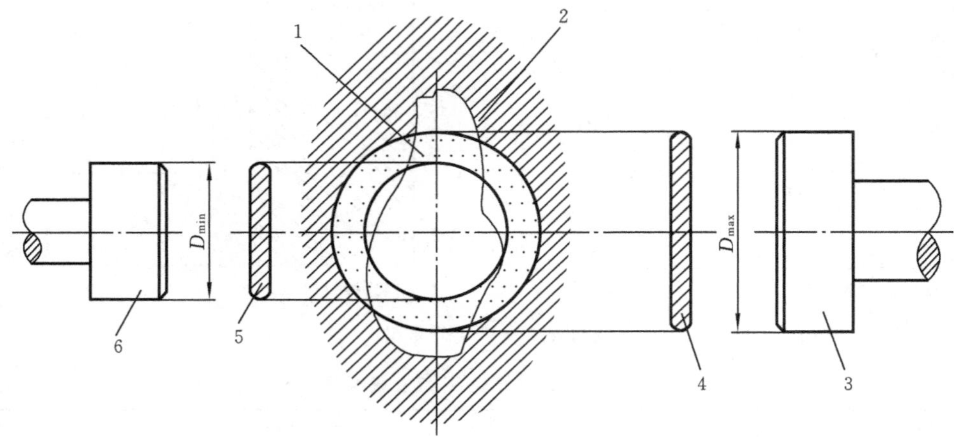

图 6-4　两种量规形式的检验情况

1—孔公差带；2—工件实际轮廓；3—完全塞规的止规；
4—不完全塞规的止规；5—不完全塞规的通规；6—完全塞规的通规

在实际工作中，考虑到制造和使用的方便和可能，量规形式常偏离上述原则。如检验轴的通规按泰勒原则应为圆形环规，但环规使用不方便（如检验曲轴零件的连杆轴颈尺寸时），故往往制成卡规；检验大尺寸孔的通规，为了减轻自重以便使用，常制成不全形塞规或球端杆规；检验小尺寸孔的止规为了加工方便，常制成全形止规。当采用偏离泰勒原则的量规检验工件时，应从加工工艺上采取措施限制工件的形状误差，检验时应在工件的多个方位上加以检验，以防止误收。

国家标准推荐了量规的结构形式及相应的使用范围。图 6-5 所示为常见量规的结构形式、应用范围和推荐顺序。

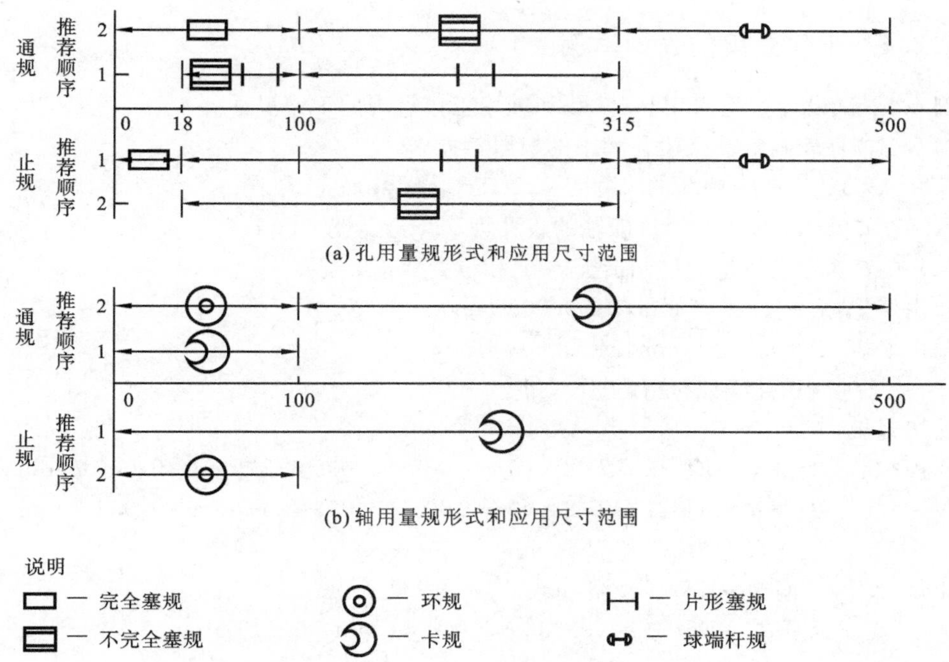

(a) 孔用量规形式和应用尺寸范围

(b) 轴用量规形式和应用尺寸范围

图 6-5 量规结构形式、应用尺寸范围和推荐顺序

3. 工作量规的技术要求

量规的材料可用合金工具钢、碳素工具钢和硬质合金等耐磨材料制造。量规测量面的硬度应为 58～65HRC，并经过稳定性处理。

量规测量面的形位公差一般为其尺寸公差的一半。考虑到制作和测量的困难，当其尺寸公差小于 0.002 mm 时，形状公差仍然选为 0.001 mm。

量规测量面不应有锈迹、毛刺、黑斑、划痕等明显影响外观和使用质量的缺陷。

量规测量面的表面粗糙度参数 *Ra* 值如表 6-6 所示。

表 6-6 量规测量面的表面粗糙度

工作量规	工件基本尺寸/mm		
	≤120	>120～315	>315～500
	Ra/μm		
IT6 级孔用量规	≤0.04	≤0.08	≤0.16
IT6～IT9 级轴用量规 IT7～IT9 级孔用量规	≤0.08	≤0.16	≤0.32
IT10～IT12 级孔和轴用量规	≤0.16	≤0.32	≤0.63
IT13～IT16 级孔和轴用量规	≤0.32	≤0.63	≤0.63

6.2.4 工作量规的设计举例

例 6-3 试设计检验 ϕ25H8/f7 孔和轴用工作量规的工作尺寸。

解 (1) 查表确定被检验孔和轴的极限偏差。

ES=0.033,EI=0,即孔的尺寸为 $\phi 25\text{H}8(^{0.033}_{0})$ mm;

es=−0.020,ei=−0.041,即轴的尺寸为 $\phi 25\text{f}7(^{-0.020}_{-0.041})$ mm。

(2) 查表确定工作量规的制造公差 T 和位置要素 Z 值。

孔用塞规:T=0.003 4 mm,Z=0.005 mm

轴用卡规:T=0.002 4 mm,Z=0.003 4 mm

(3) 计算量规的极限偏差和工作尺寸。

孔用塞规:

通规"T" 上偏差=EI+Z+T/2=(0+0.005+0.003 4/2) mm=0.006 7 mm

下偏差=EI+Z−T/2=(0+0.005−0.003 4/2) mm=0.003 3 mm

工作尺寸为 $\phi 25(^{0.006\,7}_{0.003\,3})$ mm

止规"Z" 上偏差=ES=0.033 mm

下偏差=ES−T=(0.033−0.003 4) mm=0.029 6 mm

工作尺寸为 $\phi 25(^{0.033}_{0.029\,6})$ mm

轴用卡规:

通规"T" 上偏差=es−Z+T/2=(−0.02 0−0.003 4+0.002 4/2) mm =−0.022 2 mm

下偏差=es−Z−T/2=(−0.020−0.0034−0.0024/2) mm =−0.024 6 mm

工作尺寸为 $\phi 25(^{-0.022\,2}_{-0.024\,6})$ mm

止规"Z" 上偏差=ei+T=(−0.041+0.002 4) mm=−0.038 6 mm

下偏差=ei=−0.041 mm

工作尺寸为 $\phi 25(^{-0.038\,6}_{-0.041})$ mm

(4) 计算通规的磨损极限尺寸。

孔用通规的磨损极限尺寸=被检验孔的最大实体尺寸=25 mm

轴用卡规的磨损极限尺寸=被检验轴的最大实体尺寸=(25−0.020) mm=24.980 mm

通规在使用过程中会不断磨损,孔用通规的尺寸可以小于设计的最小极限尺寸25.003 3 mm,轴用卡规的尺寸可以大于设计的最大极限尺寸 24.977 8 mm。但当其尺寸接近磨损极限尺寸时,就不能再用作工作量规,而应转作验收量规使用。当其尺寸磨损到磨损极限尺寸后,通规就应报废。

(5) 画出工作量规的公差带图，如图 6-6 所示。

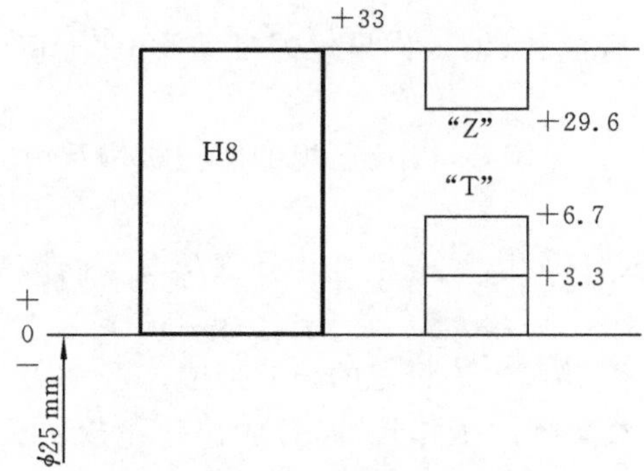

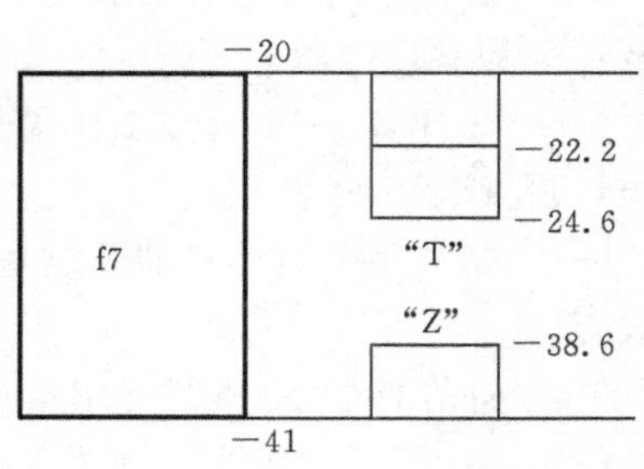

图 6-6 $\phi25\mathrm{H8/f7}$ 孔、轴用工作量规的公差带图

(6) 绘制工作量规的工作图，如图 6-7 所示。

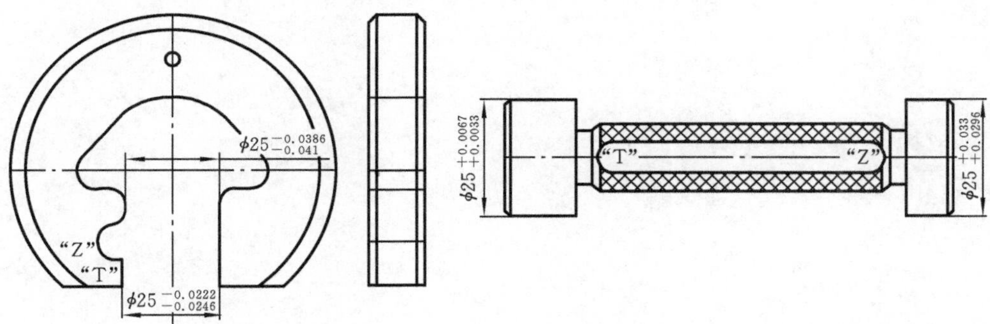

图 6-7 工作量规的工作图

习 题

6-1 光滑极限量规有何特点？如何用它检验工件是否合格？

6-2 误收和误废是怎样造成的？

6-3 量规有几种类型？孔用工作量规为何没有校对量规？

6-4 试确定 $\phi24\ \dfrac{\mathrm{H7}}{\mathrm{h7}}$ 孔、轴用工作量规及校对量规的尺寸，并绘制出量规的公差带图。

6-5　有一配合 $\phi 45\ \frac{H8}{f7}$,试用泰勒原则分别写出孔、轴尺寸的合格条件。

6-6　试计算遵守包容要求的 ϕ40H7/n6 配合的孔、轴工作量规的尺寸及上、下偏差,以及通规的磨损极限尺寸。

6-7　试计算 ϕ25K7 Ⓔ工作量规的尺寸与上、下偏差,以及通规的磨损极限尺寸,并画出该量规简图。

6-8　要求用普通计量器具测量 ϕ40f8 轴、ϕ20H9 孔,试分别选用计量器具,并计算验收极限。

6-9　计算检验 ϕ30M7 孔用量规的工作尺寸,并画出该量规的公差带图。

6-10　计算检验 ϕ18p7 轴用工作量规及校对量规的工作尺寸,并画出该量规的公差带图。

第 7 章　滚动轴承与孔轴结合的互换性

7.1　概　　述

7.1.1　滚动轴承的结构及分类

滚动轴承是现代机器中广泛应用的零件之一，它是依靠主要元件间的滚动接触来支承转动零件的。常用的滚动轴承绝大多数已经标准化，并由专业工厂大量制造并供应各种规格常用的轴承。滚动轴承的结构如图 7-1 所示，包括内圈、外圈、滚动体、保持架。其内圈内径 d 用来和轴颈装配，外圈外径 D 用来和壳体孔装配。通常是内圈随轴颈回转，外圈固定，但也可以用于外圈回转而内圈不动，或是内、外圈同时回转的场合。当内、外圈相对转动时，滚动体即在内、外圈的滚道内滚动。保持架的作用主要是均匀地隔开滚动体。滚动体的基本类型有：钢球、圆柱滚子、圆锥滚子、滚针、鼓形滚子、不对称鼓形滚子等。

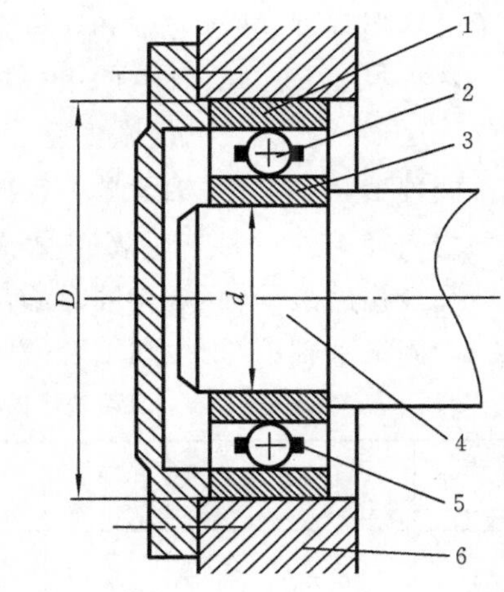

图 7-1　滚动轴承结构

1—外圈；2—滚动体；3—内圈；4—轴颈；5—保持架；6—壳体

滚动轴承的工作性能和使用寿命不仅取决于轴承本身的制造精度，还与滚动轴承相配合的轴颈和外壳孔的尺寸公差、形位公差和表面粗糙度，以及安装正确与否等因素有关，这在国家标准 GB/T 275—1993 中均已规定。

7.1.2　滚动轴承的精度等级

根据 GB/T 307.1—2005 和 GB/T 307.4—2002 规定，向心轴承的公差等级，由低到高依次分为 0、6、5、4 和 2 五个级别，圆锥滚子轴承的公差等级分为 0、6x、5 和 4 四个级别，推力轴承的公差等级分为 0、6、5 和 4 四个级别。仅向心轴承有 2 级，圆锥滚子轴承有 6x 级，而无 6 级。

0 级轴承在机械制造业中应用最广，通常称为普通级，在轴承代号标注时不予注出。它用于旋转精度要求不高、中等负荷、中等转速的一般机构中，如普通机床和汽车的变速机构。

6 级轴承应用于旋转精度和转速要求较高的旋转机构中，如普通机床主轴的后轴承等。

5、4 级轴承应用于旋转精度和转速要求高的旋转机构中，如高精度机床、磨床、精密丝杠车床和滚齿机等的主轴轴承。

2 级轴承应用于旋转精度和转速要求特别高的旋转机构中，如精密坐标镗床和高精度齿轮磨床主轴等轴承。

向心或向心推力轴承内圈和外圈都是薄壁件，在制造过程中或在自由状态下都容易变形；而当轴承内圈与轴、外圈与外壳孔装配后，又容易使这种变形得到纠正。根据这种特点，滚动轴承标准不仅规定了两种尺寸公差带，还规定了两种形状公差。其目的是控制轴承的变形程度、轴承与轴和壳体孔配合的尺寸精度。

两种尺寸公差是：轴承的单一内径（d_s）与外径（D_s）的极限偏差；单一平面的平均内径（d_{mp}）与外径（D_{mp}）的极限偏差。

两种形状公差是：轴承单一径向平面内，内径（d_s）与外径（D_s）的变动量（V_{dp}、V_{Dp}）；轴承平均内径与外径的变动量（V_{dmp}、V_{Dmp}）。

凡合格的滚动轴承，应同时满足所规定的两种公差的要求，相应计算公式如表 7-1 所示。计算滚动轴承与孔、轴结合的间隙或过盈时，应以平均尺寸为准。

表 7-1　滚动轴承内径尺寸计算公式（摘自 GB/T 4199—2003）

序　号	术　　语	代　号	定　　义	计算公式及说明
1	公称内径	d	包容圆柱形内孔理论内孔表面的圆柱体直径	一般作为实际内孔表面的基准值
2	单一内径	d_s	同一实际内孔表面与单一径向平面的交线相切的两条平行切线间的距离	—
3	单一内径偏差	Δd_s	单一内径与公称内径之差	$\Delta d_s = d_s - d$
4	内径变动量	V_{ds}	单个套圈最大与最小单一内径之差	—
5	平均内径	d_m	单个套圈最大与最小单一内径的算术平均值	—
6	平均内径偏差	Δd_m	平均内径与公称内径之差	$\Delta d_m = d_m - d$
7	单一平面平均内径	d_{mp}	在单一径向平面内最大与最小单一内径的算术平均值	—
8	单一平面平均内径偏差	Δd_{mp}	单一平面平均内径与公称内径之差	$\Delta d_{mp} = d_{mp} - d$

续表

序号	术语	代号	定义	计算公式及说明
9	单一径向平面内的内径变动量	V_{dp}	在单一径向平面内最大与最小单一内径之差	—
10	平均内径变动量	V_{dmp}	单个套圈最大与最小单一平面平均内径之差	—

注:滚动轴承外径尺寸计算公式与内径类似,如单一外径偏差为单一外径与公称外径之差 $\Delta D_s = D_s - D$。

向心滚动轴承的旋转精度包括:轴承内、外圈的径向跳动,轴承内、外圈端面对滚道的跳动,内圈基准端面对内孔的跳动,外径表面母线对基准端面的倾斜度变动量等。

7.2 滚动轴承内、外径公差带及其特点

7.2.1 滚动轴承配合的基准制

滚动轴承是大量生产的标准化部件,为便于组织生产及保证使用时的互换性,当其与其他零件配合时,通常均以滚动轴承为基准件,即在配合时,滚动轴承的内圈孔为基准孔,与轴的配合采用基孔制;而外圈的外圆柱面为基准轴,与壳体孔的配合采用基轴制。

7.2.2 滚动轴承内、外径公差带特点

轴承内圈通常与轴一起旋转。为防止内圈和轴颈的配合相对滑动而产生磨损,影响轴承的工作性能,要求配合面间具有一定的过盈,但过盈量不能太大。因此 GB/T 275—1993 规定:内圈基准孔公差带位于以公称内径 d 为零线的下方,即上偏差为零,下偏差为负值。其平均内径 d_{mp} 公差带如图 7-2 所示。因此,与各种基本偏差代号的轴所组成的配合都比一般圆柱体的同名配合紧,此时,当它与 GB/T 1801—2009 中的过渡配合的轴相配合时,能保证获得大小适宜的过盈量,从而满足轴承的内孔与轴颈的配合要求。

轴承外圈安装在外壳孔中,通常不旋转,考虑到工作时温度升高会使轴膨胀,两端轴承中有一端应是游动支承,可把外圈与外壳孔的配合设计的稍松一点,使之能补偿轴的热胀伸长量,不然轴弯曲时,轴承内部就有可能卡死。因此国家标准 GB/T 275—1993 规定:轴承外圈的公差带位于公称尺寸 D 为零线的下方。它与具有基本偏差 h 的轴公差带相类似,但公差值不同,组成的配合与一般的基轴制配合类似,如图 7-2 所示。

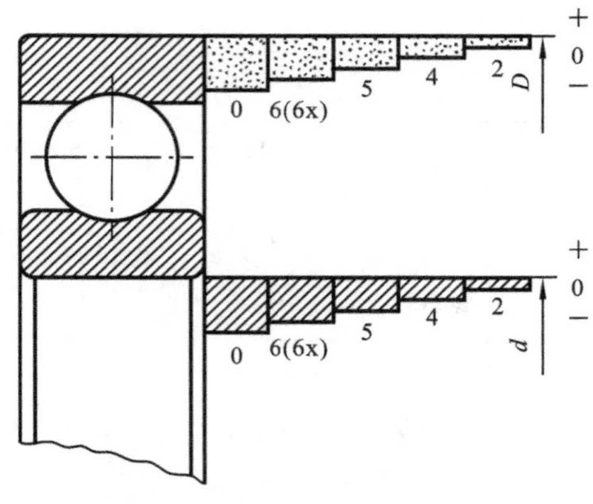

图 7-2 滚动轴承内、外径公差带

7.3 滚动轴承与轴和外壳孔的配合及其选择

7.3.1 轴颈和外壳孔的公差带

由于轴承内径和外径本身的公差带在轴承制造时已确定,因此轴承内圈与轴颈、外圈与外壳孔的配合面间需要的配合性质,要由轴径和外壳孔的公差带决定,即轴承配合的选择就是确定轴颈和外壳孔的公差带。GB/T 275—1993 规定了在一般条件下滚动轴承与轴和外壳的配合选用的基本原则和要求,并推荐了轴承与轴和外壳配常用公差带,如图7-3 所示。

7.3.2 配合选择的基本原则

1. 配合选择的基本原则

按 GB/T 275—1993 的规定,配合选择的基本原则如下。

(1) 轴承套圈相对于负荷的状况　作用在轴承上的径向负荷一般是由定向负荷和旋转负荷合成的。根据轴承所承受的负荷对于套圈作用的不同,可分为四类,如图 7-4 所示。

相对于负荷方向旋转或摆动的套圈,应选择过盈配合或过渡配合。相对于负荷方向固定的套圈,应选择间隙配合。

当以不可分离型轴承作游动支承时,则应以相对于负荷方向为固定的套圈作为游动套圈,选择间隙或过渡配合。

(2) 负荷的类型和大小　轴承套圈与轴或壳体孔配合的最小过盈取决于负荷的大小。而负荷的大小,一般用当量径向负荷 P 与轴承的额定动负荷 C 的比值来划分,即径

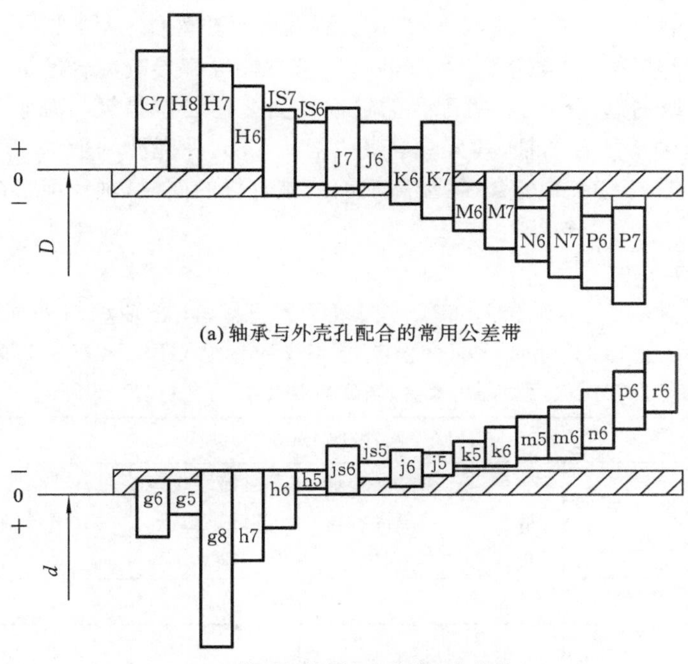

(a) 轴承与外壳孔配合的常用公差带

(b) 轴承与轴颈配合的常用公差带

图 7-3 轴承与外壳孔和轴颈配合的常用公差带

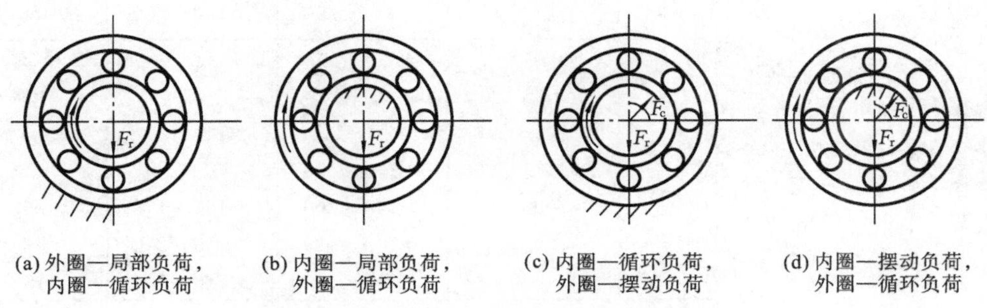

(a) 外圈—局部负荷，内圈—循环负荷　(b) 内圈—局部负荷，外圈—循环负荷　(c) 内圈—循环负荷，外圈—摆动负荷　(d) 内圈—摆动负荷，外圈—循环负荷

图 7-4 轴承套圈与负荷的关系

向负荷 $P\leqslant0.07C$ 时称为轻负荷；当 $0.07C<P\leqslant0.15C$ 时称为正常负荷；而当 $P>0.15C$ 时称为重负荷。轴承承受的负荷越大或为冲击负荷时，最小过盈应选择较大值；反之，可选择较小值。

(3) 轴承尺寸大小　随着轴承尺寸的增大，选择的过盈配合过盈越大，间隙配合间隙越小。

(4) 轴承游隙　采用过盈配合会导致轴承游隙的减少，应检验安装后轴承的游隙是否满足使用要求，以便正确选择配合及轴承游隙。

(5) 其他影响因素　轴和轴承座的材料、强度和导热性能、从外部进入轴承的及在轴承中产生的热、导热途径和热量、支承安装和调整性能等都影响配合的选择。

(6) 公差等级的选用　与轴承配合的轴或外壳孔的公差等级与轴承精度有关。与0级、6(6x)级公差轴承配合的轴，其公差等级一般为IT6，外壳孔一般为IT7。对旋转精度和运转平稳性有较高要求的场合，在提高轴承公差等级的同时，轴承配合部位也应按相应精度提高。

2. 公差带的选择

向心轴承和轴的配合，轴公差带代号按表7-2选择；向心轴承与外壳孔的配合，孔公差带代号按表7-3选择；其他轴承配合公差带的选择参见GB/T 275—1993。

表7-2　向心轴承和轴的配合、轴公差带代号(摘自GB/T 275—1993)

圆柱孔轴承						
运转状态		负荷状态	深沟球轴承和角接触球轴承	圆柱滚子轴承和圆锥滚子轴承	调心滚子轴承	公差带
说明	应用举例		轴承公称内径/mm			
旋转内圈负荷或摆动负荷	一般通用机械，电动机，机床主轴，泵，内燃机，正齿轮传动装置，铁路机车车辆轴箱，破碎机等	轻负荷	≤18	—	—	h5
			>18～100	≤40	≤40	j6
			>100～200	>40～140	>40～100	k6
			—	>140～200	>100～200	m6
		正常负荷	≤18	—	—	j5 js5
			>18～100	≤40	≤40	k5
			>100～140	>40～100	>40～65	m5
			>140～200	>100～140	>65～100	m6
			>200～280	>140～200	>100～140	n6
			—	>200～400	>140～280	p6
			—	—	>280～500	r6
		重负荷		>50～140	>50～100	n6
				>140～200	>100～140	p6
				>200	>140～200	r6
				—	>200	r7
固定的内圈负荷	静止轴上的各种轮子，张紧轮、绳轮、振动筛、惯性振动器	所有负荷	所有尺寸			f6
						g6
						h6
						j6

续表

仅有轴向负荷		所有尺寸	j6 或 js6
圆锥孔轴承			
所有负荷	铁路机车车辆轴箱	装在卸荷套上的，所有尺寸	h8(IT6)
	一般机械传动	装在紧定套上的，所有尺寸	h9(IT7)

注：① 凡对精度有较高要求的场合，应用 j5、k5、m5、g5 代替 j6、k6、m6、g6；

② 圆锥滚子轴承、角接触球轴承配合对游隙影响不大，可用 k6、m6 代替 k5、k6；

③ 重负荷下轴承游隙应选大于基本组的滚子轴承；

④ 凡有较高精度或转速要求的场合，应选用 h7(IT5)代替 h8(IT6)等；

⑤ IT6、IT7 表示圆柱度公差数值。

表 7-3　向心轴承和外壳的配合、孔公差带代号(摘自 GB/T 275—1993)

运转状态		负荷状态	其他情况	公差带①	
说明	举例			球轴承	滚子轴承
固定的外圈负荷	一般机械、铁路机车车辆轴箱、电动机、泵、曲轴主轴承	轻、正常、重	轴向易移动，可采用剖分式外壳	H7、G7②	
		冲击	轴向能移动，采用整体式或剖分式外壳	J7、Js7	
		轻、正常			
摆动负荷		正常、重	轴向不移动，采用整体式外壳	K7	
		冲击		M7	
旋转的外圈负荷	张紧滑轮、轮毂轴承	轻		J7	K7
		正常		K7、M7	M7、N7
		重		—	N7、P7

注：① 并列公差带随尺寸的增大从左至右选择，对旋转精度有较高要求时，可相应提高一个公差等级；

② 不适用于剖分式外壳。

7.3.3　配合表面及端面的形位公差和表面粗糙度

为保证轴承正常运转，除了正确选择轴承与轴径及外壳孔的公差等级及配合外，还应对轴径及外壳孔的形位公差及表面粗糙度提出要求。

1. 配合表面及端面的形位公差

因轴承套圈为薄壁件，装配后靠轴径和外壳孔来矫正，故套圈工作时的形状与轴径及外壳孔表面形状密切相关。为保证轴承正常工作,应对轴径和外壳孔表面应提出圆柱度公差要求。

为保证轴承工作时有较高的旋转精度,应限制与套圈端面接触的轴肩及壳体孔肩的倾斜,以避免轴承装配后滚道位置不正而使旋转不平稳,因此规定了轴肩和壳体孔肩的端面跳动公差。其形位公差值见表 7-4。

表 7-4 轴和外壳孔的形位公差值(摘自 GB/T 275—1993)

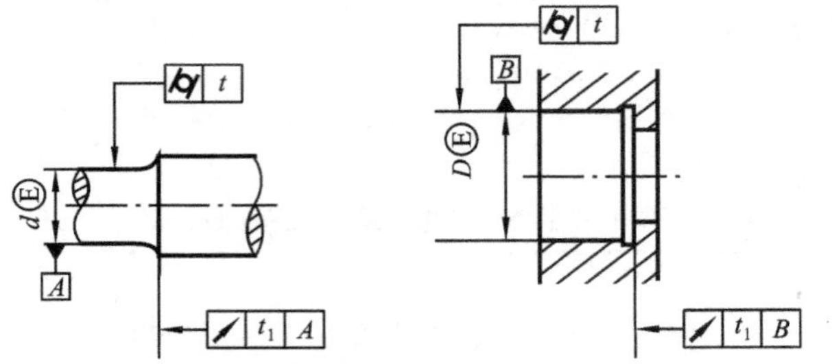

基本尺寸/mm		圆柱度 t				端面圆跳动 t_1			
		轴颈		外壳孔		轴肩		外壳孔肩	
		轴承公差等级							
		G	E(Ex)	G	E(Ex)	G	E(Ex)	G	E(Ex)
超过	到	公差值/μm							
—	6	2.5	1.5	4	2.5	5	3	8	5
6	10	2.5	1.5	4	2.5	6	4	10	6
10	18	3.0	2.0	5	3.0	8	5	12	8
18	30	4.0	2.5	6	4.0	10	6	15	10
30	50	4.0	2.5	7	4.0	12	8	20	12
50	80	5.0	3.0	8	5.0	15	10	25	15
80	120	6.0	4.0	10	6.0	15	10	25	15
120	180	8.0	5.0	12	8.0	20	12	30	20
180	250	10.0	7.0	14	10.0	20	12	30	20
250	315	12.0	8.0	16	12.0	25	15	40	25
315	400	13.0	9.0	18	13.0	25	15	40	25
400	500	15.0	10.0	20	15.0	25	15	40	25

2. 配合表面及端面的粗糙度要求

表面粗糙度的大小直接影响配合的性质和连接强度,因此,凡是与轴承内、外圈配合的表面通常都对粗糙度提出了较高的要求,按表 7-5 选择。

表 7-5　配合面的表面粗糙度(摘自 GB/T 275—1993)

<table>
<tr><td colspan="2" rowspan="3">轴或轴承座直径
/mm</td><td colspan="9">轴或外壳配合表面直径公差等级</td></tr>
<tr><td colspan="3">IT7</td><td colspan="3">IT6</td><td colspan="3">IT5</td></tr>
<tr><td colspan="9">表面粗糙度(符合 GB 1031 第一系列)/μm</td></tr>
<tr><td rowspan="2">超过</td><td rowspan="2">到</td><td rowspan="2">Rz</td><td colspan="2">Ra</td><td rowspan="2">Rz</td><td colspan="2">Ra</td><td rowspan="2">Rz</td><td colspan="2">Ra</td></tr>
<tr><td>磨</td><td>车</td><td>磨</td><td>车</td><td>磨</td><td>车</td></tr>
<tr><td>—</td><td>80</td><td>10</td><td>1.6</td><td>3.2</td><td>6.3</td><td>0.8</td><td>1.6</td><td>4</td><td>0.4</td><td>0.8</td></tr>
<tr><td>80</td><td>500</td><td>16</td><td>1.6</td><td>3.2</td><td>10</td><td>1.6</td><td>3.2</td><td>6.3</td><td>0.8</td><td>1.6</td></tr>
<tr><td colspan="2">端　面</td><td>25</td><td>3.2</td><td>6.3</td><td>25</td><td>3.2</td><td>6.3</td><td>10</td><td>1.6</td><td>3.2</td></tr>
</table>

例 7-1　一圆柱齿轮减速器，小齿轮轴要求较高的旋转精度，装有 P0 级单列深沟球轴承(型号为 G310)，轴承尺寸为 50 mm×110 mm×27 mm，额定动负荷 C_r＝32 000 N，径向负荷 P_r＝4 000 N。试确定与轴承配合的轴颈和外壳孔的配合尺寸和技术要求。

解　按给定条件，P_r/C_r＝4 000/32 000＝0.125，属于正常负荷。减速器的齿轮传递动力，内圈承受旋转负荷，外圈承受固定负荷。

按轴承类型和尺寸规格，查表 7-2，轴颈公差带为 k5；查表 7-3，外壳孔的公差带为 G7 或 H7 均可，但由于该轴旋转精度要求较高，可相应提高一个公差等级，选定 H6；查表 7-4，轴径的圆柱度公差为 0.004 mm，轴肩的圆跳动公差为 0.012 mm，外壳孔的圆柱度公差为 0.010 mm，孔肩的圆跳动公差为 0.025 mm；查表 7-5，轴径表面粗糙度要求 Ra＝0.4 μm，轴肩表面 Ra＝1.6 μm，外壳孔表面 Ra＝1.6 μm，孔肩表面 Ra＝3.2 μm。

轴径和外壳孔的配合尺寸和技术要求，在图样上的标注如图 7-5 所示。

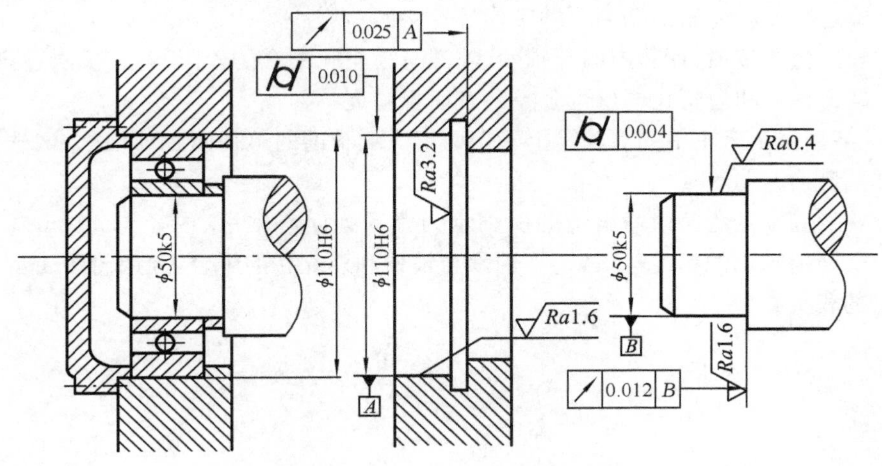

图 7-5　与轴承配合的轴径和外壳技术要求的标注

习　　题

7-1　滚动轴承的精度分为几级？其代号如何？各应用在什么场合？

7-2　选择轴承与结合件配合的主要依据是什么？

7-3　滚动轴承的内、外径公差带布置有何特点？

7-4　轴承与结合件配合表面的其他技术要求有哪些？

7-5　某机床转轴上安装308P6向心球轴承，其内径为40 mm，外径为90 mm，该轴承承受着一个4 000 N的定向径向负荷，轴承的额定动负荷为31 400 N，内圈随轴一起转动，而外圈静止，试确定轴颈与外壳孔的极限偏差、形位公差值和表面粗糙度参数值，并把所选的公差带代号和各项公差仿照图7-5标注在图样上。

7-6　滚动轴承的互换性有何特点？

7-7　有一6级滚动轴承，内径为45 mm，外径为100 mm。内圈与轴径的配合为j5，外圈与轴体的配合为H6。试画出配合的公差带图，并计算它们的极限间隙和极限过盈。

7-8　在C6132车床主变速箱内某轴上装有两个深沟球轴承，轴承内圈内径为20 mm，外圈外径为47 mm，两个轴承的外圈装在同一双联齿轮的孔内，与齿轮一起旋转，通过该齿轮将主轴的回转运动传给进给箱；内圈与此轴相配，轴固定在变数箱体壁上。已知轴承承受轻负荷。试：

(1) 选择轴承的精度等级；

(2) 确定轴颈和齿轮内孔的公差带代号；

(3) 画出公差带图，计算内圈与轴颈、外圈与齿轮孔配合的极限间隙、极限过盈；

(4) 确定轴颈和齿轮孔的形位公差和表面粗糙度。

7-9　某型号车床主轴的后轴承上采用两个6级精度的单列向心球轴承，试选择其与轴及壳体的配合。

7-10　某拖拉机变速箱输出轴的前轴承为轻系列向心轴承(内径为40 mm，外径为80 mm)，试确定轴承的精度等级，选择轴承与轴颈和外壳孔的配合，并用简图表示出轴颈与外壳空的相关参数值。

第8章 常用结合件的互换性及其检测

8.1 键结合的公差配合及其检测

8.1.1 键连接

1. 概述

机器中键和花键的结合主要用来连接轴和轴上的齿轮、皮带轮等以传递扭矩，当轴与传动件之间有轴向相对运动要求时，键还能起导向作用。键连接属于可拆卸连接，在机械中应用广泛。

键的种类很多，主要分为平键、半圆键和楔键等几种，统称为单键，其中平键应用最广。

2. 平键的公差与配合

平键连接是键、轴、轮毂三个零件的结合，平键连接方式及主要参数如图8-1所示。

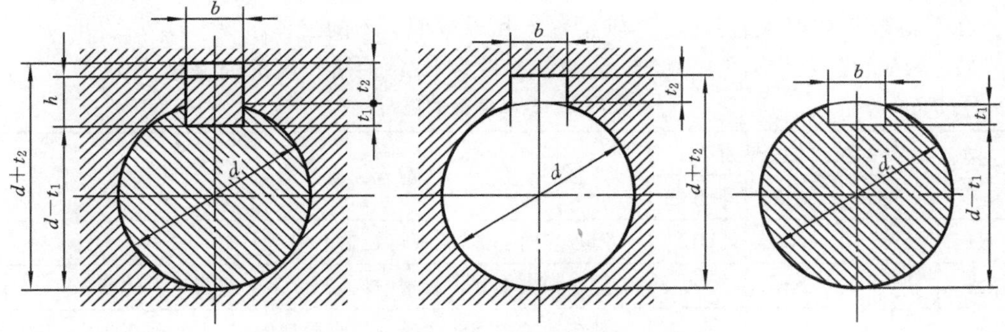

图8-1 平键连接方式及主要结构参数

通过键的侧面分别与轴槽、轮毂槽的侧面接触来传递运动和转矩，键的上表面和轮毂槽底面留有一定的间隙。因此，键和轴槽的侧面应有足够大的实际有效面积来承受负荷，并且键嵌入轴槽要牢固可靠，防止松动脱落。键宽和键槽宽 b 是决定配合性质和配合精度的主要参数，为主要配合尺寸，应规定较严的公差；而键长 L、键高 h、轴槽深 t_1 和轮毂槽深 t_2 为非配合尺寸，其精度要求较低。

平键是标准件，在与轴及轮毂槽两个零件配合时，考虑工艺上的特点，为使不同的配合所用键的规格统一，利于采用精拔型钢来制作，国家标准规定键连接采用基轴制配合，即键是基准件。

为保证键在轴槽上紧固，同时又便于拆装，轴槽和轮毂槽可以采用不同的公差带，使其配合的松紧程度不同，国家标准对平键、键槽和轮毂槽的宽度规定了三种连接类型，即正常连接、紧密连接和松连接；对轴和轮毂的键槽宽各规定了三种公差带。而国家标准对键宽只规定了一种公差带 h8，这样就构成了三组配合。其配合尺寸（键与键槽宽）的公差带均从 GB/T 1801—2009 标准中选取，键宽与键槽宽 b 的公差带如图 8-2 所示。

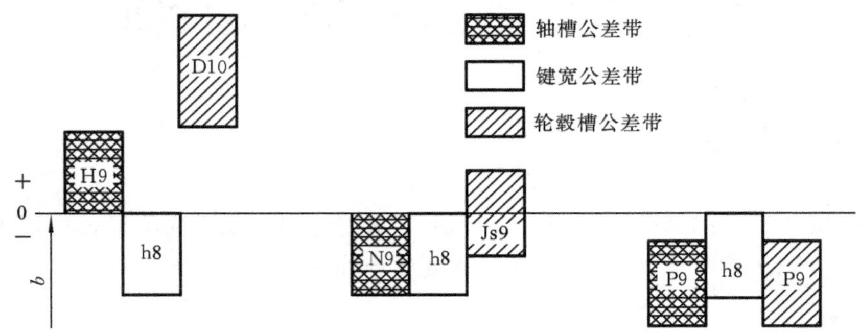

图 8-2　键宽和键槽宽 b 的公差带

具体的公差带和各种连接的配合性质及应用见表 8-1。平键与键槽的剖面尺寸及键槽的公差与极限偏差参见 GB/T 1095、1096—2003。

在平键连接的非配合尺寸中，轴槽深 t_1 和轮毂槽深 t_2 的公差带见 GB/T 1095、1096—2003；键高 h 的公差带为 h11；键长 L 的公差带为 h14；轴槽长度的公差带为 H14。

表 8-1　键和键槽的配合

连接类型	尺寸 b 的公差带			配合性质及适用场合
	键	轴槽	轮毂槽	
松	h8	H9	D10	用于导向平键，轮毂可在轴上移动
正常		N9	Js9	键在轴槽中和轮毂槽中均固定，用于载荷不大的场合
紧密		P9	P9	键在轴槽中和轮毂槽中均牢固地固定，用于载荷较大、有冲击和双向转矩的场合

3．平键的形位公差和表面粗糙度

为保证键与键槽的侧面具有足够的接触面积和避免装配困难，应分别规定轴槽对轴的轴线和轮毂槽对孔的轴线的对称度公差。对称度公差等级按 GB/T 1184—2008，一般取 7～9 级。

轴槽与轮毂槽的两个工作侧面为配合表面，表面粗糙度 Ra 值取 1.6～6.3 μm。槽底面等为非配合表面，表面粗糙度 Ra 值取 6.3 μm。

4. 平键连接的公差与配合的选用

参见 GB/T 1095、1096—2003，根据轴径确定平键的规格参数。

参见表 8-1，根据平键的使用要求和应用场合来选择键连接的松紧类型。

参见 GB/T 1095、1096—2003，确定键槽、轮毂槽的宽度、深度尺寸和公差。

5. 图样标注

键的标记示例：$b=16$ mm，$h=10$ mm，$L=100$ mm 普通 A 型平键的标记为

GB/T 1096 键 16×10×100

$b=16$ mm，$h=10$ mm，$L=100$ mm 普通 B 型平键的标记为

GB/T 1096 键 B16×10×100

轴槽、轮毂槽的图样标注如图 8-3 所示。

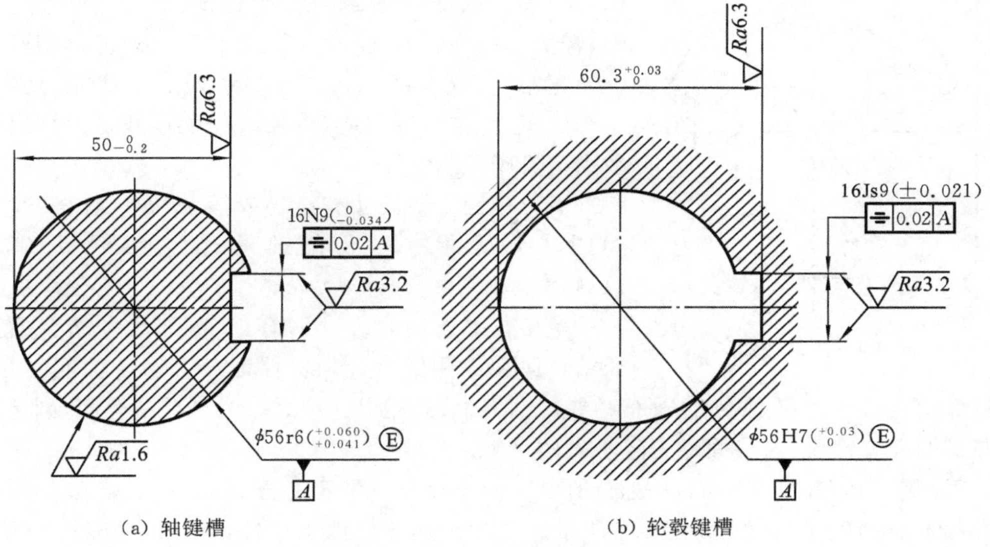

图 8-3 键槽的图样标注

6. 单键的检测

单键的检测，在单件小批生产中，可用卡尺、千分尺等通用量具，成批大量生产中，常使用极限量规。

8.1.2 花键连接

当传递较大的转矩，定心精度又要求较高时，单键连接满足不了要求，需采用花键连接。花键连接是花键轴、花键孔两个零件的结合。花键可用作固定连接，也可用作滑动连接。

花键连接与平键连接相比具有明显的优势：孔、轴的轴线对准精度（定心精度）高，导向性好，轴和轮毂上承受的负荷分布比较均匀，因而可以传递较大的转矩，而且强度高，连接更可靠。

常用的花键连接有矩形花键连接和圆柱直齿渐开线花键连接。

1. 矩形花键连接的特点

矩形花键连接由内花键（花键孔）与外花键（花键轴）构成，用于传递转矩和运动。其连接应保证内花键与外花键的同轴度、连接强度和传递运动的可靠性；对要求轴向滑动的连接，还应保证导向精度。

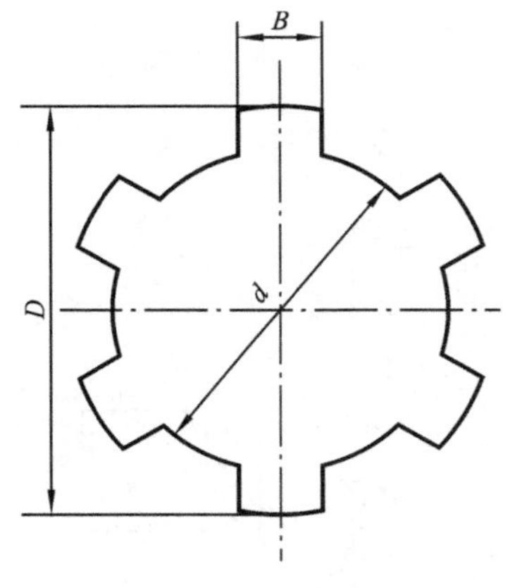

图 8-4 矩形花键

2. 矩形花键的配合尺寸及定心方式

为了便于加工和检测，键数 N 规定为偶数（有 6、8、10），键齿均布于全圆周。按承载能力，矩形花键分为中、轻两个系列。对同一小径，两个系列的键数相同，键（槽）宽相同，仅大径不相同。中系列的承载能力强，多用于汽车、拖拉机等制造业；轻系列的承载能力相对低，多用于机床等制造业。

矩形花键主要尺寸有小径 d、大径 D、键（槽）宽 B，如图 8-4 所示。矩形花键的尺寸系列见 GB/T 1144—2001。

矩形花键连接的结合面有三个，即大径结合面、小径结合面和键侧结合面。要保证三个结合面同时达到高精度的定心作用很困难，也没有必要。实用中，只需以其中之一为主要结合面，确定内、外花键的配合性质，该表面称为定心表面。

每个结合面都可作为定心表面，所以花键连接有三种定心方式：小径 d 定心、大径 D 定心和键（槽）宽 B 定心，如图 8-5 所示。考虑矩形花健的工艺性，GB/T 1144—2001 规

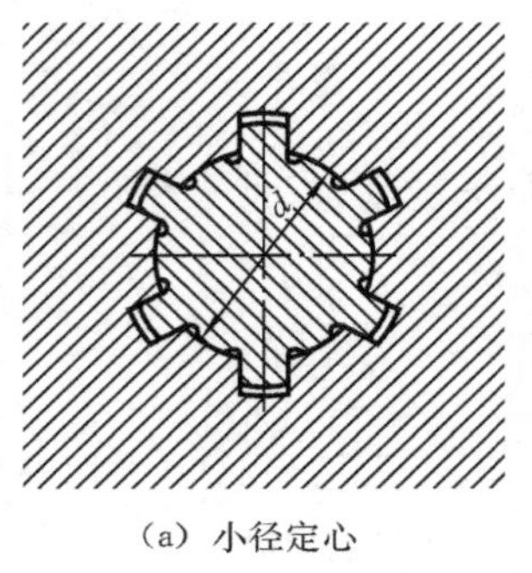

(a) 小径定心

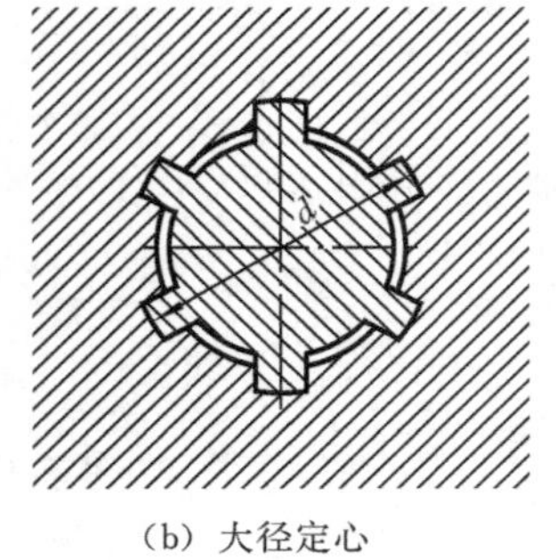

(b) 大径定心

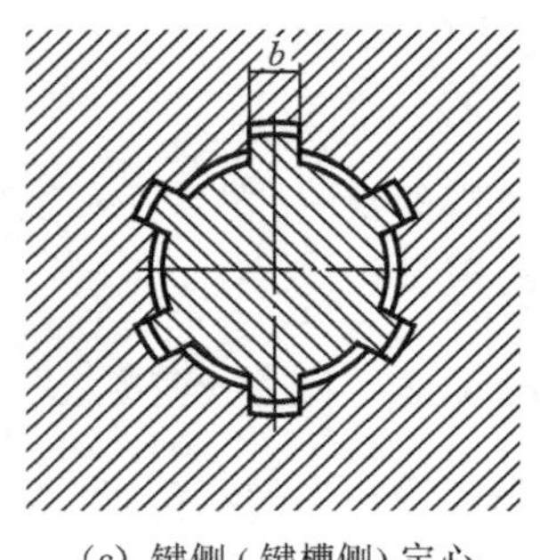

(c) 键侧（键槽侧）定心

图 8-5 矩形花键连接的定心方式

定矩形花健以小径结合面作为定心表面，即采用小径定心。定心直径 d 的公差等级较高，非定心直径 D 的公差等级较低，并且非定心直径 D 表面之间有相当大的间隙，以保证它们不接触。键齿侧面是传递转矩及导向的主要表面，故键（槽）宽 B 应具有足够的精度，一般要求比非定心直径 D 要严格。

3. 矩形花键的公差与配合

为了减少制造内花键用的拉刀和量具的品种规格，有利于拉刀和量具的专业化生产，矩形花键配合应采用基孔制，即内花键 d、D 和 B 的基本偏差不变，依靠改变外花键 d、D 和 B 的基本偏差，获得不同松紧的配合。

矩形花键配合精度的选择，主要考虑定心精度要求和传递转矩的大小。精密传动用花键连接定心精度高，传递转矩大而且平稳，多用于精密机床主轴变速箱与齿轮孔的连接。一般的花键连接则常用于定心精度要求不高的卧式车床变速箱及各种减速器中轴与齿轮的连接。

配合种类的选择参见 GB/T 1144—2001 中《内、外花键的尺寸公差带》。由于形位误差的影响，花键结合面配合普遍比预定的紧些。

4. 矩形花键的形位公差和表面粗糙度

为保证定心表面的配合性质，应对矩形花键规定如下要求。

(1) 内、外花键定心直径 d 的尺寸公差与形位公差的关系，必须采用包容要求。

(2) 内(外)花键应规定键槽(键)侧面对定心轴线的位置度公差，如图 8-6 所示，并采用最大实体要求，用综合量规检验。其位置度公差见表 8-2。

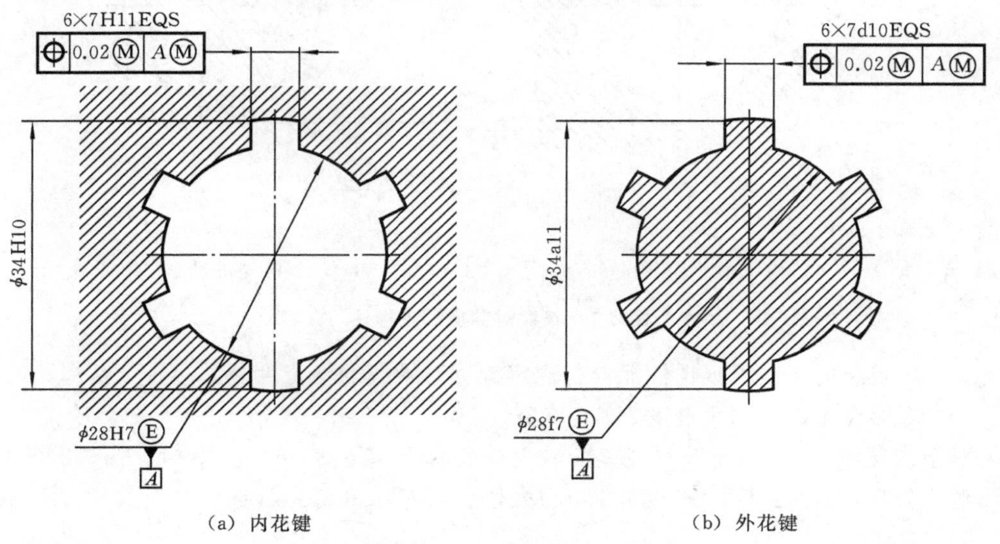

(a) 内花键　　(b) 外花键

图 8-6 矩形花键

表 8-2　矩形花键的位置度公差(摘自 GB/T 1144—2001)　单位:mm

键槽宽或键宽 B			3	3.5～6	7～10	12～18
t_1	键槽宽		0.010	0.015	0.020	0.025
	键宽	滑动	0.010	0.015	0.020	0.025
		固定	0.006	0.010	0.013	0.016

(3) 单件小批生产,采用单项测量时,应规定键槽(键)的中心平面对定心轴线的对称度和等分度,并采用独立原则。对称度公差如表 8-3 所示,标注如图 8-7 所示。

表 8-3　矩形花键的对称度公差(摘自 GB/T 1144—2001)　单位:mm

键槽宽或键宽 B		3	3.5～6	7～10	10～18
t_2	一般用	0.010	0.012	0.015	0.018
	精密传动用	0.006	0.008	0.009	0.011

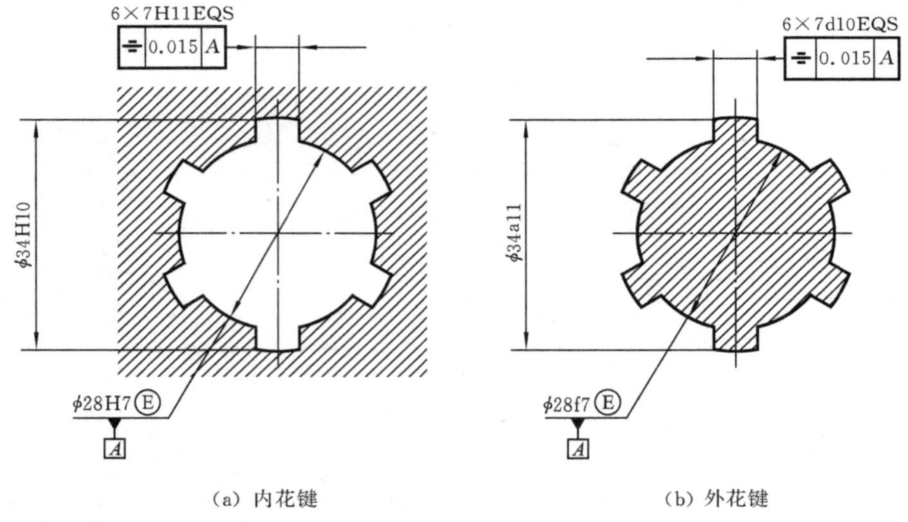

(a) 内花键　　(b) 外花键

图 8-7　花键对称度公差标注

(4) 对较长的花键可根据性能自行规定键侧对轴线的平行度公差。

(5) 矩形花键的表面粗糙度 Ra 允许值:

对于内花键,小径表面 $Ra \leqslant 1.6\ \mu m$,大径表面 $Ra \leqslant 6.3\ \mu m$,键槽侧面 $Ra \leqslant 3.2\ \mu m$;

对于外花键,小径表面 $Ra \leqslant 0.8\ \mu m$,大径表面 $Ra \leqslant 3.2\ \mu m$,键槽侧面 $Ra \leqslant 1.6\ \mu m$。

5. 图样标注

矩形花键的标记代号应按次序包括下列项目:键数 N,小径 d,大径 D,键槽宽(键宽)

B,花键的公差带代号以及标准号。

花键 $N=6$,$d=23\text{H7/f7}$,$D=26\text{H10/a11}$,$B=6\text{H11/d10}$ 的标记如下。

花键规格 $N\times d\times D\times B$ 为 6×23×26×6。

花键副:6×23H7/f7×26H10/a11×6H11/d10　GB/T 1144—2001。

内花键:6×23H7×26H10×6H11　GB/T 1144—2001。

外花键:6×23f7×26a11×6d10　GB/T 1144—2001。

在零件图上,花键公差带仍可按花键规格顺序注出,如图 8-8(b)、(c)所示。

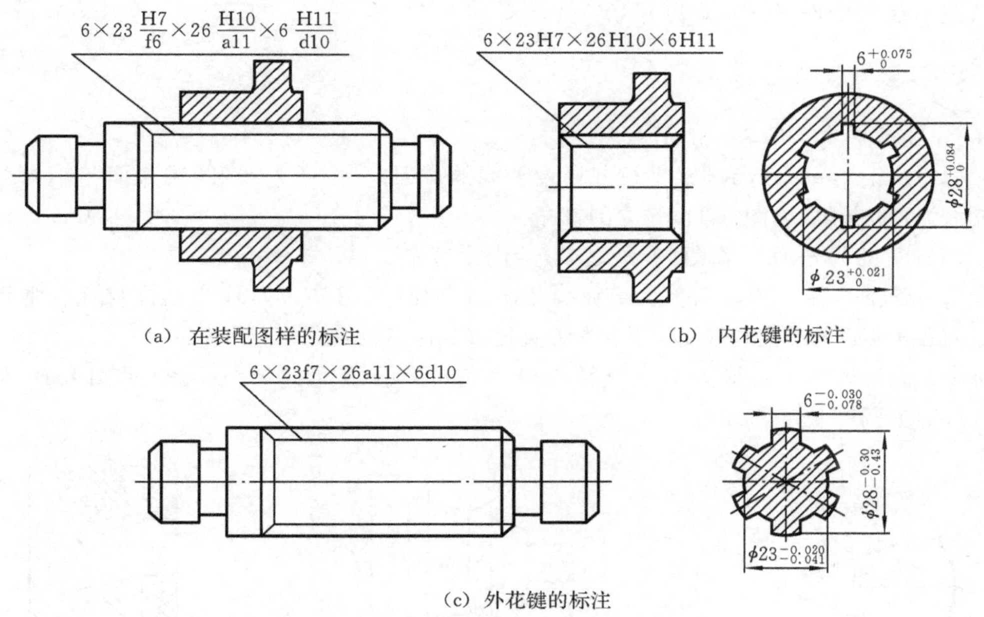

(a) 在装配图样的标注　　(b) 内花键的标注

(c) 外花键的标注

图 8-8　矩形花键配合及公差的图样标注

6. 花键的检测

花键的检测与生产批量有关。对单件小批生产的内、外花键可用通用量具按独立原则对尺寸 d、D 和 B 进行尺寸误差单项测量;对键(键槽)的对称度及等分度分别进行形位误差测量,以代替位置度误差测量。

对大批量生产的内、外花键可采用综合量规测量,以保证配合要求和安装要求。内花键用综合塞规,外花键用综合环规,对其小径、大径、键与键槽宽、大径对小径的同轴度、键与键槽的位置度(包括等分度、对称度等)进行综合检验。综合量规只有通端,故还需用单项止端塞规或止端卡板分别检验大径、小径、键(键槽)宽等是否超过各自的最小实体尺寸。

检测时,综合量规能通过,单项量规不能通过,即花键合格。

8.2 圆锥结合的公差配合及其检测

圆锥配合在机器结构中经常用到，它具有较高的同轴度，配合的自锁性好，密封性好，可自由调整间隙和过盈等优点。我国圆锥公差与配合标准体系中，现行的标准主要有《锥度与锥角系列》(GB/T 157—2001)、《圆锥公差》(GB/T 11334—2005)、《圆锥配合》(GB/T 12360—2005)、《技术制图　圆锥的尺寸和公差注法》(GB/T 15754—1995)和《圆锥量规公差与技术条件》(GB/T 11852—2003)等。

8.2.1 锥度与锥角

1. 常用术语及定义

(1) 圆锥角 α　在与圆锥平行并通过轴线的截面内，两条素线(圆锥表面与轴向截面的交线)间的夹角(见图 8-9)，称为圆锥角。

圆锥角的代号为 α，斜角(锥角之半)的代号为 $\alpha/2$。

(2) 圆锥直径　圆锥上垂直于轴线截面的直径(见图 8-10)，称为圆锥直径。常用的圆锥直径有：最大圆锥直径 D，最小圆锥直径 d，给定截面圆锥直径 d_x。

(3) 圆锥长度 L　最大圆锥直径与最小圆锥直径之间的轴向距离(见图 8-10 及图 8-11)，称为圆锥长度。

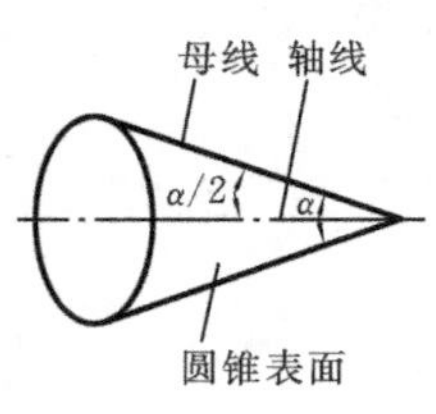

图 8-9　圆锥

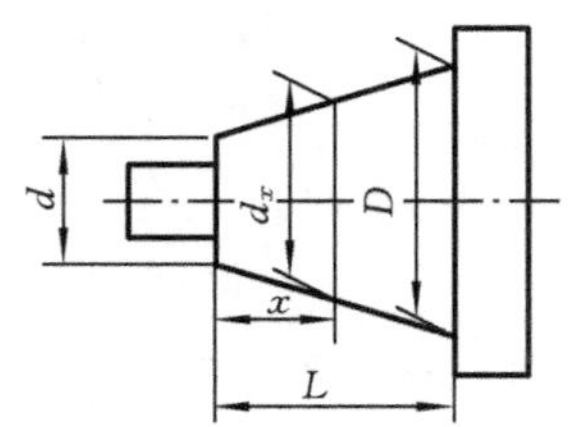

图 8-10　外圆锥的几何尺寸

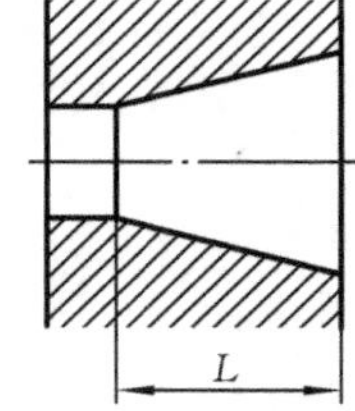

图 8-11　内圆锥的长度

(4) 锥度 C　两个垂直于圆锥轴线的截面的圆锥直径差与该两截面间的轴向距离之比，称为锥度。若最大圆锥直径为 D，最小圆锥直径为 d，圆锥长度为 L，则锥度 C 为

$$C = \frac{D-d}{L}$$

$$C = 2\tan\frac{\alpha}{2} = 1 : \left(\frac{1}{2}\cot\frac{\alpha}{2}\right)$$

锥度关系式反映了圆锥直径、圆锥长度、圆锥角和锥度之间的相互关系，这一关系式是圆锥的基本公式。锥度一般用比例或分式形式表示。

2. 锥度与锥角系列

国家标准 GB/T 157—2001 规定，锥度与锥角系列分为一般用途和特殊用途两种，适用于光滑圆锥，不适用于锥螺纹、伞齿轮等。

(1) 一般用途圆锥的锥度与锥角　标准推荐的一般用途圆锥的锥度与锥角如 120°、90°、60°、45°、30°、1∶3、1∶5、…、1∶500 共 21 种(参见 GB/T 157—2001)。

(2) 特殊用途圆锥的锥度与锥角　特殊用途圆锥的锥度与锥角共 24 种(参见 GB/T 157—2001)。其中莫氏锥度 7 种(No. 0～No. 6)。

8.2.2 圆锥公差

圆锥公差的项目有圆锥直径公差、圆锥角公差、圆锥的形状公差和给定截面圆锥直径公差。国家标准《圆锥公差》(GB/T 11334—2005)适用于锥度从 1∶3 至 1∶500、圆锥长度从 6～630 mm 的光滑圆锥工件。

1. 术语及定义

圆锥公差的术语及定义见表 8-4。

表 8-4　圆锥公差的术语与定义(摘自 GB/T 11334—2005)

术　语	定　义	图　示
公称圆锥	设计给定的理想形状圆锥。它可用两种形式确定： (1) 一个公称圆锥直径(最大圆锥直径 D、最小圆锥直径 d、给定截面圆锥直径 d_x)、公称圆锥长度 L、公称圆锥角 α 或公称锥度 C； (2) 两个公称圆锥直径和公称圆锥长度 L	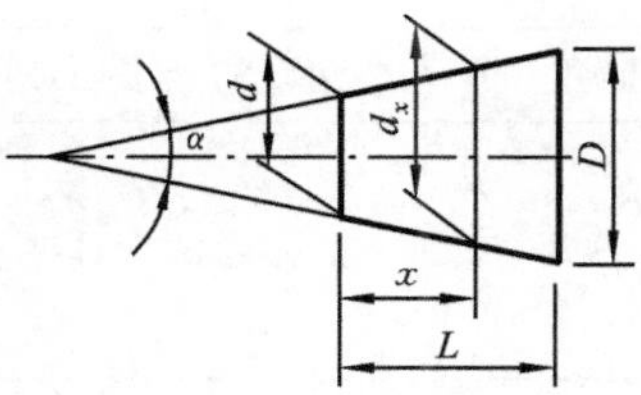 d　d_x　D　α　x　L
实际圆锥	实际存在并与周围介质分隔的圆锥	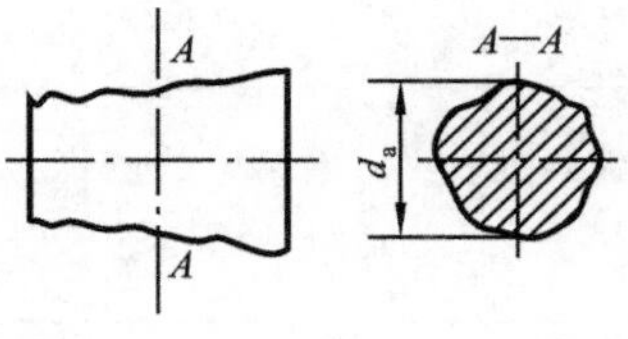 A　A—A　d_a　A
实际圆锥直径 d_a	实际圆锥上的任一直径	

续表

术　　语	定　　义	图　　示
实际圆锥角	实际圆锥的任一轴向截面内，包容其素线且距离为最小的两对平行直线之间的夹角	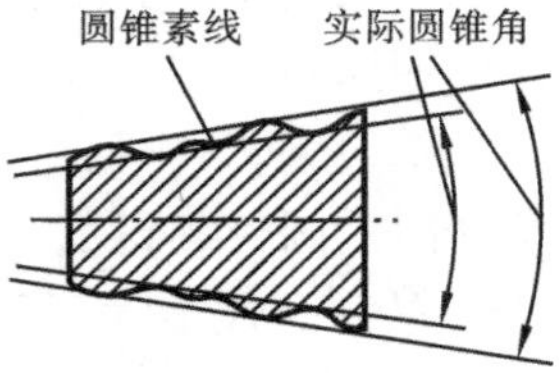
极限圆锥	与公称圆锥共轴且圆锥角相等，直径分别为上极限尺寸和下极限尺寸的两个圆锥。在垂直圆锥轴线的任一截面上，这两个圆锥的直径差都相等	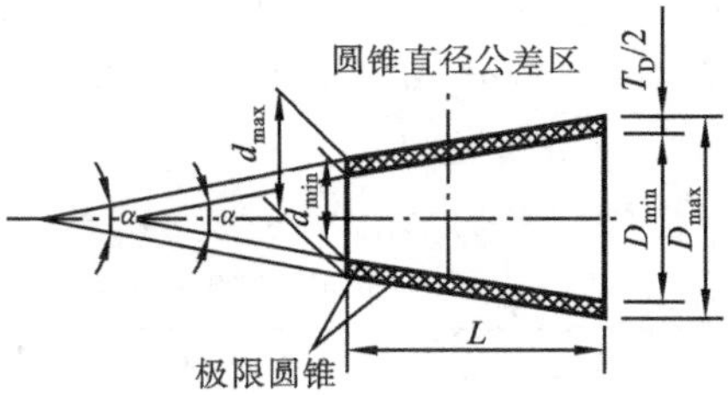
极限圆锥直径	极限圆锥上的任一直径，例如图中的 D_{max}、D_{min}、d_{max}、d_{min}	
圆锥直径公差 T_D	圆锥直径的允许变动量	
圆锥直径公差区	两个极限圆锥所限定的区域	
极限圆锥角	允许的上极限或下极限圆锥角	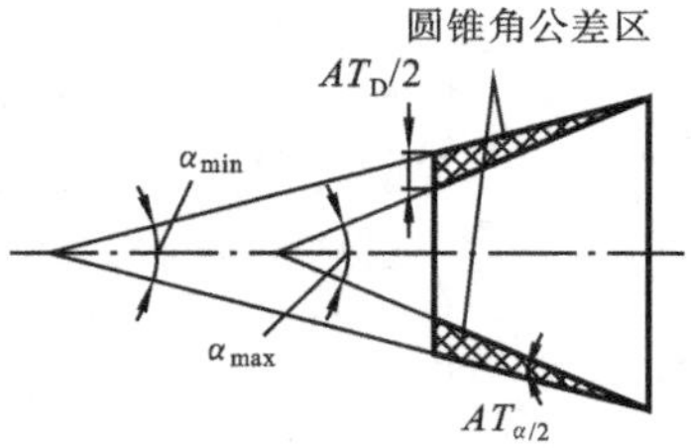
圆锥角公差 ΔT、(AT_α 或 AT_D)	圆锥角的允许变动量	
圆锥角公差区	两个极限圆锥角所限定的区域	
给定截面圆锥直径公差 T_{DS}	在垂直圆锥轴线的给定截面内，圆锥直径的允许变动量	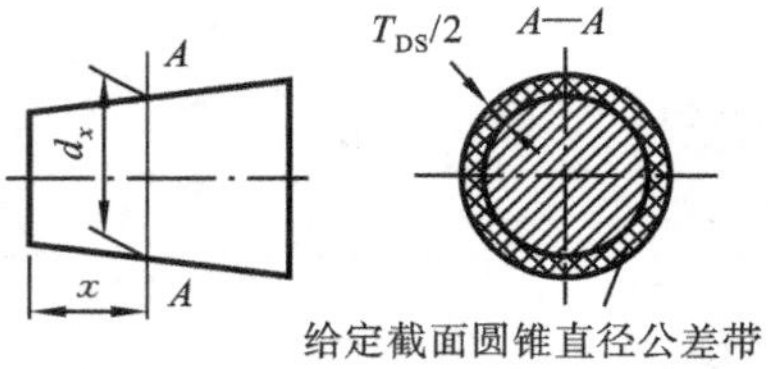
给定截面圆锥直径公差区	在给定的圆锥截面内，由两个同心圆所限定的区域	

2. 圆锥公差的给定方法

圆锥公差有两种给定方法，如表 8-5 所示。

表 8-5 圆锥公差的给定方法

给定项目	说明	公差带图示
公称圆锥角 α（或锥度 C）和圆锥直径公差 T_D	由 T_D 确定两个极限圆锥，此时圆锥角误差和圆锥形状误差均应在极限圆锥所限定的区域内 以公称圆锥直径（一般取最大圆锥直径 D）为公称尺寸，圆锥直径公差 T_D 按 GB/T 1800.3 规定的标准公差选取	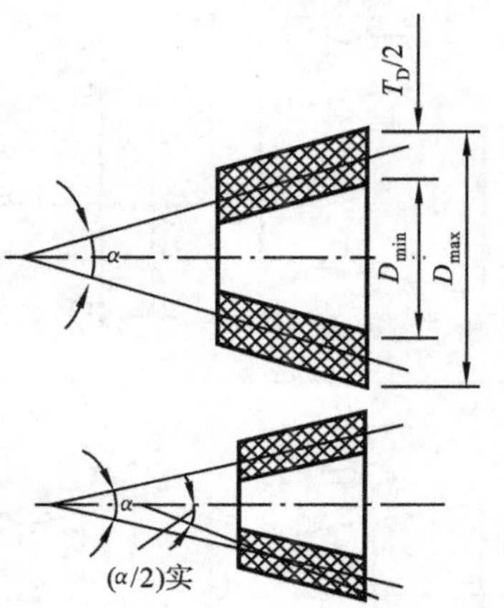 $T_D/2$　D_{min}　D_{max}　α　α　$(\alpha/2)$实
给定截面圆锥直径公差 T_{DS} 和圆锥角公差 AT	假定圆锥素线为理想直线，应落在阴影范围内，圆锥素线的形状误差也应限制在其中 以给定截面圆锥直径 d_x 为公称尺寸，给定截面圆锥直径公差 T_{DS} 按 GB/T 1800.3 规定的标准公差选取 圆锥角公差 AT 用 $AT1$、$AT2$、…、$AT12$ 表示。AT 共分为 12 个等级	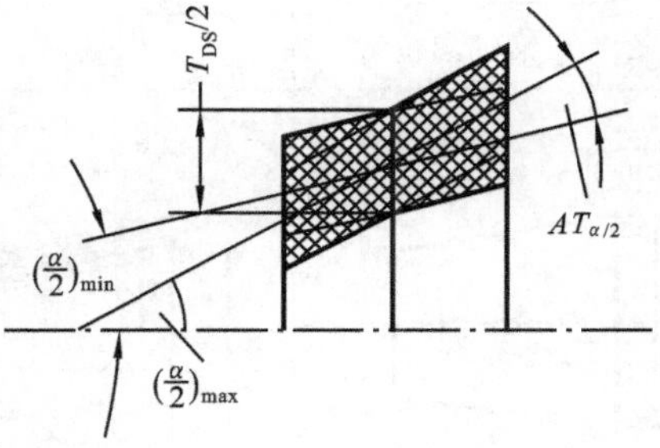 $T_{DS}/2$　$AT_{\alpha/2}$　$(\frac{\alpha}{2})_{min}$　$(\frac{\alpha}{2})_{max}$
圆锥角的极限偏差 可按单向或双向（对称或不对称）取值	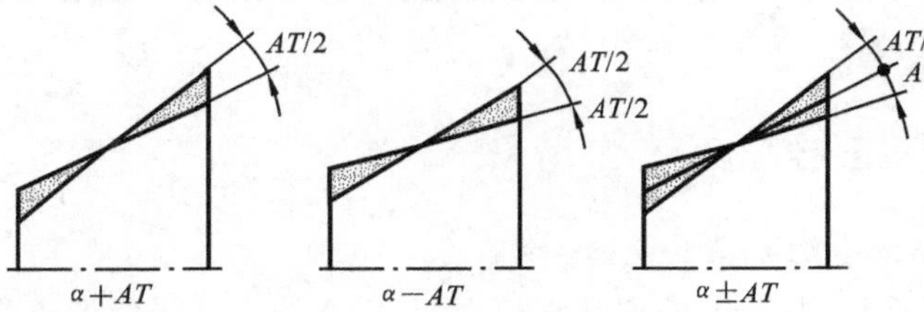 $AT/2$　$\alpha+AT$　(a)　　$AT/2$　$AT/2$　$\alpha-AT$　(b)　　$AT/4$　$AT/4$　$\alpha\pm AT$　(c)	

3. 圆锥的尺寸和公差注法

圆锥的尺寸和公差的图样标注方法，如表 8-6 所示。

表 8-6 圆锥的尺寸和公差标注(摘自 GB/T 15754—1995)

图样标注	说明	图样标注	说明
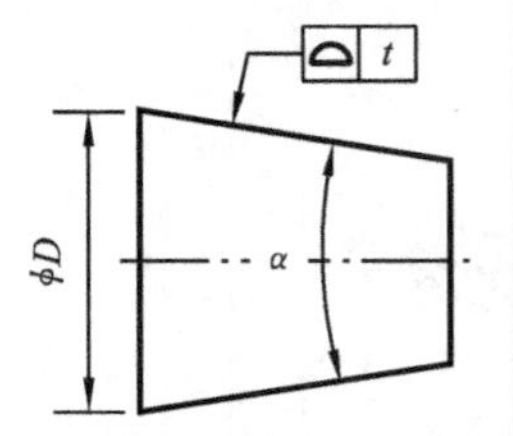 给定圆锥角	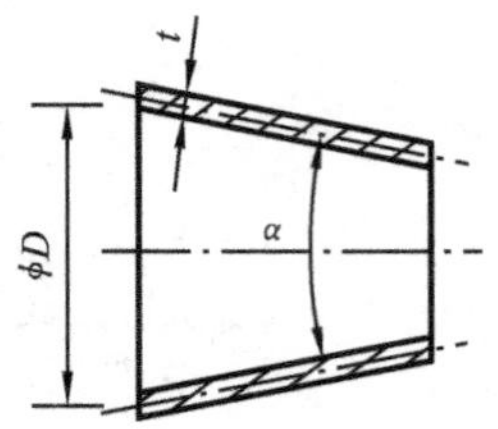	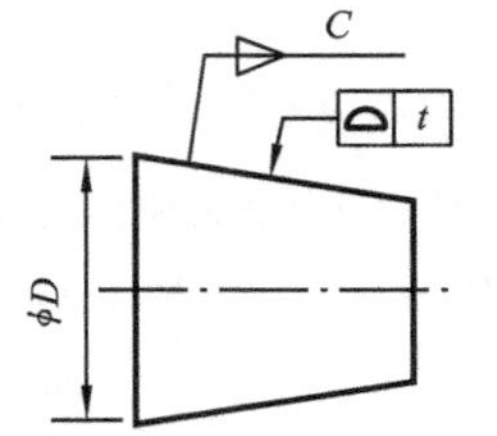 给定锥度	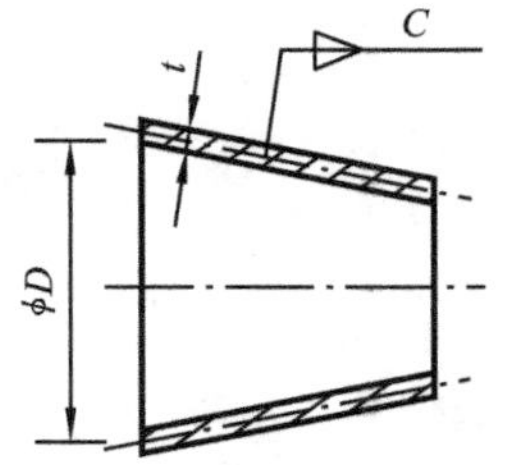
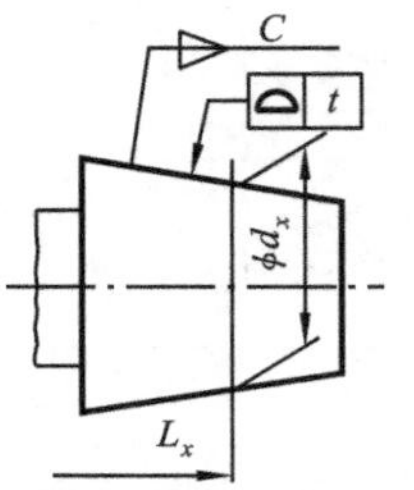 给定圆锥轴向位置	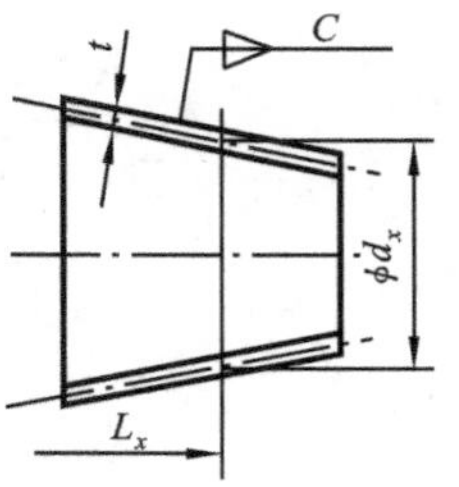	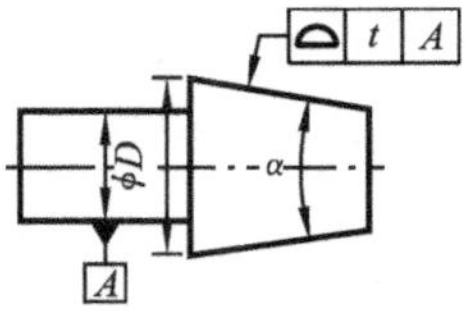 与基准线有关（同时确定同轴关系）	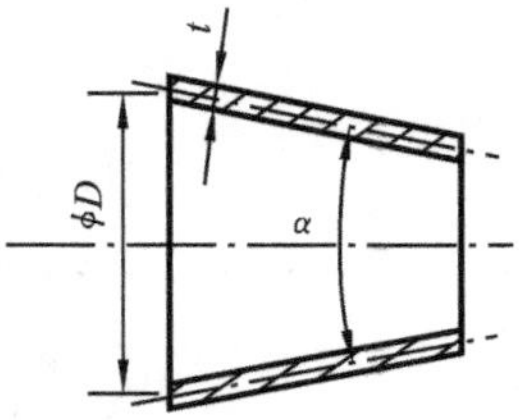
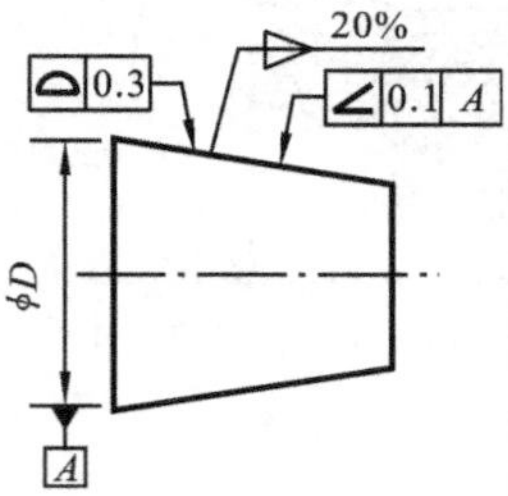 给定限定条件①	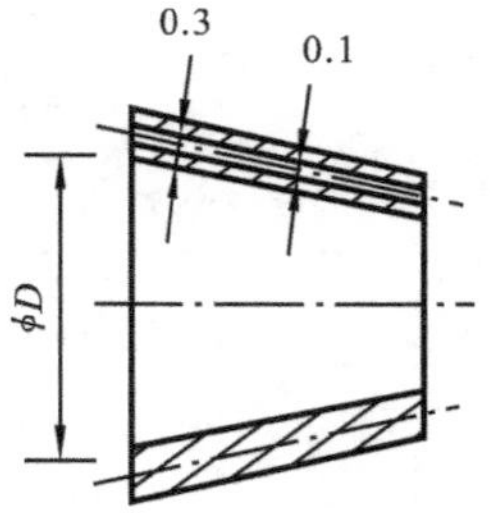	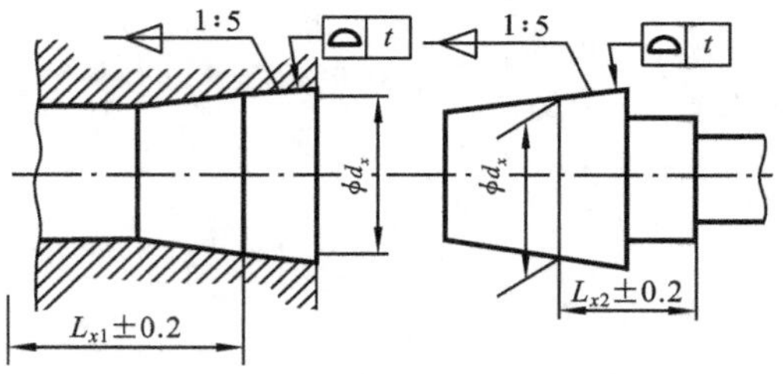 相配合的圆锥的标注	

注:限定条件倾斜度公差带在轮廓度公差带内浮动。

8.2.3 圆锥配合

1. 圆锥配合的术语及概念

公称圆锥相同的内、外圆锥直径之间,由于结合不同所形成的关系称为圆锥配合。圆锥配合分为三类:具有间隙的配合称为间隙配合,主要用于有相对运动的圆锥配合中,如车床主轴的圆锥轴颈与滑动轴承的配合;具有过盈的配合称为过盈配合,常用于定心传递扭矩,如带柄铰刀、扩孔钻的锥柄与机床主轴锥孔的配合;可能具有间隙或过盈的配合称为过渡配合,其中要求内、外圆锥紧密接触,间隙为零或稍有过盈的配合称为紧密配合,它用于对中定心或密封。为了保证良好的密封性，通常将内、外锥面成对研磨，此时相配合的零件无互换性。

2. 圆锥配合的形成

圆锥配合的形成是通过相互结合的内、外圆锥规定的轴向位置来形成间隙或过盈。间隙或过盈是在垂直于圆锥表面方向起作用的，但按垂直于圆锥轴线方向给定并测量；对锥度小于或等于 1∶3 的圆锥，垂直于圆锥表面与垂直于圆锥轴线给定的数值之间的差异可忽略不计。

圆锥配合的形成有结构型圆锥配合和位移型圆锥配合两种类型，如表 8-7 所示。

表 8-7 圆锥配合的两种类型（摘自 GB/T 12360—2005）

类型	间隙配合	过盈配合
结构型圆锥配合	由内、外圆锥的结构确定装配的最终位置而获得配合，可得到间隙配合、过渡配合和过盈配合。 图示为间隙配合的示例 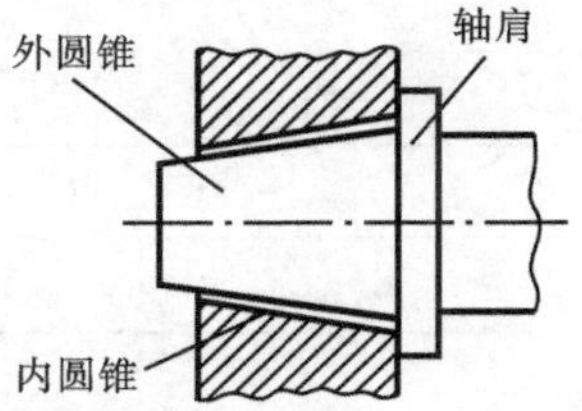 外圆锥 轴肩 内圆锥	由内、外圆锥基准平面之间的尺寸确定装配的最终位置而获得配合，可得到间隙配合、过渡配合和过盈配合。 图示为由结构尺寸 a 得到过盈配合的示例 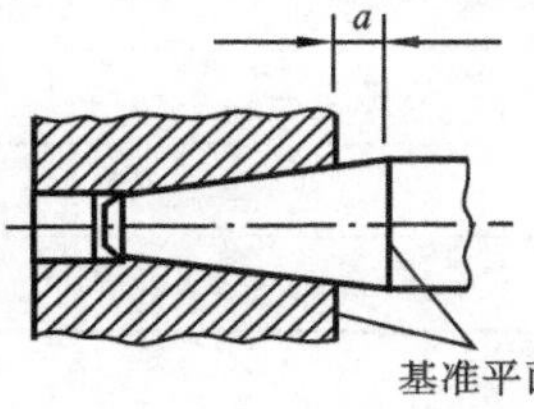 a 基准平面
位移型圆锥配合	由内、外圆锥实际初始位置 P_a 开始，作一定的相对轴向位移 E_a 而获得配合，可得到间隙配合和过盈配合。 图示为间隙配合的示例 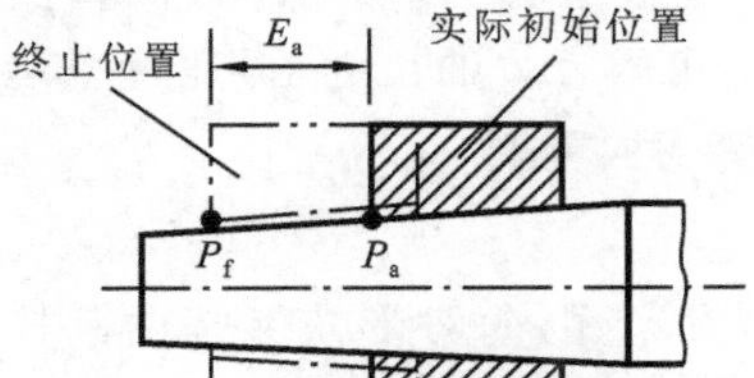 终止位置 E_a 实际初始位置 P_f P_a	由内、外圆锥实际初始位置 P_a 开始，施加一定的装配力 F_s 产生轴向位移而获得配合，只能得到过盈配合。 图示为过盈配合的示例 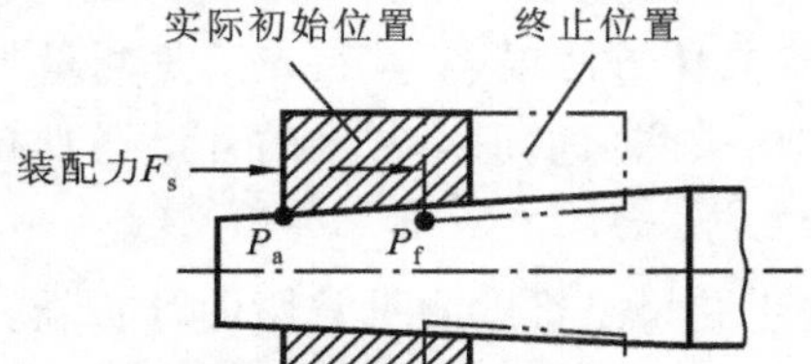 实际初始位置 终止位置 装配力F_s P_a P_f

应当指出，结构型圆锥配合由内、外圆锥直径公差带决定其配合性质；位移型圆锥配合由内、外圆锥相对轴向位移(E_a)决定其配合性质。

3. 圆锥配合的配合选用

(1) 结构型圆锥配合推荐优先采用基孔制。内、外圆锥直径公差带代号及配合按

GB/T 1801 选取。如 GB/T 1801 给出的常用配合仍不能满足需要，可按 GB/T 1800 规定的基本偏差和标准公差组成所需配合。

(2) 位移型圆锥配合的内、外圆锥公差带代号的基本偏差推荐选用 H、h、JS、js。其轴向位移的极限值(E_{max}、E_{min})按 GB/T 1801 规定的极限间隙或极限过盈来计算。

(3) 位移型圆锥配合的轴向位移极限值(E_{min}、E_{max})和轴向位移公差(T_E)按表 8-8 中所列公式计算。

表 8-8　位移型圆锥配合的轴向位移极限值和轴向位移公差计算公式

间隙配合	过盈配合
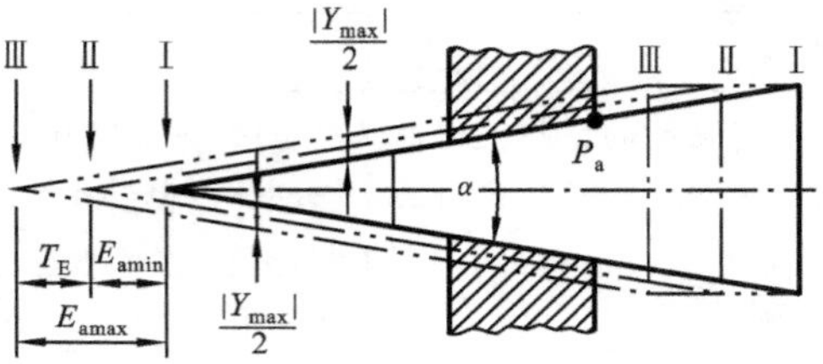	
$E_{amin}=X_{min}/C$	$E_{amin}=\lvert Y_{min}\rvert/C$
$E_{amax}=X_{max}/C$	$E_{amax}=\lvert Y_{max}\rvert/C$
$T_E=E_{amax}-E_{amin}=(X_{max}-X_{min})/C$	$T_E=E_{amax}-E_{amin}=\lvert Y_{max}-Y_{min}\rvert/C$

8.2.4　圆锥的检测

在大批量生产条件下，圆锥的检验多用圆锥量规。圆锥量规国家标准(GB/T 11852—1989)中有详细规定，可供选用。

圆锥测量主要是测量圆锥角 α 或斜角 $\alpha/2$。一般情况下，可用间接测量法来测量圆锥角，具体方法很多，其特点都是测量与被测圆锥角的有关的尺寸，再通过三角函数关系计算出被测角度值。常用的计量器具有正弦尺、滚柱或钢球等。

1. 正弦尺

正弦尺是锥度测量常用的计量器具，分宽型和窄型，每种形式又按两圆柱中心距 L 分为 100 mm 和 200 mm 两种，其主要尺寸的偏差和工作部分的形状、位置误差都很小。在检验锥度角时不确定度为 ±1～±5 μm，适用于测量公称锥角小于 30°的锥度。

测量前，首先按下式计算量块组的高度(图 8-12)，即

$$h=L\sin\alpha$$

式中：α 为圆锥角；L 为正弦尺两圆柱中心距。

然后，按图 8-12 所示进行测量。如果被测的圆锥角恰好等于公称值，则指示表在 a、b

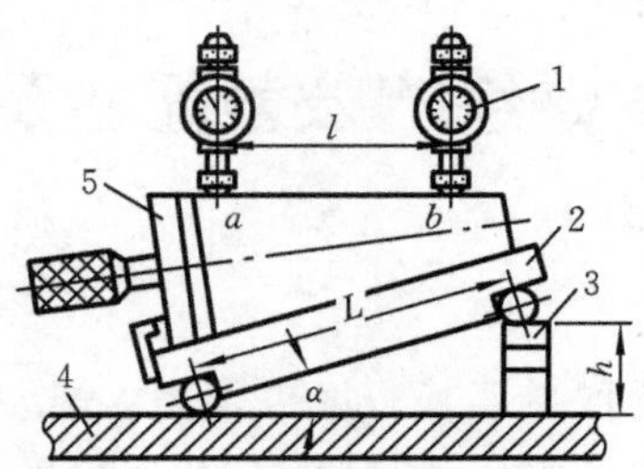

图 8-12 用正弦尺测量圆锥量规

1—指示表；2—正弦尺；3—量块；4—平板；5—工件

两点的指示值相同，即锥体上母线平行于平板的工作面；如被测角度有误差，则 a、b 两点指示值必有一差值 n，n 与测量长度 L 之比为锥度误差，即

$$\Delta C = n/L$$

如换算成锥角误差时，可近似表示为

$$\Delta(\alpha) = \Delta C \times 2 \times 10^5 = 2 \times 10^5 \times n/L('')$$

2. 钢球和滚柱

用精密钢球和精密量柱（滚柱）也可以间接测量圆锥角度。

图 8-13 所示为用双球测量内圆锥角的示例。

已知大、小球的直径分别为 D_0 和 d_0，测量时，先将小球放入，测出 H 值，再将大球放入，测出 h 值，则内锥角 α 值可按下式求得：

$$\sin\frac{\alpha}{2} = \frac{D_0 - d_0}{2(H-h) + d_0 - D_0}$$

图 8-14 所示为用滚柱和量块组测量外圆锥角的示例。先将两尺寸相同的滚柱夹在圆锥的小端处，测得 m 值，再将这两个滚柱放在尺寸相同的组合量块上，如图所示，测得 M 值，则外锥角 α 值可按下式计算：

$$\tan\frac{\alpha}{2} = \frac{M-m}{2h}$$

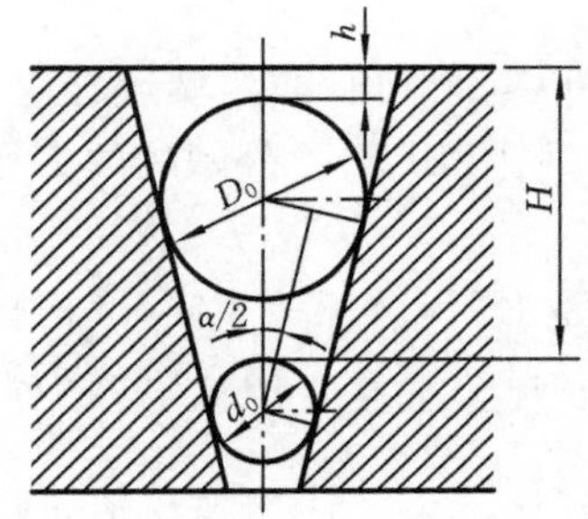

图 8-13 用双球测内圆锥角

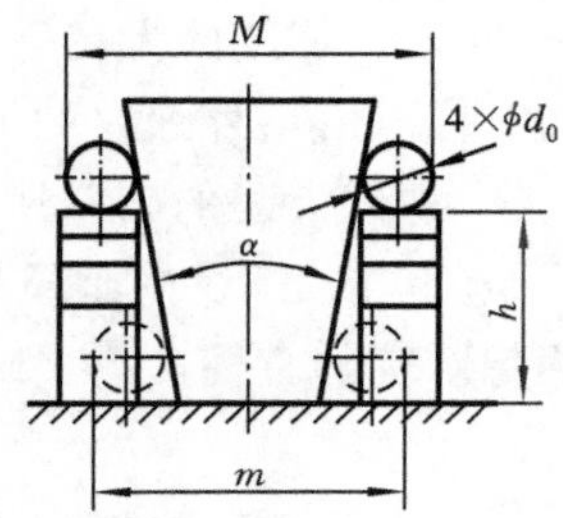

图 8-14 用滚柱和量块组测外圆锥角

8.3 螺纹的公差配合及测量

8.3.1 概述

螺纹在机械中应用很广，螺纹的互换程度也很高。螺纹的几何参数较多，国家标准对螺纹的牙型、公差与配合等都做了规定，以保证其几何精度。螺纹主要用于紧固连接、密封、传递力和运动等。本节主要介绍普通螺纹及其公差标准。

1. 螺纹分类及使用要求

螺纹的种类繁多，按用途可分为连接螺纹和传动螺纹两类。按牙型可分为三角形螺纹、梯形螺纹、矩形螺纹和锯齿形螺纹等。普通螺纹的牙型是三角形，属于连接螺纹。

(1) 连接螺纹　连接螺纹又称紧固螺纹，其作用是使零件相互连接或紧固成一体，并可拆卸。如螺栓与螺母连接、螺钉与机体连接、管道连接。这类螺纹多用三角形牙型。对这类螺纹的要求主要是可旋合性和连接可靠性，有些还要求有密封性。旋合性是指相同规格的螺纹易于旋入或拧出，以便装配或拆卸。连接可靠性是指有足够的连接强度，接触均匀，螺纹不易松脱。

(2) 传动螺纹　传动螺纹用于传递运动、动力和位移。如千斤顶的起重螺杆和摩擦压力机的传动螺杆主要用来传递载荷，也使被传物体产生位移，但对所移位置没有严格要求。这类螺纹结合需有足够的强度。机床进给机构中的微调丝杠、计量器具中的测微丝杠主要用来传递位移，故要求传动准确。传动螺纹的牙型常用梯形、锯齿形、矩形和三角形。

2. 普通螺纹的主要几何参数

(1) 普通螺纹的基本牙型　按 GB/T 192—2003 规定，普通螺纹的基本牙型如图8-15所示。基本牙型定义在轴向剖面上，是指按规定将原始正三角形削去一部分后获得的牙型。内、外螺纹的大径、中径、小径的公称尺寸都在基本牙型上定义。

(2) 普通螺纹的几何参数。

① 大径 $D(d)$　螺纹的大径是指在基本牙型上，与外螺纹牙顶(或内螺纹牙底)相切的假想圆柱的直径。内、外螺纹的大径分别用 D、d 表示(见图 8-15)。外螺纹的大径又称外螺纹的顶径。螺纹大径的公称尺寸为螺纹的公称直径。

② 小径 $D_1(d_1)$　螺纹的小径是指在螺纹的基本牙型上，与外螺纹牙底(或内螺纹牙顶)相切的假想圆柱的直径。内、外螺纹的小径分别用 D_1 和 d_1 表示。内螺纹的小径又称内螺纹的顶径。

③ 中径 $D_2(d_2)$　螺纹牙型的沟槽和凸起宽度相等处假想圆柱的直径称为螺纹中径。内、外螺纹中径分别用 D_2 和 d_2 表示。

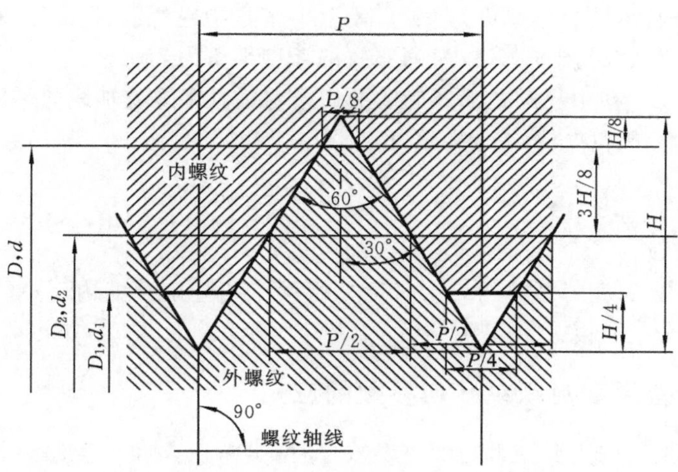

图 8-15 普通螺纹的基本牙型

④ 单一中径($D_{2单一}$,$d_{2单一}$) 一假想圆柱的直径,该圆柱的母线通过螺纹牙型上的沟槽宽度等于二分之一基本螺距的地方。单一中径是按三针测量中径定义的。当螺距无误差时,中径就是单一中径,当螺距有误差时,则二者不相等(见图 8-16)。

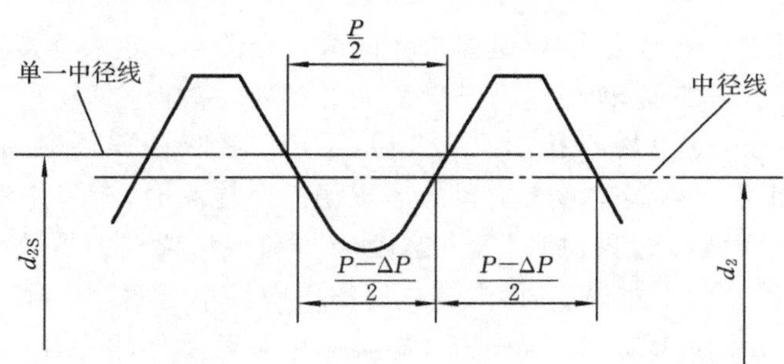

图 8-16 中径与单一中径

⑤ 螺距 P 与导程 L 在螺纹中径线上,相邻两牙对应点间的一段轴向距离称为螺距,用 P 表示(见图 8-15)。螺距有粗牙和细牙两种。国家标准规定了普通螺纹公称直径与螺距系列,参见 GB/T 193—2003。

螺距与导程不同,导程是指同一条螺旋线在中径线上相邻两牙对应点之间的轴向距离,用 L 表示。对单线螺纹,导程 L 和螺距 P 相等。对多线螺纹,导程 L 等于螺距 P 与螺纹线数 n 的乘积,即

$$L=nP$$

⑥ 牙型角 α 和牙型半角 $\alpha/2$ 牙型角是指在螺纹牙型上相邻两个牙侧间的夹角,如

图8-15所示。普通螺纹的牙型角为60°。牙型半角是指在螺纹牙型上，某一牙侧与螺纹轴线的垂线间的夹角(见图8-15)。普通螺纹的牙型半角为30°。

⑦ 螺纹升角 ψ　在中径圆柱上螺旋线的切线与垂直于螺纹轴线的平面的夹角称为螺纹升角。它与螺距 P 和中径 d_2 的关系为

$$\tan\psi = \frac{L}{\pi d_2} = \frac{nP}{\pi d_2}$$

式中：n 为螺纹线数。

⑧ 螺纹的旋合长度　螺纹的旋合长度是指两个相互旋合的内、外螺纹，沿螺纹轴线方向相互旋合部分的长度。

8.3.2　公差原则对螺纹几何参数的应用

影响螺纹互换性的主要因素是螺距误差、牙型半角误差和中径偏差。而螺距误差和半角误差实质上是螺牙和螺牙间的形位误差，其与中径偏差(尺寸误差)之间的关系，可用公差原则来分别处理。

对精密螺纹，如丝杠、螺纹量规、测微螺纹等，为满足其功能要求，应对螺距、半角和中径分别规定较严的公差，即按独立原则对待。其中螺距误差常体现为多个螺距的螺距累积误差。

对紧固连接用的普通螺纹，主要是要求保证可旋合性和一定的连接强度，故应采用公差原则中的包容要求来处理，即对这种产量极大的螺纹，标准中只规定中径公差，而螺距及半角误差都由中径公差来综合控制。或者说，是用中径极限偏差构成的牙廓最大实体边界，来限制以螺距及半角误差形式呈现的形位误差。检测时，应采用螺纹综合量规(见8.3.4节)来体现最大实体边界，控制含有螺距误差和半角误差的螺纹作用中径($D_{2作用}$、$d_{2作用}$)。当有螺距误差和半角误差时，内螺纹的作用中径小于实际中径，外螺纹的作用中径大于实际中径。如没有螺距和半角误差，即实际中径就是作用中径。这些概念和前面讲过的作用尺寸是一致的，即

$$d_{2作用} = d_{2实际} + (f_{\rm p} + f_{\alpha/2})$$
$$D_{2作用} = D_{2实际} - (f_{\rm p} + f_{\alpha/2})$$

式中：$f_{\rm p}$、$f_{\alpha/2}$ 分别为螺距误差、牙型半角误差在中径上造成的影响部分。

螺纹的大径和小径，主要是要求旋合时不发生干涉。标准对外螺纹大径 d 和内螺纹小径 D，规定了较大的公差值，对外螺纹小径 d_1 和内螺纹大径 D，没有规定公差值，而只规定该处的实际轮廓不得超越按基本偏差所确定的最大实体牙型，即保证旋合时不会发生干涉。显然，为使外螺纹与内螺纹能自由旋合，必须满足 $D_{2作用} \geqslant d_{2作用}$。

保证普通螺纹互换性的条件，遵循泰勒原则：对于外螺纹 $d_{2作用} \leqslant d_{2\max}$，$d_{2单一} \geqslant d_{2\min}$，对于内螺纹 $D_{2作用} \geqslant D_{2\min}$，$D_{2单一} \leqslant D_{2\max}$。

8.3.3 普通螺纹的公差与配合

要保证螺纹的互换性，必须对螺纹的几何精度提出要求。国家标准 GB/T 197—2003《普通螺纹公差》中对普通螺纹规定了供选用的螺纹公差、螺纹配合、旋合长度及精度等级。

1. 普通螺纹的公差带

普通螺纹的公差带由基本偏差决定其位置，公差等级决定其大小。

1）公差带的形状和位置

螺纹公差带以基本牙型为零线，沿着螺纹牙型的牙侧、牙顶和牙底布置，在垂直于螺纹轴线的方向上计量。普通螺纹规定了中径和顶径的公差带，对外螺纹的小径规定了最大极限尺寸，对内螺纹的大径规定了最小极限尺寸，如图 8-17 所示。图中 ES、EI 分别是内螺纹的上、下偏差，es、ei 分别是外螺纹的上、下偏差，T_{D2}、T_{d2} 分别是内、外螺纹的中径公差。内螺纹的公差带位于零线上方，小径 D_1 和中径 D_2 的基本偏差相同，为下偏差 EI。外螺纹的公差带位于零线下方，大径 d 和中径 d_2 的基本偏差相同，为上偏差 es。

国家标准 CB/T 197—2003 对内、外螺纹规定了基本偏差，用以确定内、外螺纹公差带相对于基本牙型的位置。对外螺纹规定了四种基本偏差，其代号分别为 h、g、f、e。对内螺纹规定了两种基本偏差，其代号分别为 H、G，如图 8-18 所示。

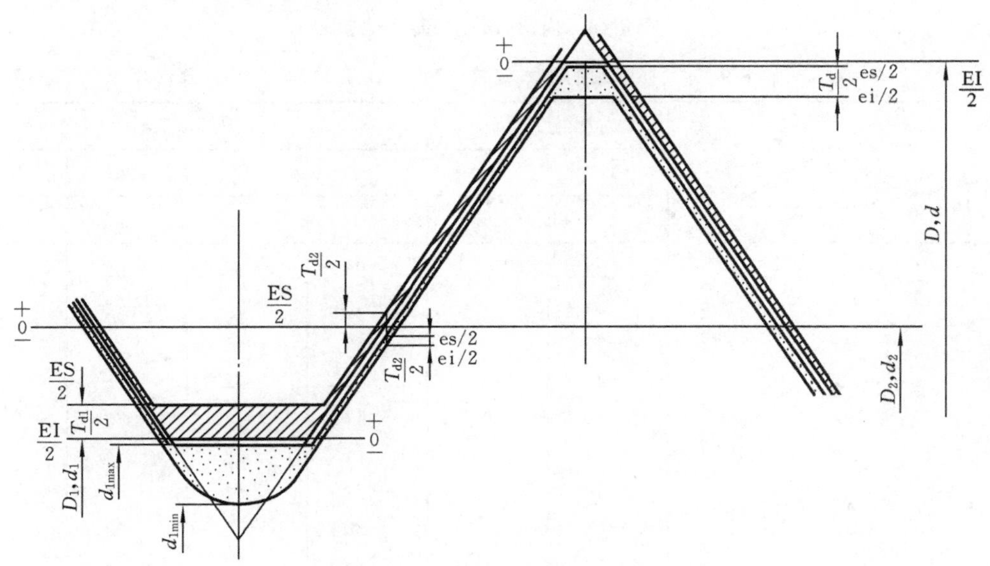

图 8-17 普通螺纹的公差带

内、外螺纹的基本偏差值如表 8-9 所示。

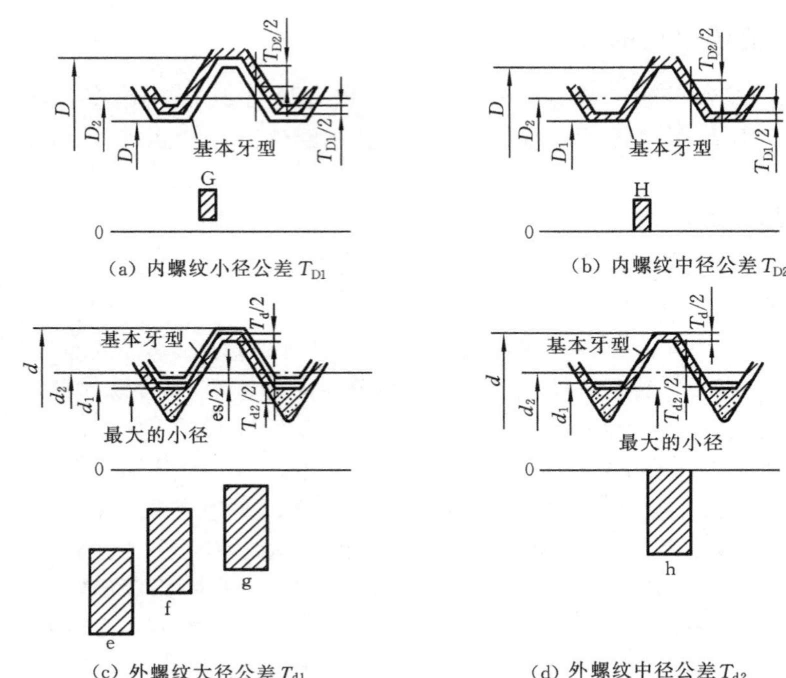

图 8-18　内、外螺纹的基本偏差

表 8-9　内、外螺纹的基本偏差(摘自 GB/T 197—2003)　　单位:μm

螺纹 / 基本偏差 / 螺距 P/mm	内螺纹 D_2、D_1		外螺纹 d_2、d_1			
	G	H	e	f	g	h
	EI		es			
0.75	+22	0	−56	−38	−22	0
0.8	+24		−60	−38	−24	
1	+26		−60	−40	−26	
1.25	+28		−63	−42	−28	
1.5	+32		−67	−45	−32	
1.75	+34		−71	−48	−34	
2	+38		−71	−52	−38	
2.5	+42		−80	−58	−42	
3	+48		−85	−63	−48	

2) 公差带的大小和公差等级

普通螺纹公差带的大小由公差等级决定。内、外螺纹中径、顶径公差等级如表8-10所示。

表8-10 螺纹公差等级

螺纹直径		公差等级
内螺纹	中径 D_2	4、5、6、7、8
	顶径(小径)D_1	
外螺纹	中径 d_2	3、4、5、6、7、8、9
	顶径(大径)d_1	4、6、8

其中6级为基本级。由于内螺纹加工困难,在公差等级和螺距值都一样的情况下,内螺纹的公差值比外螺纹的公差值约大32%。

2. 螺纹精度和旋合长度

螺纹精度由螺纹公差带和旋合长度构成。螺纹旋合长度越长,螺距累积误差越大,对螺纹旋合性的影响越大。螺纹的旋合长度分短旋合长度(以 S 表示)、中等旋合长度(以 N 表示)、长旋合长度(以 L 表示)三种。一般优先采用中等旋合长度。中等旋合长度是螺纹公称直径的0.5～1.5倍。公差等级相同的螺纹,若旋合长度不同,则可分属不同的精度等级。

国家标准将螺纹精度分为精密、中等和粗糙三个级别。精密级用于精密螺纹和要求配合性质稳定、配合间隙较小的连接;中等级用于中等精度和一般用途的螺纹连接;粗糙级用于精度要求不高或难以制造的螺纹。

3. 普通螺纹公差和配合选用

1) 螺纹公差带的选用

螺纹的公差等级和基本偏差相组合可以生成许多公差带,考虑到定值刀具和量具规格增多会造成经济和管理上的困难,同时有些公差带在实际使用中效果不好,国家标准对内、外螺纹公差带进行了筛选,选用公差带时可参考表8-11。

表8-11 普通螺纹的选用公差带(摘自GB/T 197—2003)

精度等级	内螺纹公差带			外螺纹公差带		
	S	N	L	S	N	L
精密级	4H	5H	6H	(3h4h)	*4h (4g)	(5h4h) (5g4g)

续表

精度等级	内螺纹公差带			外螺纹公差带		
	S	N	L	S	N	L
中等级	*5H (5G)	[*6H] (6G)	*7H (7G)	(5h6h) (5g6g)	*6e *6f [*6g] *6h	(7h6h) (7g6g) (7e6e)
粗糙级	—	7H (7G)	8H (8G)	—	8g (8e)	(9g8g) (9e8e)

注：① 大量生产的精制紧固螺纹，推荐采用带方框的公差带；

② 带星号*的公差带应优先选用，不带星号*的公差带其次选用，加括号的公差带尽量不用。

除非特别需要，一般不选用表外的公差带。

螺纹公差带代号由公差等级和基本偏差代号组成，它的写法是公差等级在前，基本偏差代号在后。外螺纹基本偏差代号是小写的，内螺纹基本偏差代号是大写的。表 8-11 中有些螺纹公差带是由两个公差带代号组成的，其中前面一个公差带代号为中径公差带，后面一个为顶径公差带。当顶径与中径公差带相同时，合写为一个公差带代号。

2）配合的选用

内、外螺纹的选用公差带可以任意组成各种配合。国家标准要求完工后的螺纹配合最好是 H/g、H/h 或 G/h 的配合。为了保证螺纹旋合后有良好的同轴度和足够的连接强度，可选用 H/h 配合。要求装拆方便，一般选用 H/g 配合。对于需要涂镀保护层的螺纹，根据涂镀层的厚度选用配合。镀层厚度为 5 μm 左右，选用 6H/6g；镀层厚度为 10 μm 左右，则选 6H/6f；若内、外螺纹均涂镀，可选用 6G/6e。

4. 螺纹的标记

1）单个螺纹的标记

螺纹的完整标记由螺纹代号、公称直径、螺距、旋向、螺纹公差带代号和旋合长度代号(或数值)组成。当螺纹是粗牙螺纹时，粗牙螺距省略不标。当螺纹为右旋螺纹时，不标旋向；当螺纹为左旋螺纹时，在相应位置写“LH”字样。当螺纹中径、顶径公差带相同时，合写为一个。当螺纹旋合长度为中等时，省略标注旋合长度。

例 8-1　解释螺纹标记 M20×2-7g6g-24-LH 的含义。

解　M——普通螺纹的代号；

20——螺纹公称直径；

2——细牙螺纹螺距(粗牙螺距不注)；

7g——螺纹中径公差带代号，字母小写表示外螺纹；

6g——螺纹顶径公差带代号，字母小写表示外螺纹；

24——旋合长度数值；

LH——左旋(右旋不注)。

例 8-2 解释螺纹标记 M10-5H6H-L 的含义。

解 M10——普通螺纹代号及公称直径，粗牙；

5H6H——螺纹中径、顶径公差带代号，大写字母表示内螺纹；

L——长旋合长度代号(中等旋合长度可不注)。

2) 螺纹配合在图样上的标注

标注螺纹配合时，内、外螺纹的公差带代号用斜线分开，左边为内螺纹公差带代号，右边为外螺纹公差带代号。例如，M20×2-6H/6g、M20×2-6H/5S6g-LH。

5. 螺纹的表面粗糙度要求

螺纹牙型表面粗糙度主要根据中径公差等级来确定。表 8-12 列出了螺纹牙侧表面粗糙度参数 *Ra* 的推荐值。

表 8-12 螺纹牙侧表面粗糙度参数 *Ra* 的推荐值 单位：μm

工 件	螺纹中径公差等级		
	4～5	6～7	7～9
	Ra 不大于		
螺栓、螺钉、螺母	1.6	3.2	3.2～6.3
轴及套上的螺纹	0.8～1.6	1.6	3.2

8.3.4 普通螺纹的测量

测量螺纹的方法有两类：单项测量和综合检验。单项测量是指用指示量仪测量螺纹的实际值，每次只测量螺纹的一项几何参数，并以所得的实际值来判断螺纹的合格性。单项测量有牙型量头法、量针法和影像法等。综合检验是指一次同时检验螺纹的几个参数，以几个参数的综合误差来判断螺纹的合格性。生产上广泛应用螺纹极限量规综合检验螺纹的合格性。

单项测量精度高，主要用于精密螺纹、螺纹刀具及螺纹量规的测量或生产中分析形成各参数误差的原因时使用。综合检验生产率高，适合于成批生产中精度不太高的螺纹件。

1. 普通螺纹的综合检验

对螺纹进行综合检验时使用的是螺纹量规和光滑极限量规，它们都是由通规(通端)

和止规(止端)组成。光滑极限量规用于检验内、外螺纹顶径尺寸的合格性,螺纹量规的通规用于检验内、外螺纹的作用中径及底径的合格性,螺纹量规的止规用于检验内、外螺纹单一中径的合格性。检验内螺纹用的螺纹量规称为螺纹塞规。检验外螺纹用的螺纹量规称为螺纹环规。

螺纹量规按极限尺寸判断原则设计,螺纹量规的通规体现的是最大实体牙型尺寸,具有完整的牙型,并且其长度等于被检螺纹的旋合长度。若被检螺纹的作用中径未超过螺纹的最大实体牙型中径,且被检螺纹的底径也合格,那么螺纹通规就会在旋合长度内与被检螺纹顺利旋合。

螺纹量规的止规用于检验被检螺纹的单一中径。为了避免牙型半角误差和螺距累积误差对检验结果的影响,止规的牙型常做成截短形牙型,以使止端只在单一中径处与被检螺纹的牙侧接触,并且止端的牙扣只做出几牙。

图 8-19 所示为检验外螺纹的示例。用卡规先检验外螺纹顶径的合格性,再用螺纹环规的通端检验,若外螺纹的作用中径合格,且底径(外螺纹小径)没有大于其最大极限尺寸,通端应能在旋合长度内与被检螺纹旋合。若被检螺纹的单一中径合格,螺纹环规的止端不应通过被检螺纹,但允许旋进 2～3 牙。

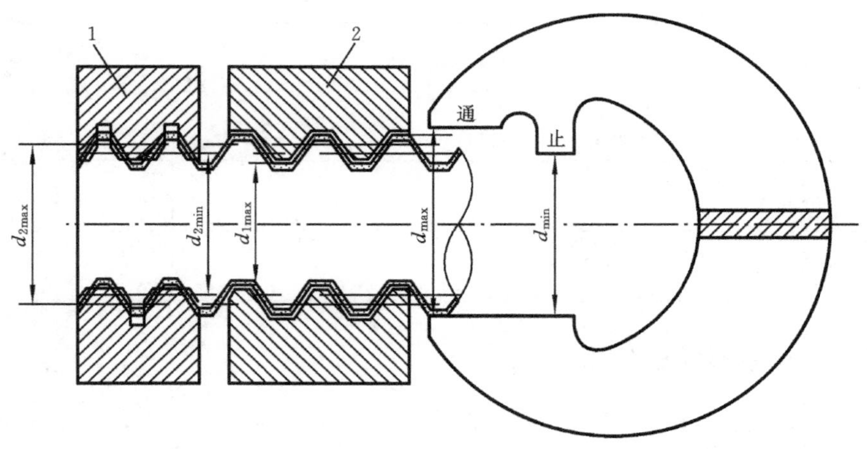

图 8-19　外螺纹的综合检验

1—止端螺纹环规;2—通端螺纹环规

图 8-20 所示为检验内螺纹的示例。

用光滑极限量规(塞规)检验内螺纹顶径的合格性。再用螺纹塞规的通端检验内螺纹的作用中径和底径,若作用中径合格且内螺纹的底径(内螺纹大径)不小于其最小极限尺寸,通规应能在旋合长度内与内螺纹旋合。若内螺纹的单一中径合格,螺纹塞规的止端就不能通过,但允许旋进 2～3 牙。

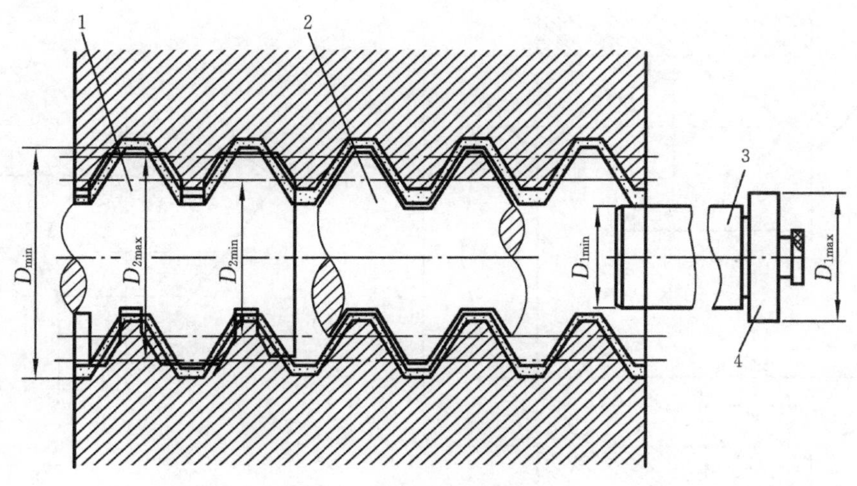

图 8-20　内螺纹的综合检验

1—止端螺纹塞规；2—通端螺纹塞规；3—通规；4—止规

2. 普通螺纹的单项测量

1) 用螺纹千分尺测量

螺纹千分尺是测量低精度外螺纹中径的常用量具。它的结构与一般外径千分尺相似，所不同的是测量头，它有成对配套的、适用于不同牙型和不同螺距的测头。如图 8-21 所示。

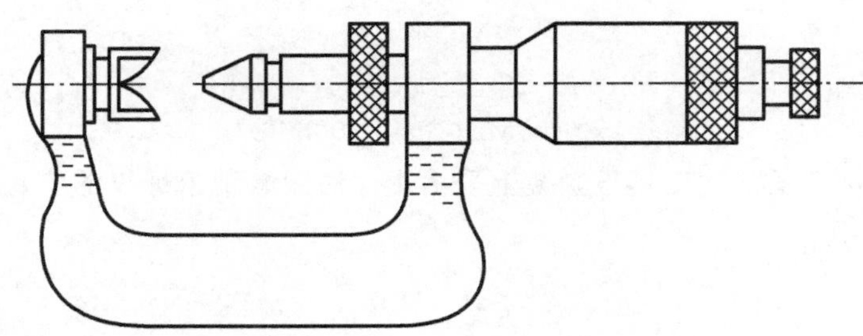

图 8-21　螺纹千分尺

2) 用三针量法测量

三针量法具有精度高、测量简便的特点，可用来测量精密螺纹和螺纹量规。三针量法是一种间接量法。如图 8-22 所示，用三根直径相等的量针分别放在螺纹两边的牙槽中，用接触式量仪测出针距尺寸 M。当螺纹升角不大时（$\varphi \leqslant 3°$），根据已知螺距 P、牙型半角 $\alpha/2$ 及量针直径 d_0，可用下面的公式计算螺纹的单一中径 $d_{2单一}$，即

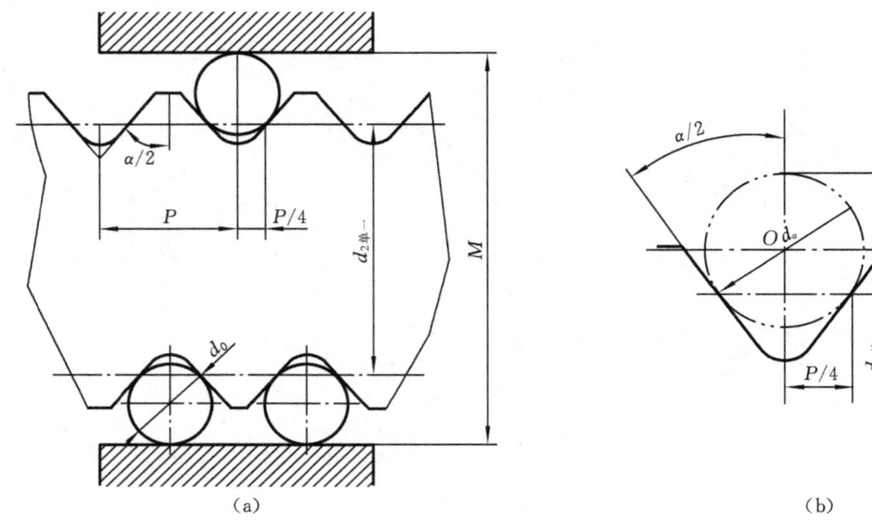

图 8-22　三针法测量螺纹中径

$$d_{2单一}=M-d_0\left(1+\frac{1}{\sin\frac{\alpha}{2}}\right)+\frac{P}{2}\cot\frac{\alpha}{2}$$

普通螺纹 $\alpha=60°$,最佳量针直径为

$$d_0=\frac{P}{2\cos\frac{\alpha}{2}}$$

故有

$$d_{2单一}=M-3d_0+0.866P$$

另外,在计量室里常在工具显微镜上采用影像法测量精密螺纹的各几何参数,可供生产上作工艺分析用。

习　　题

8-1　单键连接有几种配合类型?它们各应用在什么地方?

8-2　单键连接的主要几何参数有哪些?一般采用哪种配合制度?

8-3　矩形花键连接的结合面有哪些?各结合面的配合采用何种配合制度?通常用哪个结合面作为定心表面?

8-4 试述矩形花键连接采用小径定心的优点。

8-5 某减速器中输入轴的伸出端与相配件孔的配合为 ϕ30H7/m6，采用平键连接。试确定轴槽和轮毂槽的剖面尺寸及其极限偏差、键槽对称度公差和键槽表面粗糙度参数值，并确定应遵守的公差原则，将各项公差值标注在零件图上。

8-6 圆锥配合与光滑圆柱配合比较有何优缺点？圆锥配合的基本参数有哪些？

8-7 某机床主轴端部锥孔最大圆锥直径 ϕ68 mm 为配合直径，锥度 $C=7:24$，配合长度 $H=106$ mm，基面距 $a=3$ mm，基面距极限偏差 $\Delta=\pm 0.4$ mm，试计算确定直径和圆锥角的极限偏差。

8-8 影响螺纹互换性的主要因素有哪些？

8-9 丝杆螺纹和普通螺纹的精度要求有什么区别？试查表写出 M20×2-6H/5g6g 外螺纹中径、大径和内螺纹中径、小径的极限偏差，并绘出其公差带图。

8-10 试选择螺纹连接 M20×2 的公差与基本偏差。其工作条件要求旋合性和联结性强度好，螺纹的生产条件是大批量生产。

第 9 章 圆柱齿轮传动的互换性

9.1 评定齿轮传动质量的单项测量指标及测量方法

齿轮误差的测量有单项测量和综合测量。在中、小批量生产时，为了进行工艺分析，提高齿轮加工的质量，宜采用单项测量。评定渐开线圆柱齿轮传动质量的单项测量指标有：齿距偏差、齿廓偏差、螺旋线偏差、径向跳动和齿厚偏差(GB/T 10095—2008《圆柱齿轮　精度制》未作规定，由设计者按齿轮副侧隙计算确定其偏差值)等。

9.1.1 齿距偏差

1. 单个齿距偏差(f_{pt})

单个齿距偏差是指在端平面上，在接近齿高中部的一个与齿轮轴线同心的圆上，实际齿距与理论齿距的代数差(见图 9-1)。

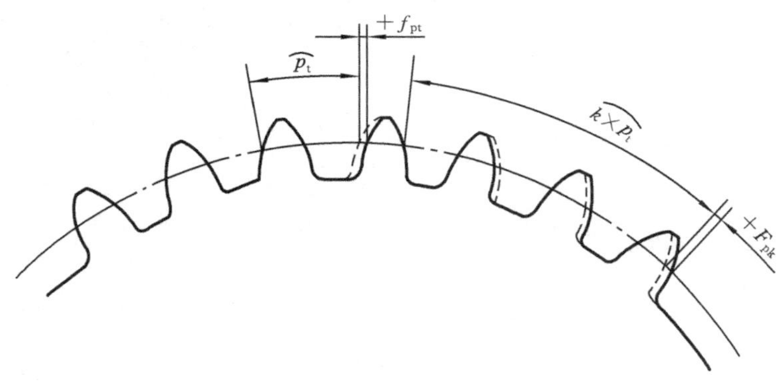

图 9-1　齿距偏差与齿距累积偏差

┈┈┈ 理论齿廓；——— 实际齿廓

2. 齿距累积偏差(F_{pk})

齿距累积偏差是指任意 k 个齿距的实际弧长与理论弧长的代数差(见图 9-1)。理论上它等于 k 个齿距的各单个齿距偏差的代数和。

除另有规定，F_{pk} 值仅限于不超过圆周 1/8 的弧段内。因此 F_{pk} 的允许值适用于齿距数 k 为 2 到小于 $z/8$ 的弧段内。通常，F_{pk} 取 $k=z/8$ 就足够了，对于特殊的应用(如高速齿轮)，还需检验较小弧段，并规定相应的 k 数。

3. 齿距累积总偏差(F_p)

齿距累积总偏差是指齿轮同侧齿面任意弧段($k=1$ 至 $k=z$)内的最大齿距累积偏差。它表现为齿距累积偏差曲线的总幅值。

齿距偏差常用测量仪器有齿距仪和万能测齿仪。齿距累积偏差和齿距累积总偏差的测量方法有相对法和绝对法,通常采用相对法进行测量,即首先以被测齿轮上任一实际齿距(k 个齿距)作为基准,将仪器指示表调零,然后沿整个齿圈依次测出其他实际齿距与作为基准的齿距的差值(称为相对齿距偏差),经过数据处理求出,同时也可求得单个齿距偏差。单个齿距偏差需对每个齿轮的两侧都进行测量。

9.1.2 齿廓偏差

1. 基本概念

齿廓偏差是指实际齿廓偏离设计齿廓的量,该量在端平面内且垂直于渐开线齿廓的方向计值。

齿廓偏差涉及以下几个基本概念。

1) 可用长度(L_{AF})

可用长度等于两条端面基圆切线之差。其中一条从基圆到可用齿廓的外界限点,另一条是从基圆到可用齿廓的内界限点。

2) 有效长度(L_{AE})

可用长度中对应于有效齿廓的那部分。

3) 齿廓计值范围(L_a)

为可用长度中的一部分,在 L_a 内应遵照规定的精度等级公差。除特殊规定外,其长度等于从点 E 开始延伸到有效长度 L_{AE} 的 92%。

4) 设计齿廓

符合设计规定的齿廓,当无其他限定时,是指端面齿廓。

5) 被测齿面的平均齿廓

设计齿廓迹线的纵坐标减去一条斜直线的纵坐标后得到的一条迹线。

2. 齿廓总偏差(F_α)

齿廓总偏差是指在计值范围内,包容实际齿廓迹线的两条设计齿廓迹线间的距离(见图 9-2(a))。

3. 齿廓形状偏差($f_{f\alpha}$)

齿廓形状偏差是指在计值范围内,包容实际齿廓迹线的两条与平均齿廓迹线完全相同的曲线间的距离,且两条曲线与平均齿廓迹线的距离为常数(见图 9-2(b))。

4. 齿廓倾斜偏差($f_{H\alpha}$)

齿廓倾斜偏差是指在计值范围的两端与平均齿廓迹线相交的两条设计齿廓迹线间的

距离(见图 9-2(c))。

齿廓偏差常用测量仪器有渐开线检查仪。其原理是利用精密机构产生正确的渐开线轨迹与实际齿形进行比较,以确定齿廓偏差。

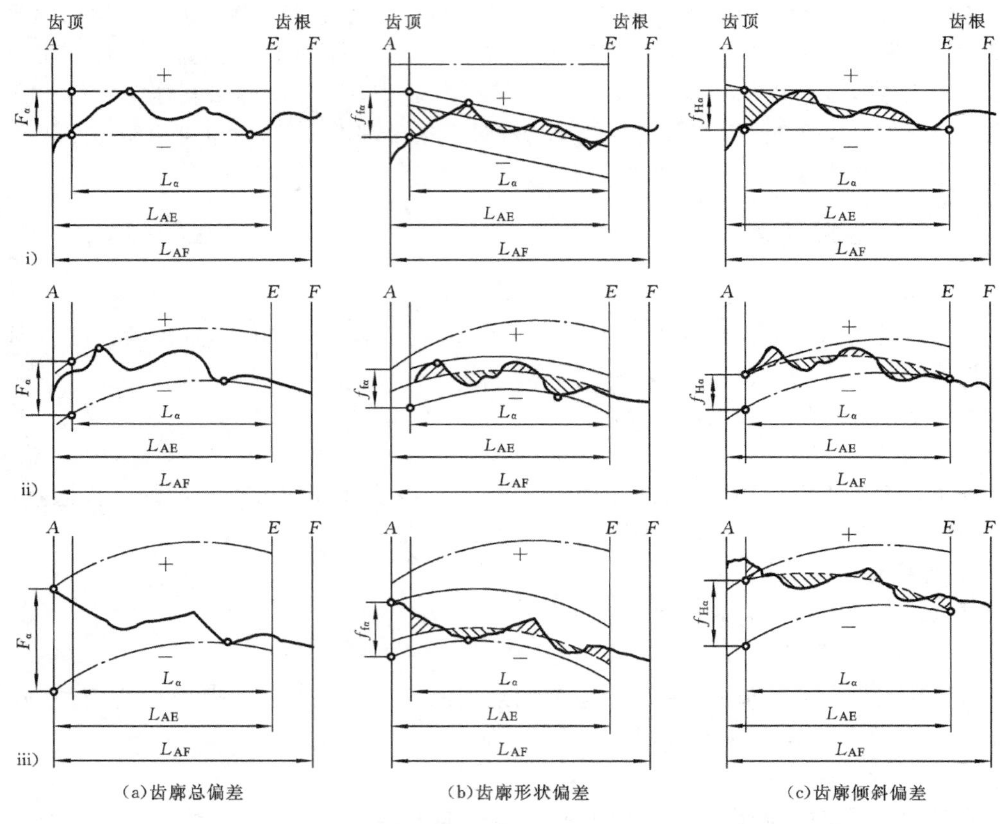

图 9-2　齿廓偏差

ⅰ)设计齿廓—未修形的渐开线,实际齿廓—在减薄区内具有偏向体内的负偏差;

ⅱ)设计齿廓—修形的渐开线,实际齿廓—在减薄区内具有偏向体内的负偏差;

ⅲ)设计齿廓—修形的渐开线,实际齿廓—在减薄区内具有偏向体外的正偏差

点画线—设计轮廓;粗实线—实际轮廓;虚线—平均轮廓

9.1.3　螺旋线偏差

螺旋线偏差是指在端面基圆切线方向上测得的实际螺旋线偏离设计螺旋线的量。

1. 螺旋线总偏差(F_β)

螺旋线总偏差是指在计值范围内,包容实际螺旋线迹线的两条设计螺旋线迹线间的距离(见图 9-3(a))。

2. 螺旋线形状偏差($f_{f\beta}$)

螺旋线形状偏差是指在计值范围内,包容实际螺旋线迹线的两条与平均螺旋线迹线完全相同的曲线间的距离,且两条曲线与平均螺旋线迹线的距离为常数(见图 9-3(b))。

3. 螺旋线倾斜偏差($f_{H\beta}$)

螺旋线倾斜偏差是指在计值范围内,两端与平均螺旋线迹线相交的设计螺旋线迹线间的距离(见图 9-3(c))。

螺旋线偏差的测量方法有展成法和坐标法。展成法常用测量仪器有渐开线螺旋检查仪和导程仪等。坐标法常用测量仪器有螺旋线样板检查仪、齿轮测量中心和三坐标测量机等。

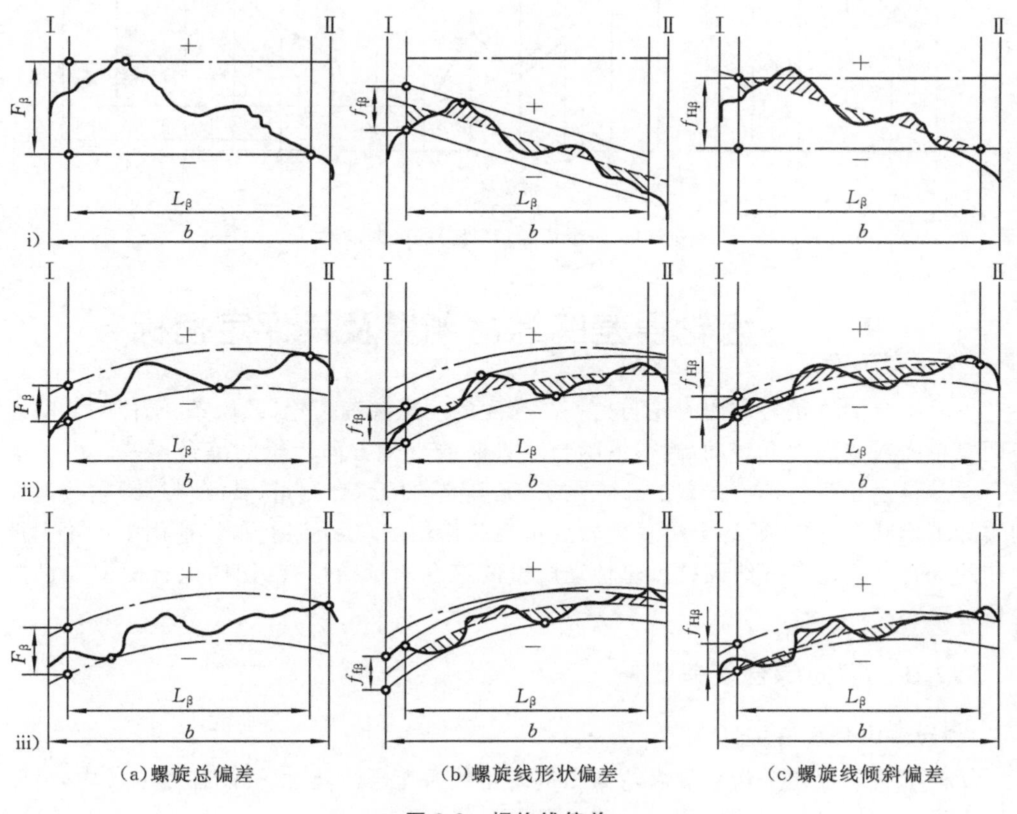

(a)螺旋总偏差　　(b)螺旋线形状偏差　　(c)螺旋线倾斜偏差

图 9-3　螺旋线偏差

9.1.4 径向跳动(F_r)

径向跳动是指测头(含球形、圆柱形、砧形等)相继置于每个齿槽内时,从它到齿轮轴线的最大和最小径向距离之差。检查中,测头近似齿高中部与左右齿面接触,图 9-4 所示为径向跳动的图例,图中,偏心量是径向跳动的一部分。

径向跳动可以在专用齿轮跳动检查仪或万能测齿仪上测量,也可以用普通顶尖座和千分表、圆棒、表架组合测量。

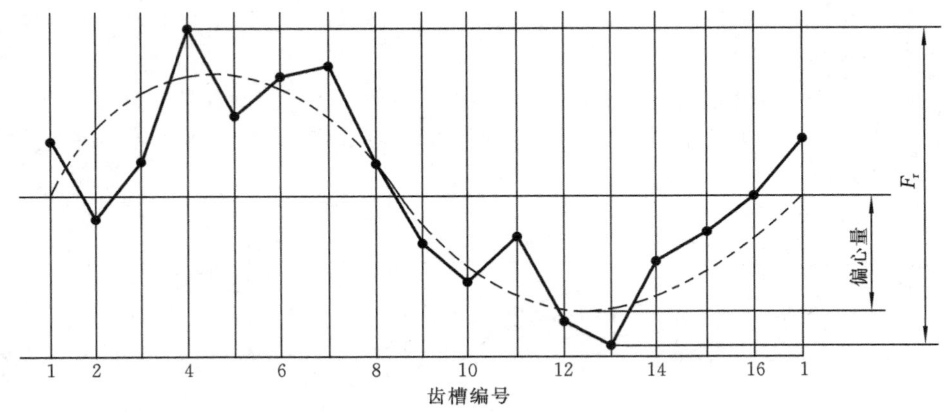

图 9-4　一个齿轮(16 齿)的径向跳动

9.2　齿轮误差的综合测量及其评定指标

齿轮综合测量是将被测齿轮与另一高精度的理想精确齿轮(或齿条、蜗杆等),两齿轮齿面以单面或双面啮合转动,测得沿啮合线方向或直径方向齿轮的综合误差。由于齿轮综合误差是齿轮某些单项误差的合成结果,尤其是单啮综合测量,其测量过程较接近齿轮的实际工作状态,故齿轮综合测量能较好地反映齿轮的实际使用质量,适用于齿轮大批量生产的场合。评定渐开线圆柱齿轮传动质量的综合测量指标有:切向综合偏差和径向综合偏差。

9.2.1　切向综合偏差

1. 切向综合总偏差(F_i')

切向综合总偏差是指被测齿轮与测量齿轮单面啮合检验时,被测齿轮一转内,齿轮分度圆上实际圆周位移与理论圆周位移的最大差值(见图 9-5)。

2. 一齿切向综合偏差(f_i')

一齿切向综合偏差是指被测齿轮与测量齿轮单面啮合检验时,被测齿轮在一个齿距内的切向综合偏差(见图 9-5)。

切向综合偏差是在单面啮合综合检查仪(简称单啮仪)上进行测量的,单啮仪结构复

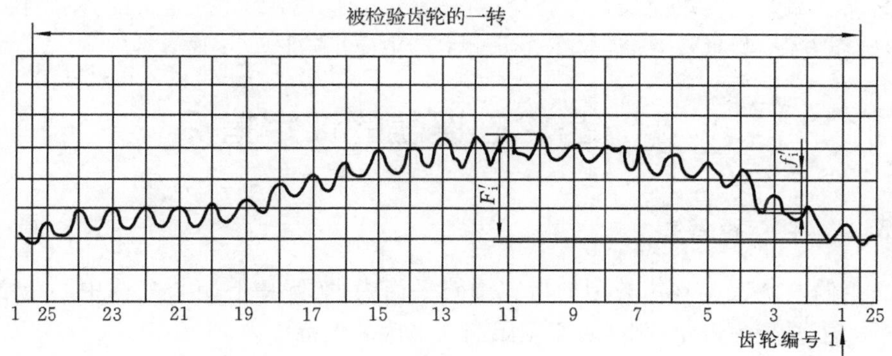

图 9-5 切向综合偏差

杂，价格昂贵。

9.2.2 径向综合偏差

1. 径向综合总偏差(F_i'')

径向综合总偏差是指在径向(双面)综合检验时，被测齿轮的左右齿面同时与测量齿轮接触，并转过一整圈时出现的中心距最大值与最小值之差(见图 9-6)。其中双啮中心距是指被测齿轮与测量齿轮紧密啮合时的中心距。

2. 一齿径向综合偏差(f_i'')

一齿径向综合偏差是指被测齿轮与测量齿轮双面啮合一整圈时，对应一个齿距(360°/z)的径向综合偏差值(见图 9-6)。

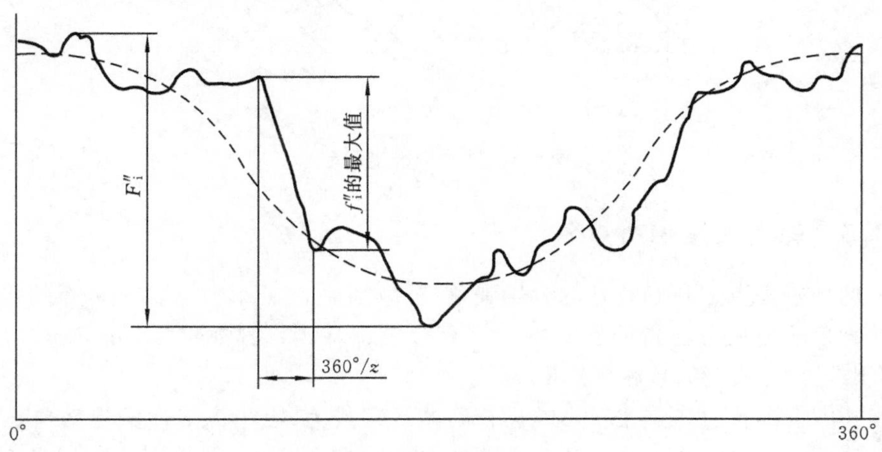

图 9-6 径向综合偏差

径向综合偏差是在双面啮合综合检查仪(简称双啮仪)上进行测量的,双啮仪比单啮仪简单,操作方便,测量效率高,故在大批量生产中应用得比较普通。

9.3 齿轮副误差的评定指标

9.3.1 中心距偏差

中心距偏差 f_a是指在齿轮副的齿宽中间平面内,实际中心距与公称中心距之差(见图 9-7)。f_a主要影响齿轮副侧隙,必须限制在极限偏差范围内。

9.3.2 轴线平行度偏差

1. 轴线平面内的偏差($f_{\Sigma\delta}$)

轴线平面内偏差是在两轴线的公共平面上测量的,它影响螺旋线啮合偏差(见图 9-7)。

2. 轴线垂直平面上的偏差($f_{\Sigma\beta}$)

轴线垂直上的偏差是在与轴线公共平面垂直的“交错轴平面”上测量的(见图 9-7)。

轴线平面内偏差对螺旋线啮合偏差的影响是工作压力角的正弦函数,而垂直平面上的轴线偏差的影响是工作压力角的余弦函数,对这两种偏差要规定不同的最大推荐值。

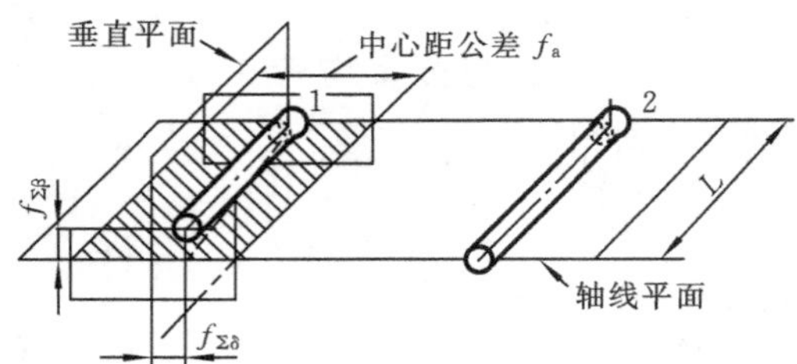

图 9-7　轴线平行度偏差

9.3.3 轮齿的接触斑点

轮齿的接触斑点是指安装好的齿轮副,在轻微制动下,运转后齿面上分布的接触擦亮痕迹。接触痕迹的大小在齿面展开图上用百分数计算。百分数越大,分布均匀性越好。图 9-8 给出了几种典型的接触斑点形状。

沿齿长方向的接触斑点主要影响齿轮副的承载能力,沿齿高方向的接触斑点主要影响工作平稳性。接触斑点综合反映了齿轮的加工和安装误差。为满足齿轮副齿面载荷分布均匀性要求,齿轮副的接触斑点不小于规定的百分数。

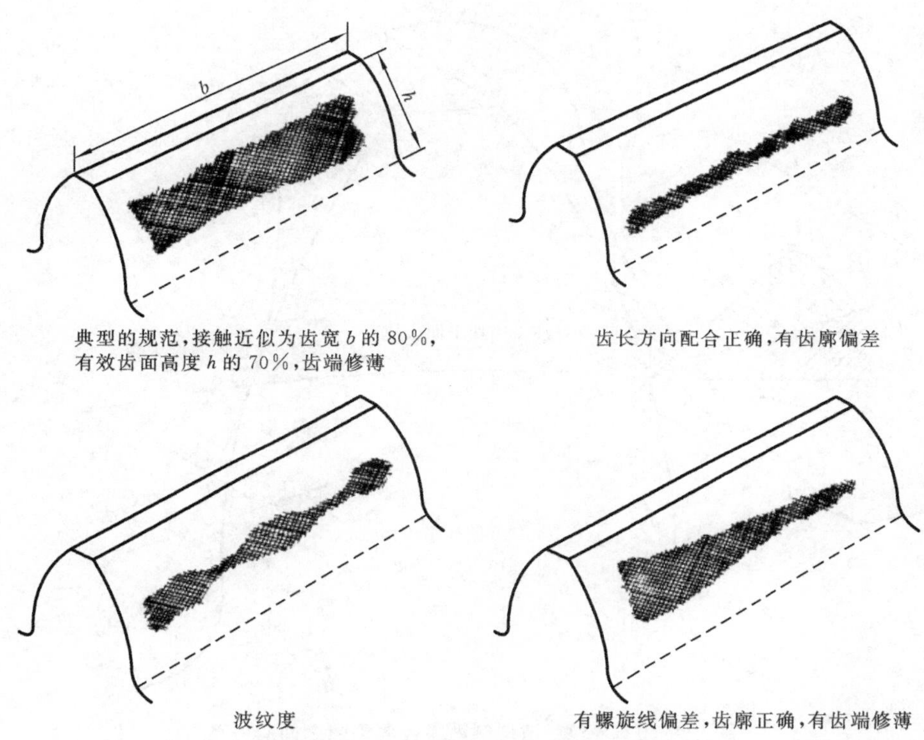

b
h
典型的规范，接触近似为齿宽 b 的 80%，
有效齿面高度 h 的 70%，齿端修薄
齿长方向配合正确，有齿廓偏差
波纹度
有螺旋线偏差，齿廓正确，有齿端修薄

图 9-8 接触斑点形状

9.3.4 齿轮副的侧隙

侧隙是指两个相配齿轮的工作齿面相接触时，在两个非工作齿面之间所形成的间隙。

1. 齿轮副的侧隙

1）圆周侧隙（j_{wt}）

圆周侧隙是指当固定两相啮合齿轮中一个时，另一个齿轮所能转过的节圆弧长的最大值（见图 9-9）。

2）法向侧隙（j_{bn}）

法向侧隙是指当两个齿轮的工作齿面相接触时，其非工作齿面之间的最小距离（见图 9-9）。

通常多表示为法向侧隙，法向侧隙 j_{bn} 与圆周侧隙 j_{wt} 之间的关系为

$$j_{hn} = j_{wt}\cos\beta_b\cos\alpha_n$$

式中：β_b 为基圆螺旋角；α_n 为分度圆法面压力角。

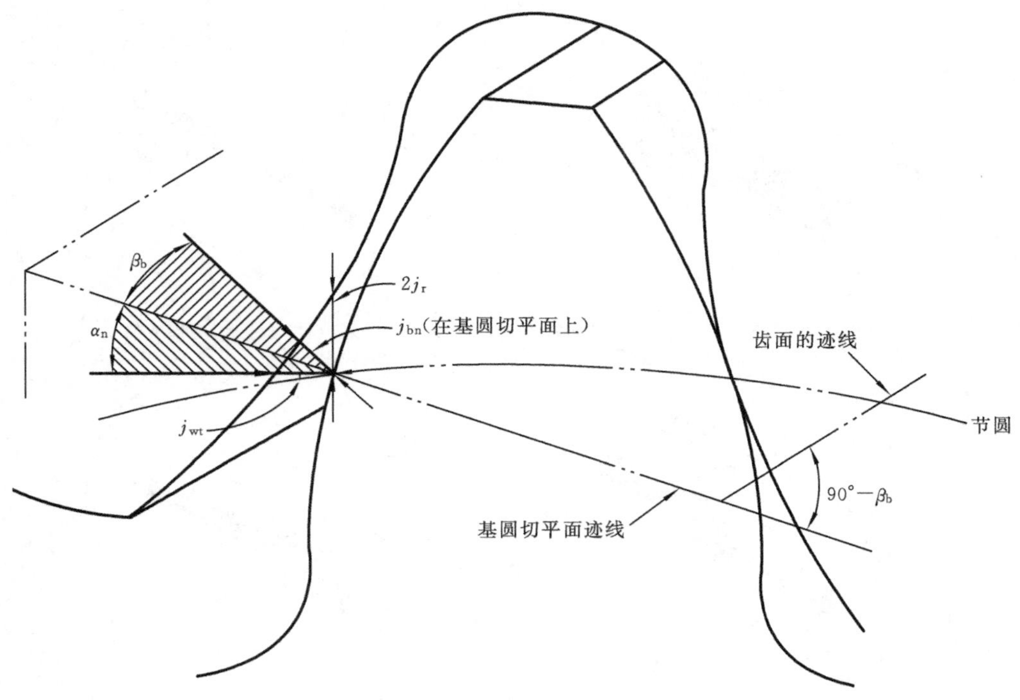

图 9-9　圆周侧隙、法向侧隙与径向侧隙之间的关系

3）径向侧隙(j_r)

径向侧隙是指将两个相配齿轮的中心距缩小，直到左侧和右侧齿面都接触时的中心距缩小量。

径向侧隙 j_r 与圆周侧隙 j_{wt} 之间的关系为

$$j_r = j_{wt}/2\tan\alpha_n$$

2. 影响齿轮副侧隙的偏差

在齿轮的加工误差中，影响齿轮副侧隙的误差主要是齿厚偏差和公法线平均长度偏差。

1）齿厚偏差与齿厚公差(T_s)

齿厚偏差是指分度圆柱面上齿厚实际值与公称值之差（见图 9-10）。图中 E_{sns} 表示齿厚上偏差，E_{sni} 表示齿厚下偏差。为了保证齿轮传动侧隙，齿厚的上、下偏差均应为负值。

T_s 是指齿厚偏差的最大允许值。

由于在分度圆柱面上齿厚不便于测量，所以实际测量时用齿厚游标卡尺测量分度圆弦齿厚。测量弦齿厚有局限性，可改用测量公法线平均长度偏差的方法。

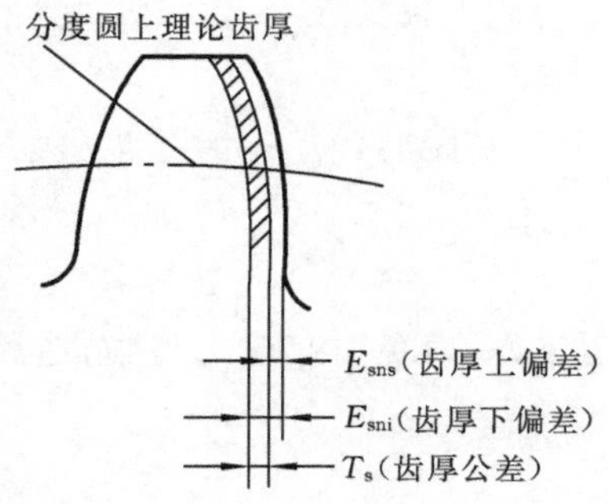

图 9-10 齿厚偏差

2) 公法线平均长度偏差及其平均长度公差(T_{wm})

公法线平均长度偏差是指在齿轮一周内,公法线长度平均值与公称值之差。E_{bns} 为公法线平均长度上偏差,E_{bni} 为公法线平均长度下偏差。

T_{wm} 是指公法线平均长度偏差的最大允许值,即

$$T_{wm} = |E_{bns} - E_{bni}|$$

渐开线标准直齿圆柱齿轮的公法线长度 W 的公称值为

$$W_{公称} = m\cos\alpha\left[\frac{(2k-1)\pi}{2} + z \cdot \mathrm{inv}\alpha\right]$$

$$k = \frac{\alpha}{180^\circ} + \frac{1}{2}$$

当 $\alpha = 20^\circ$时,有

$$W_{公称} = m[1.476(2k-1) + 0.014z]$$

其中,$k = \frac{z}{9} + 0.5$ (四舍五入取整数)

9.4 齿轮加工误差及其对传动、载荷等的影响

齿轮是多参数的常用传动零件,各种加工、安装误差都会影响齿轮传动的传动质量。随着现代生产和科技的发展,对齿轮传动的精度提出了更高要求。因此,研究齿轮误差对使用性能等的影响,对提高齿轮加工质量具有重要意义。

9.4.1 齿轮传动的使用要求

齿轮传动主要用来传递运动和动力,广泛应用于机器、仪器制造业。在一般情况下,对齿轮传动的使用要求可归纳为以下四项。

1. 传递运动的准确性

要求齿轮在一转范围内,其传动比的变化尽量小,最大转角误差限制在一定范围内,

以保证主动轮和从动轮的运动协调一致。

2. 传动的平稳性

要求齿轮在一个齿距范围内,其瞬时传动比的变化尽量小,以保证低噪声、低冲击和较小振动。

3. 载荷分布的均匀性

要求齿轮啮合时齿面接触良好,以免引起应力集中,造成齿面局部磨损加剧,影响齿轮的使用寿命。

4. 传动侧隙

要求齿轮啮合时,非工作齿面间应留有一定的间隙。侧隙的存在对贮藏润滑油、补偿齿轮传动受力后的弹性变形、热膨胀以及齿轮传动装置制造误差和装配误差等都是必需的;否则,齿轮在传动过程中可能卡死或烧伤。

以上四项要求中,前三项是针对齿轮本身提出的要求,第四项是对齿轮副的要求。齿轮传动的用途不同,对齿轮要求的侧重点也不同。如用于分度机构、读数机构中的齿轮,传动比应准确,侧重传递运动准确性要求;对用于汽轮机减速器中的高速动力齿轮,应减少冲击、振动和噪声,侧重传动的平稳性要求;对用于起重机械、矿山机械中的低速动力齿轮,强度是主要的,侧重载荷分布的均匀性要求。为保证运动的灵活性,每种齿轮传动的齿侧间隙都必须符合要求。

9.4.2 齿轮加工误差及其对传动、载荷等的影响

1. 齿轮加工误差的来源

在机械制造中,齿轮加工方法很多。现以滚齿加工为例分析产生齿轮加工误差的主要原因。

滚切加工齿轮的误差主要来源于机床一刀具一齿坯系统的周期性误差。图 9-11 所示为滚切加工齿轮时的情况,主要包括以下内容。

1) **偏心**

偏心分为加工时齿坯基准孔轴线 o_1 与滚齿机 o 工作台旋转轴线不重合而引起的几何偏心(e_j),及滚齿机分度蜗轮加工误差和分度蜗轮轴线 o_2 与工作台旋转轴线 o 有安装偏心(e_k)等引起的运动偏心(e_y)。

2) **机床传动链的高频误差**

加工直齿轮时,主要受分度链中各传动元件误差的影响,尤其是分度蜗杆的安装偏心(e_w)和轴向窜动的影响。加工斜齿轮时,除分度链误差外,还有差动链误差的影响。

3) **滚刀的加工误差**

滚刀的加工误差主要是指滚刀本身的制造误差。

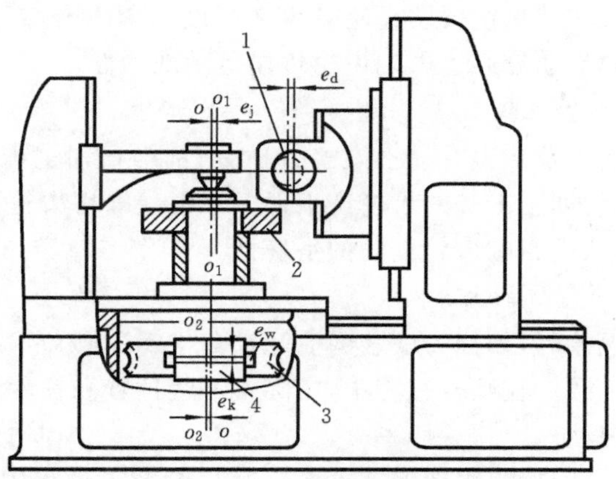

图 9-11 滚切齿轮

1—滚刀；2—齿轮坯；3—分度蜗轮；4—蜗杆

4）滚刀的安装误差

上述几方面产生的齿轮加工误差中，两种偏心所产生的齿轮误差以齿轮一转为周期，称为长周期误差；后三项因素所产生的误差，以分度蜗杆一转或齿轮一齿为周期，而且频率较高，在齿轮一转中多次重复出现，称为短周期误差(或高频误差)。

为了便于分析齿轮各种误差对齿轮传动质量的影响，在齿轮精度分析中按误差相对于齿轮的方向，又可分为径向误差、切向误差和轴向误差。

2. 影响传递运动准确性的因素

几何偏心对齿轮精度的影响如图 9-12 所示，几何偏心使加工过程中齿坯相对滚刀的距离产生变化，切出的齿一边短而肥、一边长而瘦。当这种齿轮与测量齿轮啮合时，必然产生转角误差，从而影响齿轮传递运动准确性。

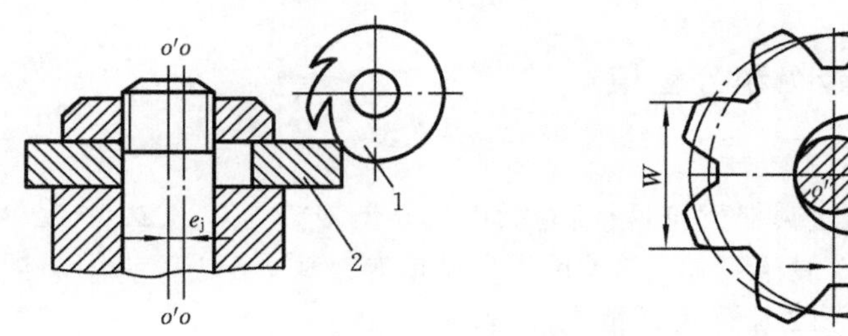

图 9-12 几何偏心对齿轮精度的影响

1—滚刀；2—齿坯；3—齿圈

运动偏心对齿轮精度的影响如图 9-11 所示，运动偏心使工作台按正弦规律以一转为周期时快时慢地旋转。其结果使被切齿轮轮齿在分度圆周上分布不均匀，在齿轮一转内按正弦规律变化。因此运动偏心也影响齿轮传递运动准确性。

3. 影响齿轮传动平稳性的因素

当机床传动链有误差及滚刀有加工误差时，它们都会在加工齿轮过程中被复映到被加工齿轮的每一齿上，使加工出来的齿轮产生误差。引起被切齿轮齿面产生波纹，使齿轮啮合时产生瞬时波动，从而影响齿轮传动的平稳性。

4. 影响载荷分布均匀性的因素

当滚刀存在安装误差时，如滚刀安装的实际倾角与理论倾角不符，则会造成齿轮轮齿的齿向与理论齿向不一致。在啮合过程中，实际接触线位置和长度都会发生变化，从而影响齿轮载荷分布的均匀性。

综上所述，同侧齿面间的长周期偏差主要是由齿轮加工过程中的几何偏心和运动偏心引起的，一般两种偏心同时存在，可能抵消，也可能叠加。这类偏差有：齿距累积总偏差、切向综合总偏差、径向综合总偏差和径向跳动等。其结果影响齿轮传递运动的准确性。

同侧齿面间的短周期偏差主要是是由齿轮加工过程中的刀具误差、机床传动链误差等引起的。这类偏差有：单个齿距偏差、齿廓偏差、一齿切向综合偏差、一齿径向综合偏差等。其结果影响齿轮传动的平稳性。

同侧齿面的轴向偏差主要是由于齿坯轴线的歪斜和机床刀架导轨的不精确造成的，例如：螺旋线偏差。其特点是在齿轮的每一端截面中，轴向偏差是不变的。对于直齿轮，它破坏纵向接触；对于斜齿轮，它既破坏纵向接触也破坏高度接触，其结果影响载荷分布均匀性。

9.5 渐开线圆柱齿轮精度标准

9.5.1 齿轮精度等级和公差值

1. 精度等级

国家标准对单个渐开线圆柱齿轮，精度等级由高至低划分为0、1、2、…、12共13个精度等级。其中0～2级称为展望级；3～5级称为高精度等级；6～8级称为中等精度等级；9级称为较低精度等级；10～12级称为低精度等级。

2. 偏差的允许值(公差)

单个齿距偏差如表9-1所示，齿距累积总偏差如表9-2所示，齿廓总偏差如表9-3所示，螺旋线总偏差如表9-4所示，一齿切向综合偏差、齿廓形状偏差、径向跳动公差如表9-5所示，径向综合总偏差、一齿径向综合偏差如表9-6所示，螺旋线形状偏差、螺旋线倾斜偏差如表 9-7 所示(各表均为摘录)。

表 9-1 单个齿距偏差$\pm f_{pt}$(摘自 GB/T 10095.1—2008) 单位:μm

分度圆直径 d/mm	法向模数 m_n/mm	精度等级												
		0	1	2	3	4	5	6	7	8	9	10	11	12
$20<d\leqslant 50$	$0.5\leqslant m_n\leqslant 2$	0.9	1.2	1.8	2.5	3.5	5.0	7.0	10.0	14.0	20.0	28.0	40.0	56.0
	$2<m_n\leqslant 3.5$	1.0	1.4	1.9	2.7	3.9	5.5	7.5	11.0	15.0	22.0	31.0	44.0	62.0
	$3.5<m_n\leqslant 6$	1.1	1.5	2.1	3.0	4.3	6.0	8.5	12.0	17.0	24.0	34.0	48.0	68.0
	$6<m_n\leqslant 10$	1.2	1.7	2.5	3.5	4.9	7.0	10.0	14.0	20.0	28.0	40.0	56.0	79.0
$50<d\leqslant 125$	$0.5\leqslant m_n\leqslant 2$	0.9	1.3	1.9	2.7	3.8	5.5	7.5	11.0	15.0	21.0	30.0	43.0	61.0
	$2<m_n\leqslant 3.5$	1.0	1.5	2.1	2.9	4.1	6.0	8.5	12.0	17.0	23.0	33.0	47.0	66.0
	$3.5<m_n\leqslant 6$	1.1	1.6	2.3	3.2	4.6	6.5	9.0	13.0	18.0	26.0	36.0	52.0	73.0
	$6<m_n\leqslant 10$	1.3	1.8	2.6	3.7	5.0	7.5	10.0	15.0	21.0	30.0	42.0	59.0	84.0
	$10<m_n\leqslant 16$	1.6	2.2	3.1	4.4	6.5	9.0	13.0	18.0	25.0	35.0	50.0	71.0	100.0
	$16<m_n\leqslant 25$	2.0	2.8	3.9	5.5	8.0	11.0	16.0	22.0	31.0	44.0	63.0	89.0	125.0
$125<d\leqslant 280$	$0.5\leqslant m_n\leqslant 2$	1.1	1.5	2.1	3.0	4.2	6.0	8.5	12.0	17.0	24.0	34.0	48.0	67.0
	$2<m_n\leqslant 3.5$	1.1	1.6	2.3	3.2	4.6	6.5	9.0	13.0	18.0	26.0	36.0	51.0	73.0
	$3.5<m_n\leqslant 6$	1.2	1.8	2.5	3.5	5.0	7.0	10.0	14.0	20.0	28.0	40.0	56.0	79.0
	$6<m_n\leqslant 10$	1.4	2.0	2.8	4.0	5.5	8.0	11.0	16.0	23.0	32.0	45.0	64.0	90.0
	$10<m_n\leqslant 16$	1.7	2.4	3.3	4.7	6.5	9.5	13.0	19.0	27.0	38.0	53.0	75.0	107.0
	$16<m_n\leqslant 25$	2.1	2.9	4.1	6.0	8.0	12.0	16.0	23.0	33.0	47.0	66.0	93.0	132.0
	$25<m_n\leqslant 40$	2.7	3.8	5.5	7.5	11.0	15.0	21.0	30.0	43.0	61.0	86.0	121.0	171.0

表 9-2　齿距累积总偏差 F_p(摘自 GB/T 10095.1—2008)　单位:μm

分度圆直径 d/mm	法向模数 m_n/mm	精度等级												
		0	1	2	3	4	5	6	7	8	9	10	11	12
20<d≤50	0.5≤m_n≤2	2.5	3.6	5.0	7.0	10.0	14.0	20.0	29.0	41.0	57.0	81.0	115.0	162.0
	2<m_n≤3.5	2.6	3.7	5.0	7.5	10.0	15.0	21.0	30.0	42.0	59.0	84.0	119.0	168.0
	3.5<m_n≤6	2.7	3.9	5.5	7.5	11.0	15.0	22.0	31.0	44.0	62.0	87.0	123.0	174.0
	6<m_n≤10	2.9	4.1	6.0	8.0	12.0	16.0	23.0	33.0	46.0	65.0	93.0	131.0	185.0
50<d≤125	0.5≤m_n≤2	3.3	4.6	6.5	9.0	13.0	18.0	26.0	37.0	52.0	74.0	104.0	147.0	208.0
	2<m_n≤3.5	3.3	4.7	6.5	9.5	13.0	19.0	27.0	38.0	53.0	76.0	107.0	151.0	214.0
	3.5<m_n≤6	3.4	4.9	7.0	9.5	14.0	19.0	28.0	39.0	55.0	78.0	110.0	156.0	220.0
	6<m_n≤10	3.6	5.0	7.0	10.0	14.0	20.0	29.0	41.0	58.0	82.0	116.0	164.0	231.0
	10<m_n≤16	3.9	5.5	7.5	11.0	15.0	22.0	31.0	44.0	62.0	88.0	124.0	175.0	248.0
	16<m_n≤25	4.3	6.0	8.5	12.0	17.0	24.0	34.0	48.0	68.0	96.0	136.0	193.0	273.0
125<d≤280	0.5≤m_n≤2	4.3	6.0	8.5	12.0	17.0	24.0	35.0	49.0	69.0	98.0	138.0	195.0	276.0
	2<m_n≤3.5	4.4	6.0	9.0	12.0	18.0	25.0	35.0	50.0	70.0	100.0	141.0	199.0	282.0
	3.5<m_n≤6	4.5	6.5	9.0	13.0	18.0	25.0	36.0	51.0	72.0	102.0	144.0	204.0	288.0
	6<m_n≤10	4.7	6.5	9.5	13.0	19.0	26.0	37.0	53.0	75.0	106.0	149.0	211.0	299.0
	10<m_n≤16	4.9	7.0	10.0	14.0	20.0	28.0	39.0	56.0	79.0	112.0	158.0	223.0	316.0
	16<m_n≤25	5.5	7.5	11.0	15.0	21.0	30.0	43.0	60.0	85.0	120.0	170.0	241.0	341.0
	25<m_n≤40	6.0	8.5	12.0	17.0	24.0	34.0	47.0	67.0	95.0	134.0	190.0	269.0	380.0

表 9-3　齿廓总偏差 F_α(摘自 GB/T 10095.1—2008)　单位:μm

分度圆直径 d/mm	法向模数 m_n/mm	精度等级												
		0	1	2	3	4	5	6	7	8	9	10	11	12
20<d≤50	0.5≤m_n≤2	0.9	1.3	1.8	2.6	3.6	5.0	7.5	10.0	15.0	21.0	29.0	41.0	58.0
	2<m_n≤3.5	1.3	1.8	2.5	3.6	5.0	7.0	10.0	14.0	20.0	29.0	40.0	57.0	81.0
	3.5<m_n≤6	1.6	2.2	3.1	4.4	6.0	9.0	12.0	18.0	25.0	35.0	50.0	70.0	99.0
	6<m_n≤10	1.9	2.7	3.8	5.5	7.5	11.0	15.0	22.0	31.0	43.0	61.0	87.0	123.0

续表

分度圆直径 d/mm	法向模数 m_n/mm	精度等级												
		0	1	2	3	4	5	6	7	8	9	10	11	12
$50<d\leqslant125$	$0.5\leqslant m_n\leqslant2$	1.0	1.5	2.1	2.9	4.1	6.0	8.5	12.0	17.0	23.0	33.0	47.0	66.0
	$2<m_n\leqslant3.5$	1.4	2.0	2.8	3.9	5.5	8.0	11.0	16.0	22.0	31.0	44.0	63.0	89.0
	$3.5<m_n\leqslant6$	1.7	2.4	3.4	4.8	6.5	9.5	13.0	19.0	27.0	38.0	54.0	76.0	108.0
	$6<m_n\leqslant10$	2.0	2.9	4.1	6.0	8.0	12.0	16.0	23.0	33.0	46.0	65.0	92.0	131.0
	$10<m_n\leqslant16$	2.5	3.5	5.0	7.0	10.0	14.0	20.0	28.0	40.0	56.0	79.0	112.0	159.0
	$16<m_n\leqslant25$	3.0	4.2	6.0	8.5	12.0	17.0	24.0	34.0	48.0	68.0	96.0	136.0	192.0
$125<d\leqslant280$	$0.5\leqslant m_n\leqslant2$	1.2	1.7	2.4	3.5	4.9	7.0	10.0	14.0	20.0	28.0	39.0	55.0	78.0
	$2<m_n\leqslant3.5$	1.6	2.2	3.2	4.5	6.5	9.0	13.0	18.0	25.0	36.0	50.0	71.0	101.0
	$3.5<m_n\leqslant6$	1.9	2.6	3.7	5.5	7.5	11.0	15.0	21.0	30.0	42.0	60.0	84.0	119.0
	$6<m_n\leqslant10$	2.2	3.2	4.5	6.5	9.0	13.0	18.0	25.0	36.0	50.0	71.0	101.0	143.0
	$10<m_n\leqslant16$	2.7	3.8	5.5	7.5	11.0	15.0	21.0	30.0	43.0	60.0	85.0	121.0	171.0
	$16<m_n\leqslant25$	3.2	4.5	6.5	9.0	13.0	18.0	25.0	36.0	51.0	72.0	102.0	144.0	204.0
	$25<m_n\leqslant40$	3.8	5.5	7.5	11.0	15.0	22.0	31.0	43.0	61.0	87.0	123.0	174.0	246.0

表 9-4 螺旋线总偏差 F_β（摘自 GB/T 10095.1—2008） 单位：μm

分度圆直径 d/mm	齿宽 b/mm	精度等级												
		0	1	2	3	4	5	6	7	8	9	10	11	12
$20<d\leqslant50$	$4\leqslant b\leqslant10$	1.1	1.6	2.2	3.2	4.5	6.5	9.0	13.0	18.0	25.0	36.0	51.0	72.0
	$10<b\leqslant20$	1.3	1.8	2.5	3.6	5.0	7.0	10.0	14.0	20.0	29.0	40.0	57.0	81.0
	$20<b\leqslant40$	1.4	2.0	2.9	4.1	5.5	8.0	11.0	16.0	23.0	32.0	46.0	65.0	92.0
	$40<b\leqslant80$	1.7	2.4	3.4	4.8	6.5	9.5	13.0	19.0	27.0	38.0	54.0	76.0	107.0
	$80<b\leqslant160$	2.0	2.9	4.1	5.5	8.0	11.0	16.0	23.0	32.0	46.0	65.0	92.0	130.0
$50<d\leqslant125$	$4\leqslant b\leqslant10$	1.2	1.7	2.4	3.3	4.7	6.5	9.5	13.0	19.0	27.0	38.0	53.0	76.0
	$10<b\leqslant20$	1.3	1.9	2.6	3.7	5.5	7.5	11.0	15.0	21.0	30.0	42.0	60.0	84.0
	$20<b\leqslant40$	1.5	2.1	3.0	4.2	6.0	8.5	12.0	17.0	24.0	34.0	48.0	68.0	95.0
	$40<b\leqslant80$	1.7	2.5	3.5	4.9	7.0	10.0	14.0	20.0	28.0	39.0	56.0	79.0	111.0
	$80<b\leqslant160$	2.1	2.9	4.2	6.0	8.5	12.0	17.0	24.0	33.0	47.0	67.0	94.0	133.0
	$160<b\leqslant250$	2.5	3.5	4.9	7.0	10.0	14.0	20.0	28.0	40.0	56.0	79.0	112.0	158.0
	$250<b\leqslant400$	2.9	4.1	6.0	8.0	12.0	16.0	23.0	33.0	46.0	65.0	92.0	130.0	184.0

续表

分度圆直径 d/mm	齿宽 b/mm	精度等级												
		0	1	2	3	4	5	6	7	8	9	10	11	12
$125<d\leqslant 280$	$4\leqslant b\leqslant 10$	1.3	1.8	2.5	3.6	5.0	7.0	10.0	14.0	20.0	29.0	40.0	57.0	81.0
	$10<b\leqslant 20$	1.4	2.0	2.8	4.0	5.5	8.0	11.0	16.0	22.0	32.0	45.0	63.0	90.0
	$20<b\leqslant 40$	1.6	2.2	3.2	4.5	6.5	9.0	13.0	18.0	25.0	36.0	50.0	71.0	101.0
	$40<b\leqslant 80$	1.8	2.6	3.6	5.0	7.5	10.0	15.0	21.0	29.0	41.0	58.0	82.0	117.0
	$80<b\leqslant 160$	2.2	3.1	4.3	6.0	8.5	12.0	17.0	25.0	35.0	49.0	69.0	98.0	139.0
	$160<b\leqslant 250$	2.6	3.6	5.0	7.0	10.0	14.0	20.0	29.0	41.0	58.0	82.0	116.0	164.0
	$250<b\leqslant 400$	3.0	4.2	6.0	8.5	12.0	17.0	24.0	34.0	47.0	67.0	95.0	134.0	190.0
	$400<b\leqslant 650$	3.5	4.9	7.0	10.0	14.0	20.0	28.0	40.0	56.0	79.0	112.0	158.0	224.0

表 9-5　一齿切向综合偏差 f_i'/k、齿廓形状偏差 $f_{f\alpha}$（摘自 GB/T 10095.1—2008）径向跳动公差 F_r（摘自 GB/T 10095.2—2008）

单位：μm

分度圆直径 d/mm	法向模数 m_n/mm	f_i'/k					$f_{f\alpha}$					F_r				
		5	6	7	8	9	5	6	7	8	9	5	6	7	8	9
$20<d\leqslant 50$	$0.5\leqslant m_n\leqslant 2$	14	20	29	41	58	4.0	5.5	8.0	11.0	16.0	11	16	23	32	46
	$2<m_n\leqslant 3.5$	17	24	34	48	68	5.5	8.0	11.0	16.0	22.0	12	17	24	34	47
	$3.5<m_n\leqslant 6$	19	27	38	54	77	7.0	9.5	14.0	19.0	27.0	12	17	25	35	49
	$6<m_n\leqslant 10$	22	31	44	63	89	8.5	12.0	17.0	24.0	34.0	13	19	26	37	52
$50<d\leqslant 125$	$0.5\leqslant m_n\leqslant 2$	16	22	31	44	62	4.5	6.5	9.0	13.0	18.0	15	21	29	42	59
	$2<m_n\leqslant 3.5$	18	25	36	51	72	6.0	8.5	12.0	17.0	24.0	15	21	30	43	61
	$3.5<m_n\leqslant 6$	20	29	40	57	81	7.5	10.0	15.0	21.0	29.0	16	22	31	44	62
	$6<m_n\leqslant 10$	23	33	47	66	93	9.0	13.0	18.0	25.0	36.0	16	23	33	46	65
	$10<m_n\leqslant 16$	27	38	54	77	109	11.0	15.0	22.0	31.0	44.0	18	25	35	50	70
	$16<m_n\leqslant 25$	32	46	65	91	129	13.0	19.0	26.0	37.0	53.0	19	27	39	55	77

续表

分度圆直径 d/mm	法向模数 m_n/mm	f_i'/k					$f_{f\alpha}$					F_r				
		5	6	7	8	9	5	6	7	8	9	5	6	7	8	9
$125<d\leqslant 280$	$0.5\leqslant m_n\leqslant 2$	17	24	34	49	69	5.5	7.5	11.0	15.0	21.0	20	28	39	55	78
	$2<m_n\leqslant 3.5$	20	28	39	56	79	7.0	9.5	14.0	19.0	28.0	20	28	40	56	80
	$3.5<m_n\leqslant 6$	22	31	44	62	88	8.0	12.0	16.0	23.0	33.0	20	29	41	58	82
	$6<m_n\leqslant 10$	25	35	50	70	100	10.0	14.0	20.0	28.0	39.0	21	30	42	60	85
	$10<m_n\leqslant 16$	29	41	58	82	115	12.0	17.0	23.0	33.0	47.0	22	32	45	63	89
	$16<m_n\leqslant 25$	34	48	68	96	136	14.0	20.0	28.0	40.0	56.0	24	34	48	68	96
	$25<m_n\leqslant 40$	41	58	82	116	165	17.0	24.0	34.0	48.0	68.0	27	36	54	76	107

注：k 的取值：当 $\varepsilon_r<4$，$k=0.2\left(\frac{\varepsilon_r+4}{\varepsilon_r}\right)$；当 $\varepsilon_r\geqslant 4$，$k=0.4$。

表 9-6　径向综合总偏差 F_i''、一齿径向综合偏差 f_i''

（摘自 GB/T 10095.2—2008）　　单位：μm

分度圆直径 d/mm	法向模数 m_n/mm	F_i''						f_i''					
		4	5	6	7	8	9	4	5	6	7	8	9
$20<d\leqslant 50$	$0.2\leqslant m_n\leqslant 0.5$	9	13	19	26	37	52	1.5	2.0	2.5	3.5	5.0	7.0
	$0.5<m_n\leqslant 0.8$	10	14	20	28	40	56	2.0	2.5	4.0	5.5	7.5	11
	$0.8<m_n\leqslant 1$	11	15	21	30	42	60	2.5	3.5	5.0	7.0	10	14
	$1<m_n\leqslant 1.5$	11	16	23	32	45	64	3.0	4.5	6.5	9.0	13	18
	$1.5<m_n\leqslant 2.5$	13	18	26	37	52	73	4.5	6.5	9.5	13	19	26
	$2.5<m_n\leqslant 4$	16	22	31	44	63	89	7.0	10	14	20	29	41
	$4<m_n\leqslant 6$	20	28	39	56	79	111	11	15	22	31	43	61
	$6<m_n\leqslant 10$	26	37	52	74	104	147	17	24	34	48	67	95

续表

分度圆直径 d/mm	法向模数 m_n/mm	F_i''						f_i''					
		4	5	6	7	8	9	4	5	6	7	8	9
50<d≤125	0.2≤m_n≤0.5	12	16	23	33	46	66	1.5	2.0	2.5	3.5	5.0	7.5
	0.5<m_n≤0.8	12	17	25	35	49	70	2.0	3.0	4.0	5.5	8.0	11
	0.8<m_n≤1.0	13	18	26	36	52	73	2.5	3.5	5.0	7.0	10	14
	1.0<m_n≤1.5	14	19	27	39	55	77	3.0	4.5	6.5	9.0	13	18
	1.5<m_n≤2.5	15	22	31	43	61	86	4.5	6.5	9.5	13	19	26
	2.5<m_n≤4	18	25	36	51	72	102	7.0	10	14	20	29	41
	4<m_n≤6.0	22	31	44	62	88	124	11	15	22	31	44	62
	6<m_n≤10	28	40	57	80	114	161	17	24	34	48	67	95
125<d≤280	0.2≤m_n≤0.5	15	21	30	42	60	85	1.5	2.0	2.5	3.5	5.5	7.5
	0.5<m_n≤0.8	16	22	31	44	63	89	2.0	3.0	4.0	5.5	8.0	11
	0.8<m_n≤1.0	16	23	33	46	65	92	2.5	3.5	5.0	7.0	10	14
	1.0<m_n≤1.5	17	24	34	48	68	97	3.0	4.5	6.5	9.0	13	18
	1.5<m_n≤2.5	19	26	37	53	75	106	4.5	6.5	9.5	13	19	27
	2.5<m_n≤4	21	30	43	61	86	121	7.5	10	15	21	29	41
	4<m_n≤6.0	25	36	51	72	102	144	11	15	22	31	44	62
	6<m_n≤10	32	45	64	90	127	180	17	24	34	48	67	95

表 9-7 螺旋线形状偏差 $f_{f\beta}$、螺旋线倾斜偏差 $\pm f_{H\beta}$(摘自 GB/T 10095.1—2008) 单位:μm

分度圆直径 d/mm	齿宽 b/mm	精度等级												
		0	1	2	3	4	5	6	7	8	9	10	11	12
20<d≤50	4≤b≤10	0.8	1.1	1.6	2.3	3.2	4.5	6.5	9.0	13.0	18.0	26.0	36.0	51.0
	10<b≤20	0.9	1.3	1.8	2.5	3.6	5.0	7.0	10.0	14.0	20.0	29.0	41.0	58.0
	20<b≤40	1.0	1.4	2.0	2.9	4.1	6.0	8.0	12.0	16.0	23.0	33.0	46.0	65.0
	40<b≤80	1.2	1.7	2.4	3.4	4.8	7.0	9.5	14.0	19.0	27.0	38.0	54.0	77.0
	80<b≤160	1.4	2.0	2.9	4.1	6.0	8.0	12.0	16.0	23.0	33.0	46.0	65.0	93.0

续表

分度圆直径 d/mm	齿宽 b/mm	精度等级												
		0	1	2	3	4	5	6	7	8	9	10	11	12
50<d≤125	4≤b≤10	0.8	1.2	1.7	2.4	3.4	4.8	6.5	9.5	13.0	19.0	27.0	38.0	54.0
	10<b≤20	0.9	1.3	1.9	2.7	3.8	5.5	7.5	11.0	15.0	21.0	30.0	43.0	60.0
	20<b≤40	1.1	1.5	2.1	3.0	4.3	6.0	8.5	12.0	17.0	24.0	34.0	48.0	68.0
	40<b≤80	1.2	1.8	2.5	3.5	5.0	7.0	10.0	14.0	20.0	28.0	40.0	56.0	79.0
	80<b≤160	1.5	2.1	3.0	4.2	6.0	8.5	12.0	17.0	24.0	34.0	48.0	67.0	95.0
	160<b≤250	1.8	2.5	3.5	5.0	7.0	10.0	14.0	20.0	28.0	40.0	56.0	80.0	113.0
	250<b≤400	2.1	2.9	4.1	6.0	8.0	12.0	16.0	23.0	33.0	46.0	66.0	93.0	132.0
125<d≤280	4≤b≤10	0.9	1.3	1.8	2.5	3.6	5.0	7.0	10.0	14.0	20.0	29.0	41.0	58.0
	10<b≤20	1.0	1.4	2.0	2.8	4.0	5.5	8.0	11.0	16.0	23.0	32.0	45.0	64.0
	20<b≤40	1.1	1.6	2.2	3.2	4.5	6.5	9.0	13.0	18.0	25.0	36.0	51.0	72.0
	40<b≤80	1.3	1.8	2.6	3.7	5.0	7.5	10.0	15.0	21.0	29.0	42.0	59.0	83.0
	80<b≤160	1.5	2.2	3.1	4.4	6.0	8.5	12.0	17.0	25.0	35.0	49.0	70.0	99.0
	160<b≤250	1.8	2.6	3.6	5.0	7.5	10.0	15.0	21.0	29.0	41.0	58.0	83.0	117.0
	250<b≤400	2.1	3.0	4.2	6.0	8.5	12.0	17.0	24.0	34.0	48.0	68.0	96.0	135.0
	400<b≤650	2.5	3.5	5.0	7.0	10.0	14.0	20.0	28.0	40.0	56.0	80.0	113.0	160.0

9.5.2 齿轮精度等级的选择

确定齿轮精度等级的依据通常是齿轮的用途、使用要求、传动功率和圆周速度以及其他技术条件。选用齿轮精度等级的方法一般有计算法和类比法两种，目前大多采用类比法。

1. 计算法

根据机构最终达到的精度要求，应用传动尺寸链的方法计算和分配各级齿轮副的传动精度，确定齿轮的精度等级。此方法仅适用于特殊精度机构使用的齿轮。

2. 类比法

此种方法是查阅类似机构的设计方案，根据经过实际验证的已有的经验结果来确定齿轮的精度。

表 9-8 所示为各精度等级的齿轮的适用范围和切齿方法，供参考。

表 9-8 各精度等级齿轮的适用范围和切齿方法

精度等级	工作条件与适用范围	圆周速度/(m/s)		齿面的最后加工
		直齿	斜齿	
3	用于最平稳且无噪声的极高速下工作的齿轮;特别精密的分度机构中的齿轮;特别精密机械中的齿轮;控制机构齿轮;检测 5、6 级的测量齿轮	>50	>75	特精密的磨齿和研齿,用精密滚刀或单边剃齿后的大多数不经淬火的齿轮
4	用于精密分度机构的齿轮;特别精密机械中的齿轮;高速透平齿轮;控制机构齿轮;检测 7 级的测量齿轮	>35	>70	精密磨齿;大多数用精密滚刀滚齿和研齿或单边剃齿
5	用于高平稳且低噪声的高速传动中的齿轮;精密机构中的齿轮;透平传动的齿轮;检测 8、9 级的测量齿轮;重要的航空、船用齿轮箱齿轮	>20	>40	精密磨齿;大多数用精密滚刀加工,进而研齿或剃齿
6	用于高速下平稳工作、需要高效率及低噪声的齿轮;航空、汽车用齿轮;读数装置中的精密齿轮;机床传动链齿轮;机床传动齿轮	≤15	≤30	精密磨齿或剃齿
7	在高速和适度功率或大功率及适当速度下工作的齿轮;机床变速箱进给齿轮;高速减速器齿轮;起重机齿轮;汽车以及读数装置中的齿轮	≤10	≤15	无须热处理的齿轮,用精确刀具加工;对于淬硬齿轮必须精整加工(磨齿、研齿)
8	一般机器中无特殊精度要求的齿轮;机床变速齿轮;汽车制造业中不重要齿轮;冶金、起重、机械齿轮通用减速器的齿轮;农业机械中的重要齿轮	≤6	≤10	滚、插齿均可,不用磨齿;必要时剃齿或研齿
9	用于无精度要求的粗糙工作的齿轮;因结构上考虑受载低于计算载荷的传动用齿轮;重载、低速不重要工作机械的传力齿轮;农机齿轮	≤2	≤4	不需要特殊的精加工工序

9.5.3 齿轮检验项目

国家标准对齿轮给出了多种偏差项目,在检验时,测量全部轮齿要素的偏差既不经济也没有必要。另外,有些测量项目可以代替别的一些项目,如切向综合偏差检验能代替齿距偏差检验,径向综合偏差检验能代替径向跳动检验。

标准规定：切向综合偏差（F'_i，f'_i）是该标准的检验项目，但不是必检项目。齿廓的形状偏差和倾斜偏差（$f_{f\alpha}$，$f_{H\alpha}$）及螺旋线的形状偏差和倾斜偏差（$f_{f\beta}$，$f_{H\beta}$），有时作为有用的参数和评定值，但不是必检项目。评定单个齿轮的加工精度应检查项目：齿距偏差（F_p，F_{pk}，f_{pt}）、齿廓总偏差（F_α）、螺旋线总偏差（F_β）及齿厚偏差。齿厚偏差由设计者按齿轮副侧隙计算确定。必检项目可以客观地评定齿轮的加工质量和齿轮制造水平，而那些非必检项目可以根据供需双方共同协商结果来确定。

根据国内企业多年来贯彻旧标准的经验和目前齿轮生产的控制水平，建议供需双方依据齿轮功能要求、生产批量和手段，按表 9-9 推荐的检验组来选取某一个检验组。

表 9-9　检验组（推荐）

检　验　组	检验项目偏差代号
1	f_{pt}、F_p、F_α、F_β、F_r
2	f_{pt}、F_{pk}、F_p、F_α、F_β、F_r
3	F''_i、f''_i
4	f_{pt}、F_r（10～12 级）
5	F'_i、f'_i（有协议要求时）

9.5.4　齿轮副侧隙

齿轮副侧隙由齿轮工作条件决定，与齿轮的精度等级无关。如汽轮机中的齿轮传动，因工作温度升高，为保证正常润滑，避免因发热而卡死，要求有大的侧隙，而对于需要正反转读数机构中的齿轮传动，为避免空程的影响，则要求有较小的侧隙。齿轮副侧隙是在装配后自然形成的，侧隙的大小主要决定于齿厚和中心距。

1. 最小法向侧隙 j_{bnmin}

影响最小法向侧隙 j_{bnmin} 的因素主要有：箱体、轴和轴泵的偏斜；因箱体偏差和轴承的间隙导致齿轮轴线的不对准和歪斜；安装误差，如轴的偏心；轴承的径向跳动；温度影响（箱体与齿轮工作温度和材料线胀系数差异所致）；旋转零件的离心胀大；由于润滑剂的允许污染以及非金属材料的熔胀等。

由于各种因素影响，计算所需法向最小侧隙的是较困难的。表 9-10 列出了对工业传动装置推荐的最小侧隙，这传动装置是用黑色金属齿轮和黑色金属箱体制造的，工作时节圆线速度小于 15 m/s，其箱体、轴和轴承都采用常用的商业制造公差。

表 9-10 对于中、大模数齿轮最小侧隙 j_{bnmin} 的推荐值(摘自 GB/Z 18620.2—2002) 单位:mm

m_n	最小中心距 a_i					
	50	100	200	400	800	1 600
1.5	0.09	0.11	—	—	—	—
2	0.10	0.12	0.15	—	—	—
3	0.12	0.14	0.17	0.24	—	—
5	—	0.18	0.21	0.28	—	—
8	—	0.24	0.27	0.34	0.47	—
12	—	—	0.35	0.42	0.55	—
18	—	—	—	0.54	0.67	0.94

表 9-10 中的数值,可用下式进行计算:

$$j_{bnmin} = \frac{2}{3}(0.06 + 0.0005a_i + 0.03m_n) \tag{9-1}$$

式中:a_i为中心距,必须是一个绝对值。

2. 齿厚偏差

标准对齿厚偏差是由设计者规定。虽然在标准的配合制中仍采用的是"基中心距制",即在中心距一定的情况下,采用控制轮齿齿厚或公法线长度及测球(圆柱)尺寸的极限偏差来控制齿侧间隙,但其偏差值由设计人员根据需要给定,从而使标准更具灵活性。

最小侧隙 j_{bnmin}是由齿厚上偏差 E_{sns}(为负值)保证的。

若主动轮与被动轮取相同的齿厚上偏差,即 $E_{sns1}=E_{sns2}$,则有

$$E_{sns1}=E_{sns2}=-j_{bnmin}/2\cos\alpha_n \tag{9-2}$$

最大侧隙由齿厚下偏差 E_{sni}控制。齿厚上偏差 E_{sns}确定后,根据齿厚公差 T_{sn} 可确定其下偏差 E_{sni}。其中齿厚公差计算值 T_{sn},由齿圈径向跳动公差 F_r和切齿时径向进刀公差 b_r两项组成,将它们按随机误差合成得

$$T_{sn} = 2\tan\alpha_n\sqrt{F_r^2 + b_r^2} \tag{9-3}$$

式中:F_r为齿轮径向跳动公差;b_r为切齿径向进刀公差,相当于一般尺寸的加工误差,按加工精度确定。通常 b_r值按影响传递运动准确性的偏差项目的精度等级由分度圆直径查表确定,参考表 9-11 选取。

表 9-11 切齿径向进刀公差 b_r

齿轮精度	3	4	5	6	7	8	9	10
b_r值	IT7	1.26IT7	IT8	1.26IT8	IT9	1.26IT9	IT10	1.26IT10

根据齿厚公差计算值 T_{sn}，可计算出齿厚下偏差值为

$$E_{sni}=E_{sns}-T_{sn} \tag{9-4}$$

3. 公法线平均长度偏差的换算

在实际测量齿轮时，常用测公法线长度极限偏差取代齿厚偏差测量，它们之间的关系为

公法线长度上偏差 $$E_{bns}=E_{sns}\cos\alpha_n \tag{9-5}$$

公法线长度下偏差 $$E_{bni}=E_{sni}\cos\alpha_n \tag{9-6}$$

由于最大侧隙 j_{bnmax} 一般无严格要求，故一般情况下不需校核。但对一些精密分度齿轮或读数齿轮，对齿轮的回转精度有要求时，需校核最大侧隙 j_{bnmax}，如不能满足要求，可压缩 f_a 或 T_{sn}，以减小 j_{bnmax} 值。

9.5.5 齿轮副精度

1. 中心距极限偏差 $\pm f_a$

中心距偏差不但会影响齿侧间隙，而且对齿轮啮合的重合度也有影响，因此必须加以控制。标准中没有给出具体偏差值。设计者可以借鉴某些成型的老产品来确定中心距偏差，通常 $\pm f_a$ 值按影响传动平稳性的偏差项目的精度等级确定，参考表 9-12 选取。

表 9-12 中心距极限偏差 $\pm f_a$ 数值（摘自 GB/T 10095—2008） 单位：μm

齿轮精度等级		5～6	7～8	9～10	齿轮精度等级		5～6	7～8	9～10
f_a		IT7/2	IT8/2	IT9/2	f_a		IT7/2	IT8/2	IT9/2
齿轮副中心距/mm	>6～10	7.5	11	18	齿轮副中心距/mm	>180～250	23	36	57.5
	>10～18	9	13.5	21.5		>250～315	26	40.5	65
	>18～30	10.5	16.5	26		>315～400	28.5	44.5	70
	>30～50	12.5	19.5	31		>400～500	31.5	48.5	77.5
	>50～80	15	23	37		>500～630	35	55	87
	>80～120	17.5	27	43.5		>630～800	40	62	100
	>120～180	20	31.5	50		—	—	—	—

2. 轴线平行度偏差

垂直平面内的轴线平行度偏差 $f_{\Sigma\beta}$

$$f_{\Sigma\beta}=0.5(L/b)F_\beta \tag{9-7}$$

式中：L 为轴承中间距离；b 为齿宽；F_β 为螺旋线总偏差（对直齿轮为齿向公差）。

轴线平面内的平行度偏差 $f_{\Sigma\delta}$

$$f_{\Sigma\delta}=2f_{\Sigma\beta} \tag{9-8}$$

3. 接触斑点

检验产品齿轮在其箱体内啮合所产生的接触斑点可用于评定齿面间的载荷分布情况，这对于低速动力齿轮尤为重要。在 GB/Z 18620.4—2008 中给出了直齿、斜齿轮装配后接触斑点的推荐值。

9.5.6　齿轮坯的精度

齿轮坯是供制造齿轮用的工件。齿坯的尺寸偏差、形位误差和表面粗糙度等几何参数误差不仅直接影响齿轮的加工质量和检验精度，还影响齿轮副的接触精度和运行的平稳性。因此，应尽量控制齿轮坯的精度以保证齿轮的加工质量。

1. 确定基准轴线的方法

齿轮的基准轴线是制造者或检测者用来对单个零件确定轮齿几何形位的轴线。为了保证齿轮的精度要求，设计时应使基准轴线和工作轴线重合，即将安装面作为确定基准轴线的基准面。确定基准轴线，通常有以下三种方法。

(1) 用两个"短"圆柱或圆锥形基准面上设定的两个圆的圆心来确定轴线上的两个点(见图 9-13)。

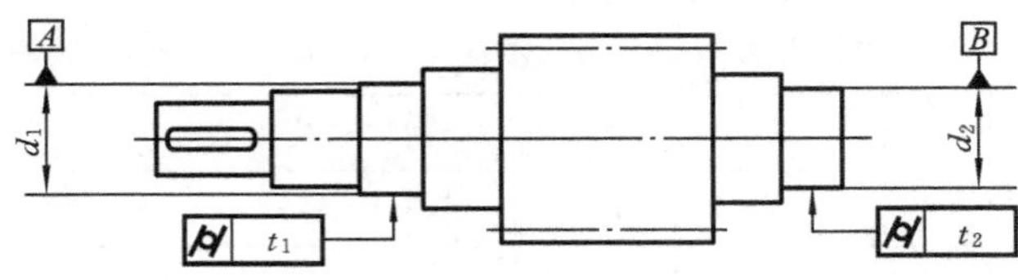

图 9-13　基准轴线的确定方法

(2) 用一个"长的"圆柱或圆锥形的面来同时确定轴线的位置和方向(见图 9-14)。孔的轴线可以用与之相匹配正确地装配的工作芯轴的轴线来代表。

(3) 用一个"短的"圆柱形基准面上的一个圆的圆心来确定，而其方向则用垂直于此轴线的一个基准面来确定(见图 9-15)。

2. 齿轮坯公差的给定方法

齿轮坯公差是指在齿轮坯上，影响轮齿加工精度和齿轮传动质量的表面的几何公差：尺寸公差、形位公差及表面粗糙度。

1) 尺寸公差

对作为定位和安装基准的齿轮内孔、齿轮轴、顶圆的尺寸公差和形状公差可按表9-13选用。

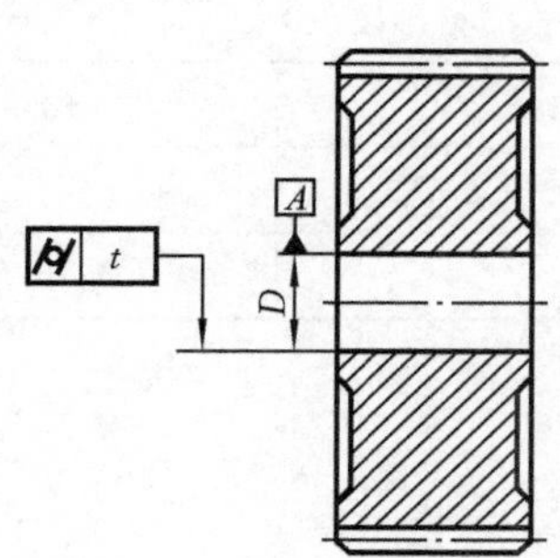

图 9-14 基准轴线的确定方法(一)

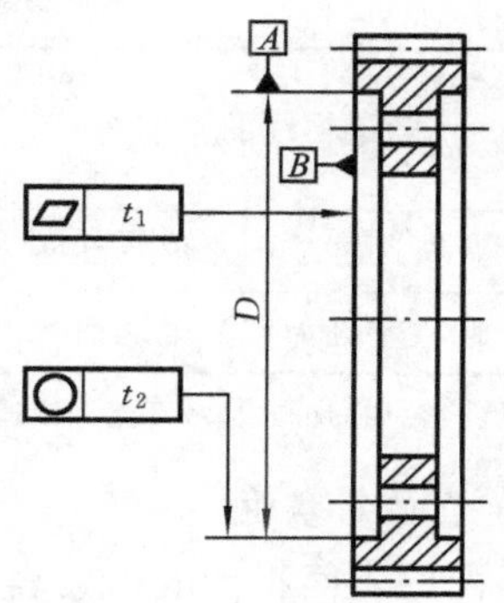

图 9-15 基准轴线的确定方法(二)

表 9-13 尺寸公差和形状公差(摘自 GB/T 10095—2008)

齿轮精度等级		6	7	8	9
孔	尺寸公差	IT6	IT7		IT8
	形状公差	6	7		8
轴	尺寸公差	IT5	IT6		IT7
	形状公差	5	6		7
顶圆直径公差		IT8			IT9

注:① 当齿轮的三个公差组的精度等级不同时,按最高的精度等级确定公差值;

② 当顶圆不作测量齿厚的基准时,其尺寸公差按 IT11 给定,但不大于 $0.1m_n$。

2) 形状公差

基准面与安装面的形状公差可按表 9-14 选取;安装面的跳动公差可按表 9-15 选用。

表 9-14 基准面与安装面的形状公差(摘自 GB/Z 18620.3—2008)

确定轴线的基准面	公差项目		
	圆度	圆柱度	平面度
两个“短的”圆柱或圆锥形基准面	$0.04(L/b)F_\beta$ 或 $0.1F_p$,取两者中小值	—	—
一个“长的”圆柱或圆锥形基准面	—	$0.04(L/b)F_\beta$ 或 $0.1F_p$,取两者中小值	—
一个短的圆柱面和一个端面	$0.06F_p$	—	$0.06(D_d/b)F_\beta$

注:齿轮坯的公差应减至能经济地制造的最小值。

表 9-15 安装面的跳动公差（摘自 GB/Z 18620.3—2008）

确定轴线的基准面	跳动量(总的指示幅度)	
	径 向	轴 向
仅指圆柱或圆锥形基准面	$0.15(L/b)F_\beta$或 $0.3F_p$，取两者中大值	—
一个圆柱基准面和一个端面基准面	$0.3F_p$	$0.2\ (D_d/b)F_\beta$

注：齿轮坯的公差应减至能经济地制造的最小值。

3）**表面粗糙度**

齿面的表面粗糙度可按表 9-16 选用。

表 9-16 算术平均偏差 *Ra* 的推荐值（摘自 GB/Z 18620.4—2008） 单位：μm

模数/mm	精度等级											
	1	2	3	4	5	6	7	8	9	10	11	12
$m<6$	—	—	—	—	0.5	0.8	1.25	2.0	3.2	5.0	10	20
$6\leqslant m\leqslant 25$	0.04	0.08	0.16	0.32	0.63	1.00	1.6	2.5	4.0	6.3	12.5	2.5
$m>25$	—	—	—	—	0.8	1.25	2.0	3.2	5.0	8.0	16	32

9.5.7 齿轮精度的标注

齿轮精度等级及齿厚极限偏差在图样上的标注，建议采用如下方法。

1. 齿轮精度等级的标注

若齿轮的各检验项目为同一精度等级，可直接标注精度等级和标准号。如齿轮各检验项目精度同为 7 级，则标注为

7GB/T 10095.1－2008 或 7GB/T 10095.2－2008

若齿轮各检验项目的精度等级不同，应分别标注，如齿廓总偏差为 6 级，齿距累积总偏差和螺旋线总偏差为 7 级，则标注为

$6(F_\alpha)$、$7(F_p$、$F_\beta)$GB/T 10095.1—2008

2. 齿厚偏差的标注

齿厚偏差标注是在齿轮工作图右上角的参数表中标出其公称值和偏差。

9.5.8 齿轮精度设计

1. 齿轮精度设计方法及步骤

(1) 确定齿轮的精度等级。

(2) 选择齿轮的检验组及其确定公差值。

(3) 计算齿轮副侧隙和齿厚偏差。

(4) 确定齿轮坯公差和表面粗糙度。

(5)公法线平均长度极限偏差的换算。

(6) 绘制齿轮零件图。

2. 齿轮精度设计示例

例 9-1 某机床变速箱中一对直齿圆柱齿轮,模数 $m=3$ mm,齿数 $z_1=30$,齿数 $z_2=90$,齿形角 $\alpha=20°$,齿宽 $b_1=20$,转速 $n_1=1\,200$ r/min,齿轮材料为 45 钢,单件小批生产。试确定小齿轮精度等级,确定检验项目,计算齿轮副侧隙和齿厚偏差,并将齿厚极限偏差换算成公法线平均长度极限偏差。画出齿轮零件图。

解 (1) 确定齿轮的精度等级。

由于该齿轮是机床变速箱中速度较高的齿轮,主要要求是传动平稳性,可根据圆周速度确定其影响传动平稳性的偏差项目的精度等级。据圆周速度

$$v=\frac{\pi dn}{60\times 1\,000}=\frac{3.14\times 3\times 30\times 1\,200}{60\times 1\,000}\ \text{m/s}=5.65\ \text{m/s}$$

参考表 9-8,选影响传动平稳性的偏差项目的精度等级为 8 级。由于该齿轮对传递运动的准确性要求不高,可降低一级,选影响传递运动准确性的偏差项目的精度等级为 9 级。又由于该齿轮既传递运动又传递动力,动力齿轮对齿面载荷分布均匀性有一定要求,通常精度等级不低于影响传动平稳性的偏差项目的精度等级,故选影响载荷分布均匀性的偏差项目的精度等级为 8 级。

(2) 选择齿轮的检验组及其确定公差值。

该齿轮属中等精度、小批量生产,没有对齿轮局部范围提出更严格的噪声、振动要求,因此参考表 9-9 选第 1 检验组,检验项目为 f_{pt}、F_p、F_α、F_β、F_r。

单个齿距偏差 $\pm f_{pt}$,查表 9-1 得 $f_{pt}=\pm 17\ \mu$m;

齿距累积总偏差 F_p,查表 9-2 得 $F_p=76\ \mu$m;

齿廓总偏差 F_α,查表 9-3 得 $F_\alpha=22\ \mu$m;

螺旋线总偏差 F_β,查表 9-4 得 $F_\beta=21\ \mu$m;

径向跳动公差 F_r,查表 9-5 得 $F_r=61\ \mu$m。

(3) 计算齿轮副侧隙和齿厚偏差。

齿轮中心距

$$a_i=m(z_1+z_2)/2=[3\times(30+90)/2]\ \text{mm}=180\ \text{mm}$$

代入式(9-1)求出最小侧隙推荐值

$$\begin{aligned} j_{bnmin} &= 2\times(0.06+0.0005\alpha_i+0.03m_n)/3 \\ &= [2\times(0.06+0.0005\times 180+0.03\times 3)/3]\ \text{mm}=0.106\ \text{mm} \end{aligned}$$

由式(9-2)得齿厚上偏差

$$E_{sns} = -j_{bnmin}/2\cos\alpha_n = -0.106/(2\times\cos 20)\ \text{mm} = -0.056\ \text{mm}$$

由表 9-11 查得 $b_r = \text{IT10} = 0.140$ mm

由式(9-3)得齿厚公差

$$T_{sns} = 2\tan\alpha_n\sqrt{F_r^2 + b_r^2} = 2\tan 20^\circ \times \sqrt{0.061^2 + 0.140^2}\ \text{mm} = 0.111\ \text{mm}$$

由式(9-4)得齿厚下偏差

$$E_{sni} = E_{sns} - T_{sns} = [-0.056 - 0.111]\ \text{mm} = -0.167\ \text{mm}$$

(4) 确定齿轮坯公差和表面粗糙度。

该齿轮为非连轴齿轮,按表 9-13、表 9-14、表 9-15 查得齿轮坯尺寸公差和形位公差;按表 9-16 查得表面糙度允许值,将它们标注在齿轮工作图上。

(5) 公法线平均长度极限偏差的换算。

公法线公称长度

$$k = \frac{z}{9} + 0.5 = \frac{30}{9} + 0.5 \approx 3.8$$

取 $k=4$,得

$$\begin{aligned} W_{公称} &= m[1.476(2k-1) + 0.014z] = 3\times[1.476\times(2\times4-1) + 0.014\times30]\ \text{mm} \\ &= 32.256\ \text{mm} \end{aligned}$$

由式(9-5)公法线长度上偏差

$$E_{bns} = E_{sns}\cos\alpha = -0.056\cos 20^\circ = -0.053\ \text{mm}$$

由式(9-6)公法线长度下偏差

$$E_{bni} = E_{sni}\cos\alpha = -0.167\cos 20^\circ = -0.157\ \text{mm}$$

(6) 绘制齿轮零件图。

齿轮零件图如图 9-16 所示。图样右上应列出的数据表如表 9-17 所示。

表 9-17 齿轮零件图上数据表

参数	符号	数据
齿数	z	30
法向模数/mm	m_n	3
齿形角/(°)	α	20
螺旋角/(°)	β	0
径向变位系数	χ	0
精度等级	9(F_p、F_r)、8(f_{pt}、F_α、F_β)	GB 10095.1~2—2008
配对齿轮	图号	
	齿数	90

续表

参　　数	符　　号	数　　据
齿轮副中心距及其偏差/mm	$a \pm f_a$	180±0.0315
公法线公称长度及平均长度偏差/mm	$W_{E_{mi}}^{E_{ws}}$	$32.256_{-0.157}^{-0.053}$
	跨齿数	4
单个齿距偏差/mm	f_{pt}	±0.017
齿距累积总偏差/mm	F_p	0.076
齿廓总偏差/mm	F_α	0.022
螺旋线总偏差/mm	F_β	0.021
径向跳动公差/mm	F_r	0.061

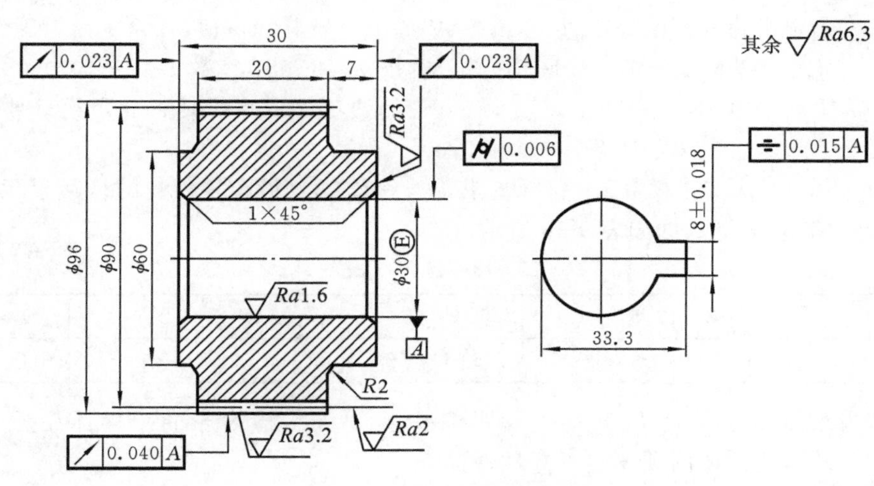

图 9-16　齿轮零件图

习　　题

9-1　齿轮转动的使用要求有哪些？

9-2　单个齿轮评定有哪些评定指标？

9-3　齿轮副精度评定指标有哪些？

9-4　齿轮精度设计包括哪些内容？请说明其设计步骤。

9-5　齿轮副侧隙有什么作用？获得齿轮副侧隙的方法有哪些？

9-6　有一直齿圆柱齿轮，$m=2.5$ mm，$z=40$，$b=25$ mm，$\alpha=20°$。经检验只其各参数实际偏差值为：$F_\alpha=12$ μm，$f_{pt}=-10$ μm，$F_p=35$ μm，$F_\beta=20$ μm。问该齿轮可达几级精度？

9-7　某减速器中的某一标准渐开线直齿圆柱齿轮，已知模数 $m=4$ mm，$\alpha=20°$，齿数 $z=40$，齿宽 $b=60$ mm，齿轮的精度等级代号为 8FH GB/T 10095—2008，中小批量生产，试选择其检验项目，并查表确定齿轮的各项公差与极限偏差的数值。

9-8　某减速器中的一对直齿轮副。已知 $m=5$，$\alpha=20°$，$z_1=20$，$z_2=60$，$b_1=50$，$v_1=15$ m/s，选定三个公差组的等级均为 6 级，传动中齿轮温度可达 70 ℃，箱体温度可达 45 ℃，齿轮材料为钢，箱体材料为铸铁，试确定该齿轮副中小齿轮的齿厚极限偏差代码。

9-9　某减速器中一直齿齿轮副，模数 $m=3$ mm，$\alpha=20°$，中心距为 288 mm，其小齿轮有关参数为：齿数 $z=32$，齿宽 $b=20$ mm，孔径 $D=40$ mm，圆周速度 $v=6.5$ m/s，小批量生产。试确定齿轮的精度等级、齿厚偏差、检验项目及其允许值，并绘制齿轮工作图。

9-10　有一 7 级精度的渐开线圆柱齿轮，模数 $m=3$ mm，齿数 $z=30$，齿形角 $\alpha=20°$。检测结果为 $F_r=20$ μm，$F_p=36$ μm。问该齿轮的两项评定指标是否满足设计要求？为什么？

9-11　用相对法测量模数 $m=3$ mm，齿数 $z=12$ 的直齿圆柱齿轮的齿距累积总误差和单个齿距偏差，测得数据如表 9-18 所示。

表 9-18　题 9-11 表

序号	1	2	3	4	5	6	7	8	9	10	11	12
测量读数/μm	0	+5	+5	+10	−20	−10	−20	−18	−10	−10	+15	+5

试求齿距累积总误差 F_p 和单个齿距偏差 f_{pt}。如果该齿轮的图样标注为 8GB/T 10095.1—2001，问上述两项评定指标是否合格？

9-12　某通用减速器有一带孔直齿圆柱齿轮，模数 $m_n=3$ mm，齿形角 $\alpha_n=20°$，齿数 $z=32$，齿宽 $b=20$，传递的最大功率 5 kW，最高转速 $n=1\ 280$ r/min。已知齿厚上、下偏差通过计算分别确定为−0.160 mm 和−0.240 mm，生产条件为小批生产。齿轮结构以圆柱孔和一个端面为基准，齿轮基准孔的公称尺寸为 $\phi 40$ mm。试确定其精度等级、齿轮副的侧隙指标、齿公差和表面粗糙度，并绘制该齿轮的零件图。

第10章 尺 寸 链

设计、制造机器时，除了要保证零件的强度、刚度要求，还必须保证其装配几何精度要求。机器的装配几何精度要求除了与零件的制造精度有关，还与装配方法有关。尺寸链计算就是确定装配方法与保证装配精度的基本方法；同时，尺寸链计算也是确定零件制造中工序尺寸及其偏差，从而保证零件制造精度的基本方法。尺寸链计算可降低制造成本，因而尺寸链计算在设计制造机器中的重要性不言而喻。

10.1 尺寸链的基本概念

10.1.1 尺寸链的概念与特性

在一台机器或一个零件中，总是存在着尺寸间的联系。这些相互联系的尺寸按一定的顺序连接成一个封闭的尺寸组，称为尺寸链。

如图10-1所示，车床主轴中心高与尾架中心高之间装配关系尺寸A_0与尺寸A_1、A_2、A_3顺序连接成一封闭的尺寸组，因此尺寸A_0与尺寸A_1、A_2、A_3构成一个装配尺寸链。

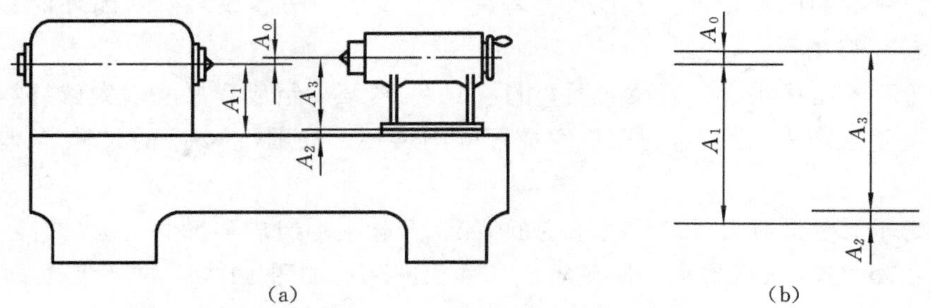

图10-1 车床主轴中心高与尾架中心高装配尺寸链

又如图10-2所示的零件，加工中以B面定位加工尺寸A_1与A_2，从而间接保证设计尺寸A_0。此时，尺寸A_1、A_2和A_0按一定的顺序连接成一个封闭尺寸组，因此尺寸A_1、A_2与尺寸A_0构成一个工艺尺寸链。

可以看出，尺寸链具有以下两个特性。

(1) 封闭性　组成尺寸链的若干个尺寸按一定顺序构成一个封闭的尺寸系统。

(2) 相关性　尺寸链中的一个尺寸若发生变动将导致其他尺寸发生变动。

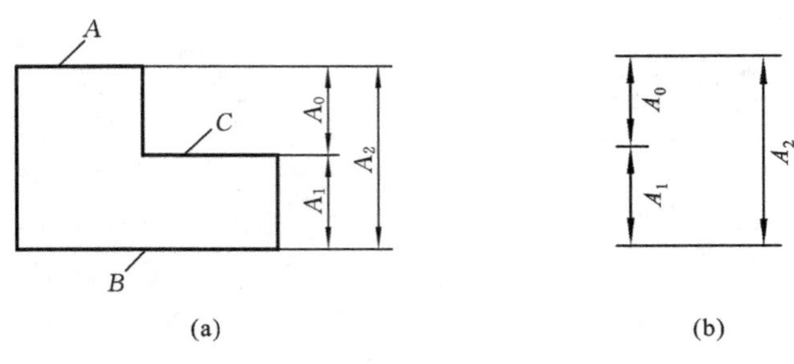

图 10-2 零件加工工艺尺寸链

10.1.2 尺寸链的组成

组成尺寸链的每个尺寸称为环，也就是说尺寸链是由一个个尺寸“环”组成的尺寸“链”。尺寸链的环可分为封闭环与组成环。

1. 封闭环

封闭环是指在零件的加工过程中或是指在机器的装配过程中最后自然形成的那个尺寸。一个尺寸链中，封闭环只有一个。封闭环一般用加下标“0”的方法表示，如图 10-1 和图 10-2 中的尺寸 A_0 即是封闭环。

2. 组成环

尺寸链中除封闭环以外的其他尺寸均称为组成环。按组成环对封闭环的影响，组成环又分为增环与减环。

(1) 增环　在其他组成环尺寸不变的情况下，若某一组成环尺寸增大(或减小)，封闭环的尺寸也随之增大(或减小)，则该组成环称为增环。如图 10-1 中的尺寸 A_2 与 A_3 即是增环。

(2) 减环　在其他组成环尺寸不变的情况下，若某一组成环尺寸增大(或减小)，封闭环的尺寸却随之减小(或增大)，则该组成环称为减环。如图 10-1 中的尺寸 A_1 即是减环。

图 10-1(b)所示为将尺寸链中各尺寸依次顺序画出而形成的封闭图形称为尺寸链图。在分析计算尺寸链时要画出尺寸链图。尺寸链图只表达尺寸之间的相对位置关系，因此只需大体按比例画出各尺寸即可。

在直线尺寸链中关于增、减环的判定也可以采用回路判定法，即对于一个直线尺寸链，在封闭环上方画一向左的箭头，然后按箭头方向绕尺寸链一圈，绕行的同时给各组成环标上与绕行方向同向的箭头。凡是箭头方向向左的组成环为减环，箭头方向向右的组成环为增环。如图 10-3 所示即是采用回路判定法判定增、减环的一个例子，按 A_0 箭头方向绕行并对组成环按绕行方向标出箭头后，可判断出 A_1、A_2、A_4 为增环，A_3、A_5、A_6 为减环。

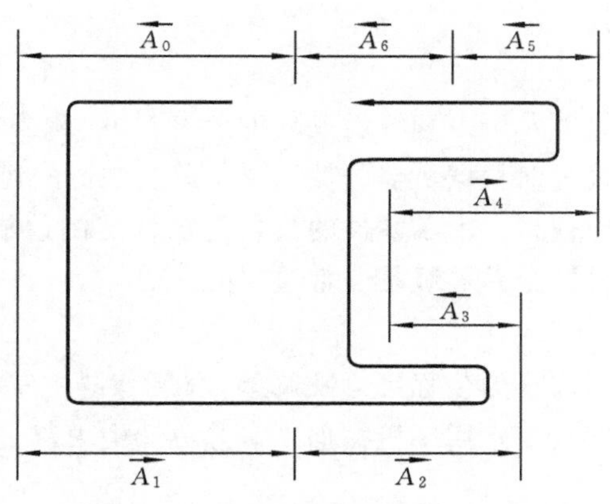

图 10-3　回路判定法判别增、减环

10.1.3　尺寸链的分类

1. 按应用场合分为

(1) 工艺尺寸链　全部组成环由同一零件的工艺尺寸形成，如图 10-2 中的尺寸链。

(2) 装配尺寸链　全部组成环由不同零件的设计尺寸形成。如图 10-1 中的尺寸链。

2. 按尺寸链各环所处空间位置分为

(1) 直线尺寸链　尺寸链各环尺寸互相平行。

(2) 平面尺寸链　尺寸链各环所处平面互相平行，但尺寸不都平行。

(3) 空间尺寸链　尺寸链各环位于若干个不平行的平面内。

3. 按尺寸的计量单位分为

(1) 长度尺寸链　尺寸链中各环为长度尺寸。

(2) 角度尺寸链　尺寸链中各环为角度尺寸。

尺寸链还可以按其他方法进行分类，这里不再赘述。

本章将重点介绍长度尺寸链中的直线尺寸链部分。平面尺寸链与空间尺寸链的计算可通过将尺寸投影到坐标轴方向从而将平面尺寸链与空间尺寸链转化为直线尺寸链进行计算。

10.1.4　尺寸链计算的类型

尺寸链计算的目的是为了能在机械设计及零件的加工工艺设计时正确合理地确定尺寸链各环的公称尺寸及偏差。尺寸链计算的类型可以分为以下三类。

1. 正计算

已知各组成环的公称尺寸及偏差，求封闭环的公称尺寸及偏差即为正计算。正计算常用于验算设计的正确性。

2. 反计算

已知封闭环的公称尺寸及偏差和各组成环的公称尺寸，求各组成环的偏差即为反计算。反计算常用于机械设计时根据机器的性能要求以及制造的经济性合理分配各零件相关尺寸的公差及确定相应偏差。由于零件的公差与零件的制造成本有很大关系，因而进行反计算时合理确定零件的公差等级是非常重要的。

3. 中间计算

已知封闭环与其余组成环的公称尺寸及偏差，求尺寸链中某一组成环的公称尺寸及偏差即为中间计算。中间计算常用于机械加工工艺设计中求解工序尺寸。

10.2 极值法求解尺寸链

求解尺寸链的方法有极值法与概率法两种，本节先介绍极值法。

10.2.1 极值法求解尺寸链的基本公式

设 A_0 为封闭环的公称尺寸，A_i 为组成环的公称尺寸，尺寸链的组成环数目(注意不是全部环数)为 m，其中 n 个增环，$m-n$ 个减环。则用极值法求解直线尺寸链的基本公式如下。

1. 封闭环的公称尺寸

由尺寸链的封闭性可以得出(可参考图 10-3)：箭头向左尺寸之和等于箭头向右尺寸之和。将封闭环写到方程等号左方，即可得

$$\overleftarrow{A_0} = \sum_{i=1}^{n} \overrightarrow{A_i} - \sum_{i=n+1}^{m} \overleftarrow{A_i} \tag{10-1}$$

即封闭环的公称尺寸等于所有增环的公称尺寸之和减去所有减环的公称尺寸之和。

2. 封闭环的最大极限尺寸

由尺寸链的相关性及增、减环的定义可知，当所有增环均为最大极限尺寸而所有减环均为最小极限尺寸时，封闭环为最大极限尺寸。又由尺寸链的封闭性可知，所有箭头向左尺寸之和等于所有箭头向右尺寸之和。略作变形，将封闭环的最大极限尺寸写到等号左方，即可得

$$\overleftarrow{A}_{0\max} = \sum_{i=1}^{n} \overrightarrow{A}_{i\max} - \sum_{i=n+1}^{m} \overleftarrow{A}_{i\min} \tag{10-2}$$

即封闭环的最大极限尺寸等于所有增环的最大极限尺寸之和减去所有减环的最小极限尺寸之和。

3. 封闭环的最小极限尺寸

与封闭环的最大极限尺寸分析相同，类似的有

$$\overleftarrow{A}_{0\min} = \sum_{i=1}^{n} \overrightarrow{A}_{i\min} - \sum_{i=n+1}^{m} \overleftarrow{A}_{i\max} \tag{10-3}$$

即封闭环的最小极限尺寸等于所有增环的最小极限尺寸之和减去所有减环的最大极限尺寸之和。

4. 封闭环的上偏差

由式(10-2)减去式(10-1)即可得

$$\overleftarrow{\mathrm{ES}_0} = \sum_{i=1}^{n} \overrightarrow{\mathrm{ES}_i} - \sum_{i=n+1}^{m} \overleftarrow{\mathrm{EI}_i} \tag{10-4}$$

即封闭环的上偏差等于所有增环的上偏差之和减去所有减环的下偏差之和。

5. 封闭环的下偏差

由式(10-3)减去式(10-1)即可得

$$\overleftarrow{\mathrm{EI}_0} = \sum_{i=1}^{n} \overrightarrow{\mathrm{EI}_i} - \sum_{i=n+1}^{m} \overleftarrow{\mathrm{ES}_i} \tag{10-5}$$

即封闭环的下偏差等于所有增环的下偏差之和减去所有减环的上偏差之和。

6. 封闭环的中间偏差

定义 $\Delta = \dfrac{\mathrm{ES}+\mathrm{EI}}{2}$，$\Delta$ 称为中间偏差。将式(10-4)与式(10-5)求和除 2 即可得

$$\overleftarrow{\Delta_0} = \sum_{i=1}^{n} \overrightarrow{\Delta_i} - \sum_{i=n+1}^{m} \overleftarrow{\Delta_i} \tag{10-6}$$

即封闭环的中间偏差等于所有增环的中间偏差之和减去所有减环的中间偏差之和。

7. 封闭环的公差

由式(10-4)减去式(10-5)即可得

$$T_0 = \sum_{i=1}^{m} T_i \tag{10-7}$$

即封闭环的公差等于全部组成环的公差之和。

8. 极限偏差、中间偏差与公差的关系

由公差带图中可看出它们的关系。请画出公差带图自行分析，这里给出它们的关系公式：

$$\mathrm{ES} = \Delta + \frac{1}{2}T \tag{10-8}$$

$$\mathrm{EI} = \Delta - \frac{1}{2}T \tag{10-9}$$

以上几个公式，在求解实际问题时可根据解决问题的方便性来选用，不一定都用到。

10.2.2 求解尺寸链问题的步骤

1. 确定封闭环

正确地确定封闭环是求解一切尺寸链问题的基础。确定封闭环一定要抓住封闭环是“最后自然形成的”这一关键点。

装配尺寸链的封闭环是在装配之后“最后自然形成的”，一般是机器上有装配精度要求的尺寸。这些尺寸用来保证机器的使用性能，属于两个零件间的联系尺寸，不会是任何零件上的尺寸。装配尺寸链中的尺寸若是某个零件上的尺寸，则该尺寸不是最后自然形成，所以该尺寸决非封闭环。

工艺尺寸链的封闭环是在加工后“最后自然形成的”，大多是零件要求达到的设计尺寸或是工艺过程中的加工余量尺寸。制定的加工顺序不同，“最后自然形成的”尺寸就不同。因此，工艺尺寸链的封闭环是在零件的加工工序确定后才能确定的。零件上的尺寸若是通过某个加工过程直接获得，则该尺寸不是最后自然形成，所以该尺寸决非封闭环。

2. 查找组成环

所选组成环应是对封闭环有直接影响的那些尺寸，无关尺寸应排除在尺寸链之外。一个尺寸链应遵循“尺寸链最短原则”，就是说组成这个尺寸链的环数应当最少。因为式10-7 指出，封闭环公差等于所有组成环公差之和，而为保证机器的使用性能要求，封闭环公差往往是确定的。这样在封闭环公差一定的情况下，尺寸链环数增多，相应的就减小了组成环公差，其结果是人为地增大了制造难度，提高了制造成本，所以必须遵循“尺寸链最短原则”，无关尺寸必须排除在外。

查找装配尺寸链的组成环时，可先从封闭环的任意一端开始，找到相邻零件的相关尺寸，然后再找与第一个零件相邻的第二个零件的相关尺寸，以此类推，直到找到封闭环的另一端为止。也可从封闭环的两端同时找起，直到找到同一个尺寸界线为止。查找工艺尺寸链与此类似，只不过尺寸都是同一个零件上的尺寸。

如图 10-1 所示，车床主轴中心高与尾架中心高之间尺寸 A_0 是设计时提出的装配精度要求。如要保证此精度要求，相关零、部件的尺寸就必须满足一定的尺寸关系，因而就形成了尺寸链。在这个尺寸链中，A_0 是装配精度要求，是在装配之后“最后自然形成的”，所以是封闭环。确定封闭环后依前述组成环查找方法可查找出组成环 A_1、A_2、A_3。

在建立尺寸链时，有时还需考虑形位误差的影响。

3. 画出尺寸链图，确定增、减环

按尺寸链中各尺寸之间的关系，依次顺序画出各尺寸，得到尺寸链图。进一步确定增、减环。

4. 套用最有利解决问题的尺寸链基本公式，列出方程组

5. 解方程组，获得问题的解答

10.2.3 极值法解尺寸链举例

1. 正计算

例 10-1 图 10-4(a)所示为垫块零件图。要求保证尺寸$30_{-0.2}^{0}$、10 ± 0.3。加工时先加工 B 面，再以 B 面定位加工 A 面，然后加工 C 面。由于 A 面较小，以 A 面定位加工 C 面比较困难，故工艺上选以 B 面定位加工 C 面。如图 10-4(b)所示，问若将以 B 面定位加工 C 面的尺寸定为 20 ± 0.2 时，能否保证尺寸 10 ± 0.3？

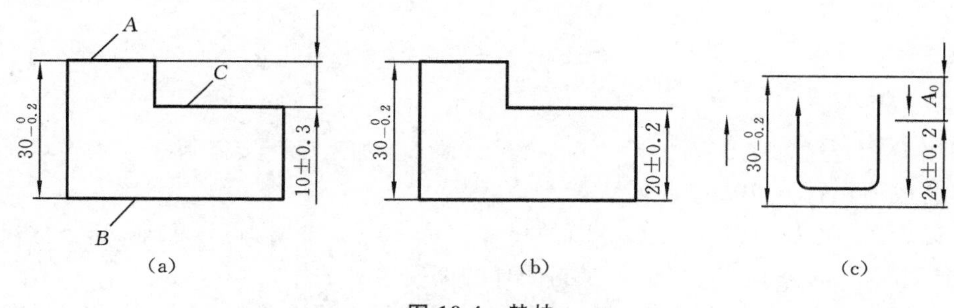

图 10-4 垫块

解 两个直接得到的尺寸$30_{-0.2}^{0}$、20 ± 0.2 与加工后间接得到的 A 面至 C 面的距离尺寸 A_0 构成一个尺寸链，所以这是一个尺寸链问题。按求解尺寸链问题的步骤解题如下。

(1) 确定封闭环。

在上述加工方法中，直接保证的尺寸是$30_{-0.2}^{0}$、20 ± 0.2，而加工后间接得到的 A 面至 C 面的距离尺寸 A_0 成为最后自然形成的尺寸，故加工后间接得到的 A 面至 C 面的距离尺寸 A_0 成为封闭环。

(2) 查找组成环。

尺寸$30_{-0.2}^{0}$、20 ± 0.2 是组成环。

(3) 画尺寸链图，确定增、减环。

画出尺寸链图如图 10-4(c)所示。依照回路判定法判定增环为$30_{-0.2}^{0}$、减环为 20 ± 0.2。

(4) 套用公式、列方程组。

因为要判断此时能否保证 10 ± 0.3 尺寸，而此尺寸由公称尺寸、上偏差、下偏差组成，所以套用式(10-1)、式(10-4)、式(10-5)。列出方程组如下。

$$\left.\begin{aligned}\overleftarrow{A_0} &= \sum_{i=1}^{n}\overrightarrow{A_i} - \sum_{i=n+1}^{m}\overleftarrow{A_i} \\ \overleftarrow{ES_0} &= \sum_{i=1}^{n}\overrightarrow{ES_i} - \sum_{i=n+1}^{m}\overleftarrow{EI_i} \\ \overleftarrow{EI_0} &= \sum_{i=1}^{n}\overrightarrow{EI_i} - \sum_{i=n+1}^{m}\overleftarrow{ES_i}\end{aligned}\right\} \Rightarrow \left.\begin{aligned}\overleftarrow{A_0} &= 30-20 \\ \overleftarrow{ES_0} &= 0-(-0.2) \\ \overleftarrow{EI_0} &= (-0.2)-(+0.2)\end{aligned}\right\}$$

(5) 解方程组,获得问题的解答。

解此方程组,得

$$\left.\begin{aligned}\overleftarrow{A_0} &= 10 \\ \overleftarrow{ES_0} &= +0.2 \\ \overleftarrow{EI_0} &= -0.4\end{aligned}\right\}$$

即以 B 面定位加工 C 面的尺寸定为 20±0.2 时,加工后间接得到的 A 面至 C 面的距离尺寸将成为:$A_0 = 10^{+0.2}_{-0.4}$ 。

可以看出,以 B 面定位加工 C 面的尺寸定为 20±0.2 时,可以保证 A_0 公称尺寸为 10,也能保证 A_0 的公差 $T=0.6$,但是封闭环的偏差不对了。

由本例可以看出,在确定工艺尺寸的时候,尺寸是不能随便定的;否则,将不能保证零件的技术要求。

2. 中间计算

例 10-2 在例 10-1 中,设 A 面已加工完毕且其尺寸为 $30^{\ 0}_{-0.2}$,现要求保证设计尺寸 10±0.3,且加工 C 面时以 B 面定位。问以 B 面定位加工 C 面的工艺尺寸应为多少?

解 同样,这是一个尺寸链问题。

(1) 确定封闭环。

显然,以 B 面定位加工 C 面时,B 面至 C 面的工艺尺寸成为直接得到的尺寸,而尺寸 $30^{\ 0}_{-0.2}$ 是上道工序直接得到的尺寸。加工后 A 面至 C 面的距离尺寸 10±0.3 成为最后自然形成的尺寸。因此尺寸 10±0.3 是封闭环。

(2) 查找组成环。

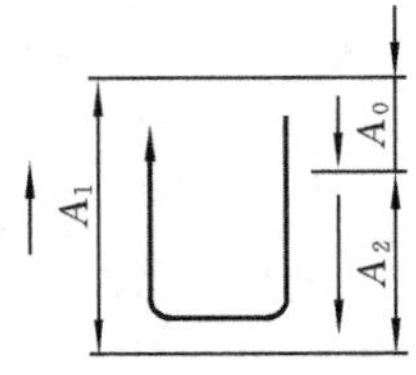

图 10-5 垫块尺寸链图

尺寸 $30^{\ 0}_{-0.2}$ 与 B 面至 C 面的加工工艺尺寸是组成环。

(3) 画尺寸链图,确定增、减环。

将尺寸 10±0.3 用 A_0 表示、尺寸 $30^{\ 0}_{-0.2}$ 用 A_1 表示、B 面至 C 面的加工工艺尺寸用 A_2 表示,画出尺寸链图如图 10-5 所示。按回路判定法可判断出 A_1 为增环,A_2 为减环。

(4) 套用公式、列方程组。

$$\left.\begin{aligned}\overleftarrow{A_0} &= \sum_{i=1}^{n}\overrightarrow{A_i} - \sum_{i=n+1}^{m}\overleftarrow{A_i}\\ \overleftarrow{ES_0} &= \sum_{i=1}^{n}\overrightarrow{ES_i} - \sum_{i=n+1}^{m}\overleftarrow{EI_i}\\ \overleftarrow{EI_0} &= \sum_{i=1}^{n}\overrightarrow{EI_i} - \sum_{i=n+1}^{m}\overleftarrow{ES_i}\end{aligned}\right\} \Rightarrow \left.\begin{aligned}10 &= 30 - \overleftarrow{A_2}\\ +0.3 &= 0 - \overleftarrow{EI_2}\\ -0.3 &= (-0.2) - \overleftarrow{ES_2}\end{aligned}\right\}$$

(5) 解方程组，获得问题的解答。

解此方程组，得

$$\left.\begin{aligned}A_2 &= 20\\ \overleftarrow{EI_2} &= -0.3\\ \overleftarrow{ES_2} &= +0.1\end{aligned}\right\}$$

即以 B 面定位加工 C 面的工艺尺寸应为：$A_2 = 20_{-0.3}^{+0.1}$ 。

由例 10-1、例 10-2 可以看出，关联尺寸的求解应当是先建立尺寸链，然后进行计算求解。

3. 反计算

反计算常用于机械设计时，根据机器的性能要求以及制造的经济性合理分配各零件相关尺寸的公差及确定相应偏差，所以反计算又称设计计算。

反计算的关键问题是分配各组成环的公差。反计算在分配各组成环公差时常用“等公差法”或“等精度法”。

等公差法又称等公差数值法，就是将封闭环公差数值平均分配给各组成环。设封闭环公差为 T_0，组成环有 m 个，则等公差法中组成环平均公差为

$$T_{av} = \frac{T_0}{m} \tag{10-10}$$

等精度法又称等公差等级法，其特点是所有组成环的公差等级相同，所以各组成环公差等级系数也相同，均等于平均公差等级系数 α_{avq}，即 $\alpha_1 = \alpha_2 = \cdots = \alpha_m = \alpha_{avq}$ 。根据第 2 章可知：当公称尺寸小于 500 mm，且公差等级在 IT5～IT18 时，公差按下式计算：$T = \alpha i$ ，其中 $i = 0.45\sqrt[3]{D} + 0.001D$ 。据此，可求得封闭环公差为

$$T_0 = \sum_{i=1}^{m} T_i = \sum_{i=1}^{m}\alpha_i i_i = \alpha_{avq}\sum_{i=1}^{m} i_i$$

因此，在等精度法中组成环平均公差等级系数为

$$\alpha_{avq} = \frac{T_0}{\sum_{i=1}^{m} i_i} \tag{10-11}$$

由于各组成环的公称尺寸已经确定，所以其公差单位可求出。进而可根据式(10-11)求出各组成环平均公差等级系数 α_{avq}。这样，各组成环平均公差等级就确定了。再查标准公差表得到各组成环的标准公差数值。从而解决了反计算的关键问题——分配各组成环的公差。

等精度法中的公差单位因当尺寸分段确定后其数值是确定的，为方便应用，这里将各尺寸分段的公差单位先行算出，列于表10-1中，供查用。另外，当各组成环平均公差等级系数 α_{avq} 确定后，可不必再从第2章中查公差等级。这里同样为方便应用，将公差等级系数 α 与公差等级的对应关系列于表10-2中，供查用。

表 10-1　各尺寸分段公差单位 i 的数值(适用于 IT5～IT18)

尺寸分段 D/mm	1～3	>3～6	>6～10	>10～18	>18～30	>30～50	>50～80	>80～120	>120～180	>180～250	>250～315	>315～400	>400～500
公差单位 $i/\mu m$	0.54	0.73	0.90	1.08	1.31	1.56	1.86	2.17	2.52	2.90	3.23	3.54	3.89

表 10-2　公差等级系数 α_{avq} 与公差等级的对照表

公差等级	IT5	IT6	IT7	IT8	IT9	IT10	IT11	IT12	IT13	IT14	IT15	IT16	IT17	IT18
系数 α_{avq}	7	10	16	25	40	64	100	160	250	400	640	1 000	1 600	2 500

实际上，各组成环公称尺寸大小、结构特点、工艺特点、加工方法、加工难易程度及对装配精度的影响等可能是各不相同的。所以，若对各组成环采用相同的公差等级可能是不合理的。因此，在采用等公差法或等精度法初步确定各组成环公差后，为使各组成环公差分配更为合理，可根据各组成环公称尺寸大小、结构特点、工艺特点、加工方法、加工难易程度及对装配精度的影响等对各组成环的公差等级进行适当的调整，最终确定各组成环的合理公差。

例 10-3　图10-6所示为一简化的轴系装配结构。图中齿轮要求能在轴上灵活转动。为此在齿轮两侧加装了两个铜环以减小摩擦。齿轮右侧铜环的右侧安装了一个轴用弹性挡圈，以定位与固定此装配结构。为保证齿轮转动灵活，初步要求装配后齿轮与右侧铜环间有0.1～0.5 mm的间隙，如图10-6中的尺寸 A_0。试确定该装配尺寸链各组成环的制造精度。已知 $A_1=30$ mm，$A_2=A_5=5$ mm，$A_4=3$ mm，$A_3=43$ mm。

解　等公差法较易理解，不再举例。本例采用等精度法分配各组成环公差。

(1) 确定封闭环。

装配后齿轮与右侧铜环间的0.1～0.5 mm的间隙 A_0 是装配技术要求，是在装配后形成的，故该间隙为封闭环。

(2) 查找组成环。

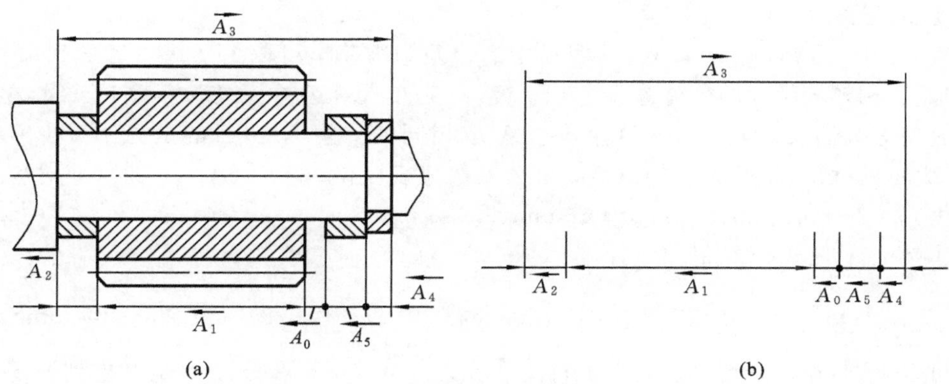

图 10-6 齿轮装配尺寸链图

尺寸 A_1、A_2、A_3、A_4、A_5 为组成环。

(3) 画尺寸链图,确定增、减环。

画出尺寸链图如图 10-6(b)所示。根据回路判定法可知 A_3 为增环,A_1、A_2、A_4、A_5 为减环。

(4) 套用公式、列方程组、解方程组。

① 封闭环的公称尺寸及公差。

封闭环公称尺寸为

$$\overleftarrow{A_0} = \sum_{i=1}^{n} \overrightarrow{A_i} - \sum_{i=n+1}^{m} \overleftarrow{A_i} = [43 - (30 + 5 + 3 + 5)]\ \text{mm} = 0$$

封闭环公差为

$$T_0 = ES_0 - EI_0 = (0.5 - 0.1)\ \text{mm} = 0.4\ \text{mm}$$

所以,封闭环可表示为 $0^{+0.5}_{+0.1}$。

② 求各组成环公差等级系数 α_{avq}。

注意到 A_4 为轴用弹性挡圈的尺寸,而轴用弹性挡圈是标准件,其公差由轴用弹性挡圈国家标准(GB/T 894—1986)确定。故其尺寸需查标准手册。由《机械零件设计手册》第三版第二卷查得:$A_4 = 3^{+0.07}_{-0.22}$,即公差 $T_4 = 0.29$ mm。

由表 10-1 可查得对应于公称尺寸 A_1、A_2、A_3、A_5 的公差单位 i 的数值分别为 1.31 μm、0.73 μm、1.56 μm、0.73 μm。则可将式 10-11 变形,得

$$T_0 = T_1 + T_2 + T_3 + T_4 + T_5 = \alpha_{avq}(i_1 + i_2 + i_3 + i_5) + T_4$$

所以,求得组成环 A_1、A_2、A_3、A_5 的平均公差等级系数为

$$\alpha_{avq} = \frac{T_0 - T_4}{i_1 + i_2 + i_3 + i_5} = \frac{0.4 - 0.29}{\frac{1.31 + 0.73 + 1.56 + 0.73}{1\,000}} = 25.40$$

③ 确定各组成环公差数值。

查表 10-2 可知，A_1、A_2、A_3、A_5 四尺寸的公差等级基本可取 IT8 级。考虑到尺寸 A_3 较难加工，调整该尺寸的公差等级为 IT9 级，相应 A_1 尺寸公差等级取小为 IT7 级，A_2、A_5 尺寸公差等级仍取为 IT8 级。这里，A_2、A_5 取相同的公差等级，目的是为了减少零件种类，扩大零件批量，降低成本。查第 2 章公差数值表可得 A_1、A_2、A_3、A_5 四尺寸对应公差数值为：0.021 mm、0.018 mm、0.062 mm、0.018 mm。

④ 校核封闭环公差 T_0。

$$T_0 = \sum_{i=1}^{m} T_i = (0.021 + 0.018 + 0.062 + 0.29 + 0.018)\ \text{mm} = 0.409\ \text{mm}$$

可以看到，这样分配公差超出了封闭环公差 0.4 mm 的要求。但是考虑到该超出的数值仅为 9 μm，而该间隙又非特别重要，故不再改动该组成环公差分配方案。相应封闭环公差调整为 $T_0 = 0.409$，即 $A_0 = 0^{+0.509}_{+0.1}$。

需要说明的是，若封闭环精度要求特别重要，则不能随意改动封闭环公差要求，只能重新分配各组成环公差等级以满足封闭环精度要求。

⑤ 确定各组成环极限偏差。

各组成环极限偏差分布一般按“入体原则”分布，即公差带的基本偏差数值为零，另一偏差向零件的实体侧分布。其原因是机加工工人在加工零件时，若零件实体大于最大实体状态，工人还可进一步对零件加工，直至加工尺寸合格为止；但若所加工零件实体已小于最小实体状态，则零件成为废品。为防止产生过切而造成零件报废，机加工工人在加工零件试切对刀时一般均按零件的最大实体状态对刀，即按最大实体尺寸对刀。而当按“入体原则”分布零件的极限偏差时，最大实体尺寸就是零件的公称尺寸，工人不必另行计算，因而方便了工人操作。所以，按照“入体原则”，包容尺寸（“孔”）的基本偏差应取用 H，被包容尺寸（“轴”）的基本偏差应取用 h，而对于入体方向不明的长度尺寸（中性尺寸）的基本偏差一般取用 JS(js)。

按照以上“入体原则”，A_2、A_5 两尺寸的基本偏差取为 h，即 $A_2 = A_5 = 5^{\ 0}_{-0.018}$；$A_4$ 的基本偏差按 GB/T 894—1986，即 $A_4 = 3^{+0.07}_{-0.22}$；A_3 尺寸的基本偏差按 JS，即 $A_3 = 43^{+0.031}_{-0.031}$。$A_1$ 尺寸虽然是“轴”性质的尺寸，但由于 A_1、A_2、A_3、A_4、A_5 与 A_0 六个尺寸构成尺寸链，故 A_1 尺寸的基本偏差受到尺寸链相关性的制约，其极限偏差应由尺寸链公式求出。习惯上称 A_1 尺寸为“协调环”。一般选取对其他尺寸链无影响，自身尺寸又不太重要，加工又比较方便的尺寸作为协调环。

⑥ 确定协调环极限偏差。

根据式(10-4)、式(10-5)可得

$$\left.\begin{aligned}\overleftarrow{\mathrm{ES}_0} &= \sum_{i=1}^{n} \overrightarrow{\mathrm{ES}_i} - \sum_{i=n+1}^{m} \overleftarrow{\mathrm{EI}_i} \\ \overleftarrow{\mathrm{EI}_0} &= \sum_{i=1}^{n} \overrightarrow{\mathrm{EI}_i} - \sum_{i=n+1}^{m} \overleftarrow{\mathrm{ES}_i}\end{aligned}\right\} \Rightarrow$$

$$\left.\begin{aligned}+0.509 &= (+0.031) - [\overleftarrow{\mathrm{EI}_1} + (-0.018) + (-0.22) + (-0.018)] \\ +0.1 &= (-0.031) - [\overleftarrow{\mathrm{ES}_1} + (0) + (+0.07) + (0)]\end{aligned}\right\}$$

解得 $\left.\begin{aligned}\overleftarrow{\mathrm{EI}_1} &= -0.222 \\ \overleftarrow{\mathrm{ES}_1} &= -0.201\end{aligned}\right\}$，即 $A_1 = 30_{-0.222}^{-0.201}$ 。

⑦ 校核协调环 A_1 公差。

协调环 A_1 公差为：$T_1 = \mathrm{es}_1 - \mathrm{ei}_1 = [(-0.201) - (-0.222)]\ \mathrm{mm} = +0.021\ \mathrm{mm}$，正确。

为方便工人加工，将协调环 A_1 尺寸改写为入体形式：$A_1 = 29.799_{-0.021}^{\ 0}$ 。

(5) 全部计算结果如下。

$$A_0 = 0_{+0.1}^{+0.509}\ ,\ A_1 = 29.799\mathrm{h}7 = 29.799_{-0.021}^{\ 0}\ ,$$
$$A_2 = A_5 = 5\mathrm{h}8 = 5_{-0.018}^{\ 0}\ ,\ A_3 = 43\mathrm{JS}9 = 43_{-0.031}^{+0.031}\ ,\ A_4 = 3_{-0.22}^{+0.07}$$

10.3 求解尺寸链的其他方法(概率法)

10.3.1 相关参数

1. 平均偏差 $\overline{x}$

由第 2 章可知，实际尺寸与公称尺寸的代数差称为实际偏差。全部零件实际偏差的平均值即为平均偏差 $\overline{x}$ 。设 L'_i 为第 i 个零件的实际尺寸，根据定义有

$$\overline{x} = \frac{1}{n}\sum_{i=1}^{n}(L'_i - L) = \frac{1}{n}\sum_{i=1}^{n}L'_i - L = \overline{L} - L \tag{10-12}$$

由式(10-12)可以看出，平均偏差也等于全部零件实际尺寸的平均值 $\overline{L}$ (即平均尺寸)与公称尺寸之差。因此，在全部零件的尺寸分布曲线图(横轴为零件的实际尺寸 L'_i，纵轴为零件实际尺寸分布为 L'_i 时的概率密度函数值)中平均偏差的位置表明了全部零件实际偏差变动的中心位置，也是全部零件实际尺寸变动的中心位置，同时也是平均尺寸位置。中心位置指的是实际尺寸分布在该位置左方或右方的概率各占 50%。如图 10-7 所示。

2. 相对不对称系数 e

设全部零件实际尺寸出现的概率为 99.73%(工厂实际应用时的取值)时的零件实际

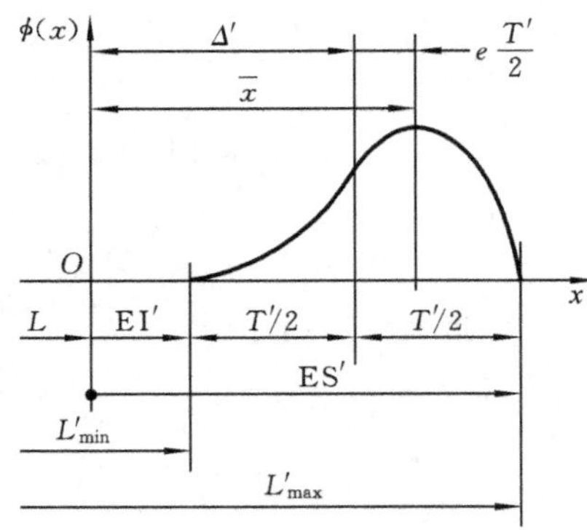

图 10-7　相关参数图解

尺寸分布范围为 $L'_{\min} \sim L'_{\max}$ 。令 $T' = L'_{\max} - L'_{\min}$、$ES' = L'_{\max} - L$、$EI' = L'_{\min} - L$ 、实际尺寸分布宽度中心 $\Delta' = [ES' + EI']/2$ 。定义

$$e = \frac{\bar{x} - \Delta'}{\frac{T'}{2}} \tag{10-13}$$

式中，e 反映了分布曲线的不对称程度，称为不对称系数。

3. 相对标准差 λ

实际尺寸分布曲线的标准差与实际尺寸分布宽度 T' 的一半值之比，称为相对标准差 λ ，即

$$\lambda = \frac{\sigma}{\frac{T'}{2}} \tag{10-14}$$

例如：当实际尺寸分布为正态分布、且取置信概率为 99.73%时，$T' = 6\sigma$ ，所以，$\lambda_{\mathrm{n}} = 1/3$ 。

4. 相对分布系数 κ

任意分布的相对标准差与正态分布的相对标准差之比称为相对分布系数 κ ，即

$$\kappa = \frac{\lambda}{\lambda_{\mathrm{n}}} = 3\lambda \tag{10-15}$$

κ 表征了实际尺寸呈任意分布时相对实际尺寸呈正态分布的集中程度。κ 越大，集中程度越高。

实际上，$\kappa = \frac{\lambda}{\lambda_{\mathrm{n}}} = \frac{\frac{\sigma}{T'/2}}{\frac{\sigma_{\mathrm{n}}}{T'_{\mathrm{n}}/2}} = \frac{2\sigma}{T'} \times \frac{T'_{\mathrm{n}}}{2\sigma_{\mathrm{n}}} = \frac{\sigma}{\sigma_{\mathrm{n}}} \times \frac{T'_{\mathrm{n}}}{T'}$ 。变换该式得

$$\frac{T'_{\mathrm{n}}}{T'} = \kappa \times \frac{\sigma_{\mathrm{n}}}{\sigma}$$

此式说明，当实际尺寸呈任意分布与实际尺寸呈正态分布具有相同的标准差时，正态分布的分布宽度 T'_{n} 将是任意分布的分布宽度 T' 的 κ 倍。由于表 10-3 所列常见几种任意分布的 κ 值均大于 1，故正态分布的分布宽度比这几种任意分布的分布宽度均大。这也说明，在用概率法求解尺寸链时，若不知某个组成环尺寸的分布规律，可将该尺寸按正态分布处理，一般是可以满足精度要求的。若知道该尺寸的分布规律，则应采用该分布规律计算。因这样可使其他组成环获得更大的公差值，使得加工成本更低。

现将常见分布曲线的相对分布系数 κ 及相对不对称系数 e 列于表 10-3，供查用。稳定的大批量生产过程，其尺寸分布规律趋向正态分布；采用试切法加工工件时，其尺寸分

布趋向偏态分布；偏心等矢量误差，其矢量模遵循瑞利分布。

表 10-3 常见分布曲线的相对分布系数 κ 及相对不对称系数 e

分布特征	正态分布	三角分布	均匀分布	瑞利分布	偏态分布	
					外尺寸	内尺寸
分布曲线	-3σ 3σ			$e\frac{T'}{2}$	$e\frac{T'}{2}$	$e\frac{T'}{2}$
e	0	0	0	－0.28	0.26	－0.26
κ	1	1.22	1.73	1.14	1.17	1.17

10.3.2 概率法求解装配尺寸链

用极值法求解装配尺寸链，装配过程简单，可以实现“拿起零件就装，装完就合格”的要求。它是按照所有增环同时出现最大值（或最小值）、而所有减环此时又恰同时出现最小值（或最大值）的极限情况建立封闭环与组成环之间尺寸链的。由于机器性能越来越好，精度越来越高，所以尺寸链中封闭环公差（常常是为保证机器性能要求而提出的精度要求）越来越小。其结果导致组成环公差也越来越小，零件加工因此变得困难甚至不可能实现。

实际上在零件的加工过程中，零件实际尺寸分布宽度中心总是尽量调整在公差带中心（中间偏差）附近，实际尺寸靠近极限尺寸的零件数目极少；且在装配时任意拿取的零件其实际尺寸是一个随机变量，所有增环同时出现最大值（或最小值）、而所有减环此时又恰同时出现最小值（或最大值）的情况是一个小概率事件，常可忽略不计。概率法解装配尺寸链就是利用这一规律，将组成环公差合理放大。这就使零件加工变得容易，成本降低，同时又能保证封闭环的要求。概率法解尺寸链时，在极个别装配情况下封闭环会超出其技术要求，但常可通过调换个别零件而实现对封闭环技术要求的保证。

封闭环 A_0 是组成环的函数，可表示为

$$A_0 = f(A_1, A_2, \cdots, A_i, \cdots, A_m) \tag{10-16}$$

大批量生产中，封闭环 A_0 与组成环 A_i 都是随机变量。所以封闭环 A_0 的标准差 σ_0 可按随机函数的标准差求得

$$\sigma_0 = \sqrt{\left(\frac{\partial f}{\partial A_1}\right)^2 \sigma_1^2 + \left(\frac{\partial f}{\partial A_2}\right)^2 \sigma_2^2 + \cdots + \left(\frac{\partial f}{\partial A_i}\right)^2 + \cdots + \left(\frac{\partial f}{\partial A_m}\right)^2 \sigma_m^2} \tag{10-17}$$

式中：$\left(\frac{\partial f}{\partial A_1}\right)$，$\left(\frac{\partial f}{\partial A_2}\right)$，…，$\left(\frac{\partial f}{\partial A_i}\right)$，…，$\left(\frac{\partial f}{\partial A_m}\right)$ 是误差传递系数，可简记为 ξ_1，ξ_2，

$\cdots\xi_i\cdots,\xi_m$ 。

因此,式(10-17)可写为

$$\sigma_0=\sqrt{\sum_{i=1}^{m}\xi_i^2\sigma_i^2} \tag{10-18}$$

设封闭环与组成环实际偏差均服从正态分布,且实际尺寸分布宽度与公差带宽度相同,则有 $T_i=T_i'=6\sigma$ 。对式(10-18)两端均乘以 6,则可得封闭环与组成环公差关系为

$$T_0=\sqrt{\sum_{i=1}^{m}\xi_i^2T_i^2} \tag{10-19}$$

若各环实际偏差不是正态分布,则应在式(10-19)中考虑相对分布系数的影响。故式(10-19)变为

$$T_0=\frac{1}{\kappa_0}\sqrt{\sum_{i=1}^{m}\xi_i^2\kappa_i^2T_i^2} \tag{10-20}$$

当组成环数目大于 4,且各组成环分布范围又相差不大时,则不论组成环是否正态分布,封闭环均趋于正态分布,即 κ_0 可按正态分布取 1。

对于直线尺寸链,增环 ξ_i 为 +1,减环 ξ_i 为 −1。故在直线尺寸链中,式(10-20)成为

$$T_0=\frac{1}{\kappa_0}\sqrt{\sum_{i=1}^{m}\kappa_i^2T_i^2} \tag{10-21}$$

若在加工中调整机床使得各零件实际尺寸分布宽度中心与公差带中心重合,则 $\Delta'=\Delta$ 。且设各环尺寸分布宽度与公差带宽度相同,则 $T'=T$ 。所以各实际尺寸平均偏差可表示为 $\overline{x}=\Delta+e\dfrac{T}{2}$,平均尺寸(分布中心尺寸)可表示为 $\overline{L}=L+\overline{x}=L+\left(\Delta+e\dfrac{T}{2}\right)$ 。由于各组成环为随机变量,且装配时零件是任取的,所以封闭环也为随机变量。当各组成环为平均尺寸时,封闭环得到平均尺寸,所以有

$$\overleftarrow{L_0+\Delta_0+e_0\frac{T_0}{2}}=\sum_{i=1}^{n}\overrightarrow{\left(L_i+\Delta_i+e_i\frac{T_i}{2}\right)}-\sum_{i=n+1}^{m}\overleftarrow{\left(L_i+\Delta_i+e_i\frac{T_i}{2}\right)} \tag{10-22}$$

式(10-22)减去式(10-1)可得

$$\overleftarrow{\Delta_0+e_0\frac{T_0}{2}}=\sum_{i=1}^{n}\overrightarrow{\left(\Delta_i+e_i\frac{T_i}{2}\right)}-\sum_{i=n+1}^{m}\overleftarrow{\left(\Delta_i+e_i\frac{T_i}{2}\right)} \tag{10-23}$$

当组成环数目大于 4,且各组成环分布范围又相差不大时,则不论组成环是否正态分布,封闭环均趋于正态分布,即 e_0 可按正态分布取 0,则式(10-23)变为

$$\overleftarrow{\Delta_0}=\sum_{i=1}^{n}\overrightarrow{\left(\Delta_i+e_i\frac{T_i}{2}\right)}-\sum_{i=n+1}^{m}\overleftarrow{\left(\Delta_i+e_i\frac{T_i}{2}\right)} \tag{10-24}$$

式(10-1)、式(10-8)、式(10-9)、式(10-21)、式(10-24)是概率法求解直线尺寸链的常

用基本公式。

例 10-4 对例 10-3 改用概率法进行计算。

解 设该机器大批量生产，则各组成环实际尺寸分布为正态分布。并设生产中调整实际尺寸分布宽度中心与公差带中心重合。按等精度法解尺寸链如下。

(1) 确定封闭环，查找组成环，画尺寸链图，确定增、减环。

以上步骤同例 10-3。

(2) 套用公式、列方程组、解方程组。

① 封闭环的公称尺寸及公差。

封闭环公称尺寸为

$$\overleftarrow{A_0} = \sum_{i=1}^{n} \overrightarrow{A_i} - \sum_{i=n+1}^{m} \overleftarrow{A_i} = 43 - (30 + 5 + 3 + 5) = 0$$

封闭环公差为

$$T_0 = ES_0 - EI_0 = (0.5 - 0.1)\ \text{mm} = 0.4\ \text{mm}$$

所以，封闭环可表示为 $0^{+0.5}_{+0.1}$。

② 求各组成环公差等级系数 α_{avq}。

轴用弹性挡圈是标准件，其尺寸由例 10-3 已知，$A_4 = 3^{+0.07}_{-0.22}$，即公差 $T_4 = 0.29$ mm。

由表 10-1 可查得对应于尺寸 A_1、A_2、A_3、A_5 的公差单位 i 的数值分别为 1.31 μm、0.73 μm、1.56 μm、0.73 μm。则可将式(10-21)变形得

$$T_0^2 = T_1^2 + T_2^2 + T_3^2 + T_4^2 + T_5^2 = \alpha_{avq}^2 (i_1^2 + i_2^2 + i_3^2 + i_5^2) + T_4^2$$

所以，求得组成环 A_1、A_2、A_3、A_5 的平均公差等级系数为

$$\alpha_{avq} = \sqrt{\frac{T_0^2 - T_4^2}{i_1^2 + i_2^2 + i_3^2 + i_5^2}} = \sqrt{\frac{(0.4^2 - 0.29^2) \times 1\,000^2}{1.31^2 + 0.73^2 + 1.56^2 + 0.73^2}} = 120.635$$

③ 确定各组成环公差数值。

查表 10-2 可知，A_1、A_2、A_3、A_5 四尺寸的公差等级基本可取 IT11～IT12 级。考虑到 IT11 已是粗加工精度，故 A_1、A_2、A_3、A_5 四尺寸公差等级均取为 IT11 级。查第 2 章公差数值表可得 A_1、A_2、A_3、A_5 四尺寸对应公差数值为：0.130 mm、0.075 mm、0.160 mm、0.075 mm。

④ 校核封闭环实际尺寸分布宽度 T_0'。

$$T_0' = \frac{1}{\kappa_0}\sqrt{\sum_{i=1}^{m} \kappa_i^2 T_i^2} = \sqrt{0.130^2 + 0.075^2 + 0.160^2 + 0.29^2 + 0.075^2}\ \text{mm}$$
$$= 0.371\ \text{mm} < T_0 = 0.4\ \text{mm}$$

所以公差分配合适。

⑤ 确定各组成环极限偏差。

按照“入体原则”，A_2、A_5两尺寸的基本偏差取为 h，即 $A_2=A_5=5_{-0.075}^{\ 0}$；A_4的基本偏差按 GB/T 894－1986，即 $A_4=3_{-0.22}^{+0.07}$；A_3尺寸的基本偏差按 JS，即 $A_3=43_{-0.08}^{+0.08}$。选 A_1尺寸为“协调环”，偏差待定。

⑥ 确定协调环极限偏差。

由于各组成环为正态分布，所以封闭环也为正态分布，即有 $\Delta_0=\overline{x}$。封闭环平均偏差取为 $\overline{x}=+0.3$。$\Delta_2=\Delta_5=-0.0375$，$\Delta_3=0$，$\Delta_4=-0.075$，则由式(10-24)有

$$\overleftarrow{\Delta_0}=\sum_{i=1}^{n}\overrightarrow{\left(\Delta_i+e_i\frac{T_i}{2}\right)}-\sum_{i=n+1}^{m}\overleftarrow{\left(\Delta_i+e_i\frac{T_i}{2}\right)}\quad\Rightarrow$$

$$+0.3=0-[\Delta_1+(-0.0375)+(-0.075)+(-0.0375)]$$

解得 $\Delta_1=-0.15$。

所以：$\mathrm{ES}_1=\Delta_1+\dfrac{T_1}{2}=\left(-0.15+\dfrac{0.130}{2}\right)\ \mathrm{mm}=-0.085$

$$\mathrm{EI}_1=\mathrm{ES}_1-T_1=(-0.085-0.130)\ \mathrm{mm}=-0.215\ \mathrm{mm}$$

尺寸 A_1 可表示为 $A_1=30_{-0.215}^{-0.085}$，表示为入体形式为 $A_1=29.915_{-0.13}^{\ 0}$。

⑦ 校核封闭环的极限偏差。

由式(10-24)可得封闭环的实际中间偏差为

$$\begin{aligned}\Delta_0'&=\Delta_3-(\Delta_1+\Delta_2+\Delta_4+\Delta_5)\\&=0-[(-0.15)+(-0.0375)+(-0.075)+(-0.0375)]=+0.3\end{aligned}$$

封闭环的实际极限偏差为

$$\mathrm{ES}_0'=\Delta_0'+\frac{T'}{2}=\left(+0.3+\frac{0.371}{2}\right)\ \mathrm{mm}=0.4855\ \mathrm{mm}$$

$$\mathrm{EI}_0=\Delta_0'-\frac{T'}{2}=\left(+0.3-\frac{0.371}{2}\right)\ \mathrm{mm}=0.1145\ \mathrm{mm}$$

满足封闭环 $0_{+0.1}^{+0.5}$的技术要求。

⑧ 最终结果列出如下。

$A_0=0_{+0.1}^{+0.5}$（封闭环技术要求），$A_1=h11=29.915_{-0.13}^{0}$，$A_2=h11=5_{-0.075}^{0}$，$A_3=JS11=43_{-0.08}^{+0.08}$，$A_4=3_{-0.22}^{+0.07}$（标准件），$A_5=h11=5_{-0.075}^{0}$。

将例 10-4 与例 10-3 比较，可以看出，概率法求解尺寸链时，组成环公差明显放大，加工成本明显降低，因而带来良好的经济效益。概率法求解装配尺寸链，理论上有 0.27％的装配尺寸链达不到装配精度要求。但此例中置信概率为 99.73％时的封闭环实际尺寸分布宽度为 0.371 mm，较封闭环设计公差 0.4 mm 小 0.029 mm，所以装配尺寸链不合格的概率比 0.27％还要小许多。

10.4 保证装配精度的四种方法

10.4.1 互换装配法

互换装配法是指在装配时对零件不需做任何挑选、修配和调整，只要将零件装配起来就能达到规定的装配精度要求的装配方法。

互换装配法又分为完全互换法与统计互换法。例 10-3 就是用完全互换装配法解尺寸链的一个例子。完全互换装配法的实质就是用极值法解尺寸链。由于采用了极值法解尺寸链，所以每一个零件都不需要经过挑选，装到机器上就能达到机器的精度要求。例 10-4 是用统计互换装配法解尺寸链的一个例子。统计互换装配法的实质就是用概率法求解尺寸链。由于采用了概率法解尺寸链，所以绝大多数零件也是直接装到机器上就能达到机器的精度要求。只有极小的概率会出现零件装到机器上达不到机器的精度要求的现象，所以概率法也称大数互换法。

10.4.2 分组互换装配法

大批量生产时，若封闭环精度要求很高，用互换装配法确定的组成环公差往往过小，从而导致零件加工困难，很不经济。此时可采用分组互换装配法。

分组互换装配法就是将按封闭环技术要求确定的各组成环公差放大 N 倍来加工零件，加工完毕后按零件的实测偏差将各种零件分成间隔相等的 N 组，装配时取组编号相同的各种零件进行装配（即按大配大，小配小的原则进行装配），从而实现保证封闭环配合性质的一种装配方法。由于这种装配方法在装配时属于同组的零件可实现互换，因而称为分组互换装配法。

分组互换装配法中，由于采用扩大 N 倍组成环公差的方式来生产零件，因而零件的生产成本降低。但当各种零件的尺寸分布规律不同时，组编号相同的各种零件的数量会不同，因而会出现有一些零件没有相对应的别的种类的零件可装配的现象，造成零件浪费与成本提高。另外在应用分组互换装配法时，应注意各组成环公差放大的方向应一致，且为保证各编号组零件装配后的封闭环配合性质一致，同一尺寸链中的增环的公差数值应与减环的公差数值相等。

10.4.3 修配装配法

在单件、小批生产中，当封闭环装配精度要求高，而组成环数又多时，常用修配装配法。

修配装配法就是通过修配“修配环”的尺寸从而保证封闭环装配精度要求的一种装配

方法。采用修配装配法时，各组成环按工厂实际生产条件下的经济加工精度进行制造。装配时组成环积累形成的封闭环误差一般将超出封闭环给定的装配精度要求。可预先选定一组成环作为“修配环”，通过修配该环的尺寸从而保证封闭环的装配精度要求。一般应选择装拆、加工方便的零件作为修配环，且应注意不同尺寸链中的公共环不宜选做修配环。

10.4.4 调整装配法

调整装配法就是通过选用合适的调整件或是通过改变调整件在机器结构中的相对位置来保证装配精度的一种装配方法。

调整装配法又分为可动调整法、固定调整法与误差抵消调整法三种。

习　题

10-1 什么是尺寸链？尺寸链有什么特点？

10-2 一个尺寸链中，封闭环有几个？封闭环有什么特点？

10-3 增环与封闭环有什么关系？减环与封闭环有什么关系？为什么会有这种关系？

10-4 解尺寸链的方法有哪些？保证装配精度的方法有哪些？

10-5 为什么式(10-2)、式(10-3)、式(10-4)、式(10-5)不能用于概率法中？式(10-23)、式(10-24)能不能用于极值法中？

10-6 如图 10-8 为一轴上键槽与外圆加工的示意图，要求保证尺寸 $35_{-0.2}^{0}$ mm 与 $\phi40_{-0.034}^{-0.009}$ mm。其加工工艺过程为：

(1) 车外圆至 $\phi40.4_{-0.62}^{0}$ mm；

(2) 铣键槽至深度 H；

(3) 热处理；

(4) 磨外圆至尺寸 $\phi40_{-0.034}^{-0.009}$ mm，同时间接保证键槽尺寸 $35_{-0.2}^{0}$ mm。

试确定工序尺寸 H 的公称尺寸及极限偏差。

10-7 一轴系结构如图 10-9 所示。图中 $A_1=5$ mm，$A_2=45$ mm，$A_3=50$ mm。要求装配后间隙 A_0 在 0.1～0.2 mm 之间。已知该设备大批量生产，试分别按完全互换法与大数互换法确定 A_1、A_2、A_3 的公差及其极限偏差，并分析两种解法的公差有何区别？对比说明两种解法各有何特点？分别用于什么场合？

10-8 如图 10-10 所示的轴套，按 $A_1=\phi65\text{h}11$ 加工外圆，按 $A_2=\phi50\text{H}11$ 镗孔，内、

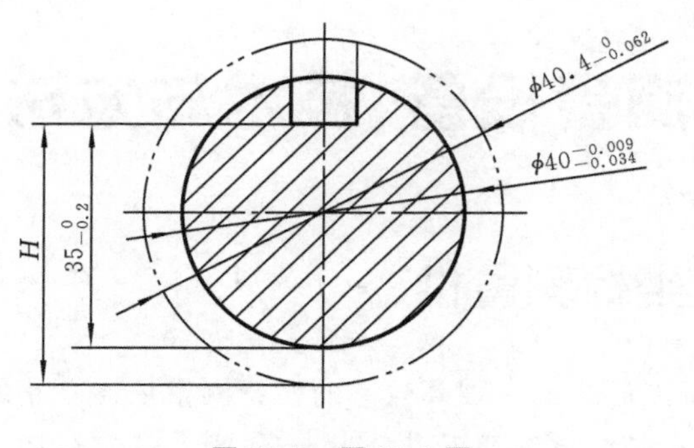

图 **10-8** 题 10-6 图

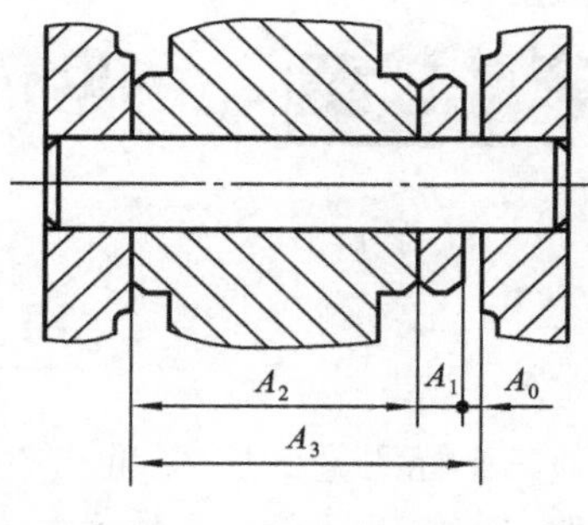

图 **10-9** 题 10-7 图

外圆同轴度误差可略去不计，求壁厚的公称尺寸及极限偏差。

10-9 在如图 10-11 所示的尺寸链中，A_0为封闭环，试分析各组成环中，哪些是增环，哪些是减环？

10-10 按图 10-12 所示间距尺寸加工孔。用尺寸链求解孔 1 和孔 2、孔 3 间尺寸变化的范围。

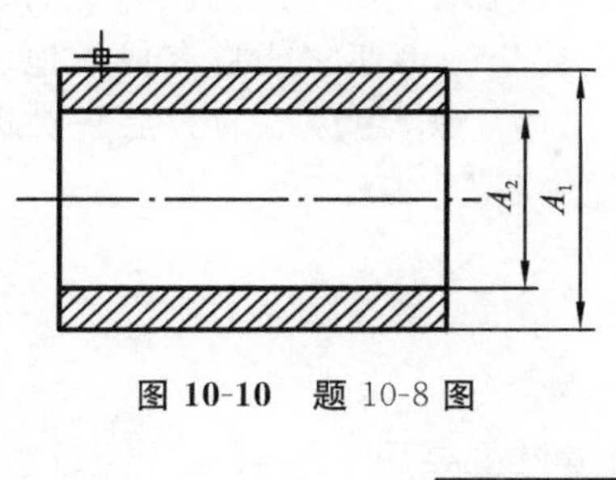

图 **10-10** 题 10-8 图

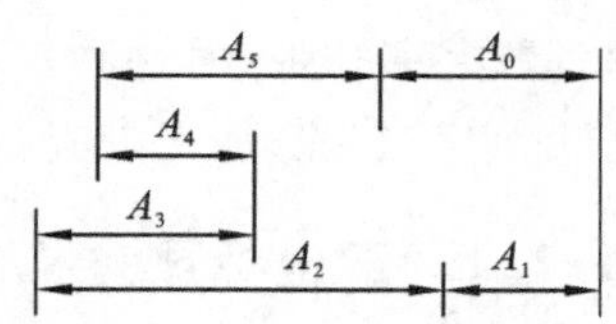

图 **10-11** 题 10-9 图

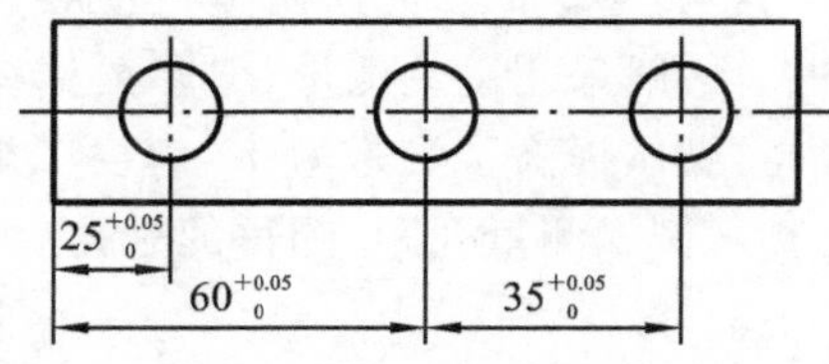

图 **10-12** 题 10-10 图

第11章　现代精密测量设备、技术与方法

11.1　三坐标测量机

三坐标测量机是20世纪60年代后期发展起来的一种高效率的精密测量仪器。它的出现一方面是随着生产技术的高速发展，对产品质量的要求进一步提高，需要高效率加工机床的出现，同时对复杂立体形状加工技术的发展也要求有快速、可靠的测量设备与之配合；另一方面，电子与计算机技术以及精密加工技术的发展，也为三坐标测量机的出现提供了技术支持和保证。三坐标测量机目前广泛应用于机械制造、仪器制造、电子工业、航空和国防工业等部门，特别适用于测量箱体类零件的孔距和面距、模具、精密铸件、电子线路板、汽车外壳、发动机零件、凸轮及飞机形体等带有空间曲面的工件。

三坐标测量机的作用不仅是由于它比传统的计量仪器增加一两个坐标，使测量对象广泛，而且它已经成为某些加工机床设备不可缺少的伴侣。例如它能卓有成效地为数控机床制备数字穿孔带，而这种工作由于加工型面越来越复杂，用传统的方法是难以完成的。因此，它与数控"加工中心"相配合，已具有"测量中心"之美称。

11.1.1　三坐标测量机的类型和组成

1. 三坐标测量机按技术水平可分为以下几个类型

(1) 数显及打字型(N)　这种类型的三坐标测量机主要用于几何尺寸测量，采用数字显示，并可打印出测量结果。一般采用手动测量，但多数具有微动机构和机动装置。这类测量机的技术含量不是很高，虽然提高了测量效率，解决了数据打印的问题，但记录下来的数据仍需要进行人工运算。例如测量孔距，测得的是孔上各点的坐标值，需经过处理才能得出有关结果。

(2) 带有计算机进行数据处理(NC)　这类测量机技术含量略高，目前应用较广泛；但测量仍为手动或机动，用计算机处理测量数据。其原理框图如图11-1所示。该三坐标测量机由数据输入部分、数据处理部分、数据输出部分组成，并可预先储备一定量的数据，通过计算软件存储所需测量件的数学模型，对曲线表面轮廓进行扫描测量。

(3) 计算机数字控制(CNC)　这种三坐标测量机的水平较高，像数控机床一样，可按照编好的程序进行自动测量，其原理如图11-2所示。程序编制好的穿孔带或磁卡通过读取装置输入计算机和信息处理线路，通过数控伺服机构控制测量机按程序自动测量，并将测量结果输入计算机，按程序的要求自动打印数据或以纸带等形式输出。由于数控机床

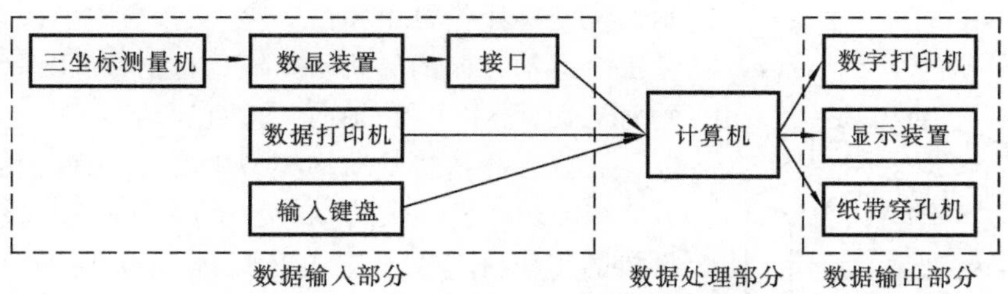

图 11-1 NC 型三坐标测量机原理框图

加工用程序穿孔带可以和测量机的穿孔带互相通用，因而提高了数控机床的设备利用率。

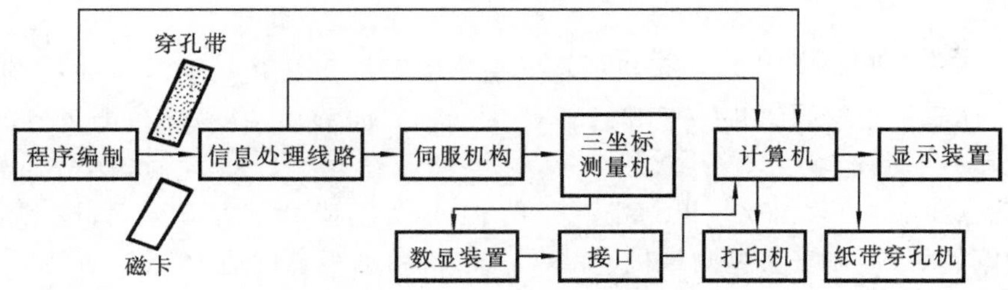

图 11-2 CNC 型三坐标测量机原理框图

由于测量机的精度不断提高、测量速度不断加快、自动化程度不断更新，以及采用电子计算机，因此大大地缩短了测量时间，表 11-1 列出了测量时间的对比。

表 11-1 用不同设备检测几种零件所需的时间 单位：h

被测工件	一般测量方法	数显型坐标测量机	带计算机的坐标测量机
离心泵转子轴	2.25	0.83	0.33
汽轮机叶片	7.50	2.83	0.43
发动机轴	3.50	1.25	0.37
齿轮箱体	8.50	1.83	0.45
凸轮	7.0	2.0	0.20
阀体	3.60	1.33	0.30
钻模板	30.0	2.17	0.72
气缸	4.0	1.25	0.55

2. 三坐标测量机的组成

三坐标测量机一般都具有互成直角的三个测量方向，水平纵向运动为 x 方向（又称 x 轴），水平轴向运动为 y 方向（又称 y 方向），垂直运动为 z 方向（又称 z 轴），如图 11-3 所

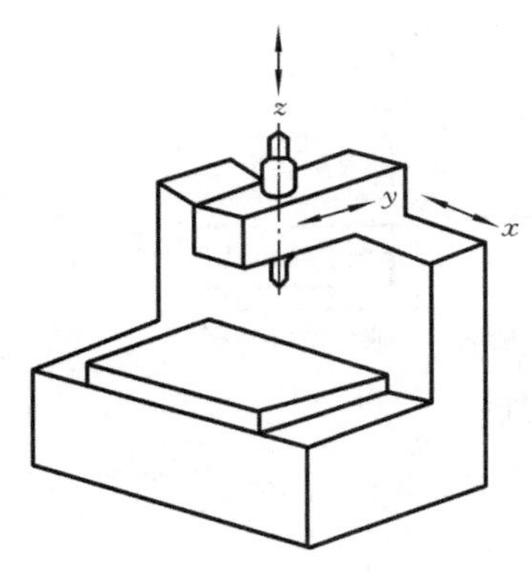

图 11-3　三坐标测量机的运动

示。三坐标测量机主要由底座、工作台、立柱、测量头，以及三个运动方向的导轨等组成。讨论：①水平纵、横向及垂直运动；②水平径、轴向及垂直运动。

三坐标测量机的结构类型主要有下列几种：

(1) 悬臂式 z 轴移动(见图 11-4(a))　该三坐标测量机的工作台其左右方向开阔，操作方便。但 z 轴是在悬臂 y 轴上移动，容易引起 y 轴的挠曲变形，使 y 轴的测量范围受到一定限制，一般 y 轴的测量范围不超过 500 mm。

(2) 悬臂式 y 轴移动(见图 11-4(b))　该三坐标测量机的特点是 z 轴固定在悬臂 y 轴上，并同 y 轴一起前后移动，这样有利于装卸工件。但其悬臂是在 y 轴方向移动，容易导致测量机的重心变化比较明显。

(3) 桥式(见图 11-4(c))　以桥框作为导向面，x 轴能沿 y 方向移动；该三坐标测量机的结构刚性好，适用于大型测量机，桥框(x 轴)的移动距离可达 10 m。

(4) 龙门式(见图 11-4(e)、(f))　龙门式三坐标测量机还可分为龙门移动式和龙门固定式两种。其特点是当龙门移动或工作台移动时，可使装卸工件非常方便，操作性能好，适宜于小型测量机，其精度较高。

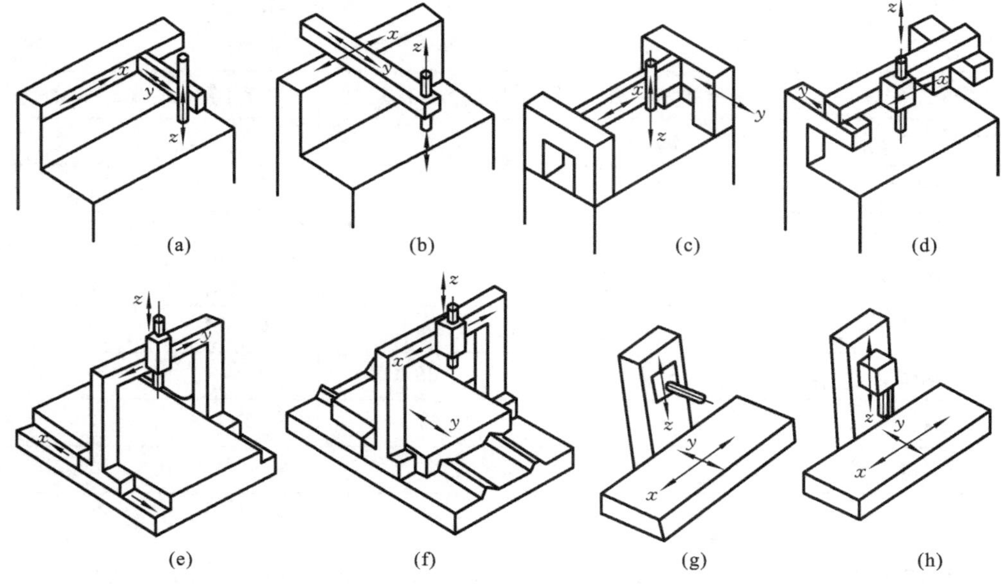

图 11-4　三坐标测量机的结构类型

(5) 卧式镗床式或坐标镗床式(见图 11-4(g)、(h))　该三坐标测量机是在卧式镗床或坐标镗床的基础上发展而来的，其测量精度高，但结构比较复杂。

部分三坐标测量机的性能指标如表 11-2 所示。

表 11-2　部分三坐标测量机的性能指标

国别		中　国	德　国		瑞　士	意大利	
型号		SZC-Ⅱ	UMM500	UPM-3D	422M	10TA ALPHA	
制造厂商		303 所	OPTON	Leitz	SIP	DEA	
测量范围/mm	x	1 200	500	200	400	1 320(760)	4 000～7 000
	y	800	200	100	200	970	2 000～2 500
	z	500	300	200	200	610	1 000～2 000
测量标准器		感应同步器	光栅	光栅	金属刻线尺	齿条和旋转编码器或感应同步器	
分辨率/μm		1.0	0.5(0.2) (数显)	0.5 (数显)	0.1 (数显)	2 (数显)	10 (数显)
精度/μm		x:±15 y:±12 z:±10	在一轴上为±(0.8+L/250)，在三轴上为±(1.6+L/250)	±(1.2+L/250)	在中间位置 x:±0.8 y:±0.8 z:±0.9	x:±5 y:±5 z:±3.5	±75/ 5 000 mm
重复精度/μm		±4	±0.3	—	—	±2	20
结构类型		桥式	立轴式	立轴式	立轴式	龙门移动式	桥式
导轨形式		滚动	滚动	滚动	滑动	气垫和滚动	滚动
操作方式		手动	手动和自动	手动和自动	手动和自动	手动	手动和自动
工件质量/kg		800	150	30	150	800	与机器无关
环境条件		—	恒温	恒温	恒温	恒温，地基	保护室，地基
其他		有计算机、打印机	有计算机、打印机等，3D 测头	在 UMD-2D 基础上制成，有计算机、打印机	光电显微镜	产品种类很多，有计算机、打印机	

续表

国别		日本		美国		英国	德国
型号		A121	E-DC101	2424-C	NO5	Conquest	750DA
制造厂商		三丰	东京精密	DOALL	MOORE	Ferranti	Zeiss Jean
测量范围/mm	x	500	1200	610	600	610	750
	y	400	400	610	1 200	380	750
	z	200	400	305	375	203	300
测量标准器		直线编码器	磁尺	激光干涉仪	精密丝杠	光栅	旋转编码器
分辨率 /μm		1(数显)	5(数显)	0.15(数显)	0.1	1(数显)	1(数显)
精度/μm		$4+8L/1\ 000$	10	±(0.15+0.02/寸)	±2.3	±10	3
重复精度/μm		±3	3	0.15	—	1.8	—
结构类型		桥式	悬臂式	龙门固定式	龙门固定式	悬臂式(z移动)	桥式
导轨形式		滚动	—	空气(x,y)	滑动和滚动	滚动	—
操作方式		手动	手动	手动	手动	手动	手动或自动
环境条件		恒温	恒温,地基	恒温,地基	恒温,地基	保护室,地基	—
程序要求		标准程序 特殊程序	—	—	用户要求	标准程序	—
其他		有计算机、打印机、绘图机等	有计算机、打印机等	花岗岩工作台	有计算机与数控装置,旋转z轴可作圆度仪	可与计算机、打印机相连	3D测头

11.1.2 三坐标测量机的测量系统

三坐标测量机的测量系统的主要部件是测量头和标准器。

1. 测量头

三坐标测量机的精度和工作效率与测量头有着密切的关系,没有先进的测量头是无法发挥测量机精密测量的功能。三坐标测量头可视为一种传感器,只是其种类、结构原理、性能较一般的传感器复杂很多。三坐标测量机测量头大致可归纳为以下几类。

1) 机械接触式测头(硬测头)

如图11-5所示,机械接触式侧头包括圆锥形、圆柱形和球形测头,回转式半圆和回转式 1/4 柱面测头，盘形测头，凹圆锥测头，点测头，V 形块测头及直角测头等。

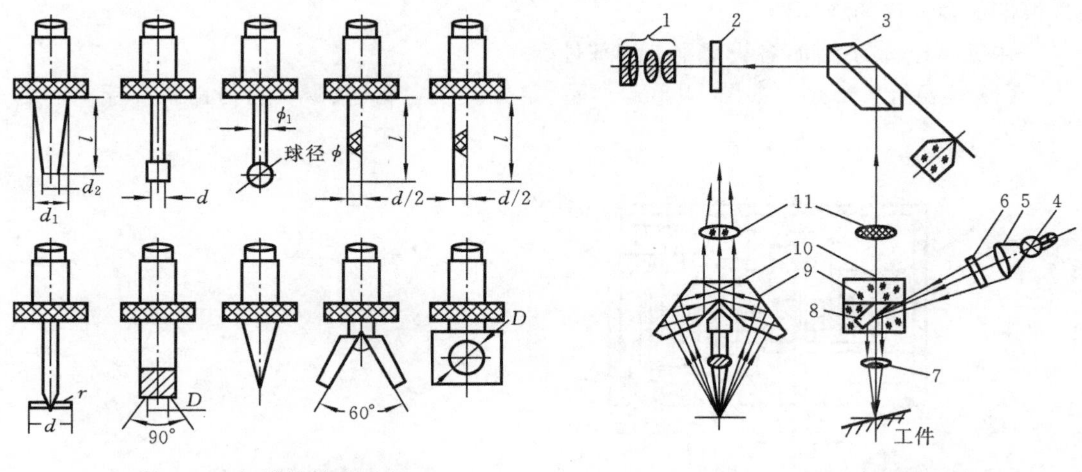

图 11-5　机械接触式测头

图 11-6　光学点位测量头

2）光学非接触测头

光学非接触测头适宜于不能用机械测头与电测头的工件，特别是对于测量软的、薄的、脆性的工件及以及光学刻线非常方便。它不仅可作为二坐标测量用，也可作为三坐标的测量。

光学点位测量头的原理如图 11-6 所示。光源 4 射出的光经聚光镜 5 照到分划板 6 上，分划板上的十字线经反射镜 8、物镜 7 投射到工件表面上。十字线影像的漫反射影像通过棱镜 9、10 进入物镜 11，经直角屋脊棱镜 3 反射，成像在分划板 2 上，通过目镜 1 进行瞄准观测。当显微镜与工件之间的调焦距离很准确时，则会在目镜分划板上只出现一个影像，距离偏短或偏长会出现两个模糊影像。这种方法的测量精度一般可达到±(1～3) μm，被测表面的倾斜度可达 70°。该测量适宜于测量不规则空间的型面，如涡轮叶片、软质表面等。

3）电气接触式测量头

电气接触式测量头按测头能感受的运动方向可分为：单向一维电测头、双向二维电测头和三向三维电测头。现以双簧片或三向电感测量头为例予以介绍。如图 11-7 所示为其结构原理图。由于这种测头的探头很多，故又被称为“星形测头”。它采用了三层片簧导轨形式，每层有两片簧悬吊。如图中 16 为 x 向，1 为 y 向，3 为 z 向。为了增强片簧的刚度和稳定性，片簧中间增设了金属压板；为了保证测量时的灵敏、精确性，该片簧不能太厚，一般取 0.1 mm。由于 z 向导轨是水平安置的，故采用了 3 组弹簧加以平衡。可调弹簧 14 的上方有一螺旋升降机构，由调整电动机 10 转动螺杆 11 使螺母套 13 升降来实现自动调整平衡力的大小。当变换测杆时，由可调整弹簧 14 平衡其重量。为了减小 z 向弹簧片受剪切应力影响而引起的变位，还设置了弹簧 2、15，用以平衡测头 x、y 部件的自重，以保证 z 轴位移的精确性。

在每层导轨的中间，各设置了 3 种部件。

(1) 零位锁紧部件　如图 11-8(a)所示；定位块 5 上有一凹槽，它与锁紧杠杆 3 的圆

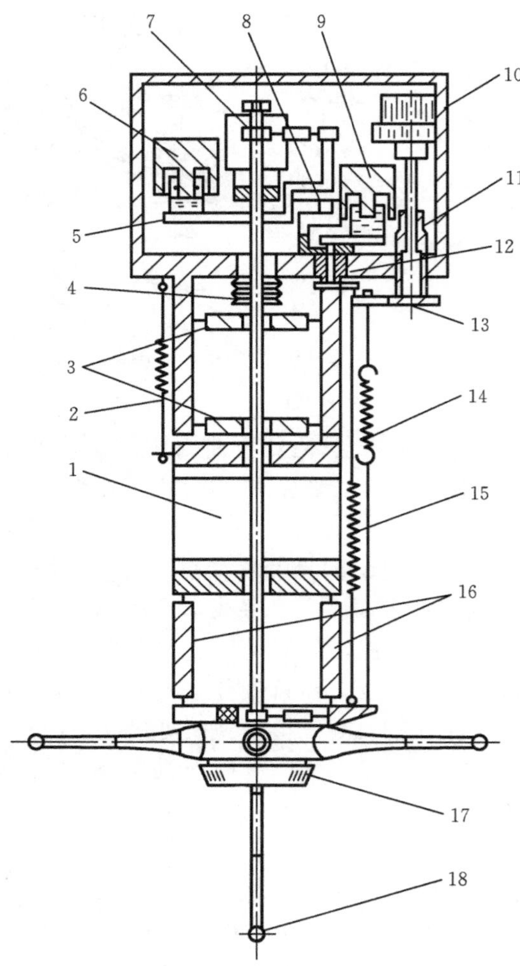

图 11-7　三向电感测量头结构原理图

1—y 向导轨；2—弹簧；3—z 向导轨；4—波纹管；5—杠杆；6—电磁铁；7—中心杆；8—十字簧片铰链；9—电磁铁；10—调整电动机；11—螺杆；12—顶杆；13—螺母套；14—可调弹簧；15—弹簧；16—x 向导轨；17—测头座；18—测量触头

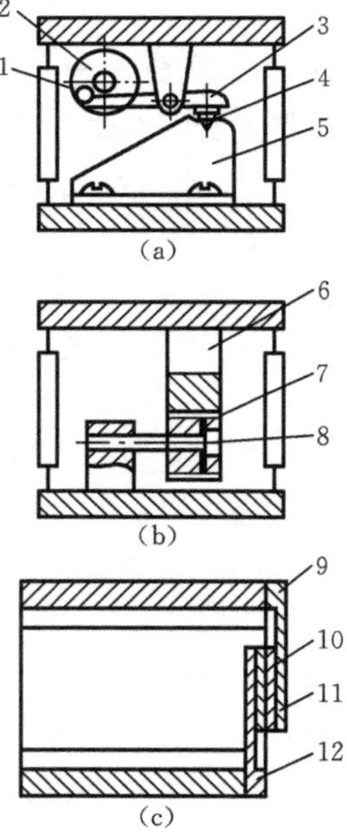

图 11-8　测头部件

1—拔销；2—可逆电动机；3—锁紧杠杆；4—圆锥头；5—定位块；6—支架；7—固定线圈；8—固定磁芯；9—上板；10、11—固定片；12—下板

锥头 4 精确配合，以确定机械的“零位”。如需要打开时，可将可逆电动机 2 反转，用拨销 1 压紧杠杆 3，使圆锥头抬起，此时该向处于自由状态；需锁紧时，使可逆电动机正转一角度，拨销则不压紧锁紧杠杆，即为“零位锁紧”。

(2) 传感器部件　如图 11-8(b)所示，用以测出位移量的大小。在两层导轨上，一面是固定磁芯 3，另一面是固定线圈 2 及其支架 1。为了进行精确测量，必须建立“电气零点”，而这个“电气零点”则应与该向的“机械零点”相重合，这样测头的精度才会高。

(3) 阻尼装置　如图 11-8(c)所示，对于片簧导轨，要求在活动的两层导轨间(成对的)设置黏滞减速装置。该装置由两片组成，上板 1 和下板 4 上各固定片 2 和 3，在两片之间形成毛细间隙，中间注入黏性硅油，使两层导轨在运动时，产生阻尼力，避免由于片簧导轨过于灵敏而产生不稳定性。

在测量头的上部，还设置有预置测力和预置各向位移的机构。x 向和 y 向的预置测力和位移机构是相同的(图 11-7 中只表示出 x 向)。电磁铁 6 由于通有电流，它通过杠杆 5 绕十字片簧铰链 8 转动，使中心杆 7 围绕点 O 摆动，摆动中心采用一波纹管 4，中心杆的下方与测头座 17 采用片簧相连，以使测头座可移向一方，并将测力传递到触头 18 上。其测力的大小可通过调节电磁铁线圈的电流大小而实现。z 向测力预置装置是利用电磁铁 9 产生的。由于电磁铁的作用，使 z 向有一个上升和下降的初始位置，它通过顶杆 12 推动被悬挂的 z 向的活动导轨板那部分，z 向的测力大小不仅取决于电磁铁，还与弹簧 14、15 和顶杆 12 的小弹簧的刚度大小有关系，因此在设计时测力大小要通过综合计算得到。

在测头座(或星形座)上，还布置了 5 个触杆(即 x、y 轴上共 4 个，z 轴上共 1 个)，这样可方便地对工件进行触测。z 轴上除能进行上端面的测量之外，还可进行下端的测量。这种测量头的精度较高，其重复精度可达 0.5 μm 左右。

2. 标准器

目前采用的标准器种类较多，机械类的有刻线标尺、精密丝杠和精密齿条等；光学类的有光栅式、激光干涉式；电类的有感应同步器、磁栅式和编码器等。

三坐标测量机的测量系统的特性比较见表 11-3。

表 11-3　三坐标测量机中测量系统的特性综合比较

测量系统名称	原　理	元件精度/(μm/m)	精　度/(μm/m)	特　性	使用范围
测量丝杠加微分鼓	机械	0.7～1	1～2	适于手动，拖动力大，与控制电动机配合，可实现自动控制	坐标镗床式测量机
精密齿轮与齿条	机械、光电	—	—	可靠性好，维护简便，成本低	中等精度大型机

续表

测量系统名称	原　理	元件精度/(μm/m)	精　度/(μm/m)	特　性	使用范围
光学读数刻度尺	光学	2～5	3～7	可靠性好,维护简便,成本低。由于手动,效率低	手动测量样机
光电显微镜和金属刻线	光电	2～5	3～6	精度较高,但系统比较复杂。由于自动,效率高	仪器台式样机
光栅	光电	1～3	2～4	精度高,体积小,易制造,安装方便,但怕油污、灰尘	各种测量机
直线编码器、旋转编码器	光电	3～5(直) —(圆)	5～10(直) —(圆)	抗干扰能力强。但制作麻烦,成本高	需要绝对码的测量机
激光	光电	—	1	精度高,但使用条件要求高,成本高	高精度测量机
感应同步器	电气	2～5/250	～10	可接长,价格低,不怕油污	中等精度、中型及大型测量机
磁尺	电气	—	±0.01/200～600 ±0.015/800～1 200	易于生产、安装,但易受外界干扰	中等精度测量机

11.2 其他精密测量技术与方法

随着科学技术的迅速发展,精密测量技术也是日新月异。新原理、新技术的出现使得精密测量技术不断发展。本章节将介绍几种有代表性的精密测量新技术与方法。

11.2.1 大尺寸绝对距离干涉测量技术

绝对距离干涉测量技术是在小数重合原理基础上产生和发展起来的一种新的测量技术。与传统的单频激光干涉仪、双频激光干涉仪等有导轨测量方法相比,其主要的特点是无导轨测量。这一特点在大尺寸测量或空间目标跟踪测量等领域具有其他测量无法替代的优势。对于单频激光干涉仪及双频激光干涉仪测量,其测量镜的连续位移量需要一个长度至少等于被测量距离的导轨。这样很长的导轨不仅生产加工难度很大,而且对于许多大尺寸测量之地根本不可能架设过长的导轨。绝对距离干涉仪无需测量导轨,可通过测量被测距离两端实现大尺寸绝对距离的测量;因此这种测量又称无导轨绝对距离测量。绝对距离干涉测量技术从 20 世纪 70 年代初开始发展起来,尽管目前还有些技术有待完善和成熟，但由于其测量可以避免有导轨测量的种种困难，因而具有广阔的应用前景。

1. 小数重合的产生和发展

小数重合法的产生可以追溯到19世纪末。1892年，贝诺瓦首次在干涉度量学中使用了该方法。在采用法珀标准具进行镉红线波长与标准米比较实验中，用小数重合法测定标准具的长度与镉红线的关系。后来人们在量块测量、波长比较测量等许多测量领域广泛应用了该方法。

在采用迈克尔逊干涉仪或法珀干涉仪测量某一被测长度时，根据干涉原理可知

$$L=(N+\varepsilon)\frac{\lambda}{2} \tag{11-1}$$

式中：L 为被测长度；N 和 ε 分别为被测长度内所包含的干涉条纹的整数级次和小数部分。

干涉仪只能测量小数部分 ε，整数级次 N 是未知的。可采用普通测量手段对被测长度进行粗测，再根据该粗测值与干涉仪测得的小数级次计算得到。为了保证 N 值的唯一性，要求粗测值的测量精度优于 $\pm\dfrac{\lambda}{4}$。因为光波长很小，这一要求是很不容易实现的。为了放宽对粗测值的要求，采用多个波长相近的光波进行小数级次测量。根据由粗测值得到的各波长的小数级次计算值与测量值的重合程度确定整数级次，从而得到被测距离的精确值。

以镉光源为例，它有红、绿、蓝、紫四种谱线，它们在空气中的波长分别为643.847 2，588.582 4，479.991 1，467.812 5 nm。用 $\lambda_i(i=1,2,3,4)$ 分别表示这四种谱线的波长，N_i 表示整数级次，小数级次的测量值用 ε_i 表示。将式(11-1)写成对应这四种波长的普遍式为

$$L=(N_i+\varepsilon_i)\frac{\lambda_i}{2} \tag{11-2}$$

假设 L 的粗测值为 L'，精度为 λ 的几倍。如果 N_1' 是最接近 $2L'/\lambda_1$ 的整数值，则对于 λ_1，式(11-2)可以写为

$$L=(N_1'+X+\varepsilon_1)\frac{\lambda_1}{2} \tag{11-3}$$

式中：X 是一个不大的整数。

将 $X=0,\pm1,\pm2,\pm3,\cdots$ 依次代入式(11-3)，并用 $\dfrac{\lambda_1}{2}$、$\dfrac{\lambda_2}{2}$、$\dfrac{\lambda_3}{2}$、$\dfrac{\lambda_4}{2}$ 去除该式，得到几组与这四个波长相应的干涉级次的计算值。观察相应的小数级次随 X 值的变化，就会发现只有 X 等于某一值时相应的那一组小数级次计算与测量值相等或最接近。设此 X 值为 X_1，由此可以确定式(11-3)中干涉级次的整数级次为 $N_1'+X_1$，被测长度 $L=(N_1'+X_1+\varepsilon_1)\dfrac{\lambda_1}{2}$，通常将这四个波长测量的 L 值都采用与上述同样的处理方法计算出来，取其平均

值作为被测长度的最后测量值，该值与粗测值相比测量精度得到很大程度的提高。

2. 无导轨绝对距离测量原理

激光器出现以前，由于普通光源相干性差，小数重合法不可能实现大尺寸测量。自20世纪60年代激光器诞生后，激光器的高度相干性使得干涉测量范围得到发展。人们对小数重合法做了进一步的发展，提出了一套完整的利用多波长测长度的方法，在粗测长度的基础上用尾数精确确定被测长度。其中的两个基本思想为绝对距离干涉测量技术的发展提供了理论基础。这两个基本思想就是合成波长链的形成方法和用它进行逐级精化测量结果的方法。

1) 无导轨绝对距离测量原理

用光学干涉仪测量长度时，干涉仪的干涉条纹与被测光程差之间的存在的关系为

$$L = (N + \varepsilon)\frac{\lambda}{2}$$

式中，ε 可以直接通过干涉仪精确测量出来。N 可以有两种方法获得：一是利用条纹计数(单频和双频激光测量系统就是利用条纹计数方法)；二是利用 L 的已知初始值，通过计算估计确定 N，即无导轨绝对距离测量法。

设被测长度 L 的粗测值为 L_0，其测量的不确定度为 ΔL，即 $L = L_0 \pm \Delta L$，那么根据式(11-1)，存在整数 K_1、K_2，使得

$$\begin{aligned} L_0 + \Delta L &= (K_1 + \varepsilon)\frac{\lambda_S}{2} \\ L_0 - \Delta L &= (K_2 + \varepsilon)\frac{\lambda_S}{2} \end{aligned} \tag{11-4}$$

将式(11-4)中的两式相减，得

$$2\Delta L = (K_1 + K_2)\frac{\lambda_S}{2} \tag{11-5}$$

要使整数唯一确定，根据数学原理只需使 $K_1 - K_2 < 1$，即

$$\Delta L < \frac{\lambda_S}{4} \tag{11-6}$$

即如果已知 L 的初值不确定度小于所用波长的四分之一，那么 $2L/\lambda$ 的整数部分 N 是唯一确定，这时只需要测量出小数级次 ε，即可精确测量出长度 L。这就是绝对距离干涉测量的基本原理。但由于直接用长度测量的光波波长很短，因此利用单波长实现绝对距离测量是很困难的，因为它对粗测精度要求太高，目前难于实现。所以要实现绝对距离测量，必须有一个波长较长的波。

2) 光学拍波

如果频率为 ν_1、ν_2 的两光波在空间相遇，那么它就形成光学拍波，由于合频项的频率很高，探测器探测不到，因此将其忽略，所得的其合成光场的光强为

$$I=\cos^2\pi\left[(\nu_2+\nu_1)t-\left(\frac{1}{\lambda_1}-\frac{1}{\lambda_2}\right)x\right]=1-\cos2\pi\left[(\nu_2+\nu_1)t-\frac{x}{\lambda_S}\right] \tag{11-7}$$

其中

$$\lambda_S=\frac{\lambda_1\lambda_2}{|\lambda_1-\lambda_2|} \tag{11-8}$$

如果当两光波的波长 λ_1、λ_2 相差较小时，λ_S 将远大于 λ_1、λ_2，就是说可以获得一个波长较长的拍波，该拍波也被称为合成波。由于波长与频率之间存在这样的关系：$\lambda_S=\frac{\lambda_1\lambda_2}{|\lambda_1-\lambda_2|}=\frac{c}{(\nu_1-\nu_2)}$，由此可见拍波波长(合成波)只与两个波光频差有关。

综上所述，光学拍波可为实现绝对距离测量提供所需的适合的波长。为了放宽对被测量长度初始值的要求，可采用多个波长相近的光波，形成多级合成波长链。根据粗测值得到的各波长的小数级次计算值与测量值的重合程度确定整数级次，从而得到被测距离的精确值。

3. 合成波长链及其逐级精化

合成波长链的形成就是用几个波长相近、间隔均匀的单波长进行适当的逐级组合，得到一个波长由小至大的波长链的过程。从上述光学拍波原理可知，在两个单波长组成的合成波长计算公式(11-8)中，若 $|\lambda_1-\lambda_2|$ 比 λ_1、λ_2 都小，则 λ_S 比大于 λ_1、λ_2。再将 λ_S 与其他单波长组成的合成波长进行组合，就可以得到更高一级的合成波长，且该合成波长要比 λ_S 大许多。这种组合可以继续进行下去，直到最后得到一个最高一级的合成波长。将该过程中得到的合成波长由小到大逐级排列，就可得到如图 11-9 所示的金字塔形的合成波长链。塔顶是最高一级合成波长，塔底是零级合成波长，即单波长。针对具体的光源，可以采用与之适应的组合方式，以得到最佳的测量效果。

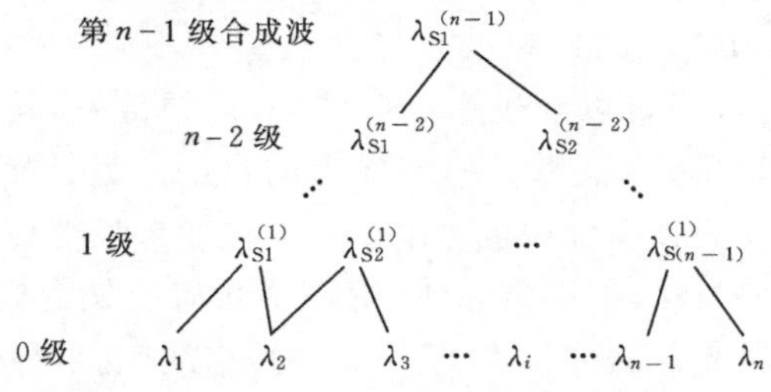

图 11-9 合成波长链

逐级精化过程就是根据测量值从合成链最高一级合成波长开始逐级提高被测长度测量值的精度，实现高精度测量。最高一级的合成波长很长，在用其测量被测距离时，如前所述，为了保证整数级次计算值的唯一性，要求初测值误差小于该波长的四分之一，采用普通的测量手段即可满足这一要求。从式(11-1)可以看出，干涉仪在具有同样大小的干涉级次测量误差的条件下，波长越长，所对应的被测长度测量值的误差越大。由此可知，用最高一级的合成波长对初测值进行精化时可降低对其误差的要求，但精化后测量值的精度还是比较低。因此，人们通常采用次高级合成波长对其进行精化，即重复由初测值至最高级合成波长测量值精化的过程，这样由高至低逐级精化的过程使测量值精度能逐渐得到提高。要实现这样的过渡过程是有条件的，即必须使下一级合成波长对应的整数级次计算值唯一，相应地要求用当前级合成波长测量被测长度的测量精度必须是小于下一级合成波长的四分之一。因此，光源波长稳定性、空气折射率波动以及不偿误差、小数级次测量误差等综合作用的结果，将使这种过渡只能在有限的测量范围内实现，并且也不一定能达到零级合成波长；也就是说该过渡条件规定了系统的测量范围和测量精度。

上述合成波长链及其逐级精化的实现，从根本上依赖于谱线分布适中的稳频激光器。而目前所使用的激光器主要有 CO_2 激光器、He-Ne 激光器、半导体激光器和 Nd:YAG 激光器等。

CO_2 激光器对大尺寸绝对距离而言是一个非常合适的光源，在 10.6 μm 处具有很丰富的谱线，相邻谱线的差分布比较均匀，目前其构成的最大合成波长链从 25 m 到单波长 10.6 μm。1979 年，法国的 G. L. Bourdet 使用 CO_2 激光器进行距离测量，完成一次测量需 6 条谱线，经稳频及大气折射率修正，得到的测量结果为 1 m±0.1 μm。1982 年，G. L. Bourdet 又通过 F-P 锁定，在 13 m 上得到 70 μm 的测量精度。1983 年美国的 N. E. Beholz 使用 CO_2 激光器经过不断改进，研制了一个非常简单的结构，通过与 HP5528 比对实验，在 10 m 上得到 0.03 μm 的测量精度。1994 年英国国家物理实验室 AndrewLewis 采用三波长组合及阶梯干涉计量技术在 1.5 m 上得到 $\pm 30\ \text{nm} \pm 6.2\times10^{-8}\ L$ 的测量精度。

He-Ne 激光器在 3.39 μm 处谱线丰富，根据甲烷对 3.392 2 μm 波长的吸收特性，清华大学精密仪器系研制成功了 3.39 μm 波段双波长段 He-Ne 激光器，用该激光器可以形成 1～3.39 μm 的二级合成波长链，单波长稳定性达到 1×10^{-8}；另外，He-Ne 激光器在 633 nm 处利用横向塞曼效应可以产生 1 000 Hz 的差频信号，其合成波长可以达到 280 mm，从而达到提高测量范围、降低测量精度要求的目的。近几年来，清华大学又发现利用双折射原理造成激光模的频率分裂也可以产生同样效果且结构简单，在普通 He-Ne 激光器谐振腔内加入双折射材料，如石英晶体，使一个几何腔长变成两个物理腔长，产生两个正交的线偏振光。当激光器的腔长为 150 mm 时，谱线间距可达 1 000 MHz，完全可以满足拍频干涉仪的需要。

半导体激光泵浦的 Nd:YAG 激光器可以通过调整激光器的振荡频率产生不同的合成波长，对工作波长为 1.064 μm 的激光器，其合成波长的可调范围为 0.12～1.5 m。半导体激光器由于其功耗低、体积小、可集成、频率易于调制等特点，越来越引起人们重视。清华大学把上述激光模的频率分裂技术应用与 LD 泵浦的 Nd:YAG 激光器，对 YAG 晶体加应力，谱线间距可达 1～5 GHz。

小数条纹测量采用的干涉仪主要有三种形式：拍波干涉仪、锁定干涉仪、外差干涉仪。

图 11-10 所示为清华大学研制的 He-Ne 激光器 3.39 μm 波段拍波干涉仪原理图。He-Ne 激光器用于绝对距离测量，在研究了 3.39 μm 谱系后首次提出用甲烷单线吸收方法得到双波长双等光强工作点，以此形成 1 m 到 3.39 μm 单波长的合成波长链。其中单波长稳定性达 1×10^{-8}，测相精度达 1×10^{-8}。

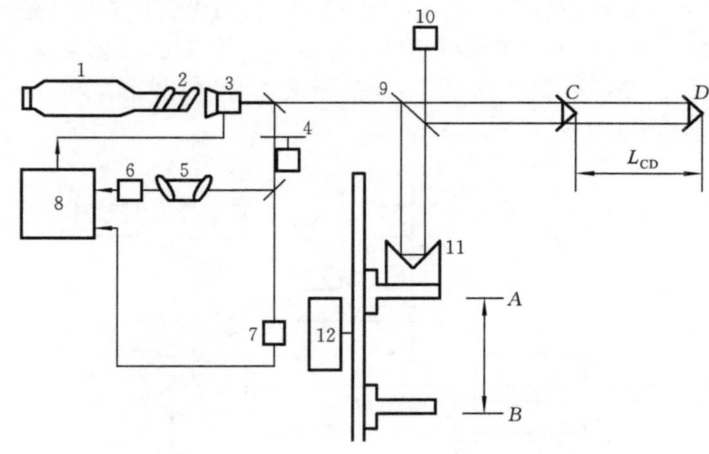

图 11-10　He-Ne 激光器 3.39 μm 波段拍波干涉仪原理图

1—双波长 3.39 μm He-Ne 激光器；2—甲烷室；3—压电陶瓷；4—斩波器；5—甲烷吸收室；6，7，10—光电探测器；8—稳频系统；9—分光镜；12—光栅测量装置

He-Ne 激光器在 3.39 μm 波段的谱线十分丰富。由于 3.392 2 μm 谱线增益较其他谱线大，因此普通 3.39 μm 波段 He-Ne 激光器只发射 3.392 2 μm 波。根据甲烷在该波段的吸收特性，研制 3.391 2 μm 和 3.392 2 μm 波共同振荡的双波长激光器。合成波长的小数级次是用拍波干涉仪测量的。图 11-10 所示为其工作原理图。它采用迈克尔逊干涉仪结构。稳频系统使激光器工作于等光强状态，两种状态的转换是由稳频系统完成的。由于甲烷吸收盒的作用，在探测器 6 上只能得到 λ_2 的光强，而 λ_1 全部被吸收。在探测器 7 上，得到的是 λ_1 和 λ_2 的合光强，通过信号处理可以得到等光强控制的效果。可以看出，拍波干涉仪的基本功能就是求出合成波的条纹尾数，尾数的测量在调制系统中对应于相位测量。

图 11-11 所示为另一种用于绝对距离测量的实用性拍波干涉仪。在普通 0.632 8 μm He-Ne 激光器上加一定强度纵向磁场，增益介质的荧光谱线将发生塞曼分裂，产生两个超精细结构，输出两种频率不同、旋向相反的圆偏振光波；其频率差与磁场的强度有关。在该系统中两频率差为 1 080 MHz，因为合成波长为 $\lambda_S=\dfrac{C}{\Delta f}$，则相应的 λ_S 为 278 mm。根据逐级精化条件，要求初测值误差小于 λ_S 的四分之一，约为 69.5 mm。采用很普通的

方法即可满足该要求。

在该干涉仪中，这两个频率光波相干叠加，形成频率为 Δf 的拍波信号，该拍波的波长就是合成波长。直接测量拍波的相位就得到了合成波长的小数级次。探测器 4 接收到由参考镜 15 和测量镜 16 发射光形成的拍波信号，经过处理后得到一个空间周期为 $\lambda_S/2$ 的调幅信号。移动参考镜补偿光程使该信号幅值为零，用光栅尺测量该移动量，并用$\lambda_S/2$ 去除，即可得到合成波长的小数级次。用该方法测量小数级次，其测量精度可达1×10^{-4}。在考虑频率稳定性以及折射率补偿误差后，整个系统的测量精度可达到 40 μm$\pm1.5\times10^{-6}L$，其中 L 是被测长度。

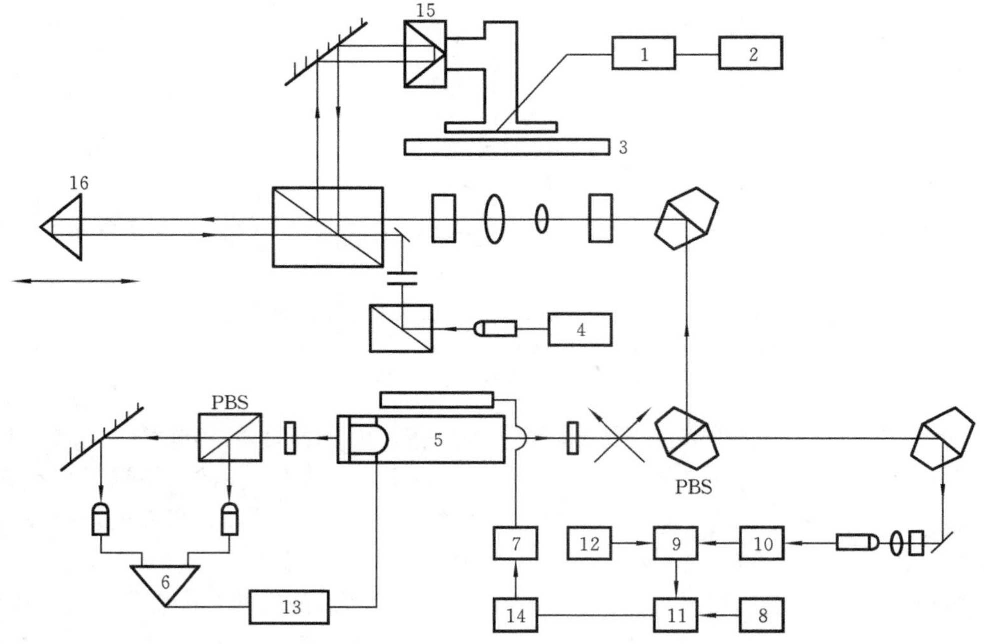

图 11-11　塞曼分裂 0.632 8 μm He-Ne **激光器拍波干涉仪**

1—前置放大器；2—显示器；3—光栅；4—探测器；5—激光器；6—差动放大器；7—功放；8—振荡器；9—混频；10—高频放大器；11—鉴相；12—晶振；13—高压放大器；14—低通放大器；15—参考镜；16—测量镜

11.2.2　动态目标全姿态跟踪测量

动态目标全姿态跟踪测量是精密测量技术领域的一个新的发展方向。传统的几何测量手段以静态或准静态测量为主，测量仪器大多是通过沿着导轨运动来实现测量过程的。如三坐标测量机在 x、y、z 三个方向装有标准器(如光栅等)，由测头定位实现空间坐标测量。

然而对于大范围运动物体姿态的实时测量，如机器人执行器（即终端效应器）、大型机床上的运动部分、新型虚拟轴机床加工刀具的空间轨迹等，采用传统的由导轨几何量测量手段，如三坐标测量机、经纬仪工作站等静态准静态测量系统等都是无法实现的，必须建立新型测量系统和发展新的计算方法。而现代计算机技术、激光跟踪测量技术、现代控制技术和数据处理方法的发展，为动态目标全姿态测量提供了建立实用化系统的技术基础和条件。

1. 运动目标空间位置激光跟踪测量原理

对于运动目标 x、y、z 坐标的动态位置激光跟踪测量，可行的跟踪测量方案有三角法和干涉法两种。三角法是通过测量角度计算目标位置；干涉法需要目标的测量长度量和角度量，用以确定目标的空间位置。干涉法测量系统的测量原理如图 11-12 所示。双频激光器既是光源又是测长传感器。光束通过分束器后由固定在精密驱动单元上的跟踪镜发射，射向安装在被测目标上的目标镜（即靶镜）。光束从靶镜平行返回；返回光束被跟踪镜又一次发射，由分束器分成两束，一束返回到干涉仪，作为测量信号；另外一束射向光电探测器 PSD。当目标运动时，光束投射在 PSD 上的光点位置发生相应的移动。二维 PSD 测量出入射和反射光在水平和与垂直方向的位移，以此作为跟踪测量的误差信号，分别控

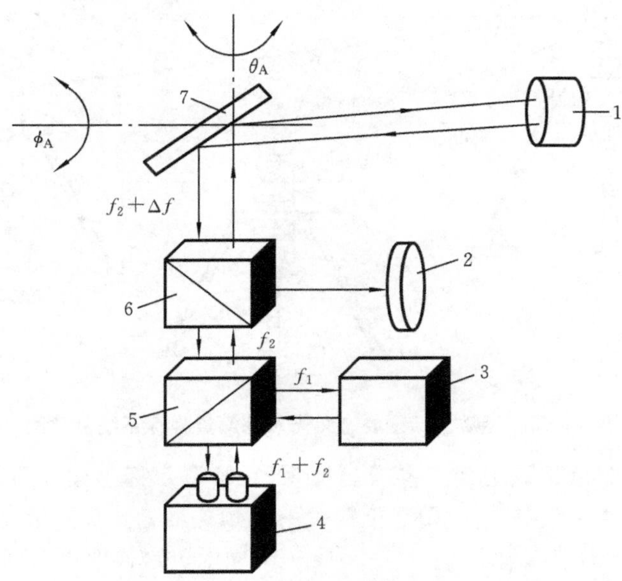

图 11-12　干涉法测量系统的测量原理

1—逆反射器（目标镜）；2—PSD 探测器；3—角隅棱镜；
4—双频激光器；5—PBS；6—80%分束器；7—跟踪镜

制驱动单元的两路直流力矩电机，使跟踪镜分别完成水平和垂直方向的旋转，以使跟踪误差最小。再通过编码器测量出跟踪镜的水平和垂直转角，双频测量出跟踪镜中心到目标的距离变化量，再标定好初始距离值，则目标的坐标即可通过极坐标法实时求得，从而实现对运动目标的跟踪测量。

2. 目标姿态测量模型

对于目标全姿态(即 6 个自由度，x、y、z 坐标和绕 3 个轴的转角 α、β、γ)的实时测量，至少需要 3 个跟踪测量站点同时跟踪测量目标上相互位置固定的 3 个被测点的坐标，为了避免因测量过程中挡光等因素造成信息的丢失，还需要增加一个跟踪站点 4 的冗余，以恢复测量中丢失的某些测量信息，使得测量更加可靠，图 11-13 所示为一个 4 站点运动目标全姿态激光跟踪测量坐标系示意图。

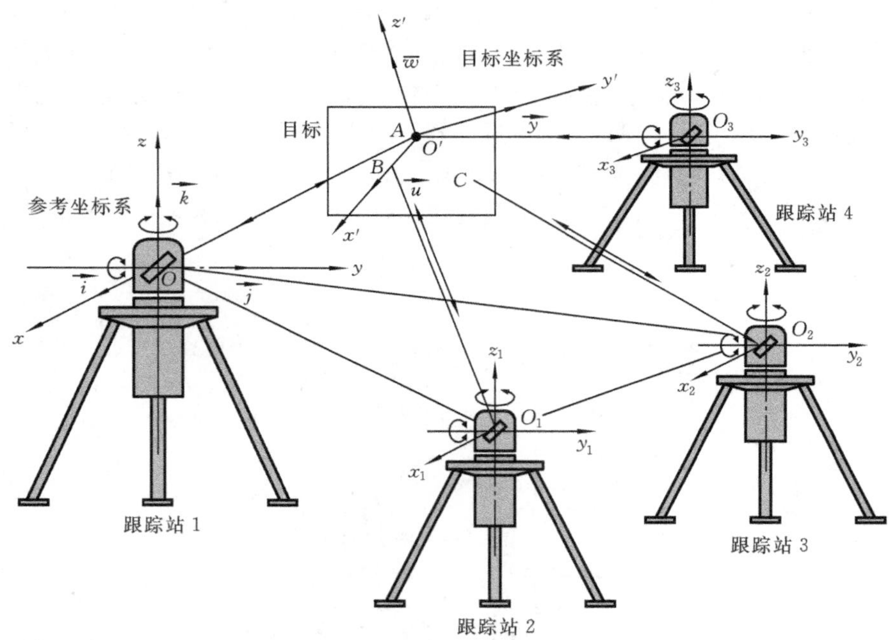

图 11-13　运动目标全姿态激光跟踪测量坐标系统示意图

在第一个跟踪测量站点上建立参考坐标系，在被测目标上建立目标。设 A、B、C 为被测目标上的 3 个跟踪点，它们的相互位置关系可预先标定出来。相对坐标系的建立可选择为 A 在原点 O'，B 在 x 轴正向，C 在 $x'O'y'$ 平面上。这样即可准确地得到 A、B、C 的初始相对坐标。与图 11-13 中 4 个激光跟踪测量站点的跟踪测量原理是相同的。测量前预先标定几个站点之间的相互位置关系，而且每个测量站点都对 A、B、C 三点的初始位置进行预标定。利用这些数据，即可得到测量站点 B 以及测量站点 C 到绝对 O 坐标系的齐次变换矩阵；然后3个跟踪测量站点1、2、3分别实时跟踪测量出A、B、C三点在各自测量系统中的坐标。由于是将绝对坐标系建立在测量站点1之上，测量站点1测得的点A坐标就是点A的绝对坐标值。测量站点2和3分别测得的跟踪点B和C之坐标是基于它们自己的相对坐标系之值；经过齐次变换即可得到它们在绝对坐标系下的坐标值。再根据A、B、C的绝对坐标值即可计算出目标的，实现动态目标全姿态跟踪测量。

11.2.3　双频激光及相关测量技术

1. *激光频率分裂原理与双频激光器*

双频激光干涉仪目前大都使用塞曼激光器作为光源。塞曼双频激光器是基于磁场产生Ne原子光谱线的分裂和模牵引效应而工作的。下面以纵向塞曼激光器为例，介绍双频激光干涉仪激光频率分裂原理。纵向塞曼激光器在纵向磁场的作用下，激光介质Ne原子的光谱线出现分裂，发射左旋光和右旋光。设一个腔模（其频率为ν）位于左、右旋光中心频率之间。由于激光介质的反常色散，一个几何上唯一的谐振腔长变成物理长度不相等的两个谐振腔长；左旋光的谐振腔短于原来的腔长，频率变大；而右旋光的谐振腔长大于于原来的腔长，频率变小，即将两种谐振腔长之差引入频率差；即一个由激光器空腔谐振条件决定的纵模，同时被磁场所形成的左旋、右旋光增益线中心频率向相反的方向所“牵引”而形成双频。磁场H越强，所获得的频率差$\Delta\nu_{塞曼}$越大；而最大频率差却受到物理限制。当磁场增强时，左旋光和右旋光的增益线之距离越来越大，以至于不再相交时，则一个腔模不能同时落在两增益线内，模牵引也就不存在了，双频也随之不可能产生。现在纵向塞曼激光器的频差仍然处于不理想的状态，还难以超过4 MHz。

我国精密测试技术及仪器国家重点实验室（清华大学）的科研人员首次提出了另一种实现双频激光器的方法。采用腔内晶体石英片或电光晶体或腔内应力双折射产生激光频率分裂的研究实验，提出了在驻波氦氖激光器内部置入晶体石英或光电元件，利用自然双折射效应、光电双折射效应或应力双折射效应实现将激光频率一分为二，达到双频且两频差之差可由转角、电压或应力的改变加以控制，从而实现大频差的输出。其基本原理如下。

在激光器谐振腔内加入一个具有双折射效应的光学元件，如一片石英晶体、加了电压的KD^*P晶体或加力的应力双折射元件，这样会使激光器形成的光振荡，产生具有寻常光（o光）和非寻常光（e光）两种成分，而且会具有物理上不同的谐振腔长，从而导致同一激光器射出不同频率o光和e光。o光和e光之间频率差的绝对值$\Delta\nu$可以表示为

$$\Delta\nu=\frac{\nu}{L}\delta \tag{11-9}$$

式中：δ为双折射晶体造成的o光和e光的光程差，$\delta=L_1-L_0$；L为激光器腔长；ν为光频。

基于上述原理,清华大学已研制出石英晶体调谐的 He-Ne 双频激光器,并先后获得中国和美国专利。其基本方案是在激光器腔内设置一具有双折射效应的石英晶片,并使石英晶片晶轴与激光束成一定角度 θ 以实现双频激光的输出。通过对 θ 的调整,实现频差的大小的改变。但这种激光器的不足之处在于其输出频差的大小对石英晶体的切割角度、厚度和定位精度特别灵敏,很难重复制造出频差相同的激光器。同时为了克服某些技术上的不足,还可采用基于光弹效应的应力双折射双频激光器,即在激光腔内放置消除反射的光学元件,如 K4 玻璃、K9 玻璃、熔融石英片等。当对该消除反射的光学元件对径加力时,即会产生应力双折射效应。o 光和 e 光通过这样的元件之后同样也会产生光程差,由应力双折射元件造成的 o 光和 e 光之间的频差与所加力的大小成正比,通过控制所加力的大小实现对频差大小的控制。这种激光器可产生几十至数千兆赫兹的频差。但因为 o 光和 e 光是在同一光路上行进的,和同一空间内的 Ne 原子相互作用产生激光,因而存在强烈的模竞争效应。当两频率之差小于数十兆赫兹时,一个频率会因为竞争而熄灭,通常称之为频差的闭锁。

2. 与双频激光相关的测量技术和仪器

1) 新一代的测微仪——位移传感氦氖激光器

在激光物理中,有一种现象称为"激光腔长改变半个波长,激光频率移动一个纵模间隔";而腔长的改变可由移动激光器的发射镜来实现,因此这种现象也称"激光腔镜移动半个波长,激光器频率移动一个纵模间隔"。这一现象可作为位移测量的潜在基础。利用频率分裂 He-Ne 激光器功率调谐特性,能够得到位移测量中判定位移方向的方法,解决其关键问题。这种位移传感 He-Ne 激光器的结构如图 11-14 所示。

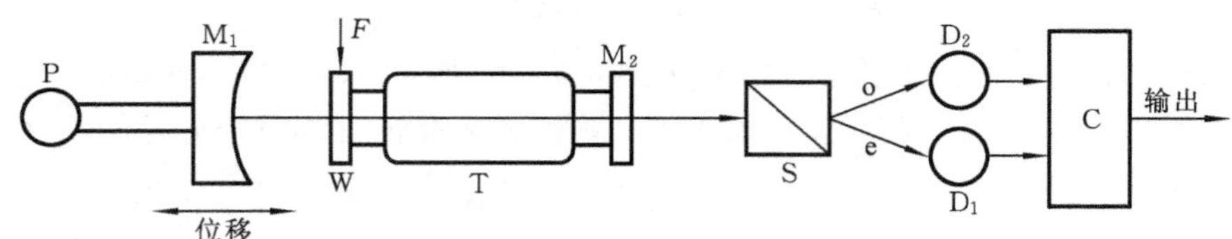

图 11-14 频率分裂 He-Ne 激光器功率调谐位移传感器

T—He-Ne 激光器增益管;M_1、M_2—高反镜和输出镜;W—应力双折射材料增透窗片;F—外力;P—探头;S—渥拉斯顿棱镜;D_1、D_2—光电探测器;C—电子线路单元与计数器

当移动一个双折射双频激光腔镜 M_1 时(腔长调谐),因为模竞争引入的抑制作用,激光出光带宽将被分割成三部分:o 光区,o、e 光共存区,e 光区。如果用一个渥拉斯顿棱镜 S(或偏振分光镜)将 o 光 e 光分开,并利用光电探测器 D_1、D_2 接收,则在移动一个激光腔镜时,可顺序看到出现 4 个状态:D_1 一点被照亮,然后 D_1、D_2 两点同时被照亮,其后 D_2 被照亮而 D_1 熄灭,最后 D_1、D_2 都熄灭。如此反复。

该位移自传感 He-Ne 激光器实现的方案如下。

(1) 在单频 He-Ne 激光器内加入双折射元件,使激光频率分裂,单频激光变成双频激光。

(2) 选择激光增益管长度和激光腔长,控制增益和控制激光纵模间隔,使出光带宽和纵模间隔之比为 3∶4。

(3) 选择频率分裂大小,使出光带宽被分为三个宽度相等的区域:o 光振荡区,o 光和 e 光共同振荡区,e 光振荡区。

(4) 在一个激光反射镜由被测物推动产生位移时,得到四个宽度相等的区域:o 光振荡区,o 光和 e 光共同振荡区,e 光振荡区,无光区域。每个区域对应反射镜移动八分之一波长的位移,即 0.079 μm,从而实现了位移测量;其最后的判向可通过判断四个区间内光的不同状态来实现。

2) 氦氖激光纳米位移自传感器

在上述位移传感氦氖激光器基础上更进一步,将一支频率分裂亚纳米位移传感激光器变成一支自传感的纳米测量激光器,但仍然保持有纳米测量时的几个毫米乃至几十毫米的线性测量范围。依靠与反射镜 M_1 相连的压电陶瓷(PZT)以实现上述八分之一波长内的细分,如图 11-15 所示。当测量开始时,PZT 上并没有加压电,而是处于自由状态。测量时,当侧头 P 停止位移后,此时锯齿波高压电源输出锯齿波使 PZT 开始变化长度而进行扫描,与 PZT 连在一起的反射镜 M_1 会和 PZT 一起移动,从而可改变谐振腔长。当腔长到达光强点时,此时电压值与 PZT 的微位移呈线性关系。依据此电压值即可测得八分之一波长内的小数部分。

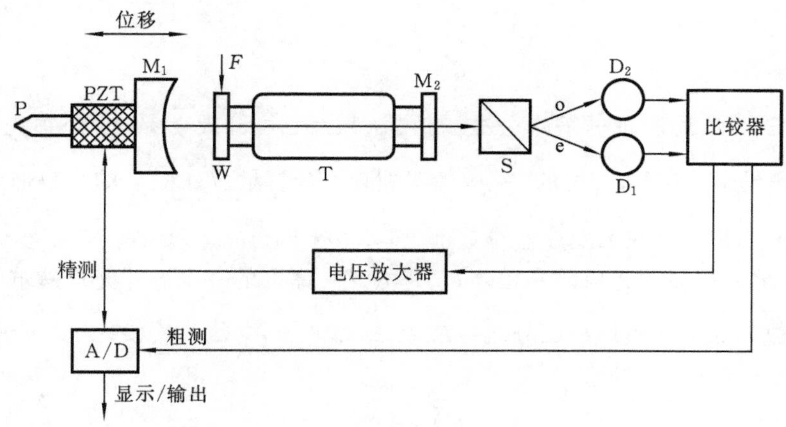

图 11-15 大范围纳米测量实验装置

T—He-Ne 激光器增益管;M_1、M_2—高反镜和输出镜;W—应力双折射材料增透窗片;F—外力;PZT—压电陶瓷;P—探头;S—渥拉斯顿棱镜;D_1、D_2—光电探测器

3) 频率分裂光学波片测量和溯源激光系统

使用双频激光技术可以制成具有自然属性的波片计量基准。目前的长度已经有波长作为基准、时间有原子钟作为基准等等,使用激光频率分裂技术可以制成波片计量基准。因为半波片分裂一个纵横间隔,四分之一波片分裂半个纵横间隔,即 400 MHz。激光在光学谐振腔内振荡,放大输出。当在光学谐振腔内放入双折射元件,即位相板或波片后,激光器内的振荡光束将包含非寻常光 e 光和寻常光 o 光两种成分,且两种光有着不同的频率。其频率差为

$$\Delta\nu = \frac{\nu}{L}\delta \tag{11-10}$$

激光频率随光程差改变而改变的现象被称为激光频率分裂。当光程差由零变化到非零的过程中,一个纵模频率变成了两个,而两个频率的间隔因光程差的改变而改变。波片即为一双折射元件,其光程差可以从比例关系由频率分裂的频差求得。将镀增透膜的待测波片放在 He-Ne 激光谐振腔内,则激光的一个频率分裂成两个,两频率具有相互正交的偏振态,两频率之差由式(11-9)给出,激光纵模间隔可表示为

$$\Delta = \frac{C}{2L} \tag{11-11}$$

将式(11-9)与式(11-11)相除,得

$$\frac{\Delta\nu}{\Delta} = \frac{\delta}{\frac{\lambda}{2}} \tag{11-12}$$

得波片光程差公式为

$$\delta = \frac{\Delta\nu \cdot \lambda}{2\Delta} \tag{11-13}$$

式(11-13)为波片测量的基本公式。由式(11-13)可知要测量 δ,必须先测出 $\Delta\nu$ 和 Δ。在实际测量中式(11-13)中的 $\frac{\Delta\nu}{\Delta}$ 应理解为频率分裂量被 Δ 除后的小数部分。实际上我们对波片的测量也仅仅需要这一小数部分;如一个四分之一波片厚度数毫米,而真正有效的部分(四分之一波片造成的光程差)仅是如此之厚度的一个波片光程差被四分之一波片除后的余数。如果使用标准四分之一波片,即将 $\delta = \frac{\lambda}{4}$ 代入式(11-13),可得

$$\frac{\Delta\nu}{\Delta} = \frac{\lambda}{2} \tag{11-14}$$

即波片频率分裂造成的间隔是激光纵模间隔的一半。当四分之一波片有误差时,即 $\delta \neq \frac{\lambda}{4}$ 时,波片频率分裂造成的间隔将偏离激光纵模间隔的一半,通过测量 $\Delta\nu$ 和 Δ,可得 δ 值。应用这样的仪器,就可以标定双折射片,再以这种双折射片作为传递标准,去标定

现有的波片测量仪器。

11.2.4 纳米计量科学与分子坐标测量机系统

1. 纳米计量学的产生与发展

扫描隧道显微镜(STM)的发明使人类有史以来第一次能够实时地观察到单个原子在物质表面的排列状态。此后,一系列能检测到原子级的检测技术,如原子力显微镜(AFM)、扫描近场光学显微镜(SNOM)、光子扫描隧道显微镜(PSTM)等相继出现,从而在20世纪最后10年,诞生了一门全新的学科——纳米计量学。根据美国国家标准及技术研究所(NIST)所提出的观点,纳米计量学研究的内容是测量1 nm或更小物体尺寸或物体特征及给出其不确定度。

在纳米技术发展的最初阶段,扫描隧道显微镜(STM)被重点用于描绘被测量的表面,以获得最新的表现科学知识,但是这种描绘不能获得更加准确、具有测量不确定度和计量意义的科学数据。随着微电子技术、材料科学、精密机械学、生命与生物科学等学科的发展深入到原子领域,就迫切需要具有计量意义的纳米甚至亚纳米精度的测量系统。

目前国内外对纳米测量系统的应用要求和在纳米测量领域中的研究内容,有以下几个发展趋势:①高精度(纳米甚至亚纳米量级)、大范围测量(大于100 mm);②对环境具有较强的适应能力,长时间连续工作,高稳定性,低飘逸;③在线检测;④纳米定位。我国在纳米测量领域也进行了广泛的研究,如由中国计量科学研究院与德国合作研制的国际上第一台可自校准和进行绝对测量的计量型原子力显微镜、差拍F-P干涉仪等,可实现很高的微位移测量精度;这些研制工作的开展为我国纳米基准的建立创造了条件。

2. 纳米计量技术

实现任何量级的计量都需完成四项主要任务:①在测量空间中建立计量标准;②依据计量标准建立参考坐标系;③产生相对于坐标系的往复运动;④利用测头瞄准工作。

1) 建立计量标准

在纳米计量中,建立计量标准即意味着提供一种可溯源的、具有纳米量级测量精度的长度测量手段。随着近十年来计量领域的飞速发展,目前已经出现了多种分辨率达到纳米甚至亚纳米量级的测量手段,主要包括:

位移传感器:其测量范围几微米到几毫米,测量范围与分辨率之比小于2000,线性度为0.1%。

光栅尺:其分辨率为1 nm,测量范围为100 mm,将扩展到500 mm。

激光干涉仪:其分辨率为0.2~10 nm,测量范围大于1 m。

X射线干涉仪和F-P干涉仪:其分辨率接近皮米(1 pm=10^{-12} m),测量范围从几纳米至数微米。

原子力显微镜(AFM)和扫描探针显微镜(SPM):其垂直分辨率和水平分辨率为亚纳

米，测量范围为垂直方向几微米，水平方向几十微米。

扫描电子显微镜(SEM)：其垂直分辨率为 0.01 μm，水平分辨率为 1 nm，测量范围为垂直方向几百微米，水平方向为几毫米。

扫描共焦显微镜(SOM)：其垂直分辨率为几十微米，水平分辨率为亚纳米，测量范围为垂直方向和水平方向均为几十毫米。

光学干涉显微镜(OIM)：其垂直分辨率为亚纳米至几纳米，水平分辨率为亚微米，测量范围为垂直方向几十微米，水平方向 1 mm 至几十毫米。

各种精密测量方法及其可能达到的精度如图 11-16 所示。

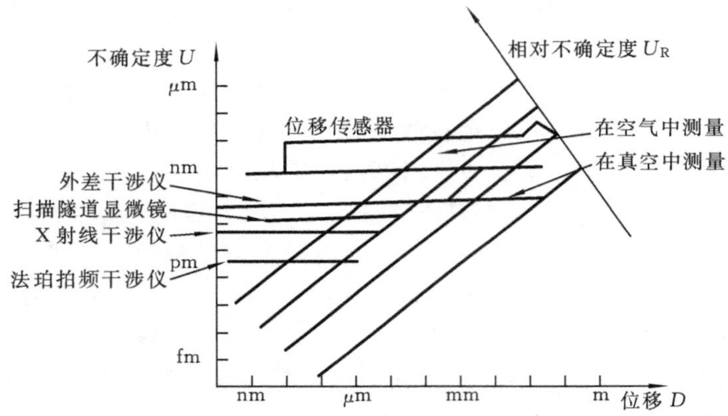

图 11-16　各种测量方法的测量精度

2) 建立参考坐标系

在实现了计量标准后，还必须将其引入参考坐标系中。在一般精度的测量机中，参考坐标系同机器本身往往是一体的。采用这种设计存在以下显著缺点：①坐标轴的直线度很大程度上由用作支撑的导轨和轴承的质量决定；②两个坐标轴不能相交坐标原点；③坐标系的精度受到机器自身结构变形的影响；④对机器内外热源所引起的热变形很敏感。在高精度的纳米计量中，为了克服这些不足，往往采用以下措施，基本上可建立纳米量级精度的参考坐标系。一是将参考坐标系同机器主体本身分离；二是尽量优化参考坐标系的几何形状；三是尽量使参考坐标系免受外力的影响；四是为了克服热误差，应尽量采用高稳定性且热膨胀系数极低的材料。

3) 产生相对于参考坐标系的往复运动

产生高精度的直线运动往往比建立参考坐标系难度更大。任何刚体都具有 6 个自由度，为了获得直线运动必须限制其他 5 个自由度，被限制的自由度的不确定性决定了直线运动的不确定性，主要包括阿贝误差和余弦误差。在高精度仪器中，往往对关键的自由度进行伺服控制，从而减少运动误差。

滑动导轨、气(液)浮轴承、柔性铰链以及压电陶瓷(PZT)常被用于纳米计量中产生高精度的往复运动,英国 NPL 的 Nanosurf 采用滑动导轨达到了极高的精度,它包括一个简单的 V 形导轨,导轨置于 5 个多聚物缓冲垫支撑上。导轨由零膨胀玻璃制成,表面经抛光后 Rz 小于 1 nm。其运动范围可达 40 mm,连续运动的重复性约为 0.3 nm。柔性铰链被广泛地应用于包括 X 射线干涉仪和 F—P 标准具在内的高精度仪器中,对于 200 μm 的位移,其重复性达到 10 pm 或更小。压电陶瓷是另一种常用来产生高精度位移的执行元件,主要具有以下几个优点:一是电容量大,所需驱动力较小;二是在几十微米范围内定位分辨率优于 10 nm;三是产生的驱动力大,且响应速度快;四是使用温度范围宽,可在 −40～300 ℃之间使用。但压电陶瓷的滞后及蠕动效应严重影响了其精度,目前多采用插入电容、软件补偿等开环控制或闭环控制方法以提高其精度。

4) **瞄准被测工件**

瞄准是在测量空间中,借助测头对被测工件上的某一点进行定位,并将该点同参考坐标系联系起来。在纳米计量中常用的测头有 3 种:扫描探针显微镜的探针、共焦光学显微镜的同轴光束、扫描电镜的电子束。而影响瞄准精度的主要因素主要有:①测头与工件之间的相互作用;②测头的几何形状尺寸;③测头所受的作用力;④测头上的作用点(敏感点)与参考坐标轴的偏离程度。表 11-4 列出了光学显微镜、扫描电镜及 STM 对 3 类测量仪器的测量不确定度。

表 11-4　三种长度测量仪器的测量不确定度　　单位:nm

仪　　器	直线距离测量	线宽测量	空间距离测量
扫描隧道显微镜(STM)	1.4×10^{-2}	0.15～0.2	1.2
扫描电子显微镜(SEM)	4.2	6～60	—
光学显微镜(λ=325 nm)	45	65～650	10～12

综合上述 4 个过程的误差,表 11-5 给出了定位和 3 种测量类型的总测量不确定度的理想化估计。我们可以得知,由于以 STM 为代表的新技术的出现,在建立计量标准和瞄准过程中,已经可以达到纳米量级的精度。相对来说,建立完善的坐标系和产生精确的往复运动过程还需进一步提高精度。总之,将现有的 X 射线干涉技术以及光外差干涉技术同高分辨力的扫描探针测量技术相结合,为实现纳米计量打下良好的基础。

表 11-5　定位和三种测量类型的总测量不确定度的理想化估计　　单位:nm

过　　程	定　　位	直线距离测量	线宽测量	空间距离测量
建立度量标准	0.1	0.1	0.1	0.1
建立参考坐标系	0.2～10	0.2～10	0.2～10	0.2～10
产生往复运动	0.5～5	0.5～5	0.5～5	0.5～5

续表

过　　程	定　　位	直线距离测量	线宽测量	空间距离测量
瞄准	—	0.05	0.1～2	0.5～5
总计	0.8～15	0.85～15	0.9～16	1.3～20

3. 分子测量机

为实现纳米计量学提出的目标，超精密三坐标测量系统得到了广泛的研究。例如，美国国家标准及技术研究所（NIST）在 1994 研制成功了分子测量机（molecular measuring machine，简称 M^3 或 M-Cubed）系统。NIST 所研制的分子坐标测量机系统能够在 2 500 nm^2 面积上实现定位和测量，达到原子尺度的测量精度。在 50 mm×50 mm×100 μm 空间中，任意 2 测点间具有 0.1 nm 空间分辨率和 1.0 nm 的不确定度，最大样品尺寸是 50 mm×50 mm×12 mm。

分子坐标测量机有三种工作模式：一是可大尺寸范围描绘样品形貌，在 1～100 mm^2 面积中，分辨率为 1～10 μm；二是小尺寸范围描绘样品形貌，在 0.01～1 μm^2 面积中，其分辨率可达到 0.1 nm；三是同一图像中两点间距离测量或从两个显微镜分离出的微小尺寸图像选择两点间距离测量。图像采样为 1 000×1 000 单元，对应的探针与样品相对运动速度为 1 mm/s。低分辨率形貌探针是共焦光学显微镜或热显微镜。高分辨率形貌探针是 STM 或 AFM。分子坐标测量机能够以很高的精度测量样品的几何尺寸、角度、直线度和其他分子量级的几何特征或更大尺寸的物体。

对于许多重要样品的尺寸计量，超精密相位测量干涉系统和 STM 和 AFM 配合使用，能够给出更多测量信息。干涉系统可提供大量程、高分辨率的测长标尺，而 STM 和 AFM 能够作为高灵敏度、高分辨率的传感器。STM 和 AFM 的缺点是只能覆盖很小的区域，典型值为 1～100 μm^2；STM 还没有与精密计量系统结合起来的原因之一是因为驱动探针扫描的 PZT 具有磁滞特性和其他非线性问题，使实现精确的纳米计量存在一定的困难。因此，需要建立一套坐标测量系统，将精密测尺和高精密传感器相结合，以实现纳米计量测试。分子坐标测量机的研制实现了这样的目标。

1）分子坐标测量机的设计概念

分子坐标测量机设计主要包括设计概念、核心结构、材料选择、驱动载物台、计量基准参考系统、激光外差干涉仪、机构结构温度控制壳、主动控制壳、真空系统、分子测量机的实际制作和测量精度验证方法等问题。在分子测量机的设计和结构中，应考虑测量重复性、刚性结构特征、环境干扰隔离、动力学驱动、运动学考虑、探针形貌和敏感特性、Abbe 原则、能量耗散分析、计量学参考基准、误差估计、结构的对称性等为精密工程界所广泛接受并作为精密仪器和机械设计的基本原则。其中以测量重复性原则尤为重要，它综合反映了许多因素的影响。

2）分子坐标测量机械设计

实验性分子坐标测量机测量核心部分采用了直径 35 cm 的空心高导无氧铜球的球形结构，该球形结构的刚性好和易于控温，其一级谐振频率可达 2000 Hz。选择这种高导无氧铜球材料可保证其良好的热平衡性、对瞬间激励阻尼的能力和刚度。

将探针部件和样品安装在分离的工作台上，由 PZT 实现探针相对于样品的长距离运动；而该探针能够以 0.075 nm 的步距增量进行扫描。工作台可在垂直线性滑动导轨上运动，且导轨是整体核心机械结构的一部分。通过有限元的分析得知，其重力载荷所影响的上下导轨的静态变形小于 1 nm。探针和样品台是由 5 个缓冲支点按动力学支撑于导轨之上，且采用金刚石车削制造加工的滑动导轨制造精度很高，其导轨的直线度误差小于 200 nm，平面度误差优于 30 nm，表面粗糙度小于 3 nm，角度误差优于 5 μrad。滑动导轨表面镀有无电解镍，而且再用等离子沉积法增镀了一层 20 nm 厚的润滑层——二氧化钼。支点材料采用的是金刚石或蓝宝石，并镀有氧化钛保护层。支点为半径 200 mm 或更大的球形，以确保导轨表面的应力远远小于 OFNC 铜的强度。最后所研制成的分子坐标测量机测量核心球部部件为直径为 85 mm，厚度为 12 mm；或直径为 125 mm，厚度为 5 mm 的球形结构体，并与用零膨胀玻璃制成的计量盒相配合。

图 11-17 所示为分子坐标测量机的工作台。两个工作台由精细运动子工作台、样品和探针工作台三个部件组成。可将全部运动分解成两部分，使可能产生的由于小的振荡运动所造成的导轨表面的微振磨损问题降低至最小，同时也可减小对小尺寸扫描时工作台的运动质量；因此可提高其扫描速率。大于 10 μm 的运动可借助于长距离 PZT 步进电动机驱动。对样品或探针台小于 10 μm 的运动，可由精细运动 PZT 驱动的中层工作台产生。借助于 PZT，探针样品的相对位置及运动可置于干涉测量和反馈控制之下，这样既保证了较大的量程又可保证极高的精度。

图 11-18 所示为测量机的环境隔离系统。系统包括温度控制壳和核心机构中的振动声隔离台；两个工作台都具有振动隔离功能。环境隔离系统由一个润滑隔离器组成了被动隔离台，其水平和垂直谐振率分别为 1 Hz。在真空系统中紧接着是第二个隔离台，它采用了主动振动隔离结构，工作台运动所产生的振动能量被耗散，从而保持了相对激光干涉仪光源高度稳定的位置。系统中的两个声隔振台，是由声振动屏蔽壳封于真空系统之中。系统所有的机械部件都在第二工作台上和真空系统中。定位严格的核心结构，其测量空间位于质量中心和隔振支持元件的平面内，这样可使任何移动和转动激励的交叉耦合最小。

从核心机构向外是温控层，以得到核心机构 0.1～1.0 mK 温度稳定性。核心机械温度和控制壳都是由 OFHC 铜制造而成，并电镀金，以改进热辐射耦合表面的长期抗腐蚀。测量时的高精度温控，可实现对高精度的绝对温度的要求，使由于温度变化产生的尺寸测量不确定度为最小。

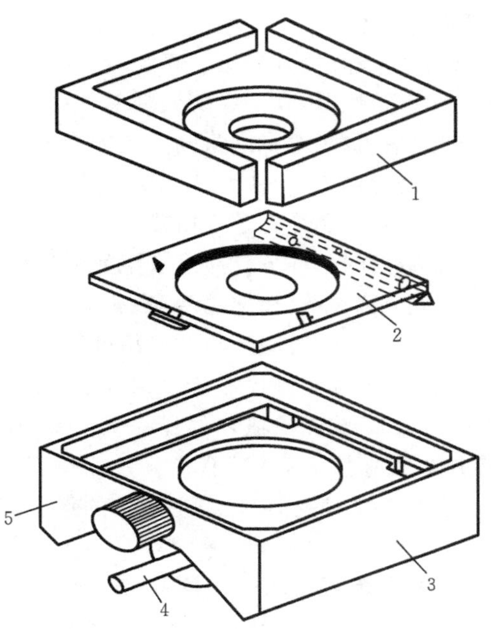

图 11-17　分子坐标测量机工作台结构

1—计量盒与样品台；2—微动子工作台；3—载荷工作台；4—长距离 PZT 电动机；5—微动 PZT 驱动

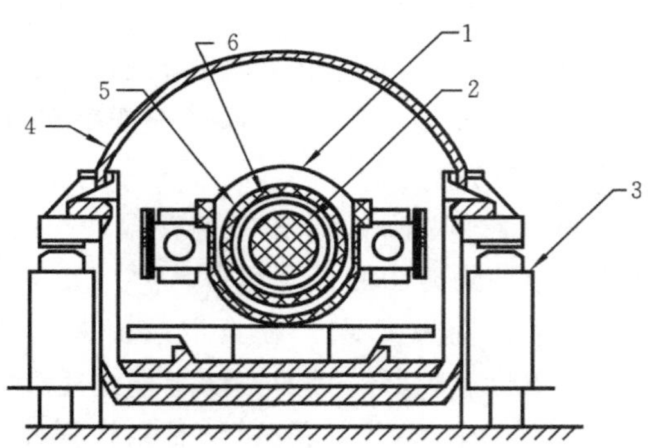

图 11-18　分子坐标测量机环境隔离系统内部结构剖面图

1—真空壳；2—核心机构；3—被动式隔离壳；4—声屏蔽壳；5—主动式隔离壳；6—温度控制壳

真空系统可达到基本压力为 $10^{-7}\sim10^{-8}$ Pa，提供了一个良好的特殊环境。在操作 STM 和 AFM 探针时，可以确保由空气扰动和其他折射率变化所引起的干涉仪光程差漂移影响为最小，且可以被忽略。为了保护系统要求严格的机械表面，并为样品提供干净的测量环境，机器建于 10 级超净区内，包括了计算机控制间、超净测量间、样品准备安装室、超净隔离间等 128 m^2 的面积。工作时须关掉通风扇，这样可提供安静的、振动最小的测量环境；超净区位于地下实验室，封闭空间，建于水泥块防震地基之上。

3）分子测量机计量系统

STM 和 AFM 均不是计量型仪器，而是作为位置传感器。分子坐标测量机必须采用能够溯源的超高分辨率激光外差干涉仪作为测量参考基准，并测量探针和样品之间的相对运动。干涉仪采用了光学 8 倍频，用相位计从时间间隔分析器中计算相位，其时间分辨率为 200 ps，电子细分技术实现 1 000 细分；干涉仪的分辨率为 0.075 nm。

计量学参考系统如图 11-19 所示，将位移传感器测量基准安装于计量盒上，实现了两个垂直方向运动和两个方向的测量。计量盒内部的差动干涉系统测量探针，相对于安装在计量盒上的样品之位置，计量盒不受核心机构和其他机械部件运动产生的漂移或应力的影响。内部差动干涉仪测量光束和参考光束共光路，与 STM 探针相重合，无阿贝误差。z 轴方向需要补偿阿贝误差。这种结构对内部运动不敏感。分子测量机系统的特点是支持两套参考镜结构，称为计量结构环，其尺寸已被减少到可与样品尺寸杆比较，且取消了折返镜。

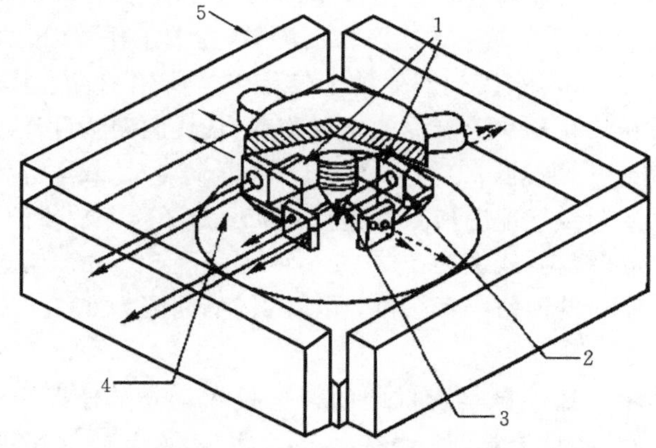

图 11-19　计量学参考系统和干涉仪装置

1—干涉仪光学元件；2—x 轴激光束；3—探针部件；4—y 轴激光束；5—零膨胀计量盒

4）分子测量机测量精度的标定与验证

在实现纳米计量的过程中会产生许多误差源，即使像分子坐标测量机这样精心设计的系统也同样存在，这样标定和验证的重要性尤为重要。作为纳米精度的计量系统和长度、角度基准，分子坐标测量机的测量精度和不确定度必须经过标定和验证。

分子坐标测量机用激光外差干涉仪建立测量基准，不确定度的主要来源包括激光频率稳定性；具有一定频差正交的两束偏振光混合产生的误差；相位检测中分别对应于参考信号和测量信号之间的相位差的不确定度；组成干涉仪的平面发射镜在光路中的准直精度；沿干涉光束光路中折射率的变化。各种误差所引起的最好的和典型的不确定度如表

11-6 所示。

表 11-6 各种误差引起的不确定度

项目		频率稳定性	偏振混合	相位测量	光路准直	折射变化
不确定度	最好值	0.01	0.1	0.2	0.1	0
	典型值	0.1	20	20	3～10	5

将测量坐标参考系具体体现为实物基准，即建立可溯源的实物计量基准，对于超高精度的建立是不可缺少的。纳米计量系统必须与某些已知的几何尺寸或具有更高精度的实体基准相比对来标定、验证。单晶表面原子间隔和几何尺寸是可能的最好人造实体基准。单晶表面具有完美的晶格结构，但晶格的缺陷和纯度的影响目前还尚不清楚。立体对称晶体表面作为垂直度参照物是很理想的基准。假设在合适的单晶表面能够在 50 mm 距离上跟踪一根原子线，线的中心能够被以 0.1 nm 的精度确定，则能够得到角度精度 2×10^{-8} rad 或 4 mrad，这样可用于标定此测量系统。而 STM 具备这样的横向分辨能力。

为了标定和验证分子坐标测量机的测量精度，NIST 初步采用了 3 种样品进行测试。1994 年 9 月分子坐标测量机完成了首次全自动测量，连续工作 40 h，存入 100 万个数据，x-y 坐标位置分辨率 0.1 nm，精度达到亚纳米量等级。所用的标准样品是 NIST 发明的激光聚焦中性原子沉积法在硅片上制作的铬线阵列，铬线间距为驻波场光波长的一半，理论计算值为 212.83 nm，标准差(1σ)为 0.02 nm，测量跨越 1 mm 距离，测到 4 700 条线对，平均间隔为 212.78 nm，与理论预测值相差 0.05 nm。这个数值约为典型原子间隔的 1/5。第二种样品是标准线宽，线宽为 1.31 μm，两端间隔 56 μm。第三种样品为 MIT 提供的用精密光刻技术制作的网络参考标准，两个方向的间隔为 201.8 nm。所有的测量取得了很好的结果。

纳米计量学与纳米计量测试是跨世纪的科学技术。分子坐标测量机的设计制作成功，不仅使纳米计量与纳米计量学的一些内容得以实现，而且能够实现一簇分子和原子，甚至单个原子的操作，从而开辟了纳米制造工业的新前景，如微型机械、纳米管道、纳米材料处理等，而且在微电光学、材料科学、生物与生命科学等领域中将成为一种纳米技术研究和产业开发工具。

11.3 计算机辅助公差优化设计概述

计算机在互换性与测量技术中的应用主要表现在以下几个方面。

1. 测量仪器的微机化

在微机系统的控制下，测量仪器可以实现数据的自动采集、处理、显示和打印，极大地提高了仪器的智能化、自动化水平和处理效率，增强了动态测量与适时处理的能力。例如微机控制的数显万能测长仪、三坐标测量机学、圆度仪、表面粗糙度测量仪等。

2. 测量数据的微机处理

用普通测量器具测量得到的数据,需要采用人工处理,这样比较繁杂,而且误差或错误比较多。如采用水平仪或者准直仪测量直线度、平面度、平行度,在光学分度头上用矢径法测圆度、圆柱度等,是依靠手工按最小区域法评定误差,繁杂、费时,而且误差较大,精度较低;通过计算机可以对数据进行迅速准确地处理,精度很高,且测量工作和数据处理简便。

3. 计算机辅助设计

在互换性与测量技术中进行精度设计与专用量具设计时,如公差与配合的选择、齿轮的精度设计、光滑极限量规、螺纹量规和位置量规等专用量规的设计中,需要查寻获取大量公差表格和各种标准数据,完成巨大的烦琐计算与绘图,采用计算机辅助设计,由计算机完成这些工作,可极大提高效率,减轻工作量和极大提高设计精度。

11.3.1 计算机辅助公差优化设计基本概念

1. 公差设计

对机械产品的设计而言,一般来说,零件公差越小,产品的装配性越佳、零件越具有互换性,但其加工成本就越高;相反,产品的装配性较差,零件的互换性较差,加工成本就较低。公差设计的内容包括对公差分配和分析,即根据已知尺寸链的封闭环上、下偏差求解各组成环尺寸的上、下偏差以及根据各组成环的上、下偏差求解封闭环的上、下偏差。公差设计是建立在公差设计函数的基础上的,所谓公差设计函数就是指装配技术要求、产品的功能要求等与有关尺寸之间的函数关系,如孔轴配合件的配合间隙等的数学表示。

公差分析(也称公差验证)是指已知各组成环的尺寸和公差,确定最终装配后所要保证的封闭环的公差。在这种情况下,组成环公差作为输入,封闭环公差作为输出,当最终性能未满足时,重新修改输入公差。公差分析方法主要有极值法和统计法。极值法是当零件尺寸处于上、下极限值的情况下所进行的公差分析,这种方法不考虑零件尺寸在公差带内的分布,只考虑零件尺寸是否落在公差带内。因此设计出的零件合格率为100%,各组成环的公差很小,从而提高了加工成本。统计法公差分析有均方根法、可靠性指标法、蒙特卡罗模拟法、田口试验法等。

公差装配(也称公差综合)是指在保证产品装配技术要求下规定各组成环尺寸的经济合理的公差。公差最优化设计法是指建立公差模型(加工成本公差模型、装配失效模型等)和约束条件(如装配功能要求、工序选择条件等),利用各种优化算法进行公差分配。这是一个典型的随机优化过程,可采用近似法和装配成功率估算法。优化技术可运用线性规划、拉格朗日乘子法、分支估界、遗传基因算法、模拟退火等各种算法。

公差优化设计实质是一个以尺寸链(或传动链)组成的零部件制造成本最小为目标,

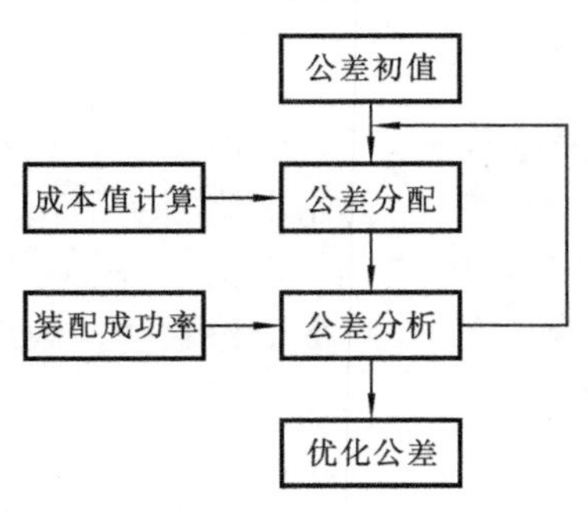

图 11-20 公差优化设计流程图

以设计技术条件和预期装配成功率为约束的数学规划问题,它也是一个多随机变量的优化问题,其过程可用图 11-20 所示。公差分析其实质是公差优化设计的一个环节,因而公差分析的效率直接决定着公差优化设计的效率。

任何尺寸链均可转化为三环尺寸链,以三环尺寸链为例(见图 11-21)阐述公差优化设计。机械零件的尺寸受加工过程中许多因素的综合影响。因此,可设定具有 n 个尺寸的尺寸链中各尺寸互相独立且满足正态分布;否则,可通过数学转化而得到;则在一定的置信度 $1-\alpha$ 之下,尺寸链的尺寸矢量 $\boldsymbol{X}=[x_1 \quad x_2 \quad \cdots \quad x_n]^{\mathrm{T}}$ 可用其均值 $\boldsymbol{X}_0=[x_{01} \quad x_{02} \quad \cdots \quad x_{0n}]^{\mathrm{T}}$ 和标准差矢量 $\boldsymbol{\Sigma}=[\sigma_1 \quad \sigma_2 \quad \cdots \quad \sigma_n]^{\mathrm{T}}$ 来表示,即尺寸可表示为 $x_{0i}-\gamma_i\sigma_i \leqslant x_i \leqslant x_{0i}+\gamma_i\sigma_i$(其中:$\gamma_i$ 为第 i 个尺寸的置信系数,满足 $P(|x_i-x_{0i}|>\gamma_i\sigma_i)=\alpha$,且一般情况下,各尺寸的 γ_i 均相等,统一用 γ 来表示),则尺寸公差为 $T_i=2\gamma\sigma_i$。一般置信系数在公差设计时已经预先确定,所以公差正比于标准差,因此,公差优化设计问题即可转化为标准差优化设计的问题。

2. 设计函数

设计函数($R_j(\boldsymbol{X})$)是尺寸链中各尺寸必须满足的装配或加工技术条件在数学上的表示。如图 11-21 所示尺寸链的设计函数即装配技术条件函数可表达为

$$R_1(\boldsymbol{X})=x_1-x_2+0.03 \geqslant 0$$
$$R_2(\boldsymbol{X})=-x_1+x_2+0.05 \geqslant 0$$

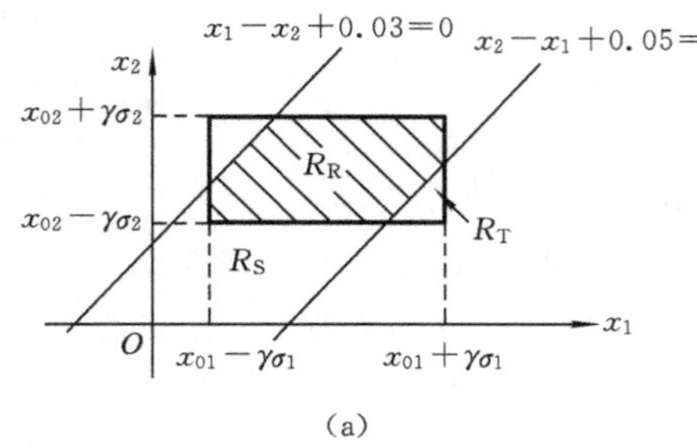

(a)

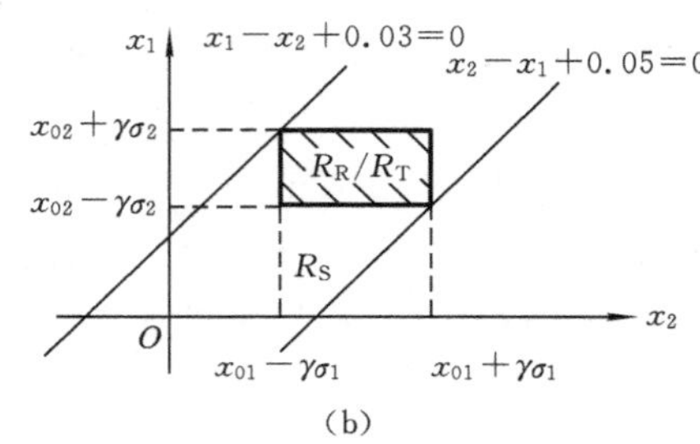

(b)

图 11-21 三环尺寸链的可靠域示意图

3. 公差域

公差域(R_T)是尺寸链中各尺寸公差带两端极限平面(三环尺寸链为直线)所围成的区域,在集合论中可表示为

$$R_{\mathrm{T}} = \{\boldsymbol{X}: \bigcap_{1\leqslant i\leqslant n} x_{0i} - \gamma\sigma_i \leqslant x_i \leqslant x_{0i} + \gamma\sigma_i\} \tag{11-15}$$

式中:n 为尺寸变量个数(在图 11-21 中 $n=2$);x_{0i} 、σ_i 为尺寸变量 x_i 的均值和标准差;γ 为置信系数。

如图 11-21 所示,该区域由方程为 $x_1 = x_{01} - \gamma\sigma_1$ 、$x_1 = x_{01} + \gamma\sigma_1$ 、$x_2 = x_{02} - \gamma\sigma_2$ 、$x_2 = x_{02} + \gamma\sigma_2$ 这四条直线所围成。

4. 安全域

安全域(R_{S})是满足所有设计函数的空间点集,即

$$R_{\mathrm{S}} = \{\boldsymbol{X}: \bigcap_{1\leqslant j\leqslant m} R_j(\boldsymbol{X}) \geqslant 0\} \tag{11-16}$$

式中:m 为设计函数个数(在图 11-21 中 $m=2$)。

如图 11-21 所示,该区域为 $R_1(\boldsymbol{X}) = 0$ 和 $R_2(\boldsymbol{X}) = 0$ 两直线所夹区域。

5. 可靠域、装配成功率

从图 11-21 可知,要使该尺寸链装配成功,则必须使尺寸矢量落在图 11-21 打有剖面线的区域之内;该区域称为可靠域(R_{R})。对于任一尺寸链,可靠域是安全域 R_{S}、公差域 R_{T}的交集,在数学上可表示为

$$R_{\mathrm{R}} = R_{\mathrm{S}} \cap R_{\mathrm{T}} = \{\boldsymbol{X}: \{\bigcap_{1\leqslant j\leqslant n} R_j(\boldsymbol{X}) \geqslant 0\} \cap \{\bigcap_{1\leqslant i\leqslant n} x_{0i} - \gamma\sigma_i \leqslant x_i \leqslant x_{0i} + \gamma\sigma_i\}\} \tag{11-17}$$

若令

$$R_{m+2i-1}(\boldsymbol{X}) = x_i - x_{0i} + \gamma\sigma_i \geqslant 0 \quad (i = 1,2,3,\cdots,n)$$
$$R_{m+2i}(\boldsymbol{X}) = - x_i + x_{0i} + \gamma\sigma_i \geqslant 0 \quad (i = 1,2,3\cdots,n)$$

则

$$R_{\mathrm{R}} = \{\boldsymbol{X}: \bigcap_{1\leqslant j\leqslant m+2n} R_j(\boldsymbol{X}) \geqslant 0\} \tag{11-18}$$

该可靠域在三环尺寸链中为多边形或曲多边形;只有当设计函数中有一个或一个以上为非线性函数时为曲多边形。在四环以上尺寸链中其为多面体或曲多面体,也称广义可靠域(简称可靠域),它是由广义设计函数(即装配技术条件函数与设计变量的公差方程式的统称,可简称为设计函数)即安全域 R_{S}、公差域 R_{T}所构成。尺寸矢量落在可靠域 R_{R} 的概率称为广义装配成功率(简称装配成功率,$P(R_{\mathrm{R}})$)。可以看出,R_{R}依赖于各尺寸的标准差。对于相同的变量、相同的置信水平、相同的设计函数,只有各尺寸的标准差 $\boldsymbol{\Sigma}$ 不同,且不妨设$\boldsymbol{\Sigma}_{\mathrm{a}} > \boldsymbol{\Sigma}_{\mathrm{b}}$($\boldsymbol{\Sigma}_{\mathrm{a}}$ 对应图 11-21(a),$\boldsymbol{\Sigma}_{\mathrm{b}}$ 对应图 11-21(b)),很显然 $R_{\mathrm{Ta}} > R_{\mathrm{Tb}}$,且 $P(R_{\mathrm{Ra}}) \leqslant P(R_{\mathrm{Rb}})$ 。若仅考虑装配技术条件函数即狭义设计函数,则称之为狭义可靠域 R_{RS} ,则

$$R_{\mathrm{RS}} = R_{\mathrm{S}} = \{\boldsymbol{X}: \bigcap_{1\leqslant j\leqslant m} R_j(\boldsymbol{X}) \geqslant 0\} \tag{11-19}$$

此时尺寸链的装配成功率被称之为狭义装配成功率。

6. 加工成本——公差模型

加工成本——公差模型（$C(\boldsymbol{T})$ 或 $C(\boldsymbol{\Sigma})$）是用来表示加工成本与公差关系的数学表达式,反映公差大小对加工成本的影响。

7. 公差优化设计

对于一个装配尺寸链,若所有零件均按公差要求加工时,当其组成环公差值 T_i(或标准差 σ_i，$T_i = 2\gamma\sigma_i$，一般来说置信系数 γ 在设计前已预先设定)减小时,尺寸链的装配成功率 $P(R_R)$ 将会增加,同时其加工总成本 $C(\boldsymbol{\Sigma})$ 也会增加。因而,如何合理分配公差值,以便在满足约束条件下使得总成本最低,这是一个需要优化的问题。数学上(用标准差来表征公差)可表示为

$$\min C(\boldsymbol{\Sigma}) \tag{11-20}$$

其约束条件为：$P(R_R) = \int_{x \in R_R} f_{\boldsymbol{X}}(\boldsymbol{X})\mathrm{d}\boldsymbol{X} \geqslant P_U$

式中：R_R 为可靠域；$\boldsymbol{\Sigma}$ 为尺寸矢量 $\boldsymbol{X}$ 所对应的标准差矢量；P_U 为预期装配成功率；$f_{\boldsymbol{X}}(\boldsymbol{X})$ 为多随机变量的联合概率密度函数。

机械零件的尺寸受加工过程中诸多因素的综合影响,所以可设定尺寸链的各尺寸互相独立且满足正态分布;否则,可通过数学变换而得到;所以式(11-20)可转换为

$$\min C(\boldsymbol{\Sigma}) \tag{11-21}$$

其约束条件为：$P(R_R) = \int_{\boldsymbol{X} \in R_R} \Phi(\boldsymbol{X})\mathrm{d}\boldsymbol{X} \geqslant P_U$

其中：$\Phi(\boldsymbol{X})$ 为服从正态分布的多随机变量联合概率密度函数。

当优化变量较少时,一般 R_R 较简单,可直接通过数值积分来完成其装配成功率的估算。但当优化变量较多时或设计函数为非线性时,一般 R_R 是一个复杂的区域,难以采用数值积分法估算;且 $\Phi(\boldsymbol{X})$ 不是一个简单的初等函数,因此要在 R_R 上对 $\Phi(\boldsymbol{X})$ 进行体积积分是相当困难的。

11.3.2 计算机辅助公差优化设计体系结构

公差信息作为机械产品模型中的一部分,公差的表示、分析和分配必须依赖于具体的产品生产、制造环境,所以计算机辅助公差设计(CAT)是基于某一个产品建模系统的。CAT 系统的体系结构如图 11-22 所示,从中可以知道,CAT 系统位于产品建模系统之内,其公差表示模块通过造型接口与产品实体建模系统相连接,用户可通过用户接口进行公差建模、公差分析和公差分配工作,生成的模型数据、设计结果与产品原有的数据统一存储于产品数据库中。

公差表示位于公差分析和公差分配的底层,它也是 CAT 系统与产品模型相连接的唯一接口,是 CAT 系统工作的基础。在 CAT 系统内部,公差表示、公差分析和公差分配

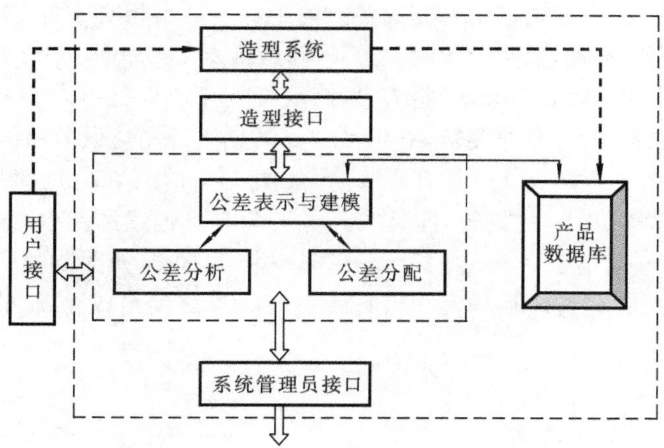

图 11-22 公差 CAT 系统体系结构

的框架结构如图 11-23 所示。从图中可知，公差表示定义在名义实体上，其内容取决于功能要求、装配要求以及公差设计结果。而公差设计（包括公差分析和公差分配）需要同时考虑产品周期中的多种要求。例如，产品的制造、工艺、质量、成本、装配等因素，采用设计公差和工序公差并行设计模式或串行设计模式，其结果通过表示模型表达。CAT 能很好地支持并行工程环境，实现并行工程设计，同时 CAT 也可适用于非并行工程的其他环境。

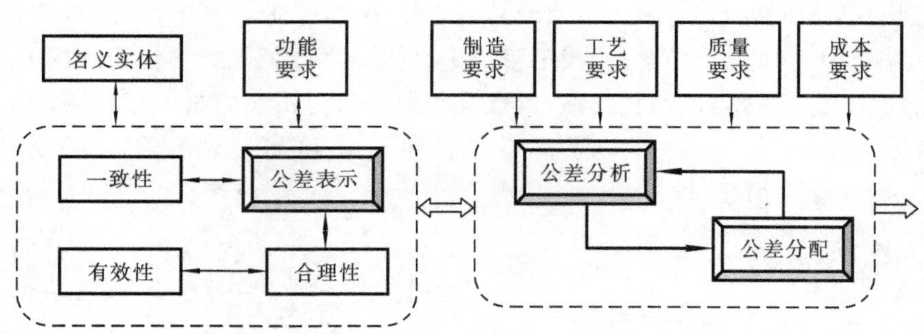

图 11-23 公差 CAT 系统的框架结构

计算机辅助公差优化设计对提高零件加工和装配质量、降低成本以及实现设计加工的并行工程都具有重要的意义，是目前机械制造加工研究的主要内容之一，正成为世界各国制造业机械加工研究的重点。

11.3.3 直线度误差的计算机处理设计

用水准仪或准直仪测量直线度误差，测得的数据采用按最小区域法进行处理。

为了处理方便，程序首先把误差曲线各点的坐标换算为相对于首尾两点连线的坐标，即以首尾两点连线为 x 轴，然后找出最高点 l_1 和最低点 l_2 ，如图 11-24 所示，通过这两点分别作平行与 x 轴的直线 L_1 和 L_2 ，将 L_1 以高点 l_1 为中心向低点 l_2 方向旋转，同时将 L_2 以低点 l_2 为中心向高点 l_1 方向旋转，直到其中一条直线首先与误差曲线上的某一点接触为止，该点即作为第二个高点 x_1（或低点 x_2 ），如图 11-24 中的 x_1 点即是第二个高点，在计算机中实现直线 L_1 或 L_2 的旋转，即是求 l_1 或 l_2 与各点连线的斜率，找出连线斜率最小的点 x_1 点或 x_2 点。若 l_1 、l_2 和 x_1（或 x_2 ）三点呈相间分布，如图 11-24 中 x_1 、l_2 和 l_1 呈高一低一高相间分布，则旋转后的两平行直线 L_1' 和 L_2' 之间沿纵坐标方向的距离就是直线度误差 f 。

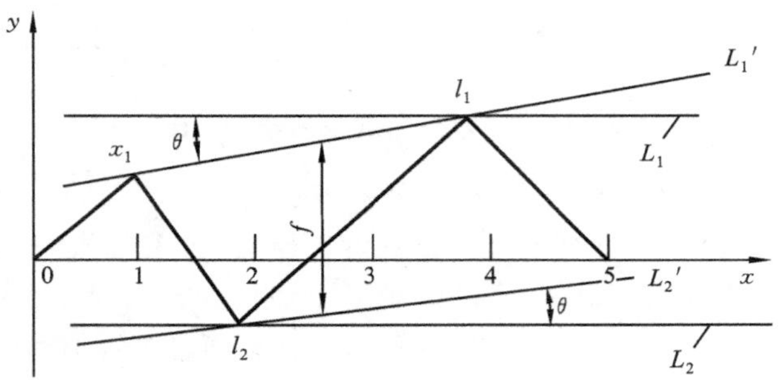

图 11-24　一次旋转就符合最小条件

若三点不呈相间分布(见图 11-25(a))，l_2 、x_1 和 l_1 呈低一高一高分布，则程序将自动把第一高点 l_1（或低点 l_2 ）舍去，改用第二个高点 x_1（或低点 x_2 ）作为新的 l_1（或 l_2 ）点，再按照上述方法重新进行，直到高、低点呈相间分布为止。如图 11-25(b)所示。其程序框图如图 11-26 所示。其中子程序 $L_{\max0}$ 又包含 $L_{\max1}$ 和 $L_{\max2}$ 两个子程序，分别处理 $l_1 > l_2$ 和 $l_1 < l_2$ 两种情况。

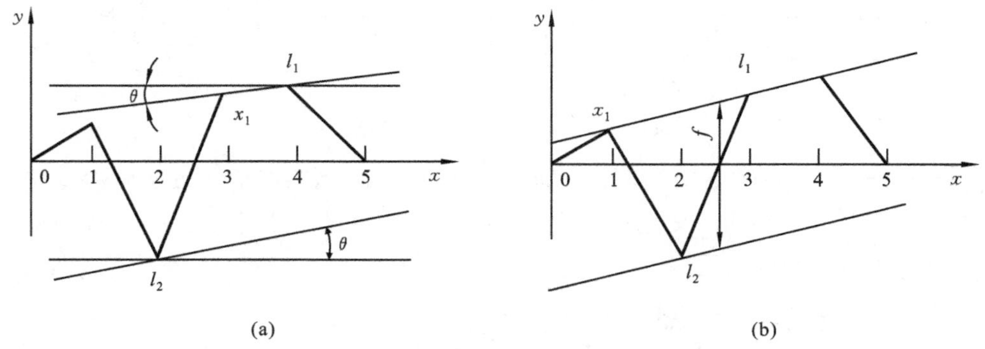

图 11-25　两次旋转后符合最小条件

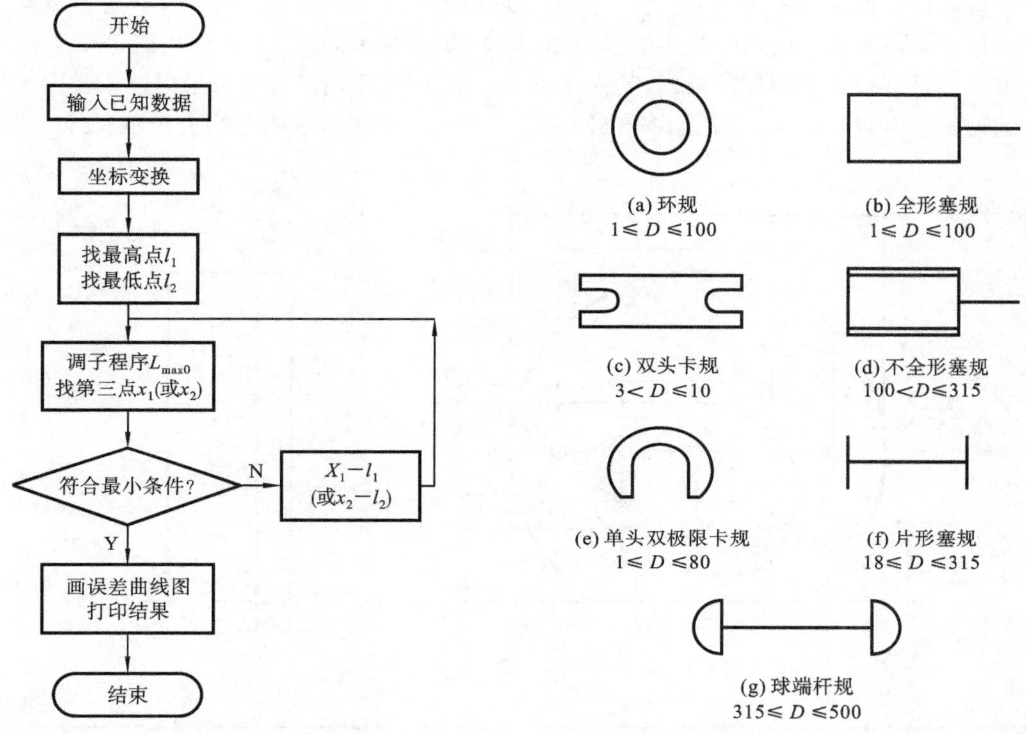

图 11-26　直线度误差计算机处理程序框图

图 11-27　在程序中设计的量规结构形式图

11.3.4　光滑极限量规的计算机辅助设计思路

光滑极限量规是一种应用非常广泛的专用量具。光滑极限量规的设计一般采取如下步骤：

(1) 根据被测量的工件尺寸大小、结构特点等因素，选择量规的结构形式；

(2) 根据被测工件的公差等级，查表求得量规的位置要素 Z 和量规的制造公差 T ，并计算出量规的工作尺寸；

(3) 查量规结构尺寸表，确定量规各部分的尺寸；

(4) 绘制量规的工作图，标注尺寸与技术要求。

先将各种结构形式的量规尺寸和 T、Z 的数值皆以数据文件的形式存入计算机中(以单头双极限卡规设计为例，如图 11-27(e)所示)。量规的结构形式及适用范围可用图形菜单形式也设计于程序之中，并采用人机对话形式，可由操作人员自行选择确定。其结构可由图 11-28 形式显示在屏幕上。当操作人员选择好之后，计算机自动切入该种量规的设计程序，并进行设计计算。

程序设计框图如图 11-29 所示。程序可采用模块化结构，由一个公用子程序和若干个专用子程序组成。公用子程序的框图如图 11-29(a)所示，专用子程序由若干个不同结构形式的量规设计子程序所组成，其程序较为复杂；每个专用子程序可采用调用公用子程序的形式进行设计计算。如图 11-29(b)所示为单头双极限卡规的专用子程序框图。

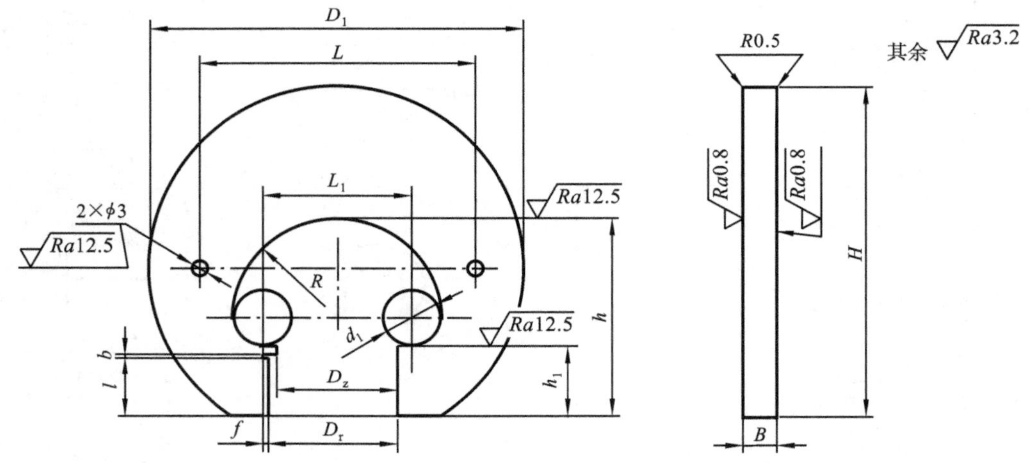

mm

基本尺寸		D_1	L	L_1	R	d_1	l	b	f	h	h_1	B	H
大于	至												
1	3	32	20	6	6	6	5	2	0.5	19	10	3	31
3	6	32	20	6	6	6	5	2	0.5	19	10	4	31
6	10	40	26	9	8.5	8	5	2	0.5	22.5	10	4	38
10	18	50	36	16	12.5	8	8	2	0.5	29	15	5	46
18	30	65	48	26	18	10	8	2	0.5	36	15	6	58
30	40	82	62	35	24	10	11	3	0.5	45	20	8	72
40	50	94	72	45	29	12	11	3	0.5	50	20	8	82
50	65	116	92	60	38	14	14	4	1	62	24	10	100
65	80	136	108	74	46	14	14	4	1	70	24	10	114

图 11-28　某单头双极限卡规结构简图与结构尺寸

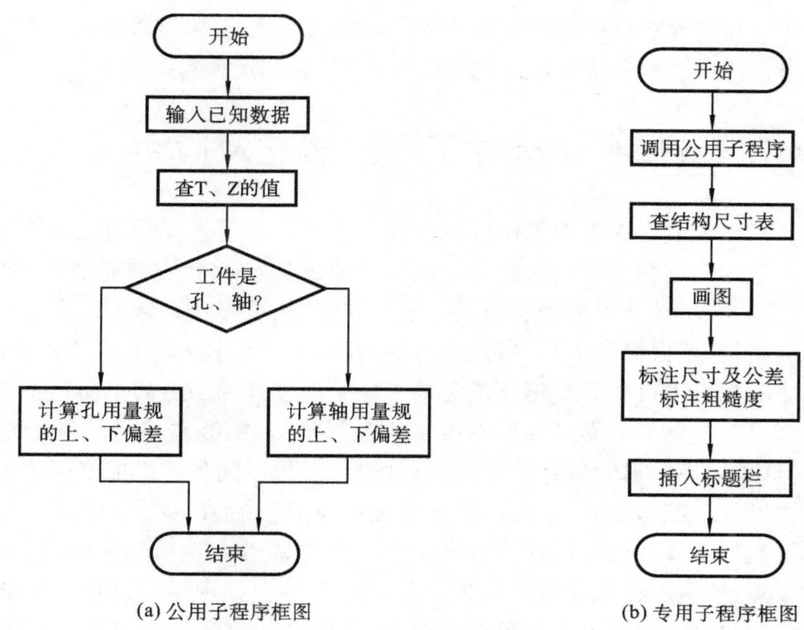

(a) 公用子程序框图　　(b) 专用子程序框图

图 11-29　程序设计框图

11.3.5　齿轮精度的计算机辅助设计思路

在齿轮精度设计时,所采用的公式很多且复杂,查询的表格也很多,其设计工作过程复杂,工作量非常大,采用计算机辅助齿轮精度设计可很好的、准确地完成。齿轮精度的计算机辅助设计主要遵循以下基本思路和方法。

根据齿轮精度设计的方法和步骤,设计程序可分为以下几个部分:

① 输入已知数据;

② 选择公差等级;

③ 确定齿厚上、下偏差代号;

④ 选择各公差组的检验组,并显示各检验项目的公差值;

⑤ 选择侧隙的检验项目,并显示检验项目的有关数据。

齿轮公差的有关数据表格可分为两大类型:一是在表格查寻时需要有两个参数(如分度圆直径和模数两个参数);二是只需要有一个参数(如分度圆直径或齿宽参数)。因此,不妨在程序设计时可以把表格查询子程序设计为两个子程序,使程序结构得以简化。但是,由于齿轮公差等级确定的影响因素较多,灵活性比较大,因此在程序设计中增加一点的人机对话模式,可很好地解决齿轮公差等级影响因素随时不断更换的问题;同时由于确定齿厚上、下偏差时的影响因素也比较多，也需要采用人机对话的方式，这样由用户可根据实际情况和自我因素选择确定相应的齿轮公差等级或齿厚偏差；同时也可以将程序设计为具有用户自行修改精度等级的结构，实现用户的自我选择与确定。

11.4 尺寸工程的概述及应用

尺寸与公差标准被看成提供了用以在零件图许可公差与其实际功能或该零件特征的相互联系之间进行交流的语言与实践。好的尺寸公差标注所隐含的意思是：公差过程独立定律，即所谓的产品设计工程师应当把注意力放在“你想要什么样的结果”上，而不关心过程如何。然而，这条铁律似乎与并行工程(如与产品设计并行的工艺过程设计)的理念不符。这种情况是由于尺寸公差标注常常被当做是从设计到制造的单向信息流动所造成的。尺寸管理现在提供了一套尺寸公差语言的应用机制，能够将信息从制造过程反馈到设计过程，以形成闭环。尺寸管理建立在工程图样上，用以同各类标准之间沟通。但是在定义装配方式以及装配体公差的时候，尺寸公差标准仍然存在大量的问题。比如复杂装配件的图样及类似图样的公差必须要有详尽的注释才能够表达清楚。因此，除了极其简单的零部件以外，读懂图样以及后续工艺过程规划变得十分困难。对更为复杂的装配件而言，在产品试制阶段，通过其公差模型的建立、分析与仿真计算来进行偏差控制是制造过程的需求，尺寸工程的概念就在这样的环境下应运而生。

11.4.1 尺寸工程的定义

就设计意图与目标而言，尺寸工程就是鲁棒思想(鲁棒性为统计学专门术语，在此指质量稳健控制)在尺寸公差领域的应用，它是完善的设计和装配制造阶段的工程化过程，这个过程将满足基于现实工件装配能力和预先建立的产品尺寸要求。该技术路线是通过将恰当的产品设计与工艺设计及工艺操作过程相结合，寻找实现尺寸误差控制的总体最经济解决方案，使得经过加工、装配(如无精调要求)、试验、检测至使用环节(如产品能正常使用且零件具备互换性)后，产品最终尺寸误差不会造成任何不良影响。通常这被理解为在保证产品功能的前提下，应当通过在产品零件结构与装配方式以及夹具上不影响产品功能的非关键区域设计误差吸收带，来允许较大的单件尺寸误差。

11.4.2 尺寸工程的工作流程及工作内容

尺寸工程的工作流程及工作内容如图 11-30 所示。

纵观整个流程可知，设计阶段需要进行多次目标检查和不断修正。因此，设计阶段在整个尺寸工程中起着至关重要的作用，甚至可以说其直接决定着尺寸工程的成败。设计阶段用得最多的就是利用尺寸链检验分析公差。尺寸工程的工作内容具体如下。

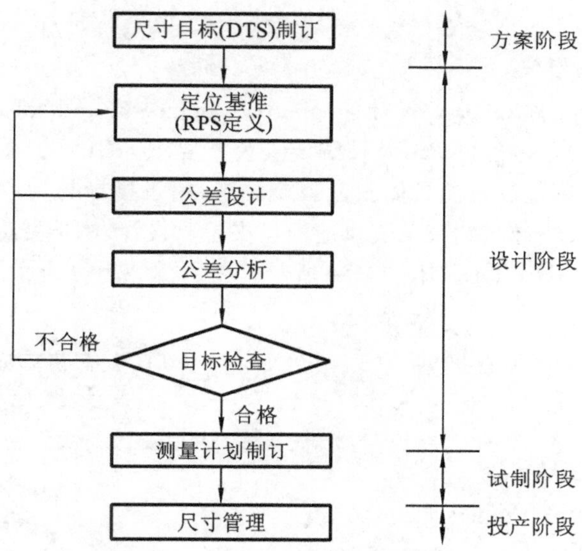

图 11-30　尺寸工程的工作流程图

1. 方案阶段

尺寸目标设计又称 DTS 设计(dimension tolerance specification，DTS)，以汽车的生产制造为例，即研究整车尺寸配合公差，并根据工艺、制造能力制定目标公差。整车的尺寸公差目标侧重在整个车内、外配合区域的间隙及高差尺寸公差要求，如图 11-31(a)、(b)所示。

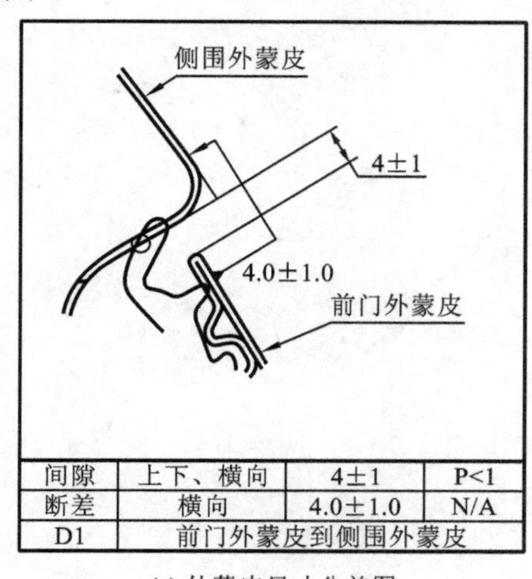

间隙	上下、横向	4±1	P<1
断差	横向	4.0±1.0	N/A
D1	前门外蒙皮到侧围外蒙皮		

(a) 外蒙皮尺寸公差图

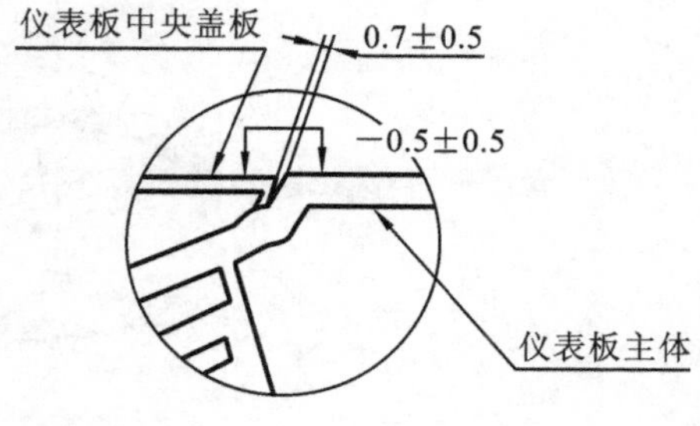

(b) 仪表板尺寸公差图

图 11-31　整车的尺寸公差

2. 设计阶段

1) 定位及公差设计

定位及公差设计又称 GD&T 设计(geometry dimension and tolerance,GD&T)即几何尺寸与公差,包含定位基准(RPS)及被测要素公差要求。GD&T 图样是产品尺寸公差设计部门对于汽车零部件制定的具体制造公差要求,用于指导与约束工装供应商模夹检具设计、制造并促使实物导与约束工装供应商模夹检具设计、制造并促使实物零部件尺寸精度达到设计要求。GD&T 图如图 11-32 所示。

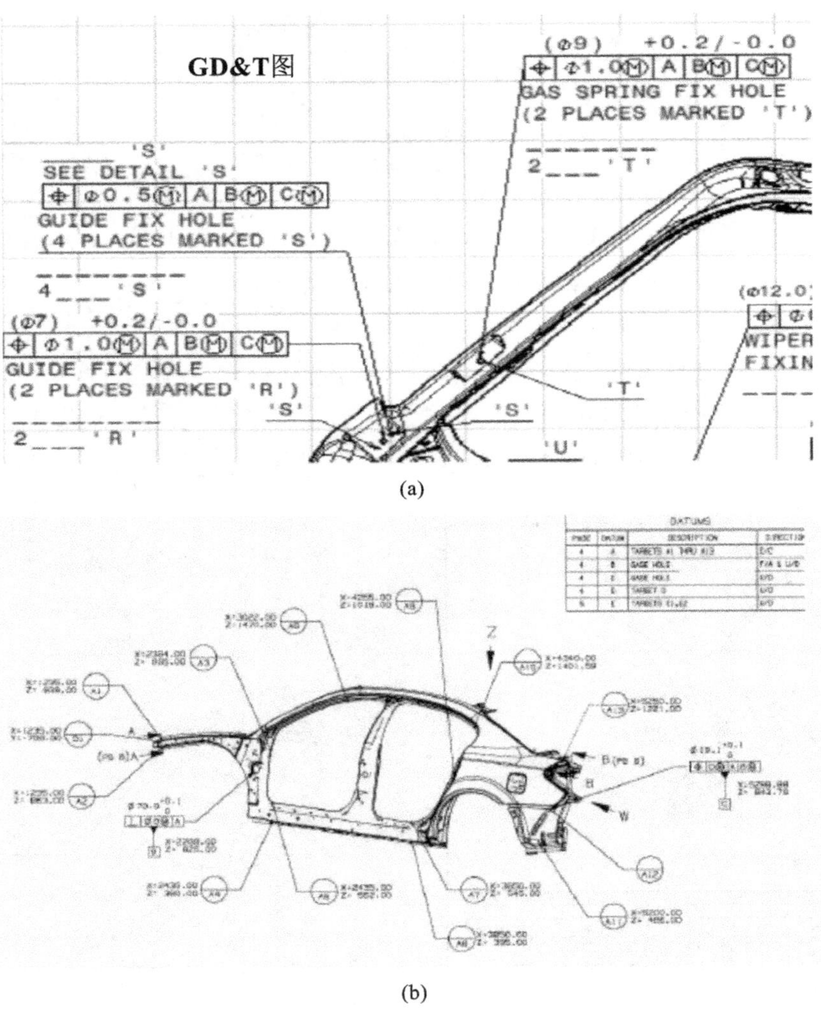

(a)

(b)

图 11-32 GD&T 图

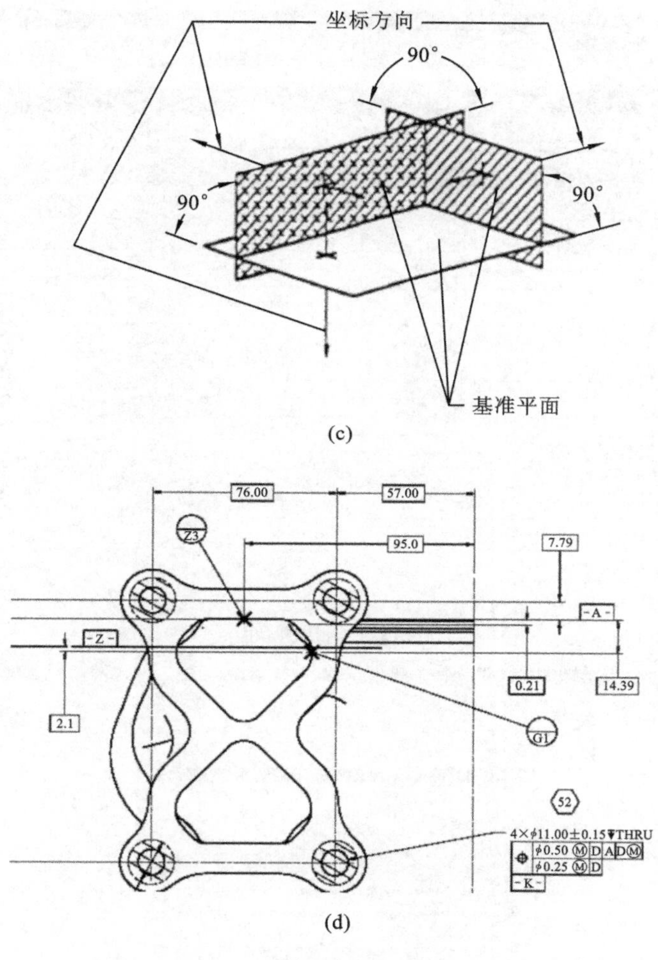

续图 11-32

2）虚拟设计（公差分析）

尺寸公差分析是指对装配误差进行分析和预测的过程，这种装配的误差基于装配件公差、零部件几何尺寸和定位点配置。换句话说，就是一个真实的虚拟原型。设计小组基于名义设计创建细节和装配，没有使用三维仿真分析软件，就没有时间分析基于预先的详细装配件公差的详细设计，或者不能提前预知某一特殊的定位配置将如何切实的影响由于几何原因造成的误差。公差分析的目的在于能够在设计阶段判断装配误差，而不是在生产阶段能够优化结构设计及工艺设计，从而大量节约成本、减少缺陷，能够基于一个真实的虚拟原型识别出关键的尺寸特征，可以减少盲目的追求零部件精度来提高车身精度。

（1）常用的几种公差分析软件对比的界面如图 11-33 所示。

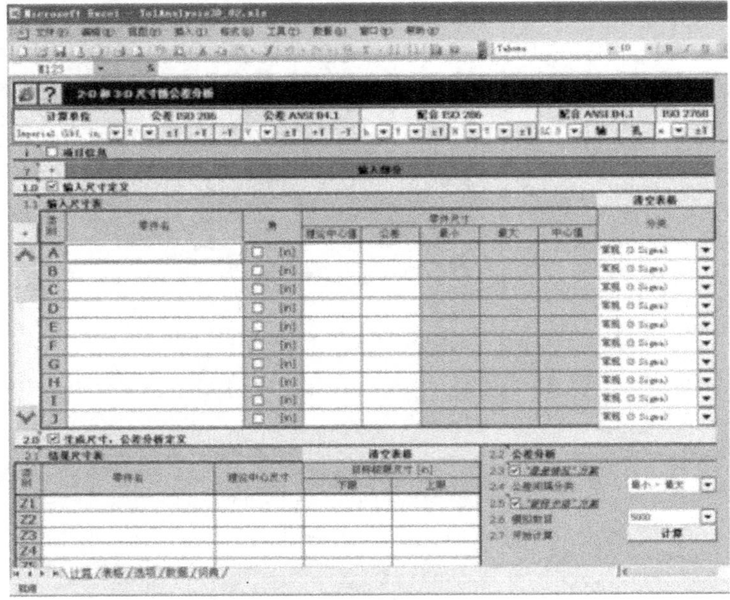

(a) 2D软件对比的界面

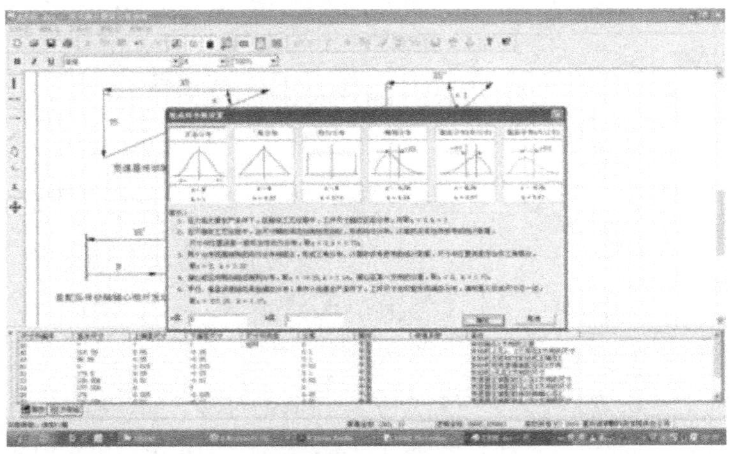

(b) 2.5D软件对比的界面

图 11-33 软件对比的界面

2D 计算优点：计算迅速；考虑了经验；开放式的计算环；操作简单。

2D 计算缺点：没有考虑夹角的影响；准确性不高；无展现效果；缺少贡献因子分析。

2.5D 计算优点：计算迅速、准确；考虑了经验；开放式的计算环；操作简单；考虑了夹角影响；有贡献因子分析。

2.5D计算缺点：展现效果不佳。

（2）3DCS介绍　3DCS是一个功能强大的公差分析软件，它可以对多级装配件在装配过程中的变动进行预测，并且突出显示其起因。灵敏度以及几何因子分析可以判断公差对结果的影响大小。可视化的操作界面，与CATIA的高度集成。这个软件使制造商们在产品开发阶段就可以提前对零件公差，装配工装和工序进行快速的计算，由此来防止装配问题的发生。其界面如图11-34所示。

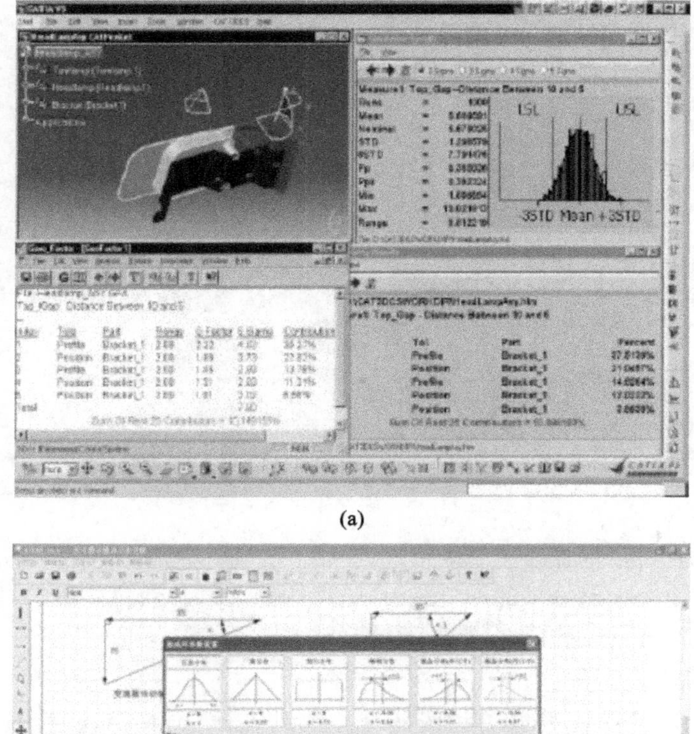

(a)

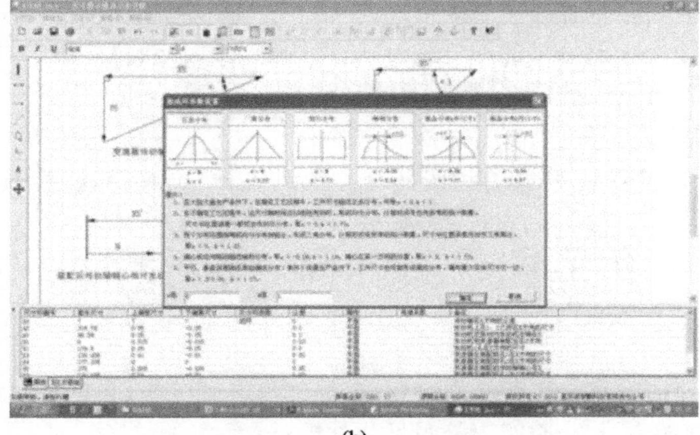

(b)

图 11-34　3DCS界面图

公差分析是这个软件的主要功能，在装配好所有零件和子装配后，就可以运行软件进行公差分析。软件的输出结果是柱状图，如图 11-35 所示，从柱状图的拟合曲线可以清楚地判断有多少样本数在指定范围之外。

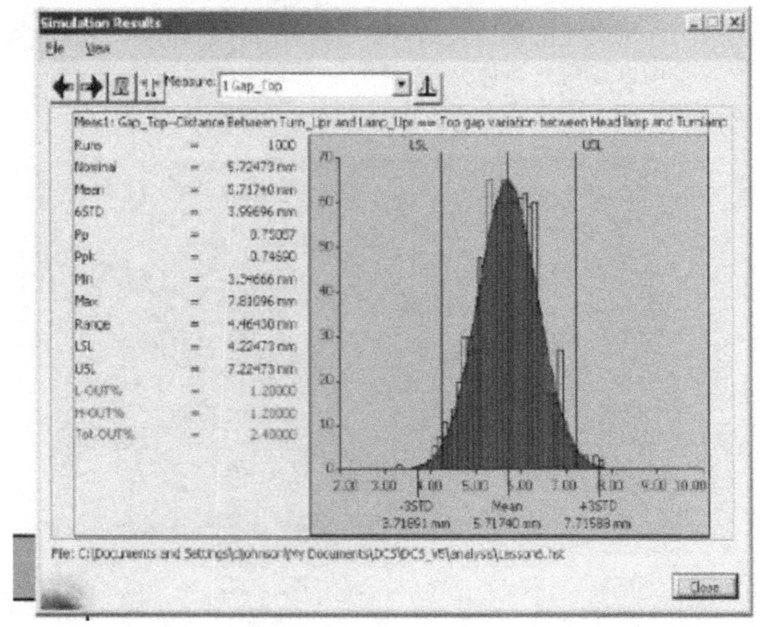

图 11-35　软件输出结果图

仿真结果同样可以保存为 *.xls 格式，如图 11-36 所示；而灵敏度分析可以判断在整个装配产品中哪个公差对结果的影响最大，此项功能可以帮助用户决定是否需要修改某些公差或者某些重要的安装孔应该赋予特殊公差。

3. 试制阶段

(1) 测量计划设计　根据工程图样管控模具设计、夹具设计、检具设计和测量方案等。

测量计划的制订包括测量方案(如检具、三坐标等)、检测成绩表、测量系统的可靠性等。

4. 投产阶段

(1) 尺寸管理的内容　零部件的检测、过程能力统计分析；自制分总成、白车身焊接总成的检测、过程能力分析；整车内外观尺寸分析等。

(2) 尺寸管理的目标　不是消除尺寸变动，而是管理尺寸变动。管理尺寸变动(即理解和控制尺寸变动)将得到：使制造和装配变得更加容易(例如减少废料和返工)；改善精

DTS No.	Measure Name	Dir. [X, Y, Z]	Specification Limits [mm]		Simulation Result [±3S]	In Spec. [%]	Remark
01	A01_G_#1_Z	Z	1.00	-1.00	0.7	100.0%	gap
	A01_F_#1_Y	Y	0.00	-1.50	1.2	100.0%	flushness
	A01_G_Para_Z	Z	2.00	0.00	0.6	100.0%	parallelism
	A01_F_Para_Z	Z	1.50	0.00	1.0	100.0%	parallelism
02	A02_G_#2_X	X	1.00	-1.00	0.7	100.0%	gap
	A02_F_#2_Y	Y	0.00	-1.50	1.2	100.0%	flushness
	A02_G_Para_Z	Z	2.00	0.00	1.5	100.0%	parallelism
	A02_F_Para_Z	Z	1.50	0.00	1.6	99.9%	parallelism
03	A03_G_#1_X	X	1.00	-1.00	1.1	100.0%	gap
	A03_F_#1_Y	Y	1.50	0.00	1.1	100.0%	flushness
	A03_G_Para_X	X	2.00	0.00	0.9	100.0%	parallelism
	A03_F_Para_Y	Y	1.50	0.00	1.0	100.0%	parallelism
04	A04_G_#1_Z	Z	1.50	-1.50	5.1	92.4%	gap
	A04_F_#1_Y	Y	0.00	-1.50	1.8	98.5%	flushness

图 11-36 仿真结果表

度和光洁度；降低车间对操作熟练度的要求；改善流畅性（如生产中较少的工作量）；减少生产周期；降低复杂程度（如较少的设计变更，更加简单的加工操作）；增加一致性和可靠性；更好的可保养性和维护性等。

11.4.3 保障尺寸精度的 RPS 系统

长期以来，大量的尺寸偏差给企业带来了重大损失，不仅严重影响零件的性能发挥，而且导致零件报废的频率增加，使企业的成本增加。尺寸偏差还给装配后的整体带来间隙的产生和平面度的不合格、原因难以查找等大的麻烦。因此，零件的尺寸精度是保证每一个制造企业追求的质量目标。那么用什么来保证零件尺寸的精度呢？以往很多人认为这是生产部门和质量部门的事情，而开发部门只要完成理论和概念设计就大功告成了。随着工业技术的不断发展和人们思想观念的转变，零件尺寸精度的保证已不再仅仅是生产部门和质量部门的事情，而是从产品开发阶段就开始考虑了。RPS 系统就是出于这种思想被开发出来的，下面从几个方面介绍 RPS 系统。

1. RPS 系统的定义

RPS 是德语单词 referenzpunkt-system（定位点系统）的缩写，规定一些从开发到制造、检测直至批量生产各环节所涉及的人员共同遵循的定位点及其公差、要求。其作用主要体现在如下几个方面。

（1）避免由于基准点的变化造成零件尺寸公差加大。

（2）避免了模板的使用 模板的使用有很大的局限性，并且增加了加工时间。规定工装用 RPS 点调准，那么加工就变成直接的了，模板不再作为辅助定位工具。

（3）保证夹具、检具、模具、工装等定位点统一 为了实现统一的定位技术规则，必须保证模具、工装、检具都按照 RPS 点来制造。这是 RPS 系统最重要的作用。

2. RPS制定过程

可以分为下面六个步骤。

①功能研究→②公差研究→③RPS系统确定→④尺寸图确定→⑤公差计算→⑥产品图纸。

总之,“没有规矩,无以成方圆”,这其实是RPS系统的思想基础,RPS系统对于我们还是一个很新的技术,如何进一步提高它的重视程度,进一步利用这门新技术提高产品质量,特别是能否将这一技术引入到我们自主开发的产品上来,是大家思考的课题。

11.4.4 尺寸工程公差分析软件在汽车上的应用举例

例11-1 某汽车公司前大灯区域尺寸公差分析报告。

测点布置说明:在所匹配的区域选取断面,选取接近实际间隙匹配点作为测点(一般取两点),面差测点取相同的测点(面差测点理论上应该选表面上点,但是两者的差别小于1%,因此可以取相同点进行计算),如图11-37所示。

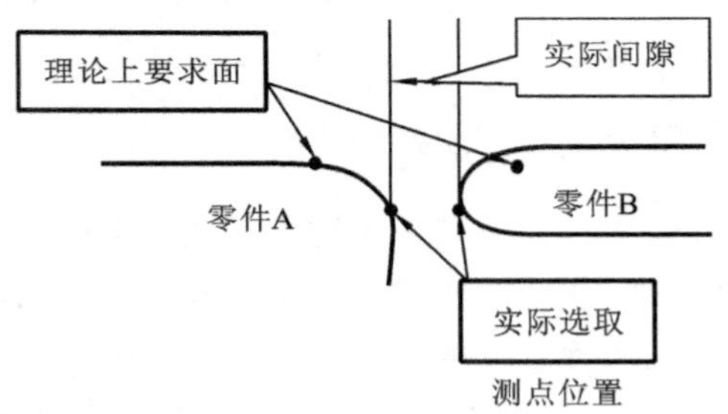

图11-37 测点布置图

解 (1) 计算分析区域。DTS如图11-38所示。

公差设定说明如下。

白车身重要安装点位置度公差:±1.0 mm,一般±1.5 mm。

白车身安装点面轮廓度公差:±0.70 mm。

翼子板(单件)面轮廓度:±0.5 mm。

翼子板(单件)孔位置度:±0.5 mm。

前大灯轮廓度公差:±0.70 mm。

(2) 初始定位方案(3X,2Z,1Y),如图11-39所示。

(3) 前大灯与翼子板装配偏差分析。

通过“尺寸链计算及公差分析”软件计算(A1),这里公差计算假设及说明:所有参与匹配的轮廓度公差/偏差分布规律符合正态分布;参与计算的各个零件/总成是基于刚性(至少是局部)假设的;不考虑结构设计带来的对间隙/面差优化作用(如关联设计等);不

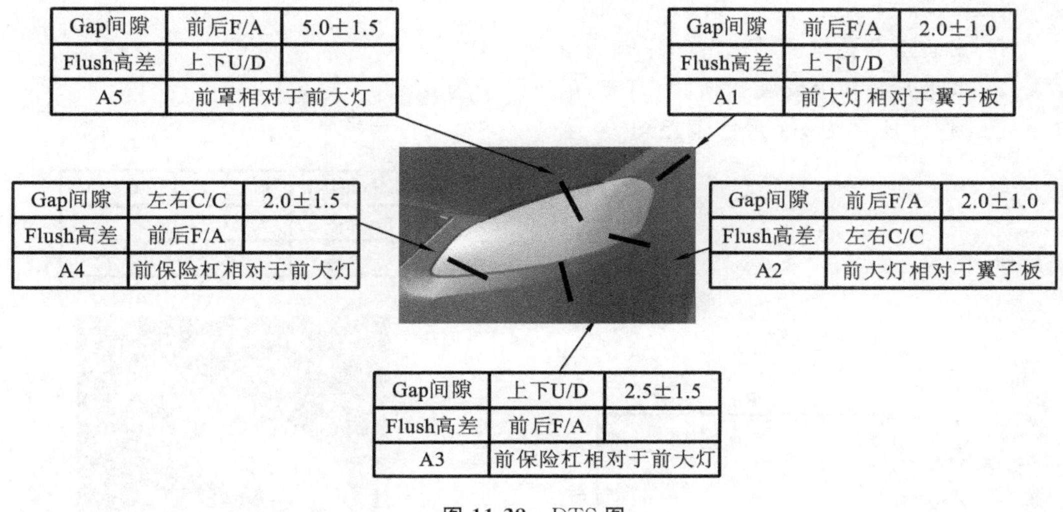

图 11-38　DTS 图

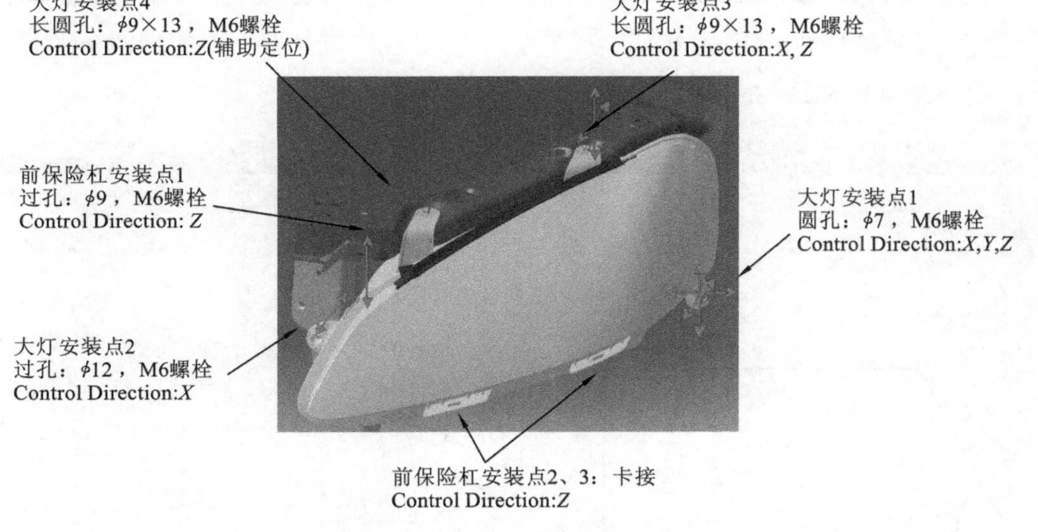

图 11-39　RPS 图

考虑重力影响；软件偏差计算方法采用概率法。

A1 尺寸链图如图 11-40 所示。

尺寸链

A：翼子板边轮廓±0.5。

B：前大灯边轮廓±0.70。

C:安装点 1 孔销漂移±0.5。

D:安装点 2 孔销漂移±3.0;影响因子为 0.485。

E:水箱安装板上安装孔精度±1.5;影响因子为 0.485。

图 11-41 所示为 A1 尺寸偏差图。

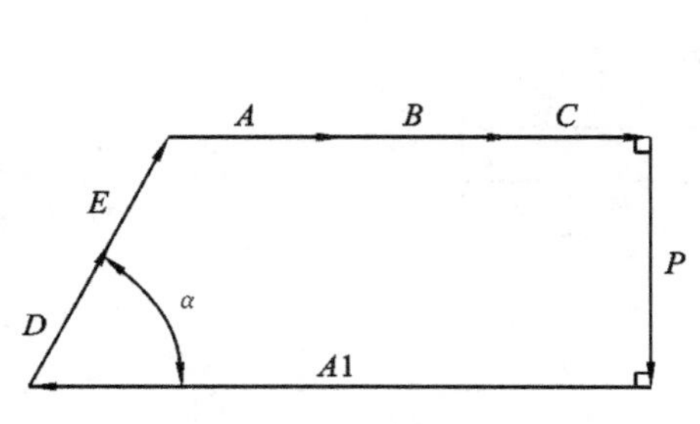

图 11-40　A1 尺寸链

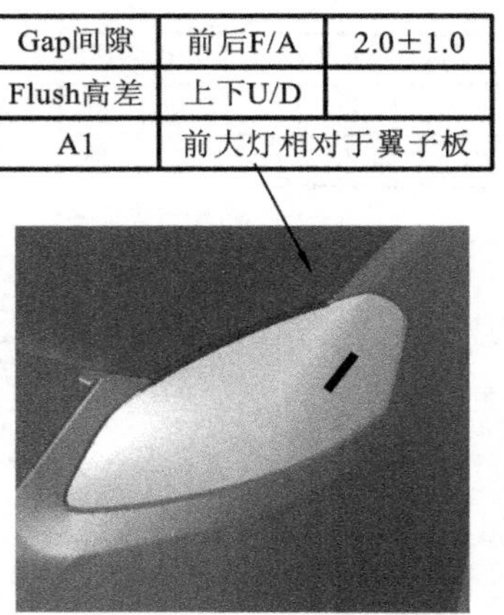

图 11-41　A1 尺寸偏差图

计算结果如图 11-42 所示。

尺寸环编号	基本尺寸	上偏差尺寸	下偏差尺寸	尺寸环类型	公差	属性	传递系数	备注
A1	0	1.90633	-1.90633	闭环	3.81266	平面		A1的间隙
A	0	0.5	-0.5	增环	1	平面	1.00000	翼子板边轮廓
B	0	0.7	-0.7	增环	1.4	平面	1.00000	前大灯边轮廓
C	0	0.5	-0.5	增环	1	平面	1.00000	安装点1孔销漂移
α	61	0	0		0	角度	0	与A1方向的夹角
D	0	3	-3	增环	6	平面	0.48480	安装点2孔销漂移
E	0	1.5	-1.5	增环	3	平面	0.48480	水箱安装板上安装孔精度

图 11-42　A1 尺寸链计算结果

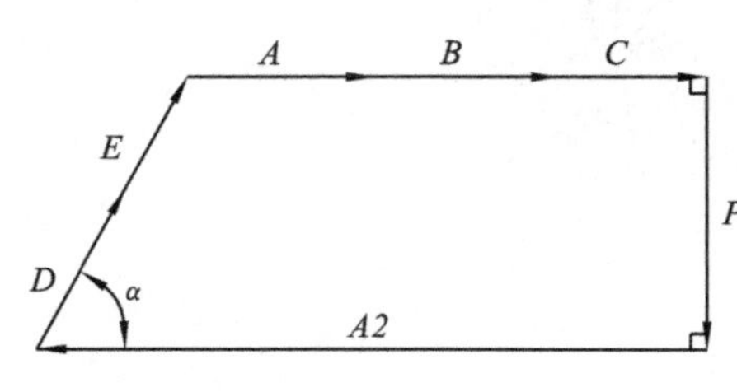

图 11-43　A2 尺寸链

① 分析断面 A1。翼子板、前大灯装配间隙偏差为:RSS=3.81 或 RSS=±1.91。A1 的间隙为:0.09～3.91 mm,公差变化大,存在很大的风险。

A2 尺寸链如图 11-43 所示。

尺寸链

A:翼子板边轮廓±0.5。

B:前大灯边轮廓±0.70。

C:安装点 1 孔销漂移±0.5。

D:安装点 2 孔销漂移±3.0;影响因子:0.21。

E:水箱安装板上安装孔精度±1.5;影响因子为 0.21。

计算结果如图 11-44 所示。

Gap间隙	前后F/A	2.0±1.0
Flush高差	右右C/C	
A2	前大灯相对于翼子板	

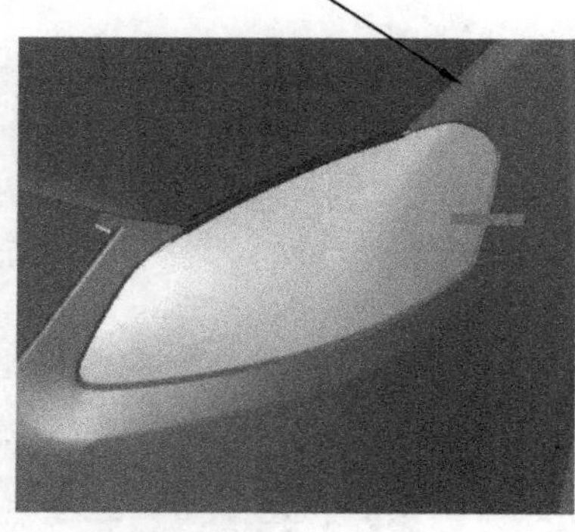

(a) A2尺寸偏差图

尺寸环编号	基本尺寸	上偏差尺寸	下偏差尺寸	尺寸环类型	公差	属性	传递系数	备注
A2	0	1.21501	-1.21501	闭环	2.43002	平面		A2的间隙
A	0	0.5	-0.5	增环	1	平面	1.00000	翼子板边轮廓
B	0	0.7	-0.7	增环	1.4	平面	1.00000	前大灯边轮廓
C	0	0.5	-0.5	增环	1	平面	1.00000	安装点1孔销漂移
α	78	0	0		0	角度	0	与A2方向的夹角
D	0	3	-3	增环	6	平面	0.20790	安装点2孔销漂移
E	0	1.5	-1.5	增环	3	平面	0.20790	水箱安装板上安装孔精度

(b) A2尺寸链计算结果

图 11-44　计算结果

② 分析断面 A2。翼子板、前大灯装配间隙偏差为：RSS＝2.44 或 RSS＝±1.22。A2 的间隙为：0.78～3.22 mm，超差 0.22，存在风险。如此相同，通过软件计算 A3、A4、A5，分析结果如表 11-7 所示。

表 11-7　GAP 间隙对比表

GAP 间隙	原理论值	分析结果	备　注
A1	2.0±1.0	2.0±1.91	前大灯相对翼子板
A2	2.0±1.0	2.0±1.22	前大灯相对翼子板
A3	2.5±1.5	2.0±1.41	前保相对于前大灯
A4	2.0±1.5	2.0±1.75	前保相对于前大灯
A5	5.0±1.5	5.0±1.66	前罩相对于前大灯

分析结果可以看出：①断面 A1、A2、A4 需要优化；②A3 满足要求；③A5 采用密封胶条，降低了 GAP 的敏感度，风险较小，可以接受。

（4）优化方案　A1，A2 断面。

如图 11-45 所示，对于大灯安装点 3，由于大灯安装点 3 与翼子板安装点没有采用关

大灯安装点3：
长圆孔：$\phi 9\times 13$，M6螺栓
Control Direction:X, Z
(优化前)

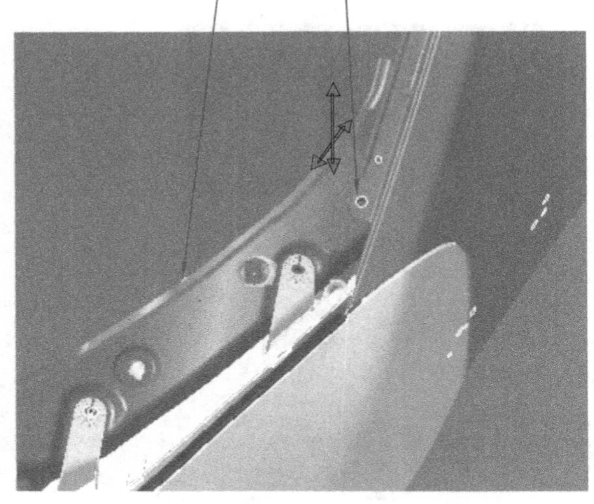

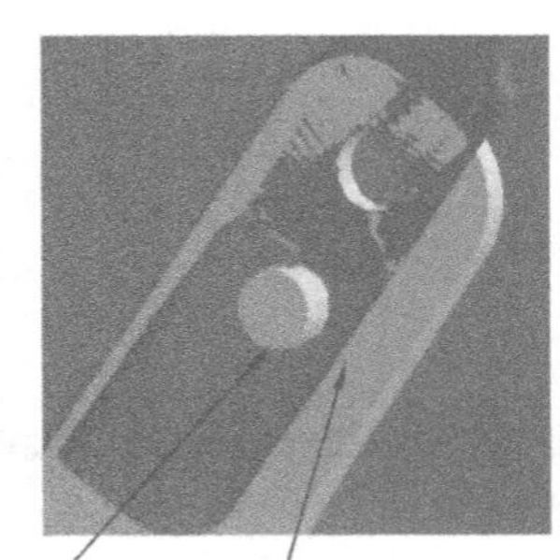

优化后

优化方案：大灯安装点3与翼子板采用关联结构，在大灯安装支架上增加定位销，翼子板上增加定位孔，使大灯直接在翼子板上定位，控制灯具X、Y、Z三个方向。

大灯安装支架上增加定位销，翼子板上对应位置增加定位孔，大灯直接在翼子板上定位。

优化方案A1、A2处：
由于大灯安装点1与翼子板采用$\phi 7$与M6螺栓连接，存在1 mm孔销漂移，影响DTS间隙(优化前)。

图 11-45　安装点 3 的优化方案图

联结构，分别装在第三个件上，故尺寸链较长。

如图 11-46 所示，对于大灯安装点 1，优化方案：在大灯安装支架上增加定位销 $\phi 6$，翼子板上增加定位孔 $\phi 6.2\times 8$，采用孔销定位，减小孔销漂移量，控制灯具 X，Y 两个方向。

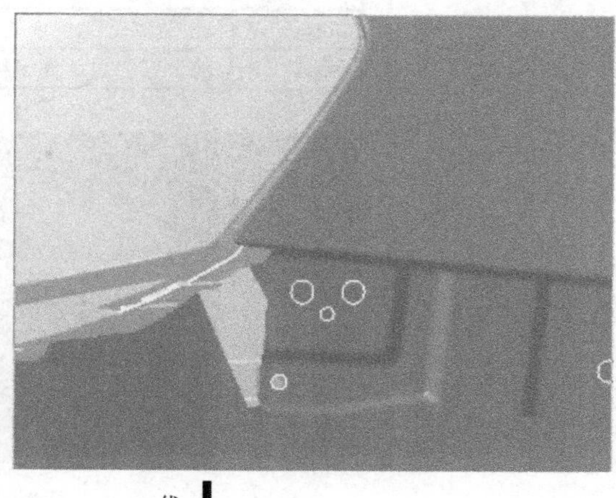
如图11-45所示，
对于大灯安装点1，
圆孔：ϕ7，M6螺栓
Control Direction:X、Y、Z
优化方案

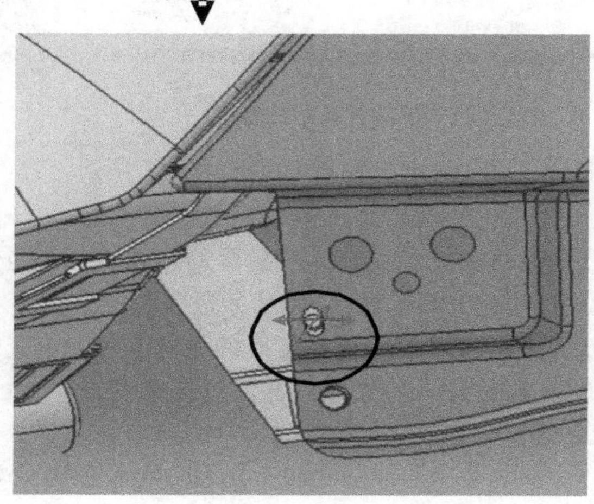
优化方案：在大灯安装支架上增加定位销ϕ6，翼子板上增加定位孔ϕ6.2×8，采用孔销定位，减小孔销漂移量，控制灯具X、Y两个方向。

图 11-46　安装点 1 的优化方案

(5) 优化后前大灯与翼子板装配偏差分析。

通过软件计算，A1、A2 优化后尺寸链相同，尺寸链如图 11-47 所示。

图 11-48 所示为优化后尺寸偏差图。

图 11-49 所示为优化后尺寸偏差计算结果图。

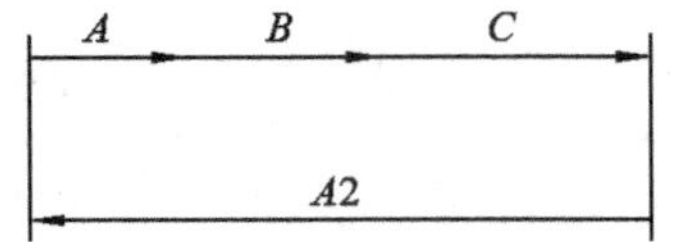

图 11-47 优化后的 A1 和 A2 尺寸链

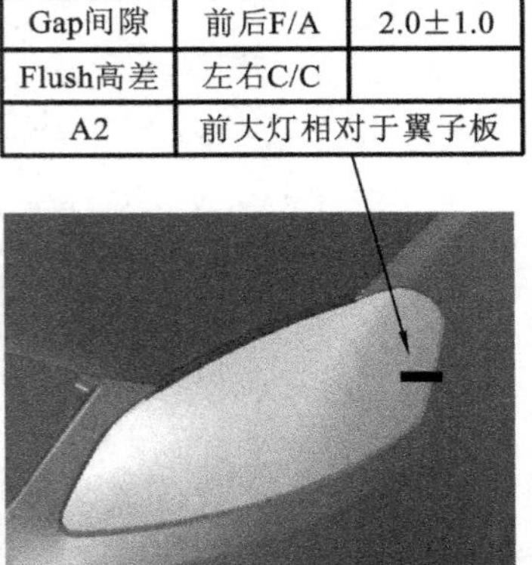

Gap间隙
前后F/A
2.0±1.0
Flush高差
左右C/C
A2
前大灯相对于翼子板

图 11-48 优化后尺寸偏差图

尺寸环编号	基本尺寸	上偏差尺寸	下偏差尺寸	尺寸环类型	公差	属性	传递系数	备注
A	0	0.5	-0.5	增环	1	平面	1.00000	翼子板边轮廓
B	0	0.7	-0.7	增环	1.4	平面	1.00000	前大灯边轮廓
C	0	0.1	-0.1	增环	0.2	平面	1.00000	关联定位孔销漂移
A2	0	0.86603	-0.86603	闭环	1.73205	平面		A2间隙

图 11-49 优化后尺寸偏差计算结果图

计算结果分析　对于断面 A2，翼子板、前大灯装配间隙偏差为：RSS＝1.73 或 RSS＝±0.87，满足设计要求。

尺寸工程或尺寸控制设计指的是在产品研发循环体系整个的尺寸控制规范中用于识别在工程化设计、制造和装配过程中产生的尺寸变化。其目标是在制造和总装阶段中通过生产运作而无需使用别的技巧就能满足客户对外观和功能的质量需求。它是巨大且不断增长的工程领域，并且是汽车、飞机、制造设备等众多产品的设计和制造领域的一部分。换言之，尺寸工程涉及所有的制造领域。它包含各种工具和技术，通过目标导向和产品管理把设计融入制造并影响组织结构及产品开发。因此，尺寸偏差控制（尺寸工程）也日益成为工业界和学术界的热点问题之一，并且还需要进一步的发展和完善，使之成为当代制造技术进步的推动力之一。

附　　录

附录 A　互换性与测量技术基础主要中英文词语(英汉排序)

angle	角度
lead angle	(齿轮)导程角
base lead angle	(齿轮)基圆导程角
helix angle	(齿轮)螺旋角
transverse pressure angle	(齿轮)压力角
backlash	(齿轮)侧隙
normal backlash	法向侧隙
radial backlash	径向侧隙
boundary	边界
maximum material boundary	最大实体边界
least material boundary	最小实体边界
maximum material virtual boundary	最大实体实效边界
least material virtual boundary	最小实体实效边界
base tangent length	(齿轮)公法线长度
clearance	间隙
minimum clearance	最小间隙
maximum clearance	最大间隙
radial internal clearance	(滚动轴承)径向游隙
axial internal clearance	(滚动轴承)轴向游隙
bottom clearance	齿顶隙
condition	状态
maximum material condition	最大实体状态
least material condition	最小实体状态
maximum material virtual condition	最大实体实效状态
least material virtual condition	最小实体实效状态
minimum condition	最小条件
crest	(螺纹)牙顶
deviation	偏差
limit deviation	极限偏差

upper deviation	上偏差
lower deviation	下偏差
fundamental deviation	基本偏差
mean bore diameter deviation	(滚动轴承)平均内径偏差
mean outside diameter deviation	(滚动轴承)平均外径偏差
single plane mean bore diameter	(滚动轴承)单一平面平均内径
single plane mean outside diameter	(滚动轴承)单一平面平均外径
single plane mean bore diameter deviation	(滚动轴承)单一平面平均内径偏差
single plane mean outside diameter deviation	(滚动轴承)单一平面平均外径偏差
mean bore diameter deviation	(滚动轴承)平均内径变动量
mean outside diameter deviation	(滚动轴承)平均外径变动量
diameter	直径
nominal bore diameter	(轴承)公称内径
nominal outside diameter	(轴承)公称外径
single bore diameter	(轴承)单一内径
single outside diameter	(轴承)单一外径
deviation of a single bore diameter	(轴承)单一内径偏差
deviation of a single outside diameter	(轴承)单一外径偏差
bore diameter deviation	(轴承)内径变动量
outside diameter deviation	(轴承)外径变动量
mean bore diameter	(轴承)平均内径
mean outside diameter	(轴承)平均外径
nominal diameter	(螺纹)公称直径
major diameter	(螺纹)大径
minor diameter	(螺纹)小径
crest diameter	(螺纹)顶径
root diameter	(螺纹)底径
pitch diameter	(螺纹)中径
simple pitch diameter	(螺纹)单一中径
virtual pitch diameter	(螺纹)作用中径
dimensional chain	尺寸链
engagement mesh	啮合
evaluation length	评定长度
feature	要素
toleranced feature	被测要素
true feature	理想要素
real(actual)feature	实际要素

datum feature	基准要素
single feature	单一要素
related feature	关联要素
fit	配合
clearance fit	间隙配合
interference fit	过盈配合
transition fit	过渡配合
variation of fit	配合公差
shaft-basis system of fits	基轴制配合
hole-basis system of fits	基孔制配合
flank	(螺纹)牙侧
flank angle	(螺纹)牙侧角
fundamental triangle height	(螺纹)原始三角形高度
gauge blocks	量块
gear	齿轮
involute gear(involute cylindrical gear)	渐开线齿轮(渐开线圆柱齿轮)
cylindrical gear pair	圆柱齿轮副
gear pair	齿轮副
helix	螺旋线
normal helix	(齿轮)法向螺旋线
reference helix	(齿轮)分度圆蜗旋线
pitch helix	(齿轮)节圆螺旋线
base helix	(齿轮)基圆螺旋线
hole	孔
interference	过盈
minimum interference	最小过盈
maximum interference	最大过盈
limit	极限
maximum material limit	最大实体极限
least material limit	最小实体极限
limits and fits	极限与配合
link	环
closing link	封闭环
component link	组成环
increasing link	增环
decreasing link	减环
compensating link	补偿环

load	负荷
stationary load	固定负荷
rotating load	旋转负荷
oscillating load	摆动负荷
mean line	中线
minimum zone	最小包容区域
module	模数
normal module	法向模数
axial module	轴向模数
transverse module	端面模数
number	数
preferred numbers	优先数
series of preferred numbers	优先系数
path of contact	(齿轮)啮合线
pitch	齿距
pitch line	(螺纹)中径线
plane of action	啮合半角
principle of independency	独立原则
profile	轮廓
surface profile	表面轮廓
centre arithmetical mean line of the profile	轮廓算术平均中线
maximum profile peak height	最大轮廓峰高
maximum profile valley depth	最大轮廓谷深
maximum width of profile	最大轮廓宽度
roughness profile	粗糙度轮廓
least squares mean line of the profile	轮廓最小二乘中线
arithmetical mean deviation of the assessed profile	评定轮廓的算术平均偏差
mean width of the profile elements	轮廓单元的平均宽度
matorial ratio of the profile	轮廓的支承长度率
basic profile	(螺纹)基本牙型
maximum material profile	(螺纹)最大实体牙型
minimum material profile	(螺纹)最小实体牙型
basic tooth profile	基本齿廓
axial profile	轴向齿廓
requirement	要求
envelope requirement	包容要求
maximum material requirement	最大实体要求

least material requirement	最小实体要求
reciprocity requirement	可逆要求
root	(螺纹)牙底
sampling length	取样长度
scaling factor	(尺寸)传递系数
shaft	轴
size	尺寸
basic size	基本尺寸
actual size	实际尺寸
limits of size	极限尺寸
maximum limit of size	最大极限尺寸
minimum limit of size	最小极限尺寸
plain workpiece sizes	光滑工作尺寸
maximum material size	最大实体尺寸
least material size	最小实体尺寸
maximum material virtual size	最大实体实效尺寸
least material virtual size	最小实体实效尺寸
external function size	体外作用尺寸
internal function size	体内作用尺寸
surface roughness	表面粗糙度
theoretically exact dimension	理论正确尺寸
thickness	厚度
tooth thickness	齿厚
transverse tooth thickness	端面齿厚
normal tooth thickness	法向齿厚
transverse base thickness	端面基圆齿厚
normal base thickness	法向基圆齿厚
thread	螺纹
internal thread	内螺纹
external thread	外螺纹
screw thread pair	螺纹副
form of thread	螺纹牙型
thread angle	螺纹牙型角
half of thread angle	螺纹牙型半角
axis of thread	螺纹轴线
tolerance	公差
size tolerance	公差值

standard tolerance	标准公差
tolerance zone	公差带
geometrical tolerances	形位公差
orientation tolerances	定向公差
location tolerances	定位公差
straightness tolerance	直线度公差
flatness tolerance	平面度公差
circularity(roundess) tolerance	圆度公差
cylindricity tolerance	圆柱度公差
profile tolerance of any line	线轮廓度公差
profile tolerance of any surface	面轮廓度公差
parallelism tolerance	平行度公差
perpendicularity tolerance	垂直度公差
coaxially tolerance	同轴度公差
symmetry tolerance	对称度公差
angularity tolerance	倾斜度公差
position tolerance	位置度公差
run-out tolerances	跳动公差
circular run-out tolerance	圆跳动公差
total run-out tolerance	全跳动公差
working pressure angle	(齿轮)啮合角
zero line	零线

附录 B　互换性与测量技术基础主要中英文词语(汉英排序)

B

补偿环	compensating link
被测要素	toleranced feature
摆动负荷	oscillating load
边界	boundary
表面粗糙度	surface roughness
表面轮廓	surface profile
包容要求	envelope requirement
标准公差	standard tolerance

C

尺寸	size
(尺寸)传递系数	scaling factor
粗糙度轮廓	roughness profile
尺寸链	dimensional chain
齿顶隙	bottom clearance
齿厚	tooth thickness
齿距	pitch
齿轮	gear
(齿轮)侧隙	backlash
(齿轮)导程角	lead angle
齿轮副	gear pair
(齿轮)分度圆蜗旋线	reference helix
(齿轮)法向螺旋线	normal helix
(齿轮)公法线长度	base tangent length
(齿轮)基圆导程角	base lead angle
(齿轮)基圆螺旋线	base helix
(齿轮)节圆螺旋线	pitch helix
(齿轮)螺旋角	helix angle
(齿轮)啮合角	working pressure angle
(齿轮)啮合线	path of contact
(齿轮)压力角	transverse pressure angle
垂直度公差	perpendicularity tolerance

D

对称度公差	symmetry tolerance

独立原则	principle of independency
端面齿厚	transverse tooth thickness
端面基圆齿厚	transverse base thickness
端面模数	transverse module
定位公差	location tolerances
定向公差	orientation tolerances
单一要素	single feature
F	
封闭环	closing link
负荷	load
法向齿厚	normal tooth thickness
法向侧隙	normal backlash
法向基圆齿厚	normal base thickness
法向模数	normal module
G	
公差	tolerance
公差带	tolerance zone
公差值	size tolerance
固定负荷	stationary load
过渡配合	transition fit
(滚动轴承)单一平面平均内径	single plane mean bore diameter
(滚动轴承)单一平面平均内径偏差	single plane mean bore diameter deviation
(滚动轴承)单一平面平均外径	single plane mean outside diameter
(滚动轴承)单一平面平均外径偏差	single plane mean outside diameter deviation
(滚动轴承)径向游隙	radial internal clearance
(滚动轴承)平均内径偏差	mean bore diameter deviation
(滚动轴承)平均内径变动量	mean bore diameter deviation
(滚动轴承)平均外径偏差	mean outside diameter deviation
(滚动轴承)平均外径变动量	mean outside diameter deviation
(滚动轴承)轴向游隙	axial internal clearance
光滑工作尺寸	plain workpiece sizes
关联要素	related feature
过盈	interference
过盈配合	interference fit
H	
环	link
厚度	thickness

J

基本尺寸	basic size
基本齿廓	basic tooth profile
基本偏差	fundamental deviation
角度	angle
减环	decreasing link
渐开线齿轮(渐开线圆柱齿轮)	involute gear(involute cylindrical gear)
基孔制配合	hole-basis system of fits
极限尺寸	limits of size
径向侧隙	radial backlash
极限	limit
极限偏差	limit deviation
间隙	clearance
间隙配合	clearance fit
极限与配合	limits and fits
基准要素	datum feature
基轴制配合	shaft-basis system of fits

K

孔	hole
可逆要求	reciprocity requirement

L

理论正确尺寸	theoretically exact dimension
量块	gauge blocks
轮廓	profile
轮廓单元的平均宽度	mean width of the profile elements
轮廓的支承长度率	matorial ratio of the profile
轮廓算术平均中线	centre arithmetical mean line of the profile
轮廓最小二乘中线	least squares mean line of the profile
零线	zero line
螺旋线	helix
理想要素	true feature
螺纹	thread
(螺纹)顶径	crest diameter
(螺纹)大径	major diameter
(螺纹)底径	root diameter
(螺纹)单一中径	simple pitch diameter
螺纹副	screw thread pair

(螺纹)公称直径	nominal diameter
(螺纹)基本牙型	basic profile
(螺纹)小径	minor diameter
(螺纹)牙侧	flank
(螺纹)牙侧角	flank angle
(螺纹)牙顶	crest
(螺纹)牙底	root
(螺纹)原始三角形高度	fundamental triangle height
螺纹牙型	form of thread
螺纹牙型半角	half of thread angle
螺纹牙型角	thread angle
(螺纹)最大实体牙型	maximum material profile
(螺纹)中径	pitch diameter
(螺纹)中径线	pitch line
(螺纹)最小实体牙型	minimum material profile
(螺纹)作用中径	virtual pitch diameter
螺纹轴线	axis of thread

M

面轮廓度公差	profile tolerance of any surface
模数	module

N

啮合	engagement mesh
啮合半角	plane of action
内螺纹	internal thread

P

偏差	deviation
评定长度	evaluation length
评定轮廓的算术平均偏差	arithmetical mean deviation of the assessed profile
配合	fit
配合公差	variation of fit
平面度公差	flatness tolerance
平行度公差	parallelism tolerance

Q

全跳动公差	total run-out tolerance
倾斜度公差	angularity tolerance
取样长度	sampling length

S

数	number
上偏差	upper deviation
实际尺寸	actual size
实际要素	real(actual)feature

T

跳动公差	run-out tolerances
体内作用尺寸	internal function size
体外作用尺寸	external function size
同轴度公差	coaxially tolerance

W

外螺纹	external thread
位置度公差	position tolerance

X

线轮廓度公差	profile tolerance of any line
下偏差	lower deviation
形位公差	geometrical tolerances
旋转负荷	rotating load

Y

圆度公差	circularity(roundess) tolerance
要求	requirement
要素	feature
圆跳动公差	circular run-out tolerance
优先数	preferred numbers
优先系数	series of preferred numbers
圆柱齿轮副	cylindrical gear pair
圆柱度公差	cylindricity tolerance

Z

轴	shaft
组成环	component link
(轴承)单一内径	single bore diameter
(轴承)单一内径偏差	deviation of a single bore diameter
(轴承)单一外径偏差	deviation of a single outside diameter
(轴承)单一外径	single outside diameter
(轴承)公称内径	nominal bore diameter
(轴承)公称外径	nominal outside diameter
(轴承)内径变动量	bore diameter deviation

(轴承)平均内径	mean bore diameter
(轴承)平均外径	mean outside diameter
(轴承)外径变动量	outside diameter deviation
最大过盈	maximum interference
最大轮廓峰高	maximum profile peak height
最大轮廓谷深	maximum profile valley depth
最大轮廓宽度	maximum width of profile
最大间隙	maximum clearance
最大极限尺寸	maximum limit of size
最大实体边界	maximum material boundary
最大实体尺寸	maximum material size
最大实体极限	maximum material limit
最大实体实效尺寸	maximum material virtual size
最大实体实效边界	maximum material virtual boundary
最大实体实效状态	maximum material virtual condition
最大实体要求	maximum material requirement
最大实体状态	maximum material condition
增环	increasing link
直径	diameter
状态	condition
中线	mean line
最小包容区域	minimum zone
轴向齿廓	axial profile
直线度公差	straightness tolerance
最小过盈	minimum interference
最小间隙	minimum clearance
最小极限尺寸	minimum limit of size
轴向模数	axial module
最小实体边界	least material boundary
最小实体尺寸	least material size
最小实体极限	least material limit
最小实体实效尺寸	least material virtual size
最小实体实效边界	least material virtual boundary
最小实体实效状态	least material virtual condition
最小实体要求	least material requirement
最小实体状态	least material condition
最小条件	minimum condition

参考文献

[1] 李柱.互换性与测量技术基础(上册)[M].北京:计量出版社,1984.

[2] 陈宏杰.公差与测量技术基础[M].北京:科学技术文献出版社,1991.

[3] 廖念钊,等.互换性与技术测量[M].北京:计量出版社,2000.

[4] 毛平淮.互换性与测量技术基础[M].北京:机械工业出版社,2006.

[5] 甘永立.几何量公差与检测[M].上海:上海科学技术出版社,2001.

[6] 李柱,徐振高,蒋向前.互换性与测量技术[M].北京:高等教育出版社,2004.

[7] 陈隆德,赵福令.机械精度设计与检测技术[M].北京:机械工业出版社,2000.

[8] 李岩.精密测量技术[M](修订版).北京:中国计量出版社,2001.

[9] 韩进宏,王长春.互换性与测量技术基础[M].北京:北京大学出版社,2006.

[10] 方红芳.计算机辅助工序尺寸及其公差设计[M].北京:中国计量出版社,2000.

[11] 景旭文.互换性与测量技术基础[M].北京:机械工业出版社,2002.

[12] 中国机械工程学会.极限与配合[M].北京:中国计量出版社,2004.

[13] 吴昭同.计算机辅助公差优化设计[M].北京:中国计量出版社,1999.

[14] 花国梁.精密测量技术(高等学校试用教材)[M].北京:高等教育出版社,1990.

[15] 孔庆华,刘传绍.极限配合与测量技术基础[M].上海:同济大学出版社,2002.

[16] 杨沿平.互换性与测量技术基础练习册[M].长沙:湖南大学出版社,1998.

[17] (德)Henzold G. 形位公差——在设计·制造及检测中的应用[M].汪凯,等译.北京:中国计量出版社,1997.

[18] 中国国家标准：WWW. Chinaios. com;WWW. sac. gov. cn.

[19] 刘撰尔.机械制造检测技术手册[M].北京:机械工业出版社,2000.

[20] 陈于萍.互换性与技术测量基础[M].北京:机械工业出版社,2004.

[21] 薛彦成.公差配合与技术测量[M].北京:机械工业出版社,1999.

[22] Weil R. Tolerencing for Function[J]. CIRP,1988,37(2):1-8.

[23] 王佳.纳米计量技术与分子坐标测量机系统设计(1)、(2)[J].航空计测技术:1996(3)37-40、(4)39-41.

[24] 刘永东,王佳,梁晋文.动态目标全姿态激光跟踪测量[J].激光与红外,1999,29(3):28-41.

[25] 第二届全国高校互换性与测量技术研究会精密测量技术论文集[C].北京:中国计量出版社,1989.

[26] 殷纯永.现代干涉测量技术[M].天津:天津大学出版社,1999.

[27] 张国雄.三坐标测量机[M].天津:天津大学出版社,1999.

[28] Park S H,Lee K W. Verification of Assemblablity Between Tolerenced Parts [J]. CAD,1998,30(2):95-104.

[29] Tanaka. Application of a New Straightness Measurement Method to Large Machine Tool [J]. CIRP,1981, 30(1):455-459.

[30] Salomons O W. A Computer-Aided Tolerenceing Ⅰ:Tolerence Analysis[J]. Computer in Industry,

1996,31:175-186.

[31] 卢秉恒.机械制造技术基础[M].北京:机械工业出版社,2005.

[32] 于汶.零件尺寸的自动检测[M].北京:中国计量出版社,1987.

[33] 全国机械工业标准化工作会议暨中国机械工业标准化会议资料[C].北京:2006.

[34] 周兆元,李翔英.互换性与测量技术基础[M].3版.北京:机械工业出版社,2011.

[35] 张琳娜,赵凤霞,李晓沛.简明公差标准应用手册[M].2版.上海:上海科学技术出版社,2010.

[36] 王伯平.互换性与测量技术基础[M].3版.北京:机械工业出版社,2009.